中国森林生态系统经营

——实现林业可持续发展的战略途径

雷加富　著

中 国 林 业 出 版 社

图书在版编目（CIP）数据

中国森林生态系统经营/雷加富 著．—北京：中国林业出版社，2007.8
ISBN 978-7-5038-4692-2

Ⅰ．中… Ⅱ．雷… Ⅲ．生态系统—森林经营—中国 Ⅳ．S718.55

中国版本图书馆 CIP 数据核字（2007）第 129839 号

中国林业出版社·环境景观与园林园艺图书出版中心
责任编辑：吴金友 李 顺
电话：66176967 66189512

出 版 中国林业出版社（100009 北京西城区德内大街刘海胡同 7 号）
网 址 www. cfph. com. cn
E-mail cfphz@ public. bta. net. cn **电话** （010）66189512
发 行 新华书店北京发行所
印 刷 三河市富华印刷包装有限公司
版 次 2007 年 9 月第 1 版
印 次 2007 年 9 月第 1 次
开 本 787mm × 1092mm 1/16
印 张 22
字 数 350 千字
印 数 1 ~ 8000 册
定 价 80.00 元

序

森林作为陆地生态系统的主体，不仅能为人类的生存和发展提供巨大的物质产品和环境服务功能，而且在保护生物多样性、维持全球生态平衡等方面发挥着不可替代的作用。长期以来，由于人们对森林作用的片面理解和短期经济利益的驱使，林业经营以单纯获取木材为目标，造成了森林资源的破坏和生态系统的退化。改革开放以来，党和政府高度重视林业工作，出台了一系列方针政策并启动了多项林业建设重点工程，林业得到了快速发展，森林资源已连续20年实现面积和蓄积双增长。但同时应该看到，我国人均森林面积0.132公顷，只相当于世界人均水平的22%；人均森林蓄积量9.4立方米，只是世界人均占有量的14.9%；在现有用材林中，成过熟林可采资源面积、蓄积仅占林分面积和蓄积的6.24%和10.61%，可采资源十分有限。森林资源在总量、结构、分布，以及现有森林生态系统的物质生产能力和环境服务功能等诸多方面，都还不能满足社会经济快速发展的客观需求。

经过对国内外多年林业工作的经验和教训进行总结与反思，人们认识到只有全力推进现代林业建设，实现林业可持续经营才是惟一的出路。为此必须对森林生态系统进行合理的保育与经营。一个多样化、健康、稳定的森林生态系统，是缓解森林资源所承担的巨大压力，实现林业新时期战略任务的物质基础和前提条件。

雷加富同志以丰富的管理经验和渊博的林学知识为基础，以第六次全国森林资源连续清查结果为依据，通过系统分析和总结我国50多年来森林资源经营管理的历史和经验，并借鉴林业发达国家森林资源经营管理的理论和实践，撰写了《中国森林生态系统经营——实现林业可持续发展的战略途径》一书，具有很强的理论性、可操作性，对森林经营管理实践具有重要的指导意义。作为一个长期从事森林生态学研究的工作者，看到本书的出版，我感到由衷的高兴。

作者针对我国森林类型多样、森林生态系统特征各异的特点，提出实施分区施策、分类管理的经营策略，这些策略是促进我国森林可持续发展的最佳途径；根据自然地带性原则，大尺度地貌的分异性原则、层次性原则、综合分析与主导因素相结合原则和政策法规先导性原则等，将中国森林生态系统经营区划为 9 大区 14 个亚区；按照“严格保护、积极发展、科学经营、持续利用”的森林可持续经营方针，阐述了我国森林可持续经营的目标、方向、重点、措施和途径。对实现林业为经济社会发展提供更丰富的生态产品、物质产品和文化产品，全面推进现代林业建设有着积极的促进作用。

我认为作者的这些思想，源于实践，高于实践，既有现实针对性，又有历史前瞻性，符合我国林业建设的实际情况。此书的出版，既为深化林业分类经营改革，实现森林可持续经营管理探索了有效途径，也为全面加强森林可持续经营，实现中国林业可持续发展提供了科学依据。此书既可作为新时期各级林业主管部门森林资源管理工作的指导性用书，也可作为从事林业生产、教学和科研人员的参考性文献，同时还是广大致力于林业建设人士难得的实践指南。

中国工程院院士 李文华

2007 年 7 月 10 日

目　录

绪　论

进入21世纪，中国林业发生了历史性的重大转变，林业经营的理念和途径也必然随之变革。大力开展森林生态系统经营，是实现我国林业可持续发展的战略途径。

（一）

在新的历史条件下，我国社会经济发展对林业的要求发生了巨大变化，使林业建设的宏观环境随之改变。一是生态问题日渐突出，使国民经济社会发展对森林的需求发生重大变化。保护、治理和改善生态环境，已逐步取代“木材生产”而成为国民经济和社会发展对林业的第一位要求；二是经济增长模式的转换，使国民经济发展对林业的要求发生根本改变。追求可持续发展已成为世界经济发展的大趋势，为可持续发展提供生态保障，就成为国民经济可持续发展对林业的更为重要的要求；三是科学的进步和思想观念的更新，使社会公众对森林和林业作用的认识产生了质的飞跃，对生态环境问题的关注达到了前所未有的程度。

新时期，林业已成为经济社会可持续发展的重要基础。在可持续发展战略中，林业居于重要地位；在生态建设中，林业居于首要地位。因此，必须要适应新形势新任务的要求，对林业建设的指导思想进行战略性的调整，要实施以生态建设为主的林业发展战略，要把生态建设放在林业工作最重要、最核心的位置，把加强生态保护、维护生态平衡、推进生态建设作为林业建设的主要任务。

通过对我国林业建设历程的实践探索和理性思索，深刻地体会到，林业要实现新时期的战略目标，就必须转变经营思想，以可持续发展理论为指导，以可持续林业经营为目标，实现林业的可持续发展。而要实现这一目的，就必须通过建立完整、稳定、高效的森林生态系统，使中国林业走上“森林生态系统经营”之路。

（二）

人类社会的可持续发展必须建立在各个产业部门可持续发展具体实践的基础之上。林业是经济社会的一个基础产业，又肩负着保护和改善生态环境的重任，是一个综合行业。现代林业的发展，已经成为社会可持续发展的重要物质基础。

在可持续发展理论的框架下，美国学者在20世纪80年代末首先提出了“可持续林业”的概念，Boyle给出了可持续林业的定义，即“既满足当代人的需要，又不对后代人满足其需求能力构成危害的森林经营”。与此同时，加拿大林业工作者也注意到了“可持续发展”所定义的内涵对林业的重要性。加拿大林业研究所（CIF）1990年发表了《加拿大林业研究所关于可持续发展的政策声明》，认为“可持续发展”在森林经营中就是“可持续的林地管理”，并将可持续的林地管理定义为：“确保任何森林资源的利用都是生物可持续的管理，并且，这种管理将不损害生物多样性，或在同样的土地管理基础上未来用于经营其他森林资源的利用。”

我国学者在综合国内外学者的现有研究成果的基础上，将可持续林业的概念表述为：“可持续林业是对森林生态系统在确保其生产力和可更新能力，以及森林生态系统的物种和生物多样性不受到损害的前提下的林业实践活动。它是通过综合开发、培育和利用森林，以发挥其多种功能，从而保护土壤、空气和水的质量，以及森林动植物的生存环境，既满足当前社会经济发展过程中对木质、非木质林产品和良好生态环境服务功能的需要，又不损害未来社会满足其需求能力的林业。可持续林业从健康、完整的生态系统、丰富的生物多样性、良好的环境及主要林产品持续生产等诸多方面，反映了人类关于现代森林的多重价值观”。

可持续林业是把森林生态系统作为一个开放的系统放到区域乃至全球的自然—社会系统中，从森林生态系统在维护和维持人类生命支持系统中的地位和作用出发，将森林生态系统的物质产品生产和环境服务放在统一的高度来认识。并通过对森林生态系统的有效管理，把森林资源的物质生产作为实践可持续发展的一种资源利用方式和实现资源持续利用的措施之一，使森林和人类之间达到协同发展。

从历史唯物主义发展观讲，可持续发展是可持续林业的最终目的，而可持续发展的目的是要正确处理经济发展与人口、资源、环境之间的关系。三个影响因素中，有两个与林业有密切的关系，一个是资源，一个是环境。自然资源分为可再生资源和不可再生资源两大类，在后者不断开发利用和减少的情况下，人们会越来越注重可再生资源，而森林是地球系统中最大的可再生资源。在环境方面，水土流失、荒漠化、生物多样性递减、温室效应等人类面临的严重生态恶化问题，都与林业的发展状况有着直接或间接的关系。所以，可持续林业是可持续发展的具体手段和实现可持续发展的一个非常重要的方面。没有一个可持续发展的林业，就不会有可持续发展的资源环境基础，也就不会有社会的全面可持续发展。

（三）

森林是一个复杂的生态系统，是陆地生态系统的主体，也是人类社会生存与发展的重要支持系统。森林生态系统就是指在一定的环境条件下，森林内部生物与生物、生物与环境以及环境与环境之间以一定形式的物质和能量交换而联系起来的相互依存、相互制约的生命与非生命综合体，其性质和功能是由系统内各要素在特定环境中相互作用的过程所决定的。

森林生态系统经营的内涵，就是人类在与森林进行能量交换的过程中，要以保护森林生态系统结构的完整性和功能的健全性为目的，追求系统内生物与非生物之间，生产者与消费者之间，以及人类活动和自然环境之间的能量转换和物质循环的动态平衡，从而实现森林生态系统最佳的生态效益、经济效益和社会效益。

森林生态系统经营的关键是要实现森林的可持续经营。森林的功能是客观存在的，是由自然、社会经济条件、森林生物地理群落的特征所决定的。从19世纪初德国林学家提出森林永续经营理论到现在的森林可持续经营，是人类社会进步、对森林的认识不断深化和要求不断提高的具体表现。关于森林可持续经营的概念，由于不同国家、不同区域的经济发展水平和人们对森林功能认识程度的差异，人们从不同的角度给出了不同的理解和解释。但理念和核心内容是一致的，目前比较统一的观点可以表述为："森林可持续经营是通过现实和潜在森林生态系统的科学管理、合理经营，维持森林生态系统的健康和活力，维护生物多样性及其生态过程，以此来满足社会经济发展过程中，对森林产品及其环境服务功能的需求，保障和促进人口、资源、环境与社会、经济的持续协调发展。”

森林可持续经营是实现生态文明的基础，是实现林业可持续发展的关键，是生态安全和小康社会的重要保障。森林可持续经营是经营森林资源的实践过程，是从森林资源的培育、管护到利用的动态过程。森林可持续经营的基本理念是追求生态、社会、经济三大效益的协调统一，持续发展。森林可持续经营的核心任务是增加森林产品的供给，提高森林的服务功能。森林可持续经营本质要求是既满足当代人的需求，又不对后代人满足其需求造成危害。

森林生态系统经营的目标是实现人口、资源、环境与经济、社会的持续协调发展，使人类与自然在一个大的空间规模和长的时间尺度上和谐、持续和进化。具体到森林资源经营的实践中就是，在经营目标上，要实现由单纯取材向建设和培育森林生态系统转变，同时满足人们对森林的生态需求、经济需求和社会需求，达到人与自然的和谐；在发展模式上，实现由单纯追求经济目标向人口、资源、环境协调发展转变；在发展重点上，由以木材生产为主的森林工业向森林多种资源利用的生态型经济转变；在战略措施上，由依靠政府行政手段为主，向法制化建设、管理体制和运行机制创新转变。这实质上反映的是一种系统、整体、协调的思想，强调森林生态系统的建设和培育必须遵循自然规律、经济规律和人类实践认识规律，其关键是在经营利用森林资源的同时，保护森林资源与环境。

（四）

我国幅员辽阔，森林类型多样，森林生态系统特征各异。以森林生态系统为基础的森林经营策略需要分别区域、分别类型具体确定。实施分区施策、分类管理的森林生态系统经营策略是促进我国林业可持续发展的最有效途径。

森林生态系统是由森林资源及其所处自然环境相互影响的综合体，森林生态系统经营离不开自然生态环境和区域社会经济环境。基于自然生态环境的地域性和社会经济发展的区域性特性，导致森林资源具有极强的地带分异性，对森林功能的区域社会经济需求也千差万别，不应当、也不可能对森林实行单一的经营管理。因此，随着人们对全球及区域生态系统类型及其生态过程认识的深入，生态系统区划的作用日益凸现。

森林生态系统经营区划主要着眼于如何针对生态系统经营要素和不同森林资源的可持续经营管理要求，把利用和保护的矛盾统一起来，在确保森林生态系统健康的前提下，对生态系统结构和功能进行维护，从而保证区域性经济的可持续发展。因此，森林生态系统经营区划是综合性分区。

从以上思想出发，根据自然地带性原则、大尺度地貌的分异性原则、层次性原则、综合分析与主导因素相结合原则和政策法律先导性原则，中国森林生态系统经营区划可分为9个大区14个亚区，包括：1. 大兴安岭山地区；2. 东北东部山地丘陵区（含小兴安岭与长白山山地丘陵亚区和东北与三江平原亚区2个亚区）；3. 北方干旱半干旱区；4. 黄土高原和太行山区（含黄土高原亚区和太行山亚区2个亚区）；5. 华北与长江中下游平原区（含平原亚区和山东半岛丘陵亚区2个亚区）；6. 南方山地丘陵区（含秦巴山地亚区、四川盆地及盆周亚区、云贵高原亚区、南方低山丘陵亚区和两湖沿江丘陵平原亚区等5个亚区）7. 热带沿海区（含闽粤桂沿海丘陵亚区、海南岛亚区、滇南及滇西南丘陵盆地亚区等3个亚区）；8. 西南高山峡谷区；9. 青藏高原区。

这些大区和亚区，共形成了18个相对独立的区域。这18个区域既是经营区，更重要的也是管理区。在这些区域内，森林生态系统仍然具有较强的分异性，森林的演替规律、主导功能和抗干扰能力差异很大。因此，根据区域内森林资源、自然生态的特点，选用不同的指标，以一定的方式对区域的森林生态系统经营类型进一步划分。根据生态重要性等级和生态敏感性所划分的4个级别交叉组合，形成16个经营类型，每个类型的生态重要性等级和生态敏感性级别不同，森林保护与经营的强度也不同。在此基础上，根据我国森林经营管理的现实水平，再归为4个类型组，即严格保护型、重点保护型、保护经营型和集约经营型。对这些不同的类型组，应分别采取不同的经营措施，以保障森林生态系统经营的顺利进行。

最后，从政策和措施的层面分析，搞好我国的森林生态系统经营，必须以分类经营为基础，以明确产权为核心，以体制创新为动力，以科技兴林为依托，以依法治林为保障。

第一章　森林资源经营：现状·趋势

森林资源是自然资源的重要组成部分。森林以其复杂的系统结构、丰富的物质生产能力和强大的生态环境服务功能，成为人类自身及其他各种生物赖以生存和发展的物质基础。系统了解我国森林资源的演变历史，全面掌握我国森林资源现状及其动态变化，准确把握林业发展中存在的问题及其产生的原因，是科学经营、合理利用森林的根本前提，是实现林业可持续发展的重要保障。无意识利用，无度利用，甚至是破坏性利用，曾主宰着森林的历史演变过程，从而导致森林面积越来越少，质量不断下降，结构功能日益衰退；科学经营森林，给森林恢复、结构改善、功能增强带来希望，并为迈向可持续发展提供了一条有效的战略途径。

第一节　中国森林资源历史演变

一、中国森林资源演变

据专家考证，中国历史上曾是一个多林国家，森林资源十分丰富。远古时期，辽阔的国土上几乎到处覆盖着茂密的森林。原始社会初期，森林覆盖率在60%以上。但是，伴随人口增加、农业扩张、工业兴起以及城镇的扩大，加之历代频繁的战争，外国的侵略，森林面积逐渐缩小。特别是近200年，森林利用的速度越来越快，利用的强度越来越大，使中国变成一个少林国家。森林演变的历史轨迹呈现出覆盖降低、趋向边缘、灾害上升、生态恶化的特征。

（一）地质历史时期的森林演变

森林是陆地生态系统的主体。森林植物群落是随着地球表面大陆的出现，植物由海洋向陆地发展，从初期的裸蕨类演化形成的。陆生植物由低级到高级，由简单到复杂的演化过程分为三个阶段，即蕨类植物、裸子植物和被子植物阶段，与之大致相应的是古生代森林、中生代森林和新生代森林，这三个时代在地史上总称显生宙。显生宙是森林发生和发展的时代，始于距今6亿年前。气候与地质、地貌的变化，决定着某种森林的盛衰及其分布。

古生代开始于距今5.7亿年，延续时间长达3.4亿年。古生代早期地球大陆连成一体，表面陆地大部被海洋淹没。到奥陶纪末期发生加里东运动，我国华北地区整体上升为陆地，到泥盆纪初期，地球又发生海西运动（俗称造陆运动），使地球分为南北两大块。地球在这一地质阶段既发生离合，又发生极为强烈地上升和沉降的造陆运动。地球上出现的原始植物是从晚志留纪（距今4亿年以前）开始的裸蕨，构不成森林。到泥盆纪晚期才出现维管束发达的植物，在中国南方和西北、内蒙古等地的滨海地带出现了小面积的森林。泥盆纪的森林主要由原始鳞木、科达树、薄皮木和有节类的芦木和楔叶蕨等组成，这些植物叶片发达，茎干粗壮高大，从而取代了裸蕨，此时已经有裸子植物出现。石炭纪时期森林达到全盛时期，是蕨类森林大发展的时期，出现了高大的原始森林景观，乔木层高达30~40m，胸径达2m左右，那时整个中国大地基本上为森林所覆盖。由于在石炭纪，二叠纪时，地球发生造陆运动不止，多次发生沉降运动，也是地史上的主要成煤阶段，中国90%的煤田在这一时期形成。这时，地球上开始出现了大面积的气候分带和植物分区，全球有4个植物区，中国主要属华夏植物区，北部天山—阴山以北属安加拉植物区，喜马拉雅山北坡一隅属冈瓦纳植物区。

中生代经过印支运动后，淹没中国华南的海水全部退出，森林蓬勃兴起。在中国出现两个植物区。以昆仑—秦岭—大别山为界，分为南方沿海区和北方内陆区。南方区属热带或热带—亚热带海洋性气候，以苏铁类成林，林中散生树蕨，山地以松柏类和银杏类为主。北方区属亚热带大陆性气候，以银杏类、松柏类、有节类等树种组成的森林。从侏罗纪至白垩纪整个中生代时期，地球发生了强烈的造山运动，即燕山运动，使中国南北大地的地质地貌发生了巨大的变化。华北北部和东北地区气候暖湿，森林繁茂。其余除了沿海地区有较多森林分布外，中国大部由于气候干旱，森林稀疏，森林的组成以松柏类为主，苏铁类和银杏类进一步减少，并开始出现了被子植物。由于燕山运动的发生，使中国南北大地普遍发生了地质的沉降，促使在广阔大地上生长的茂密森林在一些地区深埋地下，于是出现了中华大地的第二次造煤期。

新生代是地质历史上最新和延续时间最短的一个时代，距今约6700万年。新生代是被子植物大发展的时代，此时动物界中鸟类繁多，哺乳类昌盛，森林环境日趋复杂且呈多样化。森林树种的组成也发生了重大变化，依其种类组成的不同，分别覆盖于不同区域的大地上，以致形成了今日丰富多彩的森林景观，控制和影响着陆地上庞大而复杂的生态系统。中国新生代植物群大致可分为三个发展阶段，即木本植物大发展阶段，草本植物大发展阶段和杂种与多倍体植物大发展阶段，与此相应的时代是老第三纪、新第三纪和第四纪。

1. 老第三纪森林

老第三纪森林组成以木本、被子植物占绝对优势，种类繁多，草本罕见，古老的蕨类和裸子植物占有一定数量。全国森林属亚热带类型，其区域分异与气候的干湿变化关系较大，形成了多种森林类型格局，即：东北、华北、内蒙古大部和新疆阿勒泰地区的暖温带亚热带针阔叶混交林；西起南京至杭州一线，东近日本的古海岸地带的沿海亚热带落叶常绿阔叶混交林；长江、淮河流域，以及新疆、甘肃、青海等地区形成了亚热带干旱半干旱疏林；云南和西藏大部分地区形成了热带南亚热带常绿阔叶林；南岭以南的广东、广西、海南及北部湾形成了南亚热带常绿落叶阔叶混交林和热带红树林。

2. 新第三纪森林

随着地史发展和地理环境的分异，与老第三纪相比，新第三纪森林趋于复杂，北部和东北部暖温带亚热带针阔叶混交林，被东北和华北暖温带落叶阔叶林和森林草原所替代，其分布范围为黑龙江、吉林、辽宁、河北、北京、天津和山西和陕西南部、山东、河南北部。东部沿海亚热带落叶常绿阔叶混交林向西南扩展为东中部亚热带常绿阔叶落叶混交林，其分布范围西至甘肃东南部、四川东部、贵州大部。而中部和西部亚热带干旱半干旱疏林向东北和北部扩展，变成西北温带森林草原、荒漠草原及山地针叶林区，形成全国面积最大的区域。滇藏热带南亚热带常绿阔叶林，向北扩展为川西滇北青藏亚热带常绿落叶阔叶林。只有华南南亚热带常绿落叶阔叶混交林和热带红树林分布范围变化不大，向西延伸到云南西南部。

3. 第四纪森林

第四纪全球普遍降温，中国降温的幅度随纬度的增高而加大，从而亚热带北界继新第三纪之后再度退缩，暖温带南移至秦岭—淮河一线。加之山地和高原的进一步隆升，气候的分异更趋显著，森林植被的区域性分化也更加复杂而与现在接近。早期，森林植物中第三纪的孑遗属种在北方还有较多分布，中晚期以后则大多分布于秦岭淮河以南地带。草本植物的比例自第四纪以来大为扩展；在冰退期末，草原范围曾一度扩展到长江下游。同时，在木本植物中，落叶阔叶林与喜冷的针叶树也相对增多。植物种类基本上与现在一致。随着虫媒和风媒作用的发展，由频繁的种间杂交而产生日益增多的杂种和多倍体植物成分。此时原始人类的活动已出现。

（二）各历史时期的森林变迁

人类的出现，标志着森林纯自然发展阶段的结束。人类社会早期的森林变迁，除受自然因素影响外，人类活动成为重要因素。随着人类进化、人口增加、经济发展，人类向森林的索取越来越多，再加上战争等因素，导致了森林从多到少，从好到坏的演变过程。因此，一部森林变迁史，在一定条件下，可以说是人类与森林的关系史。

距今10000年以前，中华大地上人口稀少，森林处于自生自灭状态。距今7000年前，中国历史上的三皇五帝时期，原始农业出现，同时出现了木结构的原始建筑物，人们开始砍伐森林，开辟农田，但采集和渔猎仍然占有主要位置。到了夏商周时期（公元前21世纪～公元前771年），农业和建筑都有较大发展，当时实行“井田制”，砍伐了大量森林，开垦大面积农田，森林火灾增多。这个时期，中国人口大部分集中在黄河中、下游，地域内森林被大量砍伐，同时开始植树和培育、经营森林。如《论语》记载：“夏后氏以松，殷人以柏，周人以栗”，人们开始在建立的社坛上植树。据《诗经》、《山海经》、《尚书》等古籍的记载，可以将夏商时期的森林分布情况勾划出一个大致的轮廓。

1. 春秋战国时期的森林

春秋（公元前770～公元前476年）战国（公元前475～公元前221年）时期，把疆域划分9个州，即冀州、兖州、青州、徐州、扬州、荆州、豫州、梁州、雍州，北至河北，南至福建、江西，东至山东、江苏，西达甘肃南部、四川、云南、贵州。此时，随着人口逐渐增多，建立大大小小的部落、居民和规模宏大的城邑、都城、宫殿，有许多森林被砍伐。据《史记·夏本记》相传夏禹治水时，“陆行乘车，水行乘船，泥行乘橇，山行乘撵”，这些交通工具都是木制的。随着人类文化和科学技术发展，人们使用木材逐渐增多。到战国时期，七雄并峙，战火不断。由于遭受大量砍伐、火灾和战争焚毁，黄河中下游山地许多原始林演变成了天然次生林，平地许多森林变成了农田和城邑，淮河和长江中游的平地森林也大部分变成农田。同时，开始制定关于防止森林火灾的法令，提倡爱护森林，植树造林。到春秋战国末期，全国森林覆盖率在50%左右。

2. 春秋战国后至明清时期的森林

春秋战国时期以后（即公元前221～公元1911年），秦并六国，统一华夏，建立了中央集权的秦王朝。采取鼓励农业、手工业政策，社会生产有较大发展。同时，大兴土木，大建宫殿，大量砍伐森林，到汉代时由于开辟农田和建造宫殿，大量森林消失。秦汉时期（公元前221～公元220年，时间跨越400年），全国森林覆盖率约40%左右。三国以后，两晋、南北朝时期（公元220～581年）长达360年，黄河流域仍然处于战乱和分裂状态，北方居民大批南迁，长江以南大面积森林逐渐被开垦为农田，全国森林覆盖率约30%。到唐宋时期（公元581～1234年），上下约700年，东北地区森林仍然茂密，华北和西北地区，由于人口增长，经济发达，砍伐森林达到前所未有的规模，近山区森林已大为减少，全国森林覆盖率降至约20%左右。明清时期森林（公元1279～1911年，共630多年），森林进一步减少，东北的森林也开始大规模砍伐，华北，西北地区原始森林已所剩无几，仅深山区还有一些森林，华东、华中和西南森林也遭到大规模砍伐，全国森林覆盖率约15%左右。

3. 中华民国时期的森林

到了中华民国时期（公元1911～1949年），森林分布的基本格局是：东北地区森林最多，树种、材质最好，多为原生针叶林和针阔混交林，交通便利处则原始林被砍伐而演变为天然次生林，树种以阔叶树为主。西南地区森林面积和林木蓄积量均占全国第二位，仍保存较多的原始针叶和针阔叶混交林，林相较好。其中滇南林区为热带气候，蕴藏着热带森林，林木高大，材质优良，生长迅速，树种极为丰富。雅鲁藏布江林区仍有高大的以云杉为主的原始针叶林，单位面积蓄积量很高。东南地区和华中地区为亚热带气候，多常绿阔叶林。台湾森林从低海拔到高海拔，分布热带雨林、亚热带林、暖温带林和寒温带林，而人工林也不少，森林覆盖率高达60%。东南和华中地区的农民有经营林业的传统，栽培杉木、马尾松、竹类林和油茶、油桐、桑、茶等经济林甚多。西北和华北地区则森林较少。这时，全国森林覆盖率约为8%～12%，且各地分布很不均衡。

（三）新中国的森林

数千年的森林史，实际上是人类对森林无节制利用又轻视经营的发展史。直至新中国成立，国土上所存森林不是在边远地区，就是在重要的生态区位，已经不足以平衡生态。经过半个多世纪的艰苦努力，尤其是进入21世纪后，通过调整林业生产力布局，启动六大林业重点工程，推进林业历史性转变，确立以生态建设为主的发展战略，林业才从历史发展的轨迹中摆脱出来，森林在经济社会发展中的作用得到正确认识，并在此基础上把森林资源保护与发展提升到维护国家生态安全、全面建设小康社会、实现经济社会可持续发展的战略高度。总体上，新中国森林资源变化经历了三个主要阶段。

1. 以木材利用为中心发展阶段（从20世纪50年代初期到70年代末期）

1949年新中国成立之初，政府敏锐地看到了森林资源对国民经济和社会发展的重要性，并且意识到保护森林发展林业的现实意义，就制定了“普遍护林护山，大力造林育林，合理采伐利用”等林业建设方针。但是，在实践中，这些方针并未得到有效落实，在恢复国家整体经济机能、优先解决吃饭问题、推进赶超战略等更为紧迫的目标驱使下，森林作为一种自然和经济资源成为支持社会经济发展的重要资源。利用主导着建国初期的林业建设，同时这也是当时历史条件下的必然选择。根据20世纪60年代初对各省（自治区、直辖市）的森林资源调查数据进行整理分析和统计汇总，1962年全国森林面积为11 335.56万公顷，活立木蓄积量102.16亿立方米，森林覆盖率11.81%。天然林在林分资源占有绝对优势，面积占99.6%，蓄积占98.7%。

从20世纪60年代初到70年代中期。“文革”影响全国，但林业在利用制度优势的情况下得到一定程度的发展，平原绿化、“四旁”植树有了新进展，逐步从“四旁”扩大到大田；用材林基地建设得到恢复，飞播造林力度加大，1972年南方各地共完成飞播造林132万公顷，全国森林资源有所增加。根据1973～1976年第一次全国森林资源清查结果，全国森林面积12 186万公顷，森林蓄积95.32亿立方米，森林覆盖率12.70%。与60年代初相比，人工林资源有较大幅度增加，天然林面积趋于下降，森林资源总体上呈现面积有所增加、森林覆盖率回升、蓄积有所下降的变化趋势。

70年代末期，我国进行了新中国成立以来的重大变革，改革给林业发展带来新的希望。但是，由于建立新制度的方针政策不明确、各项制度不健全，在资源短缺、经济发展、需求急剧增长的背景下，森林利用的速度和强度不断加大，森林面积和森林覆盖率呈明显下降。据1977～1981年第二次全国森林资源清查结果，全国森林面积为11 528万公顷，活立木总蓄积102亿立方米，森林覆盖率12.0%。与第一次全国森林资源清查结果比较，森林覆盖率有了明显的下降；人工林和天然林面积均有所减少，分别由第一次清查2369万公顷和9609万公顷，减少到后期清查的2219.17万公顷和8791.00万公顷。全国森林蓄积同比略有下降，林木蓄积生长量和消耗量均呈现上升势头，出现了消耗量大于生长量“长消赤字”的不利局面。

从新中国成立之初至20世纪70年代末，林种结构变化不大，均以用材林为主，1976年和1981年两次全国森林资源清查结果表明，用材林所占比重高达73%以上，防护林所占比重不足10%，充分反映了此阶段以木材利用为主的传统林业经营思想。

2. 木材利用为主兼顾生态建设发展阶段（20世纪70年代末期到90年代后期）

党的十一届三中全会以后，党中央、国务院十分重视和关心林业，将造林绿化定为基本发展方针，针对林业建设作出了一系列重大决策。1979年2月颁布了《中华人民共和国森林法（试行）》；1981年，中共中央、国务院召开了全国林业大会，出台了《关于保护森林发展林业若干问题的决定》，明确了“保护林木，发展林业”的战略思想。1982年，中共中央、国务院发出了《关于制止乱砍滥伐森林的紧急通知》等，使森林资源得到了初步恢复，森林面积和森林覆盖率开始回升。根据第三次（1984～1988年）全国森林资源清查结果，全国森林面积为12 465.28万公顷，活立木总蓄积105.72亿立方米，森林覆盖率12.98%，人工林面积3101.12万公顷，天然林面积为8847万公顷。与70年代末期相比，有林地面积增加385.95万公顷。但林木蓄积继续保持着高消耗态势，可比口径活立木总蓄积量年均下降2743万立方米，全国用材林年均赤字9610万立方米，全国年均林木资源消耗量（3.44亿立方米）仍大于林木年均净生长量（3.16亿立方米），全国范围内蓄积生长量难于弥补消耗量，蓄积量锐减的局面并未得到扭转。

从1987年开始实施森林采伐限额制度以来，初步形成了森林采伐限额总量管理制度，建立了森林采伐限额管理的执法体系。特别是进入20世纪90年代，党中央、国务院非常重视植树造林工作，1990年9月批复了《1989～2000年全国造林绿化规划纲要》，提出了1989年到2000年全国造林绿化规划目标，发出了“全党动员，全民动手，植树造林，绿化祖国”，“绿化祖国，造福万代”的号召，掀起了全国大规模的造林灭荒运动，造林绿化工作取得了巨大成就。根据第四次（1989～1993年）全国森林资源清查结果，全国森林面积为13 370.35万公顷，活立木总蓄积117.85亿立方米，森林覆盖率13.92%，人工林面积大幅度增加，达3425.16万公顷，可比口径人工林年均净增长148.44万公顷；天然林呈现回升势头，天然林面积9428万公顷，占森林面积的73.35%，年均净增长约为55万公顷；随着采伐限额制度等一系列保护森林资源管理制度和措施的实施，天然林消耗在一定程度上得到控制，生长量开始大于消耗量，扭转了长消赤字的被动局面，实现了森林面积和森林蓄积双增长。

1993年国家制定并颁布了《林地管理暂行办法》，对林地权属管理、林地开发利用及保护、占用、征用林地的审批及权限、奖励与处罚做了规定，使林地流失得到了有效控制。1994年，国务院办公厅发出了《关于加强森林资源保护管理工作的通知》，各级政府和林业主管部门切实加强了对森林、林地和野生动物及珍稀植物的管理和保护，严厉打击破坏森林资源的违法犯罪活动，有效地保护了森林资源。根据第五次（1994～1998年）全国森林资源清查结果，全国森林面积为15 894.1万公顷，活立木总蓄积124.9亿立方米，森林覆盖率16.55%。森林面积、蓄积保持双增长，人工林面积和蓄积增速加快，但森林覆盖率同比增长缓慢，用材林成过熟林资源继续呈下降趋势，林木消耗量居高不下，呈现上升趋势。

从20世纪70年代末至90年代后期的20年间，全国林种结构有所调整，防护林、特用林所占比例逐年提高而用材林所占比例逐年下降，但调整幅度仍然不大，比重保持在2/3以上，防护林所占比重不足15%。这表明中国林业仍然没有从根本上摆脱传统林业经营思想的影响和束缚。

3. 以生态建设为主的发展阶段

1997年江泽民总书记提出“再造一个山川秀美的西北地区”的伟大号召，1998年国务院制定了封山育林、退耕还林、退田还湖等改善生态环境的32字方针，再一次掀起了造林绿化和保护发展森林资源的新高潮，全国造林绿化事业蓬勃发展。从1998年起，六大林业重点工程相继启动。1998年，九届全国人民代表大会常务委员会第二次会议通过了修改后《森林法》，第一次以法律的形式明确规定了森林生态效益补偿基金制度，体现了森林资源发展和利用价值取向的重大转变。以六大林业重点工程的实施和森林生态效益补偿基金的试点为标志，林业建设进入了以可持续发展理论为指导，坚持三大效益兼顾，生态效益优先，充分发挥森林的多种功能，促进国民经济和社会可持续发展的新阶段，林业生产经营重点已经从木材生产为主逐步向森林管护、培育为主转移，森林资源得到了有效的保护与发展。根据第六次全国森林资源清查结果，这一时期，全国森林资源呈现出森林资源总量持续增加，林木蓄积平均生长速度加快，林地利用率有所提高；林种结构、树种结构、龄组结构渐趋合理，森林资源整体质量有所提高，森林质量持续下降的局面开始得到扭转的良好发展态势（表1-1）。

表1-1　森林资源清查结果主要指标状况

清查期	活立木蓄积（万立方米）	森林面积（万公顷）	森林蓄积（万立方米）	森林覆盖率（%）
第一次（1973～1976年）	953 227.00	12 186.00	865 579.00	12.70
第二次（1977～1981年）	1 026 059.88	11 527.74	902 795.33	12.00
第三次（1984～1988年）	1 057 249.86	12 465.28	914 107.64	12.98
第四次（1989～1993年）	1 178 500.00	13 370.35	1 013 700.00	13.92
第五次（1994～1998年）	1 248 786.39	15 894.09	1 126 659.14	16.55
第六次（1999～2003年）	1 361 810.00	17 490.92	1 245 584.58	18.21

总之，新中国成立50多年来，中国森林资源发生了极大的变化，森林面积、蓄积不断增加，结构逐步改善，质量有所提高。根据联合国粮食与农业组织汇编的《2003世界森林状况》比较分析，中国森林面积占世界的4.5%，位于俄罗斯、巴西、加拿大、美国之后，列第5位；森林蓄积占世界的3.2%，位于俄罗斯、巴西、美国、加拿大、刚果（民）之后，列第6位（图1-1，图1-2）；人工林面积继续保持着世界第一的位置。

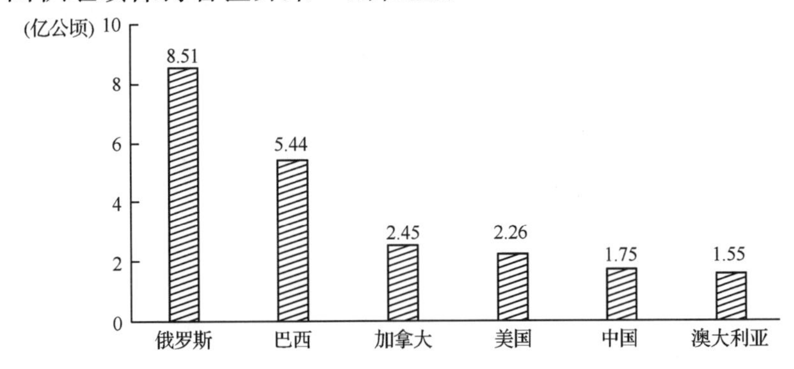

图1-1　中国森林面积在世界的位置

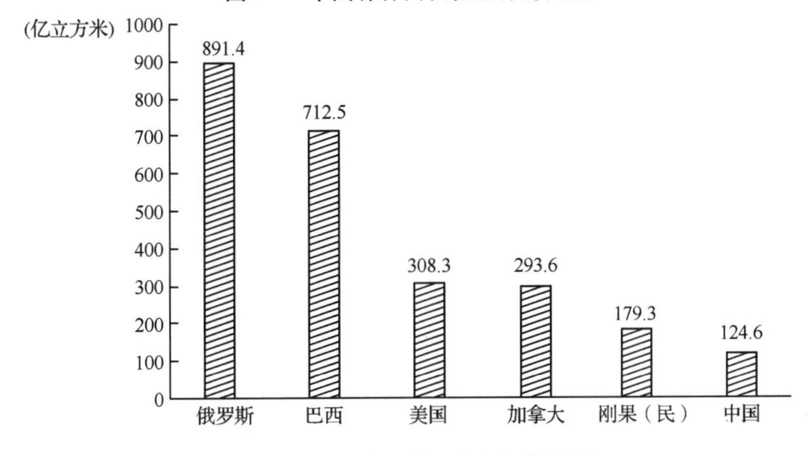

图1-2　中国森林蓄积在世界的位置

二、中国森林资源现状

21世纪，随着六大林业重点工程的全面实施，生态建设力度不断加大，中国森林资源保护发展事业取得了显著成效。根据第六次全国森林资源清查结果，全国森林面积17 490.92万公顷，森林覆盖率18.21%，活立木总蓄积136.18亿立方米，森林蓄积124.56亿立方米。森林面积和蓄积继续保持快速增长，森林覆盖率稳步上升，森林质量有所提高，森林结构进一步改善，森林资源发展呈现出持续快速的良好态势。

（一）林地与林木资源*

1. 林业用地面积

林地是林业发展和生态建设的重要基础，在森林资源可持续经营和林业可持续发展中具有特殊地位。全国林业用地面积28 280.34万公顷，按现行的林地分类系统，林业用地包括有林地、疏林地、灌木林地、未成林造林地、苗圃地和其他林地。其中，有林地面积16 901.93万公顷，占林业用地面积59.77%；灌木林地面积4529.68万公顷，占16.02%；疏林地面积599.96万公顷，占2.12%；未成林造林地面积489.36万公顷，占1.72%；苗圃地面积27.09万公顷，占0.10%；其他林地面积5732.32万公顷，占20.27%（图1-3）。

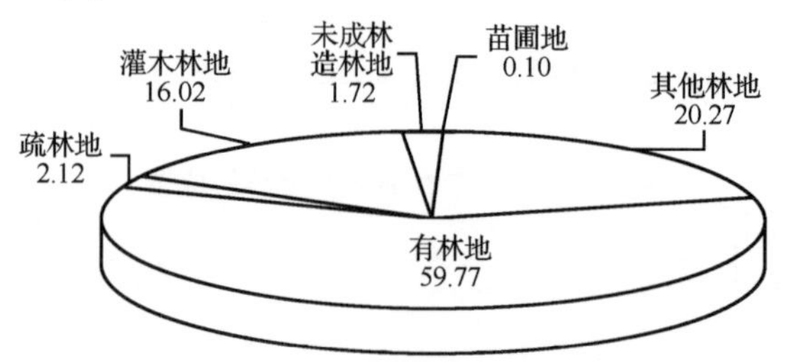

图1-3　林业用地各地类面积比例（%）

在有林地中，林分面积14 278.67万公顷，占有林地面积84.48%；经济林2 139.00万公顷，占12.66%；竹林484.26万公顷，占2.86%。

2. 各类林木蓄积

全部林木材积统称为林木蓄积，通常林木蓄积是指活立木总蓄积，按照林木类型的不同，又分为森林蓄积、疏林蓄积、散生木蓄积和四旁树蓄积。全国活立木总蓄积为1 325 935.60万立方米。其中，森林蓄积1 209 763.68万立方米，占活立木总蓄积量的91.24%；疏林蓄积12 816.39万立方米，占0.96%；散生木蓄积71 032.94万立方米，占5.36%；四旁树蓄积32 322.59万立方米，占2.44%（图1-4）。

我国林木蓄积主要集中分布在西南和东北地区，仅西藏、四

* 林地与林木资源、森林资源结构、天然林和人工林资源、经济林和竹林资源、森林资源区域分布中的数据均不包括香港特别行政区、澳门特别行政区和台湾省。

川、云南、黑龙江、内蒙古、吉林6省（自治区）的森林蓄积占70%。尤其是西南地区，大部分森林蓄积分布在人员不可及的林区，林木枯损量大，基本上维持生长与枯损平衡状态。而生态极其脆弱的陕西、甘肃、青海、宁夏、新疆西北5省（自治区）森林蓄积仅占全国森林蓄积的7%。这种状况极不利于森林资源可持续经营，已经成为森林资源可持续发展的障碍。

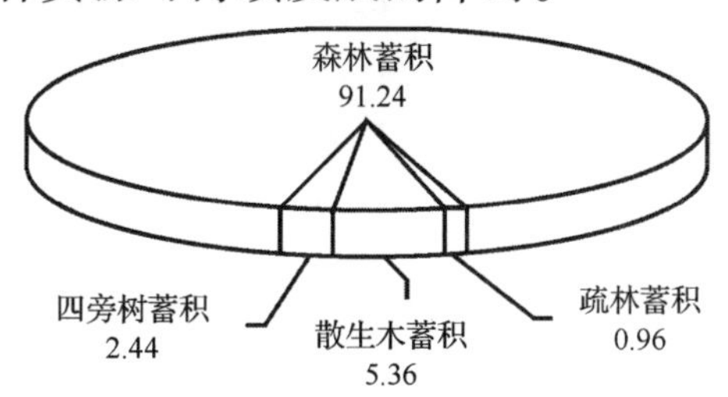

图1-4　各类林木蓄积比例（%）

（二）森林资源结构

1. 权属结构

森林权属结构是森林经营管理的重要指标，反映了森林资源的所有制状况。按土地权属划分为国有、集体，按林木权属划分为国有、集体、个人和其他（合资、合作、合股、联营等）。按土地权属划分，林业用地面积国有11 292.64万公顷，占39.93%；集体16 987.70万公顷，占60.07%。森林面积，国有7334.33万公顷，占42.45%；集体9944.37万公顷，占57.55%。

按林木权属划分。森林面积中，国有7284.98万公顷，占42.16%；集体6483.58万公顷，占37.52%；个人3436.14万公顷，占19.89%；其他74.00万公顷，占0.43%。森林蓄积中，国有841 480.40万立方米，占69.56%；集体286 353.53万立方米，占23.67%；个人79 294.49万立方米，占6.55%；其他2635.26万立方米，占0.22%。林分面积以国有、集体为主，分别占48.15%和38.04%；竹林以集体和个人为主，分别占51.39%和40.62%；经济林以个人比例最大，占61.01%。人工林面积中，个人和其他非公有制比例达41.33%；在现有未成林造林地中，个人和其他非公有制比例达41.14%（表1-2）。

表 1-2 森林资源按林木权属统计表

单位：万公顷、万立方米

项 目	国 有	集 体	个 人	其 他
森林面积	7284.98	6483.58	3436.14	74.00
所占比例(%)	42.16	37.52	19.89	0.43
森林蓄积	841 480.4	286 353.53	79 294.49	2635.26
所占比例(%)	69.56	23.67	6.55	0.22
林分面积	6875.37	5431.78	1920.5	51.02
所占比例(%)	48.15	38.04	13.45	0.36
经济林面积	109.06	708.76	1304.93	16.25
所占比例(%)	5.1	33.13	61.01	0.76
竹林面积	31.96	248.85	196.72	6.73
所占比例(%)	6.6	51.39	40.62	1.39
天然林面积	6127.55	4153.87	1272.49	22.29
所占比例(%)	52.93	35.89	10.99	0.19
人工林面积	888.84	2235.52	2149.66	51.71
所占比例(%)	16.69	41.98	40.36	0.97
未成林造林地面积	84.92	203.12	198.48	2.84
所占比例(%)	17.35	41.51	40.56	0.58

2. 林种结构

根据《森林法》，森林划分为防护林、用材林、经济林、薪炭林、特种用途林，其中林分划分为防护林、用材林、薪炭林、特用林。在林分中，防护林面积 5474.63 万公顷，蓄积 550 084.48 万立方米；特种林面积 638.02 万公顷，蓄积 102 810.26 万立方米，两者合计分别占林分面积、蓄积的 42.81% 和 53.97%；用材林面积 7862.58 万公顷，蓄积 551 241.94 万立方米，分别占林分面积、蓄积的 55.07% 和 45.57%。薪炭林面积 303.44 万公顷，蓄积 5627.00 万立方米，分别占林分面积、蓄积的 2.12% 和 0.46%（图 1-5）。

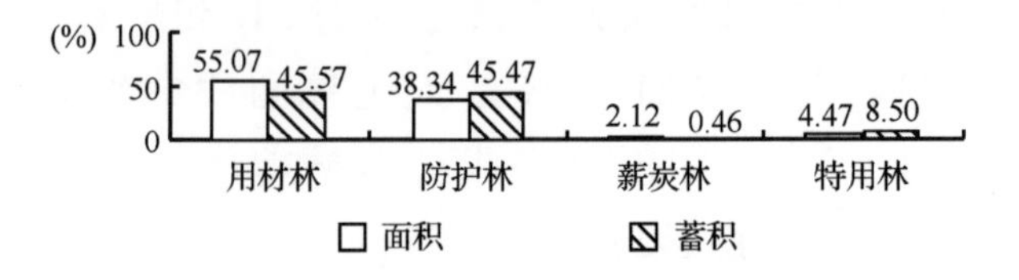

图 1-5 林分各林种面积和蓄积比例

按经济区域分析，东部地区和中部地区以用材林为主，其中用材林面积比例分别为 65. 42% 和 68. 67% ；西部地区以防护林为主，防护林面积比例为 61. 26% （图 1-6）。

	东部	中部	西部
特用林	2.45	3.62	6.97
薪炭林	3.06	1.57	2.27
防护林	29.07	26.14	61.26
用材林	65.42	68.67	29.50

图 1-6　区域林分各林种面积比例（%）

3. 龄组结构

中国地域辽阔，南北方森林树种生长发育差异很大，在同一地区同一树种，由于起源不同，生长也有较大差异。根据树种的生物学特性和生长过程及经营利用方向的不同，林分按年龄大小划分为幼龄林、中龄林、近熟林、成熟林和过熟林。

在林分中，幼龄林面积 4 723. 79 万公顷，蓄积 128 496. 60 万立方米；中龄林面积 4 964. 37 万公顷，蓄积 342 572. 18 万立方米；近熟林面积 1 998. 73 万公顷，蓄积 224 550. 99 万立方米；成熟林面积 1 714. 79 万公顷，蓄积 301 660. 98 万立方米；过熟林面积 876. 99 万公顷，蓄积 212 482. 93 万立方米（图 1-7）。幼、中龄林面积占林分面积的 67. 85% ，蓄积占林分蓄积的 38. 94% ，森林资源发展后劲较大。

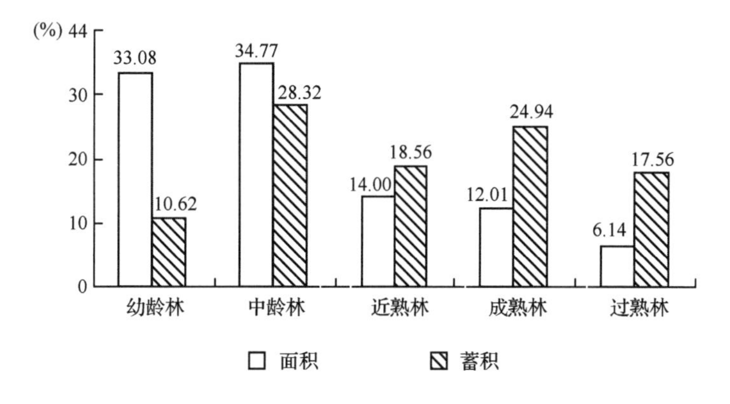

图 1-7　林分各龄组面积蓄积比例

在用材林中，幼龄林面积 2 507. 23 万公顷，蓄积 69 958. 99 万立方米；中龄林面积 3 227. 09 万公顷，蓄积 275 421. 81 万立方米；近熟林面积 1 114. 42 万公顷，蓄积 111 459. 74 万立方米；成熟林面积 718. 00 万公顷，蓄积100 608. 64万立方米；过熟林面积 295. 84

万公顷，蓄积57 891.74万立方米。用材林幼、中龄林占用材林面积的72.93%（图1-8）。全国可采用材林成、过熟林面积891.46万公顷，分别占用材林面积和林分面积的11.34%、6.24%；蓄积128 353.82万立方米，分别占用材林蓄积和森林蓄积的23.28%、10.61%，可利用资源少。

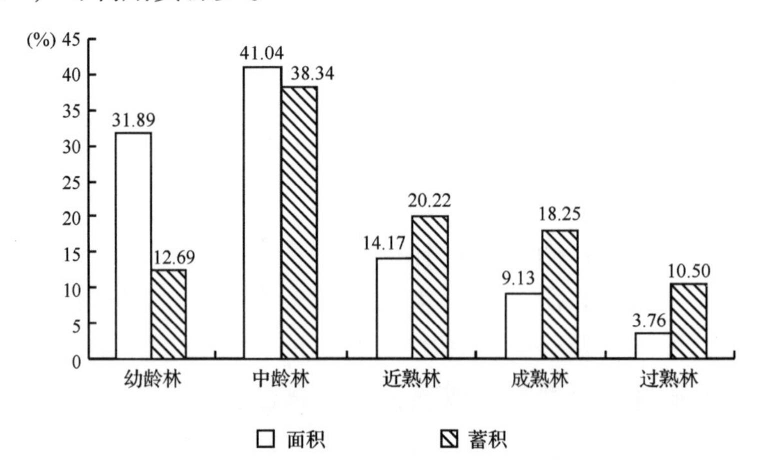

图1-8 用材林林区各龄组面积和蓄积比例

4. 树种结构

我国幅员辽阔，气候类型多样，冷热干湿差异悬殊，树种资源极其丰富。有木本植物8000余种，约占世界的54%，其中乔木树种2000余种，银杏、水杉、红豆杉等都是世界珍贵树种，古老孑遗植物如水杉、银杏、银杉、水松、珙桐、香果树等，这些植物具有重要的科学价值。在林分资源中，针叶树为优势的林分（含针阔混交林）面积7 111.31万公顷，占林分面积的49.80%；蓄积656 874.12万立方米，占林分蓄积的54.30%。阔叶树为优势的林分面积7167.36万公顷，占林分面积的50.20%；蓄积552 889.56万立方米，占林分蓄积的45.70%（表1-3）。

表1-3 针叶林、阔叶林面积、蓄积及其比例

优势树种	面积		蓄积	
	万公顷	%	万立方米	%
合计	14 278.67	100.00	1 209 763.68	100.00
针叶林	7111.31	49.80	656 874.12	54.30
阔叶林	7167.36	50.20	552 889.56	45.70

全国林分按优势树种（组）统计有36个优势树种（组），面积达200万公顷以上或蓄积2亿立方米以上的有17个优势树种（组），依次为栎类、马尾松、杉木、阔叶混交林、桦木、落叶松、硬阔类、杨树、软阔类、云南松、云杉、针阔混交林、杂木、冷杉、柏木、油松、高山松。这17个优势树种（组）面积合计13 471.49万公顷，占林分面积的94.36%；蓄积1 145 280.72万立方米，占林分蓄积94.66%。其中面积排在前五位的优势树种（组）是栎类、马尾松、杉木、桦木、落叶松，其面积合计为7130.78万公顷，占林分面积的49.94%；蓄积合计为449 414.98万立方米，占林分蓄积的37.15%。

（三）天然林和人工林资源

1. 天然林资源

天然林是我国森林资源的主体，是森林生态系统的主要组成部分，在维护生态平衡、提高环境质量及保护生物多样性、满足人们生产和生活需要等方面发挥着不可替代的作用。随着天然林资源保护工程的全面实施，停止了长江上游、黄河中上游天然林资源保护工程区内天然林商品性采伐，调减了东北、内蒙古等重点国有林区的木材产量，天然林资源得到了有效的保护，逐步进入休养生息的良性发展阶段。全国天然林面积11 576.20万公顷，占有林地面积的68.49%。其中林分面积11 049.32万公顷，占95.45%；经济林面积207.75万公顷，占1.79%；竹林面积319.13万公顷，占2.76%。天然林蓄积1 059 311.12万立方米，占森林蓄积的87.56%。天然林分每公顷蓄积量为95.87立方米。

天然林分按林种划分，用材林面积5544.69万公顷，蓄积436 736.54万立方米；防护林面积4662.96万公顷，蓄积517 649.36万立方米；薪炭林面积255.11万公顷，蓄积5226.77万立方米；特用林面积586.56万公顷，蓄积99 698.45万立方米。在天然林分中，以用材林为主，其面积和蓄积分别占天然林分面积、蓄积的50.18%和41.23%。其次是防护林，分别占天然林分面积、蓄积的42.20%和48.87%（图1-9）。

天然林分按龄组划分，幼龄林面积3424.33万公顷，蓄积99 116.73万立方米；中龄林面积3764.36万公顷，蓄积275 421.81万立方米；近熟林面积1555.37万公顷，蓄积193 249.59万立方米；

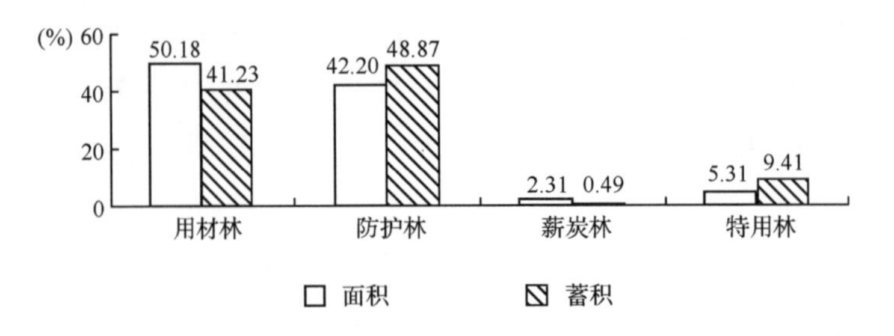

图 1-9　天然林分各林种面积和蓄积比例

成熟林面积 1473.83 万公顷，蓄积 282 189.91 万立方米；过熟林面积 831.43 万公顷，蓄积 209 333.08 万立方米。天然幼、中龄林面积所占比重较大，天然幼、中龄林面积和蓄积分别占天然林分面积和蓄积的 65.06% 和 35.36%（图 1-10）。

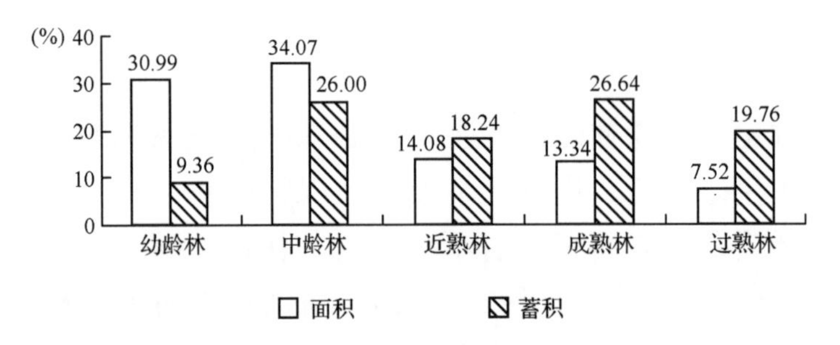

图 1-10　天然林分各龄组面积和蓄积比例

天然林分按优势树种（组）划分，天然林分面积较大的有栎类、阔叶混交林、马尾松、桦木、硬阔类、落叶松、软阔类、杉木、云南松、云杉、针阔混交林、杂木和冷杉等优势树种（组），其面积合计为 9781.06 万公顷，占天然林分面积的 88.52%；蓄积 932 635.74 万公顷，占天然林蓄积的 88.04%。

2. 人工林资源

人工林是陆地生态系统的重要组成部分，在恢复和重建森林生态系统、提供林木产品、改善生态环境等方面起着越来越大的作用。培育人工林资源是改善人居环境，缓解林产品供需矛盾，促进地区经济发展的有效途径。新中国成立以来，党和政府高度重视人工林资源的培育，采取了一系列政策措施，有力地促进了造林绿化工作的开展。通过几十年的不懈努力，我国人工林资源有了较大发展，人工林面积居世界第一。全国人工林面积 5325.73 万公顷，占有林地面积的 31.51%。其中，林分 3229.35 万公顷，占人工林面积的 60.64%；经济林 1931.25 万公顷，占 36.26%；竹林 165.13 万公顷，占 3.10%。人工林蓄积 150 452.56 万立方米，占森林蓄积的 12.44%。人工林分单位面积蓄积量为 46.59 立方米/公顷。未成林造林地面积 489.36 万公顷。

人工林分按林种划分，用材林面积 2317.89 万公顷，蓄积 114 505.40万立方米；防护林面积 811.67 万公顷，蓄积 32 435.12 万立方米；薪炭林面积 48.33 万公顷，蓄积 400.23 万立方米；特用林面积 51.46 万公顷，蓄积 3111.81 万立方米。人工林分中用材林占优势，其面积和蓄积比重均在 70% 以上（图 1-11）。

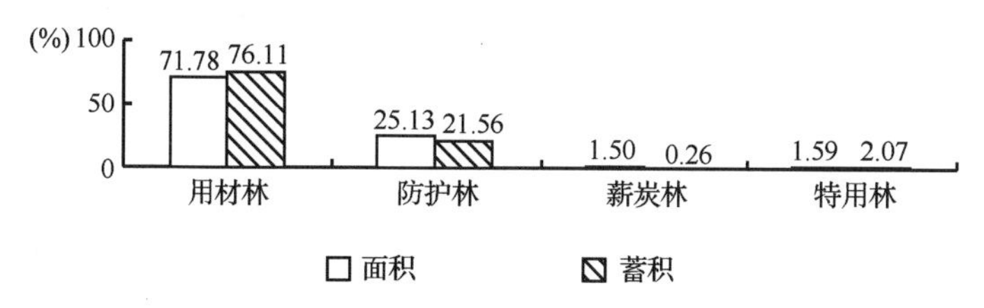

图 1-11 人工林分各林种面积和蓄积比例

人工林分按龄组划分，幼龄林面积 1299.46 万公顷，蓄积 29 379.87万立方米；中龄林面积 1200.01 万公顷，蓄积 67 150.37 万立方米；近熟林面积 443.36 万公顷，蓄积 31 301.40 万立方米；成熟林面积 240.96 万公顷，蓄积 19 471.07 万立方米；过熟林面积 45.56 万公顷，蓄积 3149.85 万立方米。人工林分以幼、中龄林为主，其合计面积占 77.40%，蓄积占 64.16%（图 1-12）。

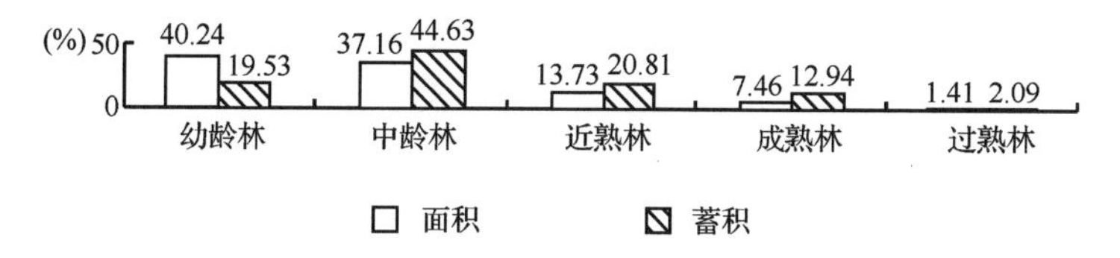

图 1-12 人工林分各龄组面积和蓄积比例

人工林分按优势树种（组）划分。人工林分面积超过 50 万公顷的优势树种（组）有杉木、马尾松、杨树、落叶松、硬阔类、油松、柏木、软阔类、桉树、针阔混交林 10 个优势树种（组），10 个优势树种（组）面积合计为 2815.83 万公顷，占人工林分面积的 87.20%；蓄积 131 958.68 万立方米，占人工林蓄积的 87.70%。排在前 3 位是杉木、马尾松、杨树，其面积依次为 921.50 万公顷、583.27 万公顷、413.63 万公顷，3 个优势树种（组）的面积合计为 1918.40 万公顷，占人工林分面积的 59.41%；蓄积合计为 96 801.53万立方米，占人工林蓄积的 64.34%。

（四）经济林和竹林资源

1. 经济林资源

经济林是以生产干鲜果品、食用油料、饮料、调香料、工业原料和药材等为主要目的的林木，是森林资源重要组成部分。经济林发展已成为我国促进山区经济、环境和社会可持续发展的重要途径，也是我国改善生态环境，调整农业结构，繁荣农村经济，增加农民收入的重要措施，对满足人民生活需求、增加农民收入、促进区域经济发展发挥着重要作用。全国经济林面积2139.00万公顷，占全国有林地面积的12.66%。其中人工经济林面积1931.25万公顷，占经济林总面积的90.29%；天然经济林面积207.75万公顷，占经济林总面积的9.71%。

经济林面积按林木权属分，国有经济林面积109.06万公顷，占经济林总面积5.10%；集体经济林面积708.76万公顷，占经济林总面积的33.13%；个人经济林面积1304.93万公顷，占经济林总面积的61.01%；其他面积16.25万公顷，占经济林总面积的0.76%。经济林主要以个体和集体为主，两者合计占经济林面积的94.14%。

经济林按主要经营目的不同，划分为果树林、食用油料林、饮料林、调香料林、药用林、工业原料林和其他经济林。果树林面积1094.04万公顷，占经济林总面积的51.15%；食用油料林面积342.90万公顷，占经济林总面积的16.03%；饮料林面积184.94万公顷，占经济林总面积的8.65%；调香料林面积78.92万公顷，占经济林总面积的3.69%；药材林面积32.79万公顷，占经济林总面积的1.53%；工业原料林面积222.66万公顷，占经济林总面积的10.41%；其他经济林面积182.75万公顷，占经济林总面积的8.54%。全国经济林面积以果树林和食用油料林为主，占经济林总面积的67.18%（图1-13）。

从经济林经营状况看，集约经营面积占经济林面积的25.23%；一般经营水平面积占66.65%；处于荒芜或半荒芜状态的面积占8.12%。从各类型经营等级看，果树林经营强度最高，集约经营面积比例达31.54%；其次是工业原料林，集约经营比例为22.98%；其他经济林集约经营比例为22.79%，饮料林集约经营比例为22.56%。药材林、食用油料林、调香料林中集约经营面积比例较

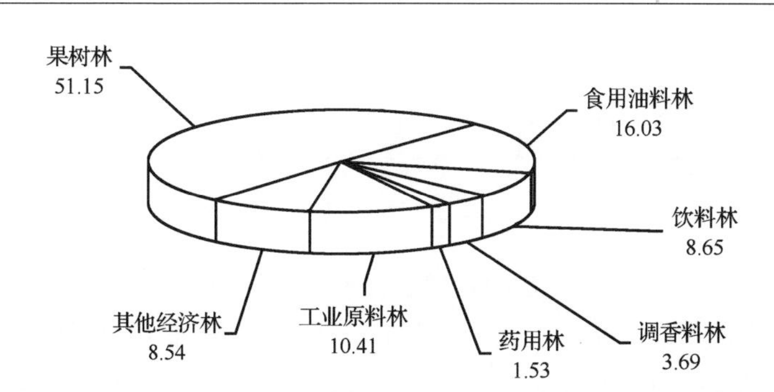

图 1-13　经济林各类型面积比例（%）

低，分别只有 12.05%、12.14% 和 18.34%。实施集约经营，优化品种结构，突出发展名、特、优、新品种，仍是我国经济林发展的主要方向。

2. 竹林资源

竹林具有生长快、周期短、产量高、用途广、效益好的特点，竹产品在人们生产和生活的许多领域被广泛利用。我国是世界上竹类分布最广、资源最多、利用最早的国家之一，发展竹林资源具有得天独厚的优势。全国竹林面积 484.26 万公顷，占有林地面积的 2.86%。其中，毛竹林 337.20 万公顷，占 69.63%，其他竹林 147.06 万公顷，占 30.37%。天然竹林面积 319.13 万公顷，占竹林面积的 65.90%，人工竹林面积 165.13 万公顷，占竹林面积的 34.10%。共有竹子 683.01 亿株，其中毛竹 74.58 亿株，其他竹 608.43 亿株。

竹林面积按土地权属分，国有 33.52 万公顷，占 6.92%；集体 450.74 万公顷，占 93.08%。按林木权属分，国有 31.96 万公顷，占 6.60%；集体 248.85 万公顷，占 51.39%；个人 196.72 万公顷，占 40.62%；其他 6.73 万公顷，占 1.39%。集体和个人所有的竹林占绝对优势。

竹林主要分布在福建、江西、浙江、湖南、广东、四川、广西、安徽、湖北、重庆 10 省（自治区、直辖市），其竹林面积 454.12 万公顷，占全国的 93.78%（图 1-14）。福建、江西和浙江 3 省的竹林面积 243.93 万公顷，占全国 50%。其中浙江竹林面积占有林地的比例最高，为 13.49%，其次是福建，竹林面积占有林地比例为 11.57%。

（五）森林资源区域分布

长期以来，森林资源由于受人为活动和自然灾害等因素影响，

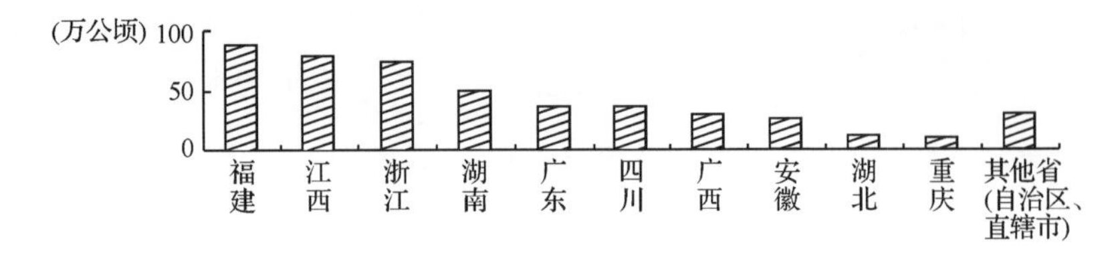

图 1-14　全国竹林面积分布

其地理分布极不均衡，大部分森林资源集中分布在主要江河流域和山地丘陵地带。从地域分布来看，森林资源分布总的趋势是东南部多、西北部少，在东北、西南边远省（自治区、直辖市）及东南、华南丘陵山地森林资源分布多，而辽阔的西北地区、内蒙古中西部、西藏大部，以及人口稠密经济发达的华北、中原及长江、黄河下游地区，森林资源分布较少。随着中国政府生态建设力度的不断加大，以及西部大开发战略的实施，六大林业重点工程建设的推进，中国西部森林资源逐渐丰富，森林资源分布不均的状况将逐步有所改善。

1. 森林资源按行政区域分布

中国的森林资源主要分布在东北、西南和南方的部分省（自治区），其中黑龙江、内蒙古、吉林的森林面积约占全国的 24. 13%，森林蓄积约占全国 27. 22%；云南、四川、西藏森林面积约占全国的 23. 31%，森林蓄积约占全国 42. 66%；广东、广西、湖南、江西、福建的森林面积约占全国的 23. 07%，森林蓄积占全国 13. 91%；东北、西南和南方 11 省（自治区）（黑龙江、内蒙古、吉林、云南、四川、西藏、广东、广西、湖南、江西、福建）森林面积约占全国的 2/3，森林蓄积约占全国的 3/4。而占国土面积 32. 19% 的西北（陕西、甘肃、宁夏、青海、新疆）5 省（自治区），其森林面积只占全国的 10%，森林蓄积还不足全国的 10%，森林资源稀少，森林覆盖率仅为 5. 86%。各省（自治区）的森林覆盖率也有很大的差异，森林覆盖率大于 40% 的省有 8 个，且全部分布在长江以南，其中福建、江西、浙江省森林覆盖率达到 50% 以上；而新疆森林覆盖率不足 3%。

天然林资源主要分布在东北、西南各省（自治区），其中黑龙江、内蒙古、云南、四川、西藏 5 省（自治区）天然林面积合计 5983. 10 万公顷，占全国的 51. 68%；蓄积合计 732 219. 40 万立方米，占全国的 69. 12%。天然林面积在 200 万公顷以上的省（自治区）有黑龙江、内蒙古、云南、四川、西藏、江西、吉林、广西、湖南、陕西、福建、广东、湖北、浙江、贵州等15个省（自治区），15省（自治区）天然林面积10 359.42万公顷，占全国的89.49%；蓄积972 457.94万立方米，占全国的91.80%。

人工林资源主要分布在南方集体林省（自治区），其中广西、广东、湖南、福建、四川5省（自治区）人工林面积合计为1981.11万公顷，占全国人工林面积的37.20%，蓄积62 834.75万立方米，占全国人工林蓄积的41.76%。人工林面积在150万公顷以上的省（自治区）有广西、广东、湖南、福建、四川、江西、辽宁、浙江、云南、内蒙古、山东、安徽、贵州、河北、黑龙江、陕西、河南等17个省（自治区），17省（自治区）人工林面积4518.17万公顷，占全国的84.84%；蓄积125 653.40万立方米，占全国的83.52%。

2. 森林资源按主要流域分布

中国10大流域中，森林资源集中分布在长江、黑龙江、珠江、黄河、辽河、海河、淮河等7大流域。7大流域土地面积占国土面积近50%，森林面积占全国的70%以上，其中长江流域、黑龙江流域的森林资源约占全国森林资源的50%。7大流域森林蓄积占全国的60%以上，其中黑龙江流域在7大流域中森林蓄积最大，森林覆盖率最高。黄河、海河、淮河流域森林覆盖率低于全国平均水平（表1-4）。

表1-4　森林资源按主要流域分布

统计单位	森林覆盖率(%)	森林面积(万公顷)	森林蓄积(万立方米)
长江	30.53	5495.11	316 773.07
黑龙江	45.29	3866.38	320 572.81
珠江	39.91	1764.60	69 570.56
黄河	13.62	1024.71	40 996.36
辽河	23.50	516.21	13 667.26
海河	11.40	299.35	5041.42
淮河	11.41	307.34	8713.37

长江、黑龙江、珠江、黄河、辽河、海河、淮河等7大流域天然林面积8662.29万公顷，占全国的74.83%；蓄积664 677.17万立方米，占全国的62.75%。天然林资源主要分布在长江和黑龙江流域，其中天然林面积占7大流域的80.32%，占全国的60.10%；

蓄积占7大流域的85.91%，占全国的53.90%。天然林比重较大的是黑龙江流域，面积比重达90.91%，蓄积比重达93.90%（图1-15、图1-16）。

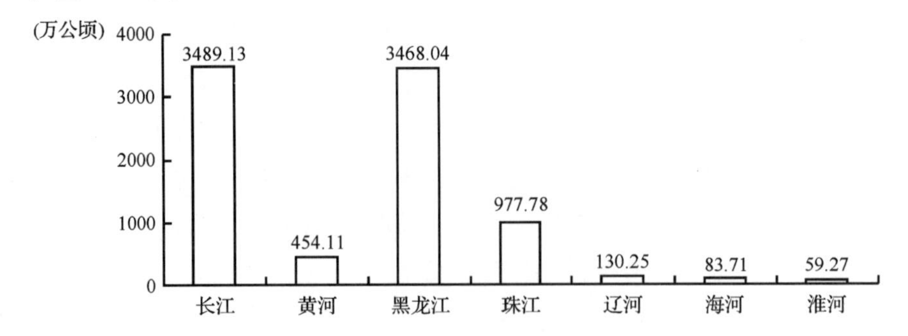

图1-15　天然林面积按主要流域分布

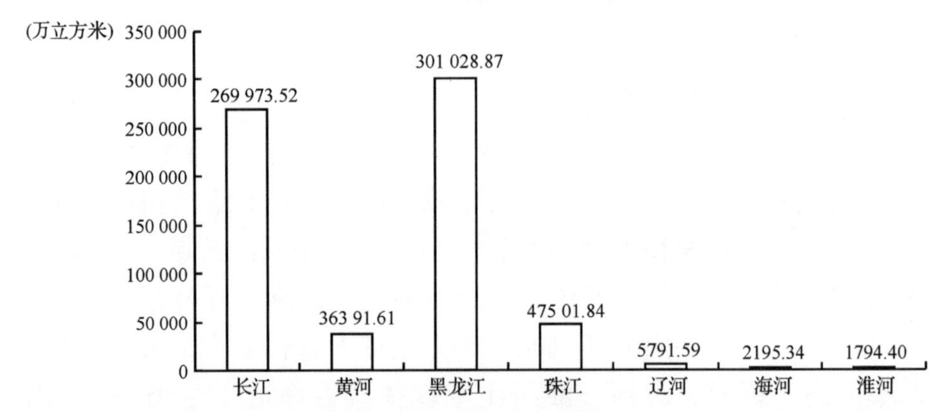

图1-16　天然林蓄积按主要流域分布

长江、黑龙江、珠江、黄河、辽河、海河、淮河等7大流域人工林面积3801.65万公顷，占全国的71.38%；蓄积110 657.68万立方米，占全国的73.55%。人工林资源主要分布在长江流域和珠江流域，其人工林面积占7大流域的64.20%，占全国的45.83%；蓄积占7大流域的62.24%，占全国的45.77%。人工林比重较大的是辽河、海河和淮河流域，其人工林面积比重都在65%以上，蓄积比重在55%以上，其中淮河流域人工林面积比重达到了80.72%（图1-17、图1-18）。

3. 森林资源按主要林区分布

中国林区主要有东北、内蒙古林区，西南高山林区，东南低山

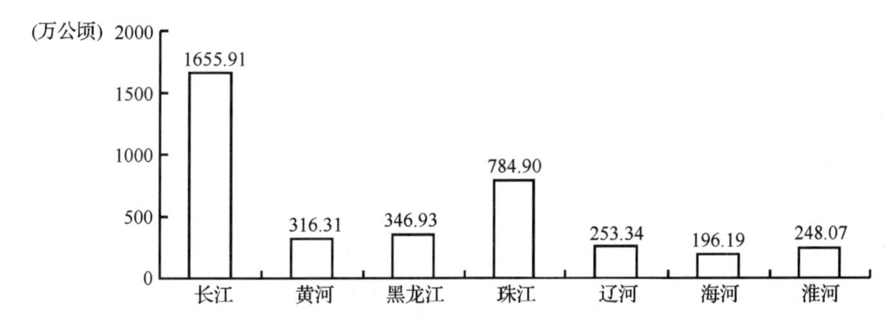

图 1-17　人工林面积按主要流域分布

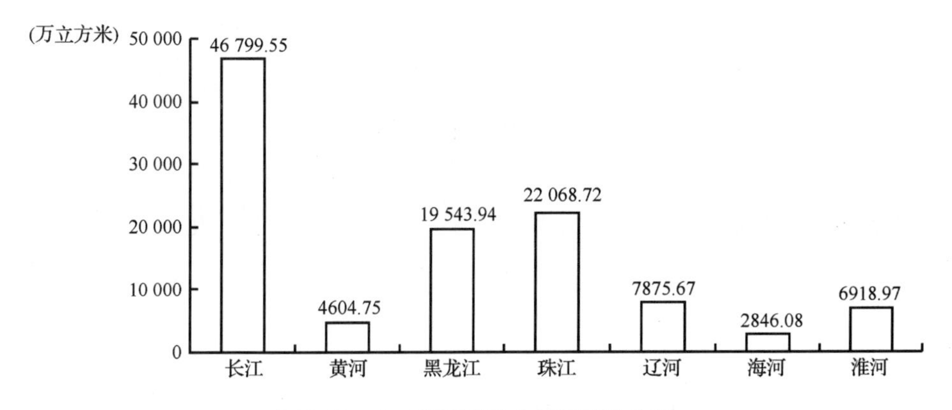

图 1-18　人工林蓄积按主要流域分布图

丘陵林区，西北高山林区和热带林区①。这 5 大林区的土地面积占全国国土面积的 40%，森林面积占全国的近 80%，森林蓄积占全国的 90% 以上。森林覆盖率以东北、内蒙古林区最高，西南高山林区最低；森林面积以东南低山丘陵林区最多，西北高山林区最少；森林蓄积以西南高山林区最多，西北高山林区最少（表 1-5）。

---

① 第四次全国森林资源清查汇总时，为了分区进行森林资源统计分析，将以黑龙江、吉林和内蒙古森林集中连片，主要以国有森工企业局和国有林场为主的范围确定为东北、内蒙古林区，包括大兴安岭、小兴安岭、完达山、张广才岭、长白山等山系；将云南、四川高山为主森林集中连片和分布有国有森工企业局以及西藏确定为西南高山林区；将云南以东、秦岭以南，人工林资源比较丰富、森林集中连片、以集体林为主的低山丘陵区域确定为东南低山丘陵林区；将新疆天山、阿尔泰山，甘肃白龙江、洮河、小陇山、祁连山、子午岭、关山、康南、大夏河、马衔山，陕西秦岭、巴山等国有林业局或林场组成的范围定为西北高山林区；将《中国植被》区划系统中的热带季雨林、雨林植被区域范围确定为热带林区。第四次森林资源清查汇总，对上述林区分别进行了森林资源统计分析，以后开展的全国第五次、第六次森林资源清查汇总，沿用第四次汇总确定的林区范围进行统计分析。

表 1-5　森林资源按主要林区分布

5 大林区	森林覆盖率（%）	森林面积（万公顷）	森林蓄积（万立方米）
东北、内蒙古林区	62.17	3778.49	315 593.62
东南低山丘陵林区	48.18	5358.48	210 297.51
西南高山林区	20.69	3910.61	491 348.65
西北高山林区	36.81	478.63	48 991.95
热带林区	38.91	1030.43	90 287.24

5 大主要林区的天然林面积合计 10 326.45 万公顷，占全国的 89.20%；蓄积 1 055 582.13 万立方米，占全国的 99.65%。5 大主要林区中，天然林面积以东北、内蒙古林区最多，为 3447.86 万公顷，占全国的 29.78%；其次是东南低山丘陵林区，面积为 3144.74 万公顷，占全国的 27.17%。天然林蓄积以西南高山林区最大，为 482 571.08 万立方米，占全国的 45.56%；其次是东北、内蒙古林区，蓄积为 300 027.90 万立方米，占全国的 28.32%（图 1-19、图 1-20）。

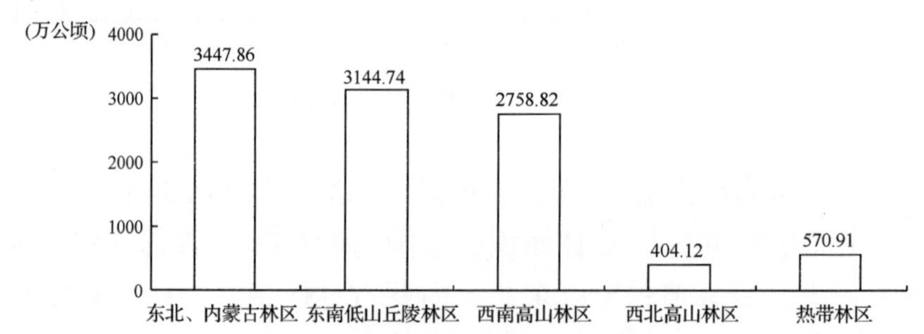

图 1-19　天然林面积按主要林区分布

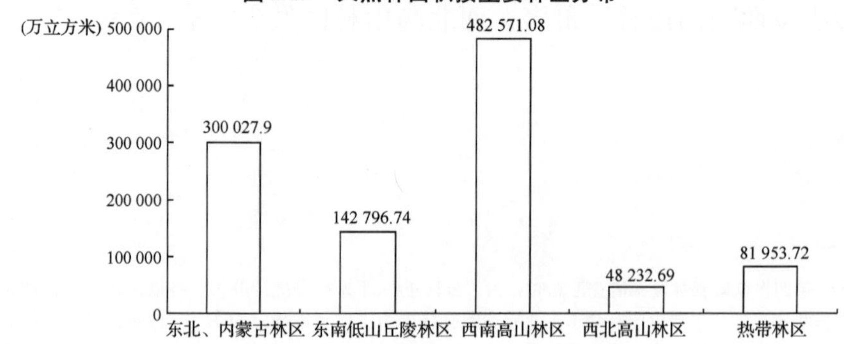

图 1-20　天然林蓄积按主要林区分布

5 大主要林区的人工林面积为 3314.84 万公顷，占全国的 62.24%；蓄积 100 936.8 万立方米，占全国的 67.09%。5 大主要林区中，人工林资源以东南低山丘陵林区最多，面积为 2201.22 万公顷，占全国的 41.33%；蓄积为 67 500.77 万立方米，占全国的 44.87%（图 1-21、图 1-22）。

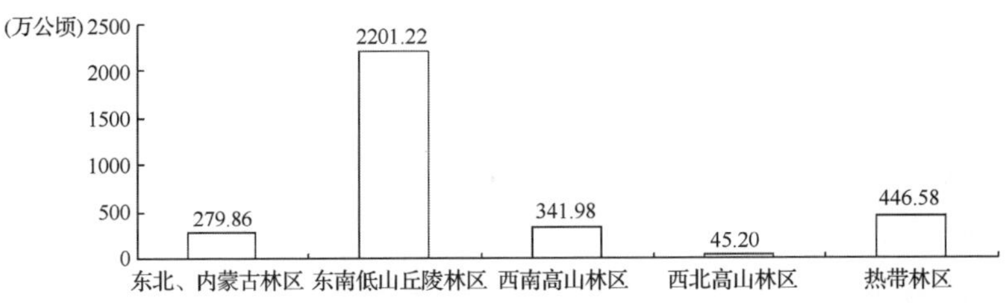

图 1-21　人工林面积按主要林区分布

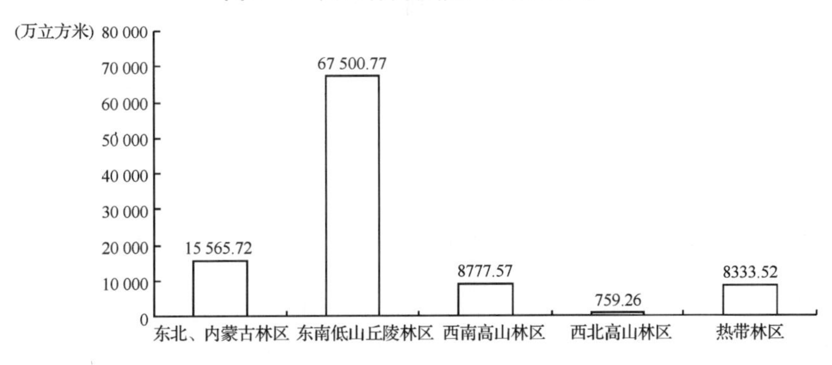

图 1-22　人工林蓄积按主要林区分布

三、中国森林资源分析

第六次全国森林资源清查结果显示，中国森林资源呈现出“总量持续增加、质量有所提高、结构趋于合理”的良好发展态势。但是森林资源总量相对于生态建设、国民经济发展和人民生产生活的需求明显不足，森林资源地理分布不均与改善生态环境、减少自然灾害、保障可持续发展的要求极不适应，森林质量不高、结构不合理、经营水平低、综合效益差与促进区域经济发展、满足林产品有效供给、有效发挥森林多种效益的要求还有相当大的差距，建设和培育稳定的森林生态系统，实现森林资源可持续经营目标的任务仍十分艰巨。

（一）森林资源总量持续增长，但相对需求依然不足

根据第六次全国森林资源清查结果，中国森林面积持续增长，与第五次清查相比，森林面积增加了 1596.83 万公顷。相当于 1949～1998 年间年均增长水平的两倍；森林蓄积稳步增长，全国森林蓄积比第五次清查净增 8.89 亿立方米，相当于为全国每人增加 0.68 立方米的森林储备量，特别是人工林蓄积增长明显加快，净增

4.90 亿立方米，占森林蓄积净增量的 55.07%。中国森林面积达 1.75 亿公顷，森林蓄积量达 124.56 亿立方米，绝对数值均非常可观，在世界上具有较高的地位。

但是，中国人口众多，地区差异性大，局部生态状况仍在恶化，提高人民生活水平和改善生态状况对森林资源的需求与日俱增，森林资源总量相对不足。中国用占世界不足 5% 的森林资源，既要满足占世界 22% 人口的生产、生活和国家经济建设的需要，又要维护世界 7% 的土地的生态安全，显然是不足的。从维护良好的生态状况，满足人民生产、生活和国家经济建设需要，有效发挥森林多种效益的要求看，中国的森林资源还是非常贫乏的。

（二）森林地域分布不均，生态脆弱区森林稀少

受人为活动、自然条件和自然灾害等因素影响，中国森林资源的地域分布极不均衡。东部地区森林覆盖率高达 34.27%，中部地区 27.12%，西部地区只有 12.54%。东北（黑龙江、内蒙古、吉林）、西南（云南、四川、西藏）和南方（广东、广西、湖南、江西、福建）的 11 省（自治区）土地面积不到国土总面积的 10%，其森林面积却占全国的 70%，森林蓄积占全国的 80% 以上。而占国土面积 32.19% 生态脆弱的西北 5 省（自治区），森林面积只占全国的 10%，森林蓄积却不到全国的 10%，森林覆盖率仅为 5.86%，如新疆森林覆盖率不足 3%，为 2.94%，森林资源稀少。

从人均占有量分析，人均占有森林面积西藏最高，达 5.304 公顷；超过世界人均占有量水平的也只有西藏、内蒙古、青海；高于全国人均占有量水平的还有 11 个省（自治区），依次为黑龙江、云南、吉林、新疆、江西、广西、福建、海南、陕西、四川、湖南，其他省（自治、直辖市）均低于全国平均水平。人均占有森林蓄积西藏达 864.91 立方米，全国有 10 个省（自治区）高于全国人均水平，高于世界人均水平的也只有西藏；其他省（自治区、直辖市）均低于全国人均水平，其中人均占有量不足 1 立方米的省（自治区、直辖市）有 8 个，依次为河北、河南、宁夏、北京、山东、江苏、天津、上海。这些状况充分说明了森林资源分布存在明显的不均衡性，差异很大，限制了森林生态系统总体功能的发挥。

（三）森林质量有所提高，但总体上质量仍然偏低

近年来，通过积极培育和严格保护等措施，我国森林资源的数

量快速增加，质量、结构明显改善，功能和效益正逐步朝着协调的方向发展。第六次全国森林资源清查结果表明，森林生产力逐步提高，林分每公顷蓄积量由降转升，同比增加了2.59立方米，达84.73立方米/公顷，林分单位面积年均生长量增加，达3.55立方米/公顷；林分密度稀疏化得到遏制，林分平均郁闭度有所上升，郁闭度0.2～0.4的面积比例下降1.61个百分点，郁闭度0.6以上的面积比例提高2.67个百分点，林分每公顷株数增加了72株，为884株/公顷；林龄结构有所改善，幼龄林面积比例下降了3.19个百分点，中龄林和近熟林面积比例提高了2.99个百分点；树种结构趋向多样化，阔叶林和针阔混交林面积比例增加了3个百分点。这些可喜的变化，标志着森林质量实现了从持续下降到逐步上升的历史性转折。

但是，森林质量仍总体上偏低。一是单位面积蓄积量不高。林分平均每公顷蓄积量84.73立方米，比世界平均水平低约15立方米，居世界第84位。在国有林为主的省（自治区）如西藏、新疆、四川、吉林、青海、云南、甘肃等，其成、过熟林比重较大，林分单位面积蓄积量高于全国平均水平，而有些省（自治区、直辖市）如山西、山东、湖北、北京、浙江、河北、天津，每公顷不足40立方米。二是林分平均郁闭度偏低。全国林分平均郁闭度只有0.54，处于中等郁闭状态，其中郁闭度0.2～0.4的林分面积占34.41%。全国有19个省（自治区、直辖市）的林分郁闭度低于全国平均水平，其中上海、宁夏、新疆林分郁闭度仅为0.40。三是林分平均胸径较小。全国林分平均胸径只有13.8厘米，高于全国平均水平的仅有新疆、甘肃、青海、天津、四川、吉林、云南、陕西8省（自治区、直辖市），其他省（自治区、直辖市）均不足全国平均水平。四是林龄结构低龄化现象明显。我国现有森林中，中、幼龄林面积占68%，全国有宁夏、贵州、安徽、湖北、江西、河南、山东、江苏、河北、浙江、辽宁、广东、北京、重庆等14省（自治区、直辖市）中、幼龄林面积比例在80%以上，林龄结构低龄化现象普遍。从各林区森林林龄结构状况分析，东南低山丘陵林区的中、幼龄林面积比例达81%。从我国森林林龄结构现实状况看，按合理林龄结构的要求，林龄结构还不够协调。五是可利用资源不足，消耗中、幼龄林现象十分普遍。在现有用材林中，成过熟林面积1013.84万公顷，蓄积15.85亿立方米，仅占用材林面积、蓄积的

12.89%和28.75%。其中，可采资源面积只有891.46万公顷，蓄积12.84亿立方米，仅占林分面积和森林蓄积的6.24%和10.61%，可采资源十分有限。按目前的消耗水平，现有可采资源将在5年之内消失殆尽。由于可利用资源严重不足，消耗中、幼龄林和防护林的现象十分普遍，中、幼龄林消耗量占森林蓄积总消耗量的比例高达56.36%，严重影响了后备资源的培育和森林多种效益的发挥。

（四）天然林逆演替趋势有所缓解，但系统功能恢复仍面临较大压力

我国天然原始林所剩无几且仅分布在边缘山区，次生林面积增加且质量低下，主要林区天然林面积不断减少，导致天然林生态系统逆向演替，质量不断下降，生态服务功能降低，已成为制约我国社会经济发展的重要因素，并引起了国内各个阶层的广泛关注。1998年，启动实施以“加快天然林从以木材利用为主向生态利用为主转移的步伐，实现天然林资源有效保护和合理利用的良性循环”为目标的天然林资源保护工程以来，通过停止长江上游、黄河中上游天然林资源保护工程区内天然林资源商品性采伐，调减东北、内蒙古等重点国有林区的木材产量等措施，天然林资源保护和恢复取得了明显成效。根据第六次全国森林资源清查结果，清查间隔期内天然林面积净增429.32万公顷，蓄积净增39 936.59万立方米，天然林转为其他地类的面积减少了39.33万公顷，天然林年均采伐消耗量减少了2395.93万立方米，生物多样性明显增强，天然林生态系统逆向演替趋势得到了初步缓解。

但是，天然林经营管理过程中，片面追求天然林资产增值而忽视天然林生态功能提高的现象仍十分普遍。天然林缺乏科学经营，抚育不及时、作业不规范，采大留小、采好留坏、超强度采伐等不合理的现象仍然存在，天然林每公顷蓄积只有95.87立方米，与第五次清查相比天然林分平均胸径下降了0.3厘米，枯损量有较大幅度增加，天然林质量低的状况还没有得到改善。天然林仍是采伐利用的主要对象，天然林采伐消耗量占林分采伐消耗量的72.83%。天然林管护措施不落实，天然林变为其他地类的面积为861.37万公顷，与第五次清查比虽有所减少，但数量仍然巨大。面临着人口增长和经济发展巨大压力，恢复天然林生态系统任重而道远。

（五）人工林面积大，但经营水平普遍不高

新中国成立以来，政府高度重视人工林资源的培育，采取了一

系列政策措施，有力地促进了造林绿化工作的开展。通过几十年的不懈努力，人工林建设取得了巨大成就，人工林面积居世界第一。全国人工林面积5325.73万公顷，占有林地面积的31.51%；人工林蓄积150 452.56万立方米，占森林蓄积的12.44%。进入21世纪，随着六大林业重点工程的先后启动，以生态建设为主的林业发展战略全面实施，全民义务植树运动蓬勃发展，全社会办林业、全民搞绿化的局面逐步形成，把造林绿化事业推向了一个新的发展阶段，全国年营造林面积已突破666.67万公顷，经3~5年的经营、培育和管护后，将可郁闭成林，对人工林发展提供坚实保障，将对增加森林资源总量，促进森林资源持续快速健康协调发展产生积极的作用。

但是，中国人工林经营水平普遍不高，加上人工林大部分还处在幼龄和中龄林阶段，中、幼龄林面积比例占77.40%，人工林单位面积蓄积46.59立方米/公顷，相当于林分平均水平的55%，其中有些省（自治区）如山西、内蒙古、陕西、宁夏人工林林分每公顷蓄积量少于30立方米。人工林分平均胸径11.5厘米，比林分平均胸径低17%，其中浙江、广西人工林分平均胸径还不足10厘米。全国林分面积中，杉木、马尾松、杨树等3个树种面积所占比例达59.41%，针叶林达到了70.69%，人工林树种单一的问题比较突出。从全国的情况看，湖南有72.65%、浙江68.10%、贵州67.77%、江西60.63%、福建55.19%面积的人工林分别是杉木，广西有90.76%、安徽67.78%、广东64.14%、湖北60.88%面积的人工林分是杉木和马尾松，海南有52.29%的人工林分是桉树，内蒙古有65.64%的人工林分是杨树，黑龙江有56.54%、吉林51.43%的人工林分是落叶松，重庆有62.46%的人工林分是马尾松和杉木，青海有82.29%、新疆75.15%、江苏57.25%的人工林分是杨树。大部分省（自治区、直辖市）都集中营造上述某一树种，人工林树种单一的现象十分普遍。单一化的树种结构，造成了病虫害发生率增高，地力衰退严重，生物多样性下降，不利于人工林持续健康发展，人工林的多功能效益也难以充分体现。加强人工林的科学经营，加大集约经营力度，提高林地生产力，已迫在眉睫。

（六）森林结构渐趋合理，经营形式趋向多元

随着林业分类经营改革的不断深入和六大林业重点工程的实施，我国森林资源的结构发生了重大变化。第六次全国森林资源清

查结果显示，防护林和特用林面积大幅增加，防护林和特用林面积比例已由第五次清查的20%增加到第六次清查的41%。用材林和薪炭林的面积明显减少，用材林和薪炭林的面积比例已由第五次清查的80%下降到第六次清查的59%。林种结构变化总体上趋于合理。特别是西部地区林种结构变化更大，防护林和特用林比例分别由第五次清查的35.13%和5.32%上升到第六次清查的59.35%和6.93%，用材林则由55.85%下降到31.20%；中部地区防护林和特用林比例分别由第五次清查的6.15%和3.10%上升到第六次清查的25.93%和3.62%，用材林则由87.96%下降到68.87%；东部地区防护林和特用林比例分别由第五次清查的16.74%和1.46%上升到第五次清查的29.07%和2.45%，用材林则由77.18%下降到65.42%。青海、新疆、甘肃、西藏、重庆、云南、内蒙古等7省（自治区、直辖市），其防护林和特种用途林所占比重达到65%以上。林种结构与布局得到了大幅度调整，体现了“西治、东扩、北休、南用”的林业发展总体战略布局。

林业改革是传统林业向现代林业转变的重要举措，随着社会主义市场经济体制的不断完善，林业改革的领域和深度不断拓展，盘活了森林资源的资本属性，扩展了林业建设的投资渠道，增强了林业发展的活力。中共中央、国务院《关于加快林业发展的决定》的出台，为非公有制林业发展创造良好的外部环境，充分调动了各种社会投资主体参与林业建设的积极性，非公有制林业已成为农村产业结构调整、农民收入增加、林业快速发展的重要力量。在第六次清查结果中，非公有制森林面积占全国20.32%，森林蓄积占全国6.77%，人工林面积达到了41.33%。现有未成林地面积中，非公有制比例达41.14%。特别是近3年，我国营造林面积连续突破666.67万公顷，其中2001、2002和2003年非公有制林业人工造林面积分别占全国的54.4%、70.2%、80%。各种社会力量投入林业建设的热情空前高涨，近5年，在我国林产工业发展的总投入中，87%是民间资本，17万家非公有制企业成为林业产业发展的生力军。非公有制林业呈现出投资主体多元化、规模化，千军万马齐上阵、龙腾虎跃办林业的喜人局面。随着林业改革的总体推进，政府行为与企业市场行为的划分更加清晰，林业两大体系建设的雏形已经形成，森林可持续经营的理念已经建立，实施以生态建设为主林业发展战略的成效正在显现。

（七）经营水平不平衡，森林破坏依然严重

随着森林资源经营管理水平的提高，进一步加大了森林资源管护力度，林地保护管理工作得到明显加强，林业用地转变为非林地的面积比上次清查减少 70.74 万公顷，下降 6.54%，林地流失势头得到初步遏制。并通过大力强化森林资源利用的监管，严格控制森林资源的过量消耗，加大采伐限额执行情况的监督检查力度，全国林木采伐消耗量呈现出下降趋势，初步扭转了 20 世纪 90 年代以来森林采伐消耗量持续增加的局面，森林采伐消耗的重点已开始由天然林向人工林、由中西部地区向东部地区、由国有林区向集体林区转移的趋势，年均超限额采伐比第五次清查减少 1125.19 万立方米，下降了 12.96%，超限额采伐势头也得到明显遏制。

但是，森林资源经营管理水平发展不平衡，系统性不强。一些地方仍受长期形成的以木材生产为中心的经营指导思想影响，在森林资源经营利用过程中违规设计、违规发证、违规操作，经营措施粗放甚至掠夺式利用，普遍存在着“采大留小”、“采好留坏”、“超强度采伐”等单纯追求经济效益的倾向，致使大量有林地逆转为疏林地、甚至无林地，珍贵树种、大径级林木日益减少，林分平均胸径减小，森林质量下降，森林生态功能日趋退化。一些地方的政府和部门领导法制观念淡薄，以权代法、以政代法，为了换取暂时的经济发展，不惜以牺牲森林资源、破坏生态环境为代价，乱砍滥伐林木、乱批滥占林地、乱捕滥猎野生动物、乱采滥挖野生植物的行为仍然屡禁不止，无证采伐、超证采伐、超限额采伐以及非法征占用林地等现象在一些地区还相当严重。根据第六次全国森林资源清查结果，清查间隔期内，全国有林地因占用征用等被改变用途转变为非林地面积年均 73.94 万公顷，全国林分平均胸径减少 0.3 厘米。全国年均超限额采伐 7554.21 万立方米，超限率 29.54%。乱砍滥伐、超限额采伐、乱占林地、毁林开垦等破坏森林资源的现象仍然存在，在少数地方还相当严重，超负荷消耗森林资源的问题在一些地方仍未得到根本解决。在森林资源培育中关注于木材利用多，忽视森林资源多功能效益，经营管理方式上考虑木材利用价值多，考虑森林生态、公益方面的效益少。有些地方片面追求造林数量，忽视造林质量，造林缺乏规划设计，不按设计施工，苗木质量差，植被类型、树种搭配不当，违背适地适树原则，造林更新、封山育林质量不高，造林失败而返荒的问题也相当突出，致使造林和封山育林成效难以巩固。

第二节　中国森林经营的沿革

前车之鉴，后事之师。全面回顾我国森林资源经营所走过的历程，客观评价森林资源经营取得的成就，系统分析森林资源经营存在的问题，对指导新时期森林资源经营实践，丰富完善森林资源经营理论，科学确定森林资源经营对策与措施，不断加快我国森林资源可持续经营的发展进程具有十分重要的意义。

一、中国森林资源经营的发展历程

中国的森林资源经过长期的掠夺、破坏和超强度利用，尤其严重忽视对森林的保护与经营，致使森林资源数量不断减少，质量不断下降，到新中国建立时，全国森林覆盖率仅为 8.6%。在广阔的国土上，到处是荒山秃岭。50 多年来，我国森林资源经历了衰退、恢复和发展的过程，森林经营也走过了一条艰难探索的曲折道路。

（一）森林经营的起步与探索

新中国成立之初，百废待兴、百业待举，恢复生产、发展经济成为国家当时的首要任务。由于旧中国遗留下来的森林资源少，林业管理和资源开发的能力十分薄弱，加之西方资本主义国家的全面封锁，木材及林产品的供需矛盾非常突出，远远满足不了工业、农业和交通运输业发展的要求。同时，由于人们认识上的局限性，森林火灾频繁，乱砍滥伐、毁林开垦成风，森林资源保护管理的形势十分严峻。这对于一无机构队伍、二缺专业人才，一穷二白的新中国林业来说，是一个巨大的挑战。

1. 确立林业建设方针

面对当时林业管理基础薄弱，特别是有限的森林资源不断遭受破坏的严峻形势，新中国的缔造者们在 1949 年《中国人民政治协商会议共同纲领》中做出了保护森林，并有计划地发展林业的决定，将森林资源保护摆到重要日程，实行了护林者奖，毁林者罚的政策。1950 年 2 月，在北京召开的第一次全国林业业务工作会议上，确定了普遍护林，重点造林，合理采伐和合理利用的林业建设方针。“一五”期间，随着林业的发展，这个方针逐步完善为普遍护林护山，大力造林育林，合理采伐利用木材。在森林资源经营和利用方面，提出了制定合理采伐利用森林的政策规定、重视节约利用木材、改变森林采运生产方式、提高林业生产力、有计划地开发新林区、规范木材流通、以林养林和促进森林更新等有针对性的措施。国家在重点国有林区相继建立了森林经营所或林场，修建了一批基础设施，加强了对大面积林区保护管理工作。各个大区、省、自治区党政机关和部队相继发布了规定，采取了有力措施，处理了一批滥伐和毁林的案件。积极推行封山育林，划定天然林禁伐区和自然保护区。同时，各级地方政府积极组织山区群众建立护林组织，订立护林公约，建立责任制度。

2. 建立森林林地产权制度

1950年6月颁布的《土地改革法》明确规定：大森林、大水利工程、大荒地、大荒山、大盐田和矿山及湖、沼、河、港等，均归国家所有，由人民政府管理经营之；没收和征收的山林、鱼塘、茶山、桐山、桑田、竹林、果园、芦苇地、荒地及其他可分土地，应按适当比例，折合普通土地统一分配之，为利于生产，应尽先分给原来从事此项生产的农民。其分配不利于经营者，得由当地人民政府根据原有习惯，予以民主管理，并合理经营之。依据这些规定，经过三年土改，在全国确立了国有和农民所有的林权制度，彻底废除了地主阶级封建剥削的土地所有制。

伴随农村土地改革的进程，形式多样的互助合作雨后春笋般出现。农业生产合作化开始后，在山区、林区蓬勃兴起了农林相结合的生产合作社形式。在初级合作社期间，承认山林私有权，将山林和土地一样作价入股，保留土地报酬，确定入股成员与合作社的分成收益比例，实行统一经营。到高级合作社期间，除社员仅留的少量自留山外，多数山林都入社归集体所有，由集体统一经营，社员共同劳动，收入统一分配。这一森林经营体制的确立，标志着山林的集体所有制和集体统一经营形式由此形成。在经历农村互助组、初级合作社及高级合作社等生产关系变革后，我国的森林产权制度演变为国有和集体两种所有制并存，为林业部门统一管理、林区开发和森林经营奠定了基础。土地改革使国家掌握了大量的森林资源，用以满足国家经济建设的需要，也使山区农民实现了千百年来“耕者有其田”的梦想，极大地调动了山区农民经营林业的积极性；农业社会主义改造又使农村林业逐步由分散经营转变到集体统一经营，推动了当时农村生产力的发展，育苗、营林、木材生产、林产品产量及林业产值都有大幅度提高。

人民公社化开始后，生产关系越来越“大”、越来越“公”，农村普遍出现了包括森林资源在内的生产资料的“一平二调”问题。1960 年中共中央发出《关于农村人民公社当前政策问题的紧急指示信》明确强调：“三级所有，队为基础，是现阶段人民公社的根本制度”。1962 年中央八届十次全会通过的《农村人民公社工作条例》（修正草案）进一步规定：生产队范围的土地都归生产队所有，由生产队负责经营、管理和支配；集体所有的山林、水面和草原，凡是归生产队所有比较有利的，都归生产队所有。生产队可以把零星树木交给社员负责经营，并且可订立收益分配合同，或划归社员所有。在此期间，中共中央专门下发了《关于确定林权、保护山林和发展林业的若干政策规定》，强调了确定和保护山林权属，解决人民公社化中发生的“一平二调”和“以大吃小”的问题，对山林的经营管理和收益分配、木材采伐和收购，以及群众造林等有关政策做了明确规定。总之，“三级所有，队为基础”的人民公社制度，对以后的森林资源经营管理及改革产生了深远的影响，特别是乡村林场的发展，很大程度上受益于这一制度。

3. 组建森林经营管理机构和队伍

根据《中央人民政府组织法》的规定，新中国成立后成立了以梁希为部长的中华人民共和国林垦部，设四司一厅，即办公厅、林政司、造林司、森林经理司、森林利用司，其中，森林经理司主管林业调查设计工作，森林利用司主管森林采伐和运输工作。1951 年原东北人民政府首次在国有林区建立了森林公安机关；1952 年全国有 18 个省、自治区成立了森林防火机构。1951 年在沈阳市成立了我国第一支森林调查队伍——东北林业调查总队，并以这支队伍为基础，于 1952 年林垦部成立了调查设计局，聘请大批原苏联专家来华指导工作，相继组建了 13 个森林调查大队和营林、航空测量、航空调查等专业调查队伍；各省也相继建立自己的林业调查队伍。使我国林业调查规划设计工作从无到有，获得了很大发展，大批科技骨干迅速成长起来，为开展全国林区特别是主要林区的森林资源调查和森林施业案的编制工作提供了坚实的组织保障。

4. 开展重点区域森林资源调查设计

为了适应森林资源经营管理和大规模林区开发的需要，新中国成立后相继组织开展多项重大森林资源调查和施业案编制工作，取得一系列重要的森林资源调查设计成果。1958 年 1 月颁布了《中华人民共和国国有林森林经理规程》，统一了全国森林经理调查标准。1951 ~ 1958 年，在东北、内蒙古原始林区、西北天然林区、西南高山原始林区，以及云南、华东、中南的热带和亚热带林区的重点林业县，相继完成了森林经理调查和森林经理施业案的编制工作。1954 年，林业部审查通过了我国首次编制的长白山林区 48 个施业区的森林施业案。正如时任林业部调查设计局领导所说：长白山森林经理施业案的完成，标志着中国林业史上划时期的一个巨大成就。通过这个施业案，可以较有计划地、合理地进行全面的森林经营管理。这是中国林业走向合理经营、合理采伐利用的一个良好开端。据不完全统计，到 1963 年，全国（除台湾、西藏外）基本上完成了我国主要林区的第一次森林经理调查和部分林区的森林经理复查，共编制森林施业案、森林经营利用设计方案、森林经营规划等文件 1600 多个。为国家制定林业计划，规划林业生产布局，以及国有林开发、森林经营和保护等提供了第一手基础资料和科学依据。

5. 构建森林经营管理制度体系

新中国成立之后，为适应林业建设和森林经营管理的要求，在积极探索和实践基础上，新中国林业形成了一整套与当时中国国情、林情和经济社会发展需求相适应的森林资源经营管理的政策和制度。

在森林采伐管理方面。1956 年 1 月经国务院批准颁发了《国有林主伐试行规程》，规定的主伐方式主要为连续带状皆伐，并要求各地在 1 ~ 2 年内转变到这种采伐方式，伐后主要依靠人工更新来恢复森林。但是，随着大面积皆伐带来的道路建设“欠帐”和更新跟不上采伐等一系列问题的出现，林业部于 1960 年 4 月颁布了重新修订的《国有林主伐试行规程》，将原来的连续带状皆伐改为多种形式的皆伐和择伐；1964 年又推广了“采育兼顾伐”。在新中国成立初期，森林采伐管理借用苏联开发林区的经验，实行森工与营林分立，中央明文规定国有林由中华人民共和国林业部领导各级营林部门管理。森工采伐部门所需的伐区，由营林部门按经理施业案的主伐计划划定伐区，填写采伐许可证，将伐区拨交给森工部门进行采伐作业。在采伐当中接受营林部门的监督检查，采伐结束后会同营林部门检查伐区采伐和清理情况，检查合格后，填写验收单，由营林部门收回伐区。但这一作法在实施中经常造成两个部门在森林采伐和保护更新方面的诸多矛盾。为了协调两部门的矛盾，同时由于当时国家对木材的需要高于森林保护的需要，后期两部门合并为一个部门，虽然在内部有营林和森工之分，但相互间的约束已很微弱，采伐管理事实上最终由生产部门说了算。

在林业生产计划管理方面。1950 年中央人民政府政务院发布的《关于全国林业工作的指示》中，制定了全国第一个林业年度计划纲要，东北国有林区的生产建设即开始实行计划管理，它是我国林业计划管理的开端。第一个五年计划时期，建立了全国统一计划、分级管理的林业计划体制，其基本模式是：林区基本建设由国家统一安排，林业生产所需投资和设备器材由国家统一分配，林业企业的生产任务由国家统一下达，木材和主要林产品由国家统一调拨，林业资金和利润由国家统收统支。这种计划管理模式在当时条件下对于集中人力、财力和物力，保证林业重点建设起了重要作用，但这种高度集中的计划管理也束缚了林业企业开展森林经营的积极性。此外，在林业计划管理中，同样对营林和森工采用两种截然不同的模式，营林单位按事业管理，营林费用由国家拨给和从木材成本中提取一定比例育林基金解决；森工单位按企业管理，以木材生产为主体，以木材产量、材种、成本、利润指标为核心的计划管理体制，没有根据森林资源合理确定其产量规模，造成森工企业为了自身目标，不顾森林资源承受能力，而无限制加大森林采伐量等现象的发生。

在木材流通管理方面。新中国成立之初，在国有林区按照 1950 年全国木材会议和 1951 年全国林业会议的要求，较早实现了林业部门对木材生产的直接经营；在南方私有林区按照 1950 年 5 月《关于全国林业工作的指示》的规定，森林主要由林区农民自采、自售，林业部门的任务是组织领导农民有计划地采伐和收购，并负责木材的运输和贮木场的管理，以供国家分配和调拨。1952 年 12 月政务院财政委员会决定，由林业部统一领导全国国营木材生产和木材管理工作，对私有林区进行统一收购与管理。南方各省相继设立了森林工业局或森林工业管理局，其目的是由国家掌握全部木材，保证有计划地供应国家建设和市场需求。1953 年 4 月，全国私有林地区森林工业局长会议提出：采取国家严格管理下的“中间全面管理、两头适当放松”的木材交易政策，在产区允许农民对自己的林木自由采伐、使用、出卖；在销区允许木材商在地方工商行政部门和森工部门领导下，开展市场零售业务，但不允许跨城市运销木材。通过这种方式，有效限制了私营木材商掌握大批木材在产销地区之间的自由运销，稳定了市场秩序。1955 年 5 月，国务院批复同意林业部试行《全国木材统一支拨暂行办法》，南方集体林区全面实行木材统购统销，并对私营木材工商业开展社会主义改造，由此形成了政府在木材收购和销售中的垄断地位，木材收购和销售的品种、数量、价格等都由政府来确定。这种统购统销的木材管理体制一直持续到 1980 年，由于没有市场的购销活动，生产要素的配置均由计划来支配，体现了在计划经济体制下高度集中管理的特征，在我国工业化建设初期发挥了积极作用，但同时也对林业产生很大的负面影响，主要表现在：抑制了木材价格的合理构成，不利于林业资源的优化配置；切断了企业和林农与市场的联系，抑制了其经营林业的积极性；长期的低价统购政策，使营林和森工畸形发展，重采轻育现象越发严重。

6. 实施大规模森林资源开发利用

新中国成立初期，由于国家建设对木材的大量需求，我国林业建设即开始走上一条以木材生产为主的道路。自 1952 年 11 月全国林业会议上提出要有计划地开发新林区以后，我国先后开发了东北大、小兴安岭，长白山，完达山；西南金沙江，大渡河，雅砻江，岷江；西北秦岭，白龙江，天山，阿尔泰山等国有林区和南方集体林区一些林业重点县，在这些林区进行了大规模的基本建设和木材采伐。20 世纪 60 年代中期，在黑龙江大兴安岭林区和金沙江林区进行了两个“大会战”。这一阶段，国有林区的开发一般采取“工业式”集中开发方式，即根据森林资源状况和运材线路伸延程度，以工段为单位实行逐沟逐坡的采伐。20 世纪 60 年代初，注意到集中开发方式和大面积皆伐给森林资源带来的严重后果，开始推行“以场轮伐，以场定居”和“以局轮伐，分期铺开”的开发方式。正如梁希部长在东北林业部第一次林业工作会议上暨成立大会上所讲：林业部成立之初，全国宜林荒山荒地 2.86 亿公顷，水旱灾严重。因此，我们把消灭荒山的工作放在第一位，提出一个口号：保障农田丰收。形势逐渐改变，两年半以来，建设事业一天一天的发展，木材需要一天一天的增加，单是第一个口号不够了，我们必须加一个口号：保证工业建设。而在东北，保证工业建设这个口号还必须放在第一位。理由是：从整个国家的总方针看，新中国必须从农业国变为工业国。国家工业化，是走向社会主义的先决条件，是国防的重要关键，是抵抗侵略、保卫和平的必不可少的前提，是国家独立、富强、繁荣的基础。因此，在现阶段，我们强调保证工业建设，是很自然的，是适合实际情况的，是适应国家人民的需要的。在新中国，森林资源是贫乏的，我们不能作败家子；但另一方面，在国家工业建设急切大量地需要木材的时候，我们又不得不忍痛采伐。

7. 重新确立森林资源经营管理的正确路线

1958 年之后，由于受到 3 年自然灾害和大跃进、人民公社化运动中高指标、瞎指挥和浮夸风等“天灾人祸”的严重影响，新中国林业遭受了一次全国性的大破坏，森林和野生动植物资源损失惨重，尤其以大炼钢铁、大办社队食堂等运动毁林最多、情况最严重。黑龙江省森林工业 1959 年原木产量突破 1200 万立方米，超出实际生产能力 800 万立方米，大海林、柴河、铁力、朗乡等林业局的原木产量一度达到 100 万立方米以上，致使森林采育严重失调；湖北省 1957 年林木蓄积量为 4122 万立方米，经过几年破坏后，仅剩下 2733 万立方米；广西 1958 年因烧炭、炼钢砍伐木材 1750 万立方米，相当于当年国家计划收购木材 127 万立方米的 10 倍以上。湖南省 1958 ~ 1961 年消耗森林资源达 1 亿立方米以上，其中大办公共食堂烧柴 3870 万立方米，大炼钢铁烧木炭 2294 万立方米，大办水利、农具改造、毁林开荒等消耗 1566 万立方米。正如 1961 年 6 月广东省委在向中央的请示报告中指出的：“几年来林木砍的多，造的少；远林没有开发，近林已基本砍光；砍掉了不少幼林，烂掉了不少木材，浪费极大；对山林的抚育管理基本上停止了；乱砍、少种、不管使山林遭受严重的破坏。”在人民公社“一大二公”的体制下，彻底打乱了原有的所有制关系，造成林地、林木权属混乱，严重挫伤了广大农民植树造林的积极性，造成一些地方大肆乱砍滥伐森林，而又难以得到遏制。

针对大跃进和人民公社化中林业建设出现的问题，党中央、国务院十分重视，刘少奇、周恩来、朱德、邓小平、谭震林等党和国家领导同志纷纷到林区视察，研究问题，提出了一系列加强森林资源经营、保护、管理的方向性意见和指导方针。1961 年刘少奇主席在视察东北、内蒙古林区时提出：要以人工更新为主，人工更新、促进更新和天然更新相结合的方针。1962 年周恩来总理在讨论成立东北林业总局时明确指出：林业的经营要合理采伐，采育结合，越采越多，越采越好，青山常在，永续利用。中共中央于 1961 年 6 月发布了《关于确定林权，保护山林和发展林业的若干政策规定》；国务院于 1962 年发布《关于积极保护和合理利用野生动物资源的指示》、1963 年颁布了《森林保护条例》。根据党和国家领导人对林业的指示精神，总结林业建设正反两方面的经验教训，林业部于 1964 年提出“以营林为基础，采育结合，造管并举，综合利用，多种经营”的林业建设方针。这个林业建设方针符合当时国情、林情，对确立正确的林业经营思想起到了重要作用。为贯彻落实“以营林为基础”的方针，国家加大了对林业的扶持力度，林业部和财政部正式规定，东北、内蒙古国有林区将更新费改为育林基金，从每立方米原木的销售成本中提取 10 元作为育林基金，实行专款专用，以保证国有林区的迹地更新经费。为发挥南方山区优势，加速木材、竹材生产基地建设，国务院做出建立集体林区育林基金制度的决定，每年从木材生产和木材收购中提取数亿元育林基金作为育林费用。总之，在这一时期，在党和国家的高度重视以及广大林业工作者的共同努力下，我国森林资源经营管理工作开始进入一个系统建设、科学管理、合理经营和稳步发展的新时期。

（二）森林资源经营的挫折与破坏

正当我国林业事业蓬勃发展、森林资源经营管理开始步入正轨之时，一场史无前例的“文化大革命”席卷而来。在 1966 年到 1976 年的“10 年动乱”期间，我国林业建设遭受到空前浩劫，森林资源经营管理和其他林业工作一样，受到了全面的冲击和破坏。

1. 森林经营管理机构队伍陷于瘫痪

自 1967 年起，林业部军管会将部属企事业单位陆续撤销或下放。各省、自治区大都撤销了林业厅（局），林业主管部门被实行军管或成为革委会的下设单位，林区公检法机关被破坏陷于瘫痪状态。森林调查设计单位、林业科研单位和大专院校被逐级下放。从事森林资源经营管理的干部和专业人才大量流失，下放到农村或“五七”干校劳动锻炼，有的甚至被打成“黑帮”。新中国成立后系统建立的林业行政管理机构和专业技术体系被完全打乱，森林经营管理的组织基础被严重摧残。

2. 森林资源经营管理混乱无序

“文革”开始后，各项正确的保护森林、建设林业的方针政策、规章制度和技术规定被废止或得不到贯彻执行，“以营林为基础，采育结合，造管并举，综合利用，多种经营”的方针被基本否定。1967 年 5 月开始出现批判和撤销营林村；接着由伊春林区发起批倒“以营林为基础”方针，并很快蔓延到全国。在山区、林区片面追求“以粮为纲”，向山上要粮、要油、要棉，大面积毁林开荒。林业法制被践踏，林区秩序混乱，有的地方甚至公然提出“砸烂公检法，砍树不犯法”、“打倒当权派，自由砍树卖”。在国有林区很多单位擅自进入林区建“三线”工厂、办“五七”干校，乱伐林木、毁林开垦；在集体林区公社、大队可随意砍伐山林，自留山、自留树被视为“资本主义尾巴”收归集体所有，山权林权再一次被搞乱。林业生产经营单位管理混乱，正常生产经营活动无法开展，各项生产管理制度和技术规程基本被废除。

3. 森林资源调查设计停滞下滑

由于各级林业调查规划队伍的建设管理受到严重冲击，森林资源调查、规划、设计工作基本上停顿下来。这一时期，森林经理调查和规划设计的组织形式主要采取专业队和群众运动相结合的方式进行，调查规划设计的质量不仅难以得到保证，而且其成果多因武斗或无人管理而遭到焚烧或丢失，严重不能适应林业生产经营单位的实际需要。全国第二期森林资源经理调查工作，历经 16 年的艰辛努力才得以完成。1974 年前，大部分森林经营单位没有编制森林经营施业案。在林区开发建设中，森林经理工作未能起到应有的作用，但由于国家对木材的需求量越来越大，原有企业已难以满足需要，新林区开发势在必行，因此，仍然开展了部分林业局的总体设计工作。

4. 森林采育比例严重失调

“文革”后对尚未完成开发建设的林业局（场）基本上停止了后续建设投资，造成林区生活、道路和其他工程设施建设欠账严重。虽然在短期达到甚至超过设计产量，但造成很多林业局（场）局部范围的集中过量采伐、采完搬家，根本无法实现“以场轮伐，以场定居”。森林采伐是不讲方式的“自由伐”，伐区作业质量标准形同虚设，择伐强度有的达到70% ~90%，皆伐不受对象和面积限制，“四不像”伐区大量出现。据黑龙江省1978年伐区检查统计，全省有68%以上伐区的采伐面积和采伐强度严重超出规程规定，个别伐区达到100立方米/公顷以上。由于大面积实施皆伐作业，采伐更新的各项制度和技术规定被否定，人工更新造林质量低劣，欠账越积越大，采育比例严重失调。据1979年森林更新普查结果，“文革”期间在国有林区的122个林业局中更新欠账达86.27万公顷；在集体林区356个林业采育场中更新欠账达5.63万公顷。而且人工更新成活率普遍低下，如大兴安岭林区人工更新成活率仅为12%。

“十年动乱”期间，我国林业建设遭受了前所未有的破坏，森林经营管理同样受到严重影响，几乎陷入停滞和瘫痪状态，使林区失去了森林资源恢复、发展的宝贵时间。但是在这种艰难困境中，我国森林经营管理也出现两度转机。一是在1971~1973年周恩来同志主持中央工作期间，提出批判极左思潮，整顿企业，反对无政府主义。森林经营管理逐步恢复“文革”前行之有效的规章制度。二是在1975年邓小平同志主持中央工作期间，陆续恢复了林业战线相当一批老干部、老专家和有关管理、技术人员的工作，使林业建设有了转机并取得一定进展。

（三）森林资源经营的恢复与重建

“文化大革命”结束后，特别是党的十一届三中全会以来，党中央、国务院十分重视林业建设与发展，为切实加强森林资源经营、保护和管理采取了一系列措施。同时，社会对林业的认识和需求开始发生改变，我国林业和森林资源经营管理工作逐步进入恢复和发展的历史时期，以1978年“三北”防护林工程启动为标志，生态治理行动开始摆上日程。但是，由于经济快速发展的压力、计划经济体制的惯性和投入水平的限制，林业建设尚没有从根本上摆脱传统林业的影响和束缚，总体上仍然停留在以木材生产为主的发展模式上，一方面继续大量生产木材，另一方面森林资源的经营保护得到加强。

1. 重新构建森林资源经营管理基础

1978年国务院批准成立国家林业总局；1979年成立林业部。1982年林业部调查规划设计局实行局、院分开，成立资源司，设有造林设计、调查规划、资源统计和办公室等处室。各省、自治区、直辖市的林业（农林）厅（局）和林业调查规划设计队伍也相继得到恢复或重建。为适应分户经营为主的森林经营体制和统一收购木材流通体制的要求，南方集体林区普遍加快了县、乡两级森林资源林政管理机构和队伍建设，建立健全乡镇林业站、组建林业公检法机构、设立木材检查站，并在各乡村建立了护林组织，制定了乡规民约，形成了从中央到地方较为健全的森林资源管理组织体系。为各级林业主管部门切实担负起组织实施造林绿化、经营保护森林资源的重任，提供了重要的组织保证。

1979 年国务院颁发了《关于保护森林，制止乱砍滥伐的布告》，在维护森林所有权、严禁乱砍滥伐、严禁毁林开荒、加强木材市场管理等方面做出了十条规定。全国人大常委会原则通过了《中华人民共和国森林法》（试行），明确规定林业建设实行“以营林为基础，造管并举，造多于伐，采育结合，综合利用”的方针。1980 年林业部、司法部、公安部、最高人民检察院联合发出《关于在重点林区建立健全林业公安、检察、法院机构的通知》。1981 年中共中央、国务院发布《关于保护森林、发展林业若干问题的决定》（林业 25 条），明确提出“要稳定山权林权，划定自留山，确定林业生产责任制”。各地普遍开展了林业“三定”工作，颁发了山林权证书，使长期以来山林权属不清问题得到了有效解决，稳定了集体林区林业生产秩序，解放了农村、山区林业生产力，调动了林农群众经营森林的积极性。1985 年中共中央、国务院发布《关于进一步活跃农村经济的十项政策》，取消集体林区木材统购，开放木材市场，允许林农和集体的木材自由上市并实行议购议销。针对随后一度出现的南方集体林区乱砍滥伐林木严重的情况，1987 年中共中央、国务院及时下发了《关于加强南方集体林区森林资源管理、坚决制止乱砍滥伐的指示》，对重点产材县，实行由林业部门统一管理和进山收购，有效地制止了乱砍滥伐的歪风。各省级人民政府和人民代表大会相继制定发布了有关森林资源保护管理的地方性林业法规、规章，初步形成了我国林业建设和森林资源经营管理的法制体系。

2. 重视控制森林资源的过量消耗

由于长期以来，在我国重要林区特别是重点国有林区，一直坚持以木材生产为中心，致使森林资源迅速锐减，森林资源危机开始出现。到 20 世纪 80 年代中期，从东北、内蒙古到西南整个国有林区，森林资源危机、企业经济危困的“两危”局面已显露无遗。为切实解决国有林区长期以来过量采伐等的问题，1979 年林业部提出稳定原木采伐量、让老林区休养生息的意见，并从 1980 年起，适当调整了木材生产计划，将国家计划内木材年伐量控制在 5000 万立方米以内。对林区生产建设重新做了规划安排，调整了各个林业局的木材生产任务，把过伐严重单位的木材产量调减下来；对建设中的大中型林业局实行定建设规模、定总投资、定合理工期、定外部协作条件、定经济效益的“五定”政策，要求建设规模必须全面核定森林资源、保证合理经营的基础上加以确定，防止森林的过量采伐。同时，把育林费由 10 元/立方米增加到 15 元/立方米，以确保森林更新跟上森林采伐。1981 年林业部发出《关于加强东北、内蒙古林区林业企业营林工作若干问题的规定》，要求按照以场定居、以场轮伐的原则，核定木材产量，制定经营方案，逐步做到森林生长量超过资源消耗量，严格执行木材生产一本帐，坚持合理采伐，加强资源管理。

1985 年实施的《森林法》明确规定：“国家根据用材林的消耗量低于生长量的原则，严格控制森林年采伐量。全民所有的森林和林木、个人所有的林木以国营林业企业事业单位、农场、厂矿为单位，集体所有的森林和林木、个人所有的林木以县为单位，制定年采伐限额，由省、自治区、直辖市林业主管部门汇总，经同级人民政府审核后，报国务院批准。”这是国家对森林资源采取的重要保护性措施。为此，林业部于 1985 年 6 月印发了《制定森林采伐限额暂行规定》，对年森林采伐限额的实施范围、制定原则、依据和报批办法等做了规定，要求各省自治区、直辖市制定 1986 ~ 1990 年的年森林采伐限额。1987 年国务院批转林业部《关于各省、自治区、直辖市年森林采伐限额审核意见报告》（国发［1987］35 号）。由此，我国森林采伐开始由木材生产计划管理转向了森林采伐限额管理。实践证明，森林采伐限额制度的实施，充分体现国家对森林资源实行可持续经营、保证森林资源可持续增长的指导思想，对有效保护森林资源，合理控制森林、林木的采伐消耗，促进各地正确处理近期利益和长远利益、经济利益和生态效益的关系，保障森林资源的持续稳定增长起到了十分重要的作用。

3. 开始实施森林资源恢复行动

1978 年党中央、国务院决定在东北、华北、西北地区实施“三北”防护林体系建设工程。之后，又相继启动了长江中上游防护林、沿海防护林、防沙治沙、太行山绿化、平原绿化等林业重点生态工程。到1998年，先后启动了17项林业建设工程。为了加快后备森林资源培育，1978年以后，国家每年拨款3000万元补助用材林基地建设，在湖南、湖北、广东等省（自治区）初步建立了一批用材林基地。1988年，国家计划委员会批复了林业部速生丰产林基地建设规划；1989年起，通过与世界银行合作，引进国外先进营林技术和管理方法，高标准、高质量地营造了270万公顷速生丰产林。截至1999年，速生丰产林基地建设累计保存面积约964万公顷。1985年11月，广东省政府做出了《加快造林步伐，尽快绿化全省的决定》，通过5年的艰苦努力，到1990年，广东成为“全国荒山造林绿化第一省”。在广东省灭荒的带动下，许多省做出了限期灭荒的承诺，掀起了造林灭荒高潮，先后有包括福建、湖南、江西、山东等12个省（自治区）完成了造林灭荒和绿化达标任务。1990年9月1日，国务院批复《1989～2000年全国造林绿化规划纲要》，进一步明确了我国造林绿化工作的指导思想、奋斗目标、总体布局、具体任务及建设重点，提出了实现规划的主要措施，极大地推进了全国造林绿化事业的发展。

这一时期，人们开始逐渐认识到林业既是一项重要的基础产业，又是一项重要的公益事业。提出了建立林业生态体系和林业产业体系的远景目标及分类经营的策略，但由于以木材生产为中心的发展模式仍未根本改变，森林资源经营管理尚未摆脱计划经济体制、机构、观念的束缚，总体上处在稳步恢复和重建时期。

（四）森林经营的振兴与发展

随着可持续发展战略的实施，社会经济发展对林业提出了全新的要求。党的十五大明确提出，要把植树造林，搞好水土保持，防治荒漠化，改善生态环境作为跨世纪发展战略的重要内容。党的十五届三中全会再次强调，改善生态环境是关系中华民族生存和发展的长远大计，也是防御旱涝等自然灾害的根本措施。1999年国务院下发了《全国生态环境建设规划》，进一步明确了我国生态环境建设的总体目标，力争到21世纪中叶基本实现中华大地山川秀美。党的十六大把促进人与自然的和谐，推动整个社会走上生产发展、生活富裕、生态良好的文明发展道路，作为全面建设小康社会的重要目标。生态需求已成为社会发展对林业的第一需求，林业正在由以木材生产为主向以生态建设为主的历史性转变。森林资源经营管理工作也开始进入一个全面振兴和快速发展的时期。

1. 启动了以森林资源保护培育为主要任务的六大林业重点工程

为加快林业生态建设步伐，提高林业工程的质量和效益，打造带动林业跨越式发展的“航空母舰”。2001 年国务院决定对在建的 17 项林业工程系统整合，并相继批复实施了天然林资源保护、退耕还林、“三北”等防护林建设、京津风沙源治理、野生动植物保护及自然保护区建设、重点地区速生丰产用材林基地建设等六大林业重点工程。六大林业重点工程覆盖全国 97% 以上的县，规划造林任务超过 7600 万公顷，规划投资 7000 多亿元，堪称“世界生态工程之最”，已成为我国林业建设的主战场。它的实施标志着中国林业进入了以生态建设为主的新时代。截至 2004 年六大林业重点工程共完成造林 2737. 75 万公顷，其中：仅天然林资源保护工程就完成造林 1164. 64 万公顷，森林管护面积保持在 9000 万公顷以上，减少森林蓄积消耗 21 419. 83 万立方米，相当于“十五”期间全国两年的商品材限额消耗量。

2. 实施了森林生态效益补偿制度

1998 年修订的《森林法》明确规定：国家设立森林生态效益补偿基金，用于提供生态效益的防护林和特种用途林的森林资源、林木的营造、抚育、保护和管理。2001 年，国家林业局、财政部在全国 11 个省（自治区）658 个县和 28 个国家级自然保护区进行生态效益补助试点，由中央财政设立 10 亿元森林生态效益补助资金，对 1333. 3 万公顷的重点防护林和特种用途林实施生态效益补助，标志着无偿使用森林生态效益历史的结束。2004 年，经国务院同意，财政部、国家林业局决定在全国范围内开始实施中央森林生态效益补偿制度，将补偿基金由 10 亿元增加到 20 亿元，补偿面积由 1333. 3 万公顷增加到 2666. 67 万公顷，纳入补偿范围的省（自治区）由 11 个扩大到全国，标志着我国对重点公益林的保护由局部试点到全面推开，从实施资金补助政策到确立基金补偿机制的重大转变，必将对我国林业的生态建设产生历史性的重大影响。目前，按照《国家林业局 财政部重点公益林区划界定办法》，在我国近 2. 67 亿公顷林地中，总计划定了 1. 04 亿公顷重点公益林。

3. 明确了新时期森林资源经营管理的方针政策

2003 年 6 月党中央、国务院颁发了《关于加快林业发展的决定》，对林业予以了新的科学定位，明确了林业发展的指导思想、基本方针、战略目标和战略重点，赋予了林业在贯彻可持续发展战略中的重要地位、在生态建设中的首要地位、在西部大开发中的基础地位。确立了以生态建设为主的林业可持续发展道路，建立以森林植被为主体、林草结合的国土生态安全体系，建设山川秀美的生态文明社会，大力保护、培育和合理利用森林资源，实现林业跨越式发展，使林业更好地为国民经济和社会发展服务的指导思想。明确提出力争到2010年，使我国森林覆盖率达到19%以上；到2020年，使我国森林覆盖率达到23%以上；到2050年，使我国森林覆盖率达到并稳定在26%以上，基本实现山川秀美，生态状况步入良性循环，建设比较完备的森林生态体系和比较发达的林业产业体系的战略目标。

在森林资源经营管理方面，《关于加快林业发展的决定》明确要求必须坚持严格保护、积极发展、科学经营、持续利用森林资源的基本方针。进一步完善林业产权制度，在明确权属的基础上，鼓励森林、林木和林地使用权的合理流转；放手发展非公有制林业，鼓励各种社会主体跨所有制、跨行业、跨地区投资发展林业，为各种林业经营主体创造公平竞争的环境。实行林业分类经营管理，分别采取不同的管理体制、经营机制和政策措施，对公益林业实行公益事业管理，以政府投资为主，吸引社会力量共同建设；对商品林实行基础产业管理，主要由市场配置资源，政府给予必要扶持。大力推进森林经营管理体制改革，不断增强林业发展活力，建立权责利相统一，管资产和管人、管事相结合的森林资源管理体制。加强政策扶持，保障林业长期稳定发展，对关系国计民生的重点生态工程建设，国家在财政上予以重点保证，森林生态效益补偿基金分别纳入中央和地方财政预算，并逐步增加资金规模；国家继续对林业实行长期限、低利息的信贷扶持政策，林业经营者可依法以林木抵押申请银行贷款；继续执行国家已经出台的各项林业税收优惠政策，取消对林农和其他林业生产经营者的各种不合理收费。不断健全林业和森林资源保护管理法律体系，制定天然林资源保护、湿地保护、国有森林资源经营管理、森林、林木和林地使用权流转、林业建设资金使用管理、林业工程质量监管、林业重点工程建设等方面的法律法规。

4. 形成了森林资源经营管理蓬勃发展的良好局面

随着国家对林业建设投入的大幅度增加和天然林资源保护、退耕还林等六大林业重点工程的顺利实施，我国林业发展步伐不断加快，森林资源呈明显快速增长之势。第六次全国森林资源清查结果显示，我国森林面积快速增长、森林蓄积稳步增加、森林质量逐步改善、林种结构渐趋合理、所有制形式日趋多元化、林业发展后劲充足。全国森林面积达1.75亿公顷，森林覆盖率18.21%，活立木总蓄积量136.18亿立方米，森林蓄积量124.56亿立方米。人工林面积0.53亿公顷，蓄积15.05亿立方米。森林资源的持续快速增长，不仅有效满足了国民经济建设和人民生产生活对木材及林产品日益增长的需求，全国木材及林产品的自给率达85%以上，同时，也极大改善了我国的生态状况。根据全国最新荒漠化、水土流失和野生动植物等监测结果，我国开始实现了荒漠化治理面积大于扩展面积，水土流失面积不断减少、强度不断减弱，野生动植物种群数量稳中有升，分布范围越来越广等可喜局面，其中：全国年均水利化土地治理面积达19 000平方千米，超过年均扩展面积；水土流失面积由过去的367万平方千米下降到356万平方千米；稳中有升的陆生野生动物占55.7%，189种国家重点保护的野生植物达到野外种群稳定标准的占71%，全国生态状况恶化趋势得到初步遏制。

二、中国森林资源经营的主要成就

在党中央、国务院和各级党委、政府的高度重视和正确领导下，我国森林资源经营管理工作得到了大力加强，取得了令人瞩目的成绩。新中国成立50多年来，累计为国家建设提供木材50多亿立方米、竹材90多亿株，森林覆盖率由新中国成立初期的8.6%增加到18.21%，在全球森林资源总体呈下降趋势的情况下，我国森林资源保持着不断增长的良好态势，为维护国土生态安全，增加林产品有效供给，扩大社会就业，增加农民收入，促进经济社会持续发展，做出了重要贡献。

（一）初步建立了森林资源经营管理体系

森林资源经营管理是林业行政管理的重要组成部分，经过50多年的发展，全国已基本形成了以林政管理为主体，以资源监测、资源监督为两翼的森林资源经营管理体系。据统计，全国现有县级以上森林资源林政管理机构 3200 多个，管理人员 1.7 万人，其中 90% 以上的地、县级林业主管部门设立了资源林政管理机构；林业调查规划设计单位 1600 多个，调查队伍 3.5 万人；自 1989 年以来，国务院林业主管部门先后向 25 个省（自治区、直辖市）派驻了 14 个森林资源监督机构，监督覆盖面超过国土面积的 95%，其中东北、内蒙古重点国有林区还逐级派驻了 1000 多个监督机构。同时，全国还设有木材检查站 4300 多个，林政稽查队 700 多个，乡镇林业工作站 3 万多个。日臻完善的森林资源经营管理体系，为落实“严管林”的要求，依法强化森林资源的科学经营和持续利用，提供了有力的组织保障。

（二）基本构建了具有中国特色的森林资源管理制度

多年来，结合国情、林情，森林限额采伐、林权登记发证、征占用林地审核审批和森林资源定期清查等制度不断完善，初步创建了以领导干部保护发展森林资源任期目标责任制为核心，以森林利用管理、林地林权保护、森林资源消长监测等为主要内容的一整套有中国特色的经营管理制度，保障了林业改革发展的顺利推进。自 20 世纪 90 年代初以来，全国森林面积和蓄积持续“双增长”；天然林资源保护工程实施以来，长江上游、黄河中上游地区和东北、内蒙古重点国有林区已累计减少森林采伐消耗 3.2 亿立方米。林地保护管理不断加强，征占用林地审核率、森林植被恢复费收取率分别由 1998 年的 66.5% 和 18.8% 提高到现在的 87.5% 和 77.7%；全国依法进行林权登记发证面积达 2.4 亿公顷，占林地总面积的 90% 以上。目前，全国已进行了六次森林资源连续清查，地方森林资源监测不断完善，营造林实绩综合核查、采伐限额执行情况检查等有效进行。

（三）逐步形成了较为完善的森林资源经营管理法律体系

改革开放以来，国家先后出台了《森林法》、《野生动物保护法》、《防沙治沙法》、《农村土地承包法》等 6 部与森林资源经营管理直接相关的法律；《森林法实施条例》、《退耕还林条例》、《森林采伐更新管理办法》等 14 部林业行政法规；《林木林地权属登记管理办法》、《占用征用林地审核审批管理办法》、《林业行政执法监督办法》等 31 件林业部门规章。此外，各地还出台了地方性法规、规章 300 余件。林业法律、法规体系的日益健全，为依法强化森林资源经营管理提供了法律依据。据统计，自1998年以来全国共查处林政案件220万起，查处率达97%，为国家挽回直接经济损失18亿元。全国森林资源行政案件由2001年的48万起下降到现在的46万起，单位和法人大规模毁林的现象得到有效遏制。保护森林、发展林业越来越受到人民群众和社会各界的广泛关注，全社会依法护林、爱林的意识普遍提高。

（四）切实提高了森林资源经营管理的现代化水平

新中国成立以来，国家先后制定颁布了60多项森林营造、培育、采伐利用和资源监测的技术标准、规程和规范，有效地指导了森林资源经营管理实践。特别是近年来，制定了《全国重点地区天然林资源保护工程区森林分类区划技术规则》、《重点公益林区划界定办法》、《森林资源经营管理分区施策导则》、《全国营造林实绩综合核查工作规范〈试行〉》等一系列规程、办法，为六大林业重点工程的规划、实施和监控提供了保障。及时调整、充实了生态状况监测的内容及其指标体系，修订了《森林资源规划设计调查主要技术规定》、制定了《国家公益林认定办法》（暂行）。20世纪50年代，我国森林资源调查就引入了航空摄影和航空调查技术，并在实践中逐步加以应用。1977年利用多光谱影像技术，成功进行了西藏地区的森林资源调查。从1999年开始的第六次全国森林资源清查，进一步扩大了“3S”技术的应用领域，解决了对我国西藏实际控制线外和西部广大无人区的资源调查问题，增加了全国森林资源清查的覆盖面，显著提高了调查精度和工作效率。

（五）不断丰富了森林资源经营管理的理论体系

从新中国成立到改革开放初期，我国森林经营管理的理论和技术主要来自原苏联，森林经营的主要目标是多出木材、出好木材，满足国民经济建设和发展的需要。改革开放以后，随着经济社会对林业多种需求的日益增长，广泛吸收林业发达国家森林资源经营管理的理论，并结合我国实际，积极探索，实现了森林资源经营管理理论与实践的双向互动和不断创新。在森林资源经营管理的指导思想上，以天然林资源保护、野生动植物保护等重点工程的启动为标志，开始了由以木材生产为主向以生态建设为主的转变，确立了通过森林资源的可持续经营，实现人与自然和谐发展的新时期森林资源经营管理指导思想。在森林资源经营管理的方针上，从20世纪

50 年代的“普遍护林，重点造林，合理采伐，合理利用”，到 60 年代的“以营林为基础，采育结合，造管并举，综合利用，多种经营”，到现阶段的“严格保护，积极发展，科学经营，持续利用”，体现森林资源经营管理方针的与时俱进。在森林经营管理的途径上，从过去在法正林理论的指导下，以获取稳定的木材产出为取向的永续利用，发展到现阶段在可持续发展理念指导下，追求森林多功能协调为取向的经营森林生态系统之路。在森林经营管理的根本任务上，由过去为国民经济和社会发展提供木材为根本任务，发展到现在的增加森林资源总量，增强森林生态系统整体功能，增加林产品有效供给。在森林经营管理机制上，由计划经济体制下集中统一经营管理，发展到社会主义市场经济体制下的承包经营、租赁经营、股份合作经营、乡村统一经营，以及国有林区的管护承包经营等多种形式，形成了分类经营、分类指导、多种经营形式并存的森林经营管理的新机制。在保障机制上，以 20 世纪 80 年代《森林法》出台为标志，逐步建立健全林业法律法规体系，确立了各级地方政府领导保护和发展森林资源的任期目标责任制，进一步将依法治林和科教兴林贯穿于森林的培育、经营与利用的全过程，形成了法律法规、经济与行政措施综合运用的新型森林资源经营管理保障机制。

森林资源经营管理工作在取得成绩的同时，也积累了丰富的经验：一是坚持实行各级领导干部保护和发展森林资源任期目标责任制，把森林资源增长作为维护国土生态安全、促进经济社会可持续发展的重要内容。二是坚持严格保护、积极发展、科学经营、持续利用的方针，把增强森林生态功能，增加木材和其他林产品供给作为森林资源经营管理的重要任务。三是坚持依法治林、完善制度，把不断加强林地林权、限额采伐和资源监测的管理作为适应社会主义市场经济体制要求的根本之策。四是坚持加强体系建设，把建立作风过硬、业务精良的森林资源经营管理队伍作为保证各项森林资源经营管理任务有效落实的基本力量。五是坚持依靠人民群众，把人民群众的积极参与和社会各界的大力支持，作为做好森林资源经营管理的坚实基础。

第三节　国外森林经营理论与实践

探索森林经营的理论和实践是一条漫漫长路，无论基于什么样的理由，也无论是处在什么样的发展阶段，林学家一直在追寻两个问题的答案，一是为什么经营森林，另一个是怎样经营森林。欧洲作为近代森林经营思想和理论的发源地，从200年前诞生到现在，适应社会经济发展对林业的要求，一直在不断调整和完善。17世纪，德国创立了森林永续利用理论。之后，世界各地相继出现了森林多功能论、林业分工论、新林业理论、近自然林业理论、生态林业理论，直至发展演变为现在的森林可持续经营理论。这些理论和实践系统反映了国外森林经营理论的演变脉络和发展轨迹。了解并掌握国外森林经营理论和实践的变化，对促进中国现代森林经营理论的发展和实现森林资源可持续经营具有重要的借鉴意义。总体上，根据森林利用目的和发展进程，可将世界森林经营理论划分为三个主要阶段。以木材持续生产为核心的森林永续经营理论；兼顾木材和生态效益的森林多目标经营理论；为社会可持续发展服务的森林可持续经营理论。

一、森林永续利用理论与实践

经营森林为什么？不同时期有不同的回答。进入工业社会以后，经济社会发展对木材的需求急剧上升，森林资源在需求的重压下日趋减少，为了持续提供木材的有效供给，大规模营造人工造林并注重合理经营成为林业经营的重要目标。为了实现这一目标，林学家从用森林持续经营的角度先后提出了以木材持续生产和利用为核心的森林经营理论，其核心是确保木材的持续供给和森林的永续利用。

（一）森林永续经营理论

从17世纪中期开始，德国因制盐、矿冶、玻璃制造、造船等工业的发展，大规模采伐森林，致使到18世纪初出现了第一次全国范围的严重的“木材危机”。正是在这种形势下，1713年德国林学家、森林永续利用思想的创始人卡洛维茨提出了人工造林的思想。他认为：“努力组织营造和保持能被持久地、不断地、永续地利用的森林，是一项必不可少的事业，是这个国家最伟大的一门艺术和科学。”他同时提出“顺应自然”以满足造林树种的立地要求等思想。

1795年，德国林学家哈尔蒂希（G. L. Hartig）提出“森林永续经营理论”。认为“每一个明智的林业领导人必须不失时机地对森林进行估价，尽可能合理地利用森林，使后人至少也能得到像当代人所得到的同样多的利益。从国家森林所采伐的木材，不能多于也不能少于在良好经营条件下永续经营所能提供的数量。”提出“森林经营管理应该有这样调节的森林采伐量，以致世世代代能从森林得到好处，至少有我们这一代这么多”的永续利用原则。强调森林经营既要满足木材产品的永续供应又不使森林面积减少。哈尔蒂希的理论中所包含的森林永续经营思想，得到后人的高度评价。

（二）法正林理论

1826年，以洪德斯哈根（J. C. Hundeshagen）为代表的德国林学家在继承哈尔蒂希“森林永续经营”、哥塔（H. Cotta，1804）“龄级法”等理论的基础上，创立了以森林永续收获为核心的“法正林理论”。后来，哈耶（C. Heyer，1841）对它做了补充。该理论主张通过调整林龄结构等措施，在一定经营范围内均衡地生产木材，以实现森林资源的永续利用。这一理论经补充和发展，成为森林永续和均衡利用的经典理论。

法正林是具有理想结构和理想状态的抽象化的森林。法正林是由同一作业法、同一轮伐期所构成的经营整体。它应满足以下4项要求：①它的林分具有最高的平均生长量；②在轮伐期范围内所有的龄级都是法正林分，且面积相等；③林分的空间配置应该满足在执行各项营林措施时，经营上不受任何损害；④在投入营林资本获得满意利润条件下，生长量和蓄积组成应保证固定的最高林业收入。当经营总体的四项条件全部实现时，结果必然具有法正蓄积量，即在轮伐期范围内全部龄级的同等面积上，法正林分所获得的木材数量。

法正林理论的贡献在于，解决了用材林经营中永续采伐利用的问题，强调年采伐量等于年生长量，这对于世界各国都有现实意义。同时，它的特点是追求纯经济利益。这也是新中国成立后沿用至今的用材林经营理论。但这一理论主要是为以木材生产为核心的传统林业服务的，不能适应新形势对现代林业发展的需要。当然，它的永续利用思想，与可持续发展思想也有共同之处，为森林可持续经营提供了不少借鉴作用。

（三）木材培育论

德国林学家哈尔蒂希在提出森林永续经营理论的同时，还提出了“木材培育”的概念。1811 年，他出任普鲁士国家林业局局长，提倡营造人工针叶纯林，鼓励选择材积生长量高的树种，建立生产力高的林分以获得短时间内的大量产出。该理论在德国大规模造林运动中起着主导作用。到 19 世纪中期，德国的人工林高达 99%、天然林只剩下 1%。在木材培育论指导下的这场造林运动实质上是人类一次大规模恢复森林的实践。当时为追求经济利益而营造的大批同龄针叶纯林，经过第二、第三代之后，地力和森林抗灾能力衰退，改造起来很困难。而且，人们在高效益的诱使下把不多的原始林也砍伐改成人工林。造大面积人工针叶纯林和砍伐大面积天然林，是木材培育论带来的两点教训。

法国林学家 B·马丁等人在总结各国森林资源经营理论的基础上，20 世纪中期也提出了“木材培育论”，这种理论与以往的理论有很大不同。他们认为，人类应该从传统林业的桎梏下解脱出来，建立一个专门培育木材的企业，在面积不大、但立地条件优越、交通便利的林地上，采用科学的营林方法，营造速生丰产林，追求木材高产、高效和高利润，而让其他类型的森林充分发挥其森林生态效益和社会效益。它已接近于林业分工论中的商品林业理论。这个理论对法国林业经营指导思想产生了很大影响。

二、森林多目标经营理论与实践

20 世纪 50 年代以后，随着全球生态环境持续恶化，人们对森林在发展中的作用有了新的认识，如何在森林经营中反映当时社会的主导需求，成为经营思想变革的基础。在此背景下，林学家们相继提出了多种理论，强调森林不仅具有经济效益，而且具有生态和社会效益，因此，在世界各国出现了强调兼顾木材和生态效益的森林经营理论，强调森林必须实行多目标经营。

（一）森林多效益理论

森林多效益（多功能）理论，萌生于 19 世纪初，经过不断地发展和完善，到 20 世纪 50 年代后才引起美国、德国、法国等国家的重视。它可包括“森林多效益永续经营理论”、“森林政策效益理论”等类似的理论。

早在1811年，德国林学家哥塔就将“木材培育”概念的内涵延伸为“森林建设”，将森林永续利用的解释扩展到森林能为人类提供一切需求，而且特别主张营造混交林，但并未引起重视。

1867年，时任德国国有林局局长的哈根提出了著名的“森林多效益永续经营理论”。认为：经营国有林不能逃避对公众利益应尽的义务，必须兼顾持久地满足对木材和其他林产品的需要，以及森林在其他方面的服务目标。

1888年波尔格瓦创立了“森林纯收益理论”。他指出：森林总体要比林分大得多，应该争取的是森林总体效益的最高收益，而不是林分的最高收益。1905年，恩德雷斯在《林业政策》中全面阐述了“森林的福利效益”，即森林对气候、水、土壤和防止自然灾害的影响，及在卫生和伦理方面对人类健康的影响，发展了“森林多效益永续经营理论”。1922年满勒提出恒续林经营法则，强调低强度择伐和在针叶纯林中引种阔叶树和下木。

1933年德国《森林法》中明确规定：永续地、有计划地经营森林，既以生产最大量的用材林为目的，又必须保持和提高森林的生产能力；经营森林要尽可能地考虑森林的美观、景观特点和保护野生动物；必须划定休憩林和防护林。后来因为战争爆发，此法未能正式颁布实施，但影响深远。

第二次世界大战后，原联邦德国的林业经营明显地向综合效益转化。被誉为现代德国最杰出林业政策学家的第坦利希，于1953年创立“林业政策效益理论”，系统地阐述了森林与社会其他方面的关系。认为，林业应服务于整个国民经济和社会福利。林业研究应重视森林与人类的复杂关系，森林的作用不只是物质利益，更应重视它对伦理、精神、心理的价值。同时，“拯救阔叶林委员会”出版的《未来属于混交林》一书，集中了200多位科学家的观点、言论。他们所提出的关于发展阔叶林和混交林的意见，促进了联邦政府林业政策转向以森林的多种效益为目标。20世纪60年代，德国开始推行“森林多效益理论”。而且，该理论很快被美国、瑞典、奥地利、日本等国家所接受，在全球掀起一个“森林多效益经营”的浪潮。

（二）森林主导利用理论

20世纪70年代，美国林业经济学家M·克劳森和R·塞乔博士等人提出了“林业分工论”。他们认为，如通过集约林业生产木材，森林的潜力将是相当可观的。70年代后期，W·海蒂认为不能对所有林地都采用相同的集约经营措施，只能在优质林地上进行集约化经营，同时使优质林地的集约经营趋向单一化，导致经营目标的分工。克劳森等人主张在国土中划出少量土地发展工业人工林，承担起全国所需的大部分商品材任务，称为“商品林业”；其次划出一块“公益林业”，包括城市林业、风景林、自然保护区、水土保持林等，用以改善生态环境；再划出一块“多功能林业”。他们认为，全球森林将朝着各种功能不同的专用森林或森林多效益主导利用发展。这一理论的提出，向森林永续利用理论提出了新挑战，使传统的森林经营思想和理论发生了革命性变革，进而林业可持续发展思想和现代林业观得以提出和成形。

在“森林主导利用”等现代林业理论的影响下，世界许多国家根据自己的国情大都对林业实行分类经营。有的国家将森林划分为两类，如新西兰、澳大利亚、美国、印度、瑞典；也有的划分为三类，如法国、加拿大、原苏联；还有的国家划分为多类，如日本、马来西亚、奥地利。在这些国家中，实行林业分类经营作为一种有效途径，其目标是实现森林可持续经营和发展。

三、森林可持续经营理论与实践

进入20世纪80年代，特别是1992年联合国环境与发展大会以来，随着人们对森林功能认识的进一步提高，人们对森林的利用开始发生重大转变。林业在国民经济和社会发展中的地位和作用也相应发生了变化，在森林经营中更加注重森林生态效益的发挥。世界各国纷纷调整林业发展战略，以适应国际社会和本国对林业发展和生态环境保护的要求。由于发达国家和发展中国家社会经济发展水平不同，其林业发展战略的调整广度和深度存在很大的差异，其共同点是森林经营更加注重于发挥森林的生态和社会效益。有代表性的理论为“近自然林业”理论、“新林业”理论、森林生态系统经营理论和森林可持续经营理论。

（一）“近自然林业”理论

1898年德国著名林学家盖耶（Gayer）提出了“近自然林业”理论。认为“生产的奥秘在于一切在森林内起作用的力量的和谐”，经营者要尽可能按上述原则从事林业活动。即森林经营应该遵从自然法则，充分利用自然的综合生产力。虽然该理论产生较早，但由于人工林的弊端并未充分暴露，因此长期以来并没有受到林学界的重视。20 世纪 80 年代，随着生态逐步恶化及人工林经营问题逐步显露，该理论开始受到林学界的重视，逐渐被欧洲一些国家接受，并纳入林业发展的指导思想和经营目标中。

20 世纪 90 年代德国全面采用“近自然林业”理论作为指导，而且欧洲的其他国家，如奥地利、法国、挪威、比利时、瑞典、匈牙利、波兰等国，也不同程度地受到此理论的影响，作为森林经营的理论。

（二）“新林业”理论

20 世纪 80 年代末，美国林学家弗兰克林（J. F. Franklin）提出“新林业理论”。他根据 40 年来对美国西北部针叶林的森林经营、森林生态系统和景观生态学的研究，以及针对美国现行林业政策的利弊提出了该理论。该理论主要是以森林生态学和景观生态学的原理为基础，并吸收森林永续经营理论中的合理部分，以实现森林的经济效益、生态效益和社会效益相统一为目标，建立一种不但能永续生产木材和其他林产品，而且也能持久地发挥保护生物多样性和改善生态环境等多种效益的林业。

“新林业”理论的主要特点是：把所有森林资源视为一个不可分割的整体，不但强调木材生产，而且极为重视森林生态效益和社会效益。该理论把发挥森林生态效益放在首要位置。主张把木材生产和生态保护融为一体，特别是保护和改善林分和景观结构的多样性。林分层次的经营目标是，保护和重建不仅能够永续生产各种林产品，而且也能够持续发挥多种效益的森林生态系统。景观层次的经营目标是，创造森林镶嵌体数量多、分布合理、并能永续提供多种林产品和其他各种价值的森林景观。

“新林业”理论避免了传统林业生产与纯粹自然保护之间的矛盾，找到了一条合理的林业发展道路。该理论提出后，震撼了美国林业界，引起了美国国会的重视。它不仅在美国，而且在加拿大、日本等国得到推行。

（三）可持续经营理论

森林可持续经营理论，是对永续利用论和生态林业论的继承和发展，不仅考虑森林资源的多功能和多效益，而且强调森林资源在时空上的合理分配，主张森林资源的经营应采用可持续的方式，以满足当代和子孙后代在社会、经济、文化和精神方面的需要。

森林可持续经营理论主要是指：森林生态系统的生产力、物种、遗传多样性及再生能力的可持续发展。它是以当代可持续发展和生态经济理论为基础，结合林业的特点和特殊经营规律形成的林业经营指导思想。从“可持续发展角度”看，它也是林业经营的目标和战略，是整个社会可持续发展的有机组成部分。该理论承认森林的多功能性，承认森林经营条件的多样性，着眼于兼顾当代人与后代人的利益，注重生物多样性的保护。

美国林纸协会（1995年）对可持续林业的定义是：作为土地管理者来经营管理森林，通过综合地发展、培育和收获林木以生产有用的产品，并且保护土壤、空气和水的质量以及野生动物和鱼类的生境，既满足目前的需要，又不损害未来世代满足他们需要的能力的林业。

森林可持续经营理论的广泛认知和运用，可以说是传统林业理论向现代林业理论的历史性转变，随着这一理论的不断运用以及相关领域研究的不断进展，以可持续发展为目标的森林经营已经成为世界林业发展的主流。

（四）森林生态系统经营理论

20世纪80年代末，美国林学家提出“森林生态系统经营理论”。20世纪90年代，美国的森林经营思想逐渐从传统的永续生产经营向生态系统经营方面转变。该理论突出强调了生态优先的森林经营理念，即把发挥森林生态效益放在首要位置。

生态系统经营理论，把森林看做不同等级的、复杂的和非生物成分间具有功能联结的生物体系统。森林状态是系统内许多单一过程及其相互联系的结果，系统存在的范围不同，也没有明确的边界。人们通常对边界和类型的划分只是为了满足政治、管理、研究和经营的需要。生态系统经营是森林资源经营的生态过程，它试图长期维持复杂的过程，维持系统内相互依赖的完整性和良好功能，保持系统的健康和恢复能力。

通过对传统的永续生产经营和生态系统经营概念的分析，可以看出两者之间的差异。

（1）传统的永续生产经营强调单一商品或价值的生产，维持产品的不断供应和输出。生态系统经营强调维持生态系统的状态，即全部效益和价值。生态系统经营扩大了经营范围，能取得多种价值和效益，而不谋求单一资源的最大生产。当然，在取得良好森林状态和广泛收获时，可能会降低特定产品的产量。

（2）传统的永续生产经营单位是林分和相同所有制下的林分集合，除木材生产外，不能保证其他物种和产品的长期生产，因此很难维持生态系统的完整性。而生态系统经营单位是景观水平和超越所有制的景观集合。由于不同所有制下的森林具有不同的义务和目标，因而其系统状态、资源密度和产品产量也将不同。

（3）传统的永续生产经营同农业的经营模式基本相似，而生态系统经营则反映了自然干扰的客观规律。自然干扰规律在景观水平上为维持生态系统的客观规律和过程提供了蓝图，经营活动就是要遵循这些客观规律的特征，经营活动和生产收获要限制在保持未来生态系统良好状态的目标内。

（4）传统的永续生产经营更关注森林的蓄积量和产量而不是其状态。生态系统经营首先关注森林的整体状态和全部价值，其次才是蓄积量和产量。森林状态包括年龄、结构、长势和组成等可识别的特征。特别是对森林生境、生物多样性、水质、空气、森林健康等同社会效益相关的问题首先考虑的是其状态，而不是蓄积量和产量。

（5）生态系统经营将人类视为生态系统的一个组成部分，将人同大自然融为一体。生态系统经营要维护社会发展和满足人类对森林的需求。森林生态系统经营的目标要建立在公共价值和公众参与的基础上，要靠科研、教育和政策的相互协调才能实现。

生态系统经营并非是要用保护森林的某些自然状态来取代林产品的生产。林业的传统观念是森林为可更新资源，通过永续经营能长期满足社会的需求。社会的发展曾使林业把重心放在木材生产上，这不能满足人类对森林所有价值的长期需求。现代社会显然要求林业工作者为满足更广泛的用途，提供更多的产品，获取更高效益的服务去经营森林。保持森林资源的长期健康和高生产率，以满足社会的长期需求，是林业不可推卸的责任。为保持森林的长期健康和高生产率，任何林业发展战略都应满足 3 个条件，即：保持森林生态系统在结构和机能上的完整性，满足人类社会的多样性需求，把所需的技术、财政和人力资源付诸于目标的实现。

纵观世界森林经营理论和实践的演变和发展，其中贯穿着一条主线，即森林经营过程从简单到复杂，目标从单一到多项，理论从单一永续到多目标持续，最终追求森林生态系统与社会发展系统的和谐。这种演变过程，体现了社会的进步和需求的变化，也体现了人们对森林重要性认识的升华。无论是创立于欧洲的永续利用理论及实践的结果，还是兴起于美国的“新林业”理论，在森林经营的历史演变中都逐步回归到一个理性基础上，那就是着眼未来，结合各国的特点，依据生态学的基本法则和社会需求，经营森林生态系统。

第二章　森林生态系统经营：理念·目标

保护生态环境、实现可持续发展，直接关系到人类的命运和地球的前途。1992 年联合国环境与发展大会后，人们深刻意识到人类的生存延续需要有可持续利用的资源和良好的环境，而这又要求有足够数量并处于良好状态的森林来保障。林业成为全球人口、环境和发展格局中具有举足轻重地位和广泛影响的事业。森林资源是陆地生态系统的主体，保护和发展森林资源是一切林业工作的出发点和归宿。森林资源经营管理贯穿于森林培育、经营、采伐和利用的各个环节，森林资源经营管理对增加森林资源总量、提高质量，具有不可替代的作用。因此，森林资源经营管理既是林业工作的基础，更是一切林业工作的核心。面对全球化的发展趋势和中国社会发展的时代特点，新时期我国林业要实现又好又快发展，处于其核心地位的森林资源的经营管理必须坚持可持续发展的理念，通过走森林生态系统经营之路，最终实现森林资源可持续经营目标。

第一节　森林生态系统经营的理念

森林植被作为陆地生态系统的主体，不仅为人类的生存和发展提供了巨大的物质产品和环境服务功能，而且在维护全球生态平衡和生物多样性、支持人类生命系统中发挥着不可替代的作用，人们越来越认识到林业及生态环境建设在社会经济可持续发展中的基础地位和保障作用。森林资源经营管理作为林业工作的核心，一切活动应始终遵循可持续发展的原则和理念。

一、森林可持续经营

（一）森林可持续经营的概念

森林是一个复杂的生态系统，是陆地生态系统的主体，也是人类社会生存与发展的重要支持系统。森林的功能是客观存在的，是由自然、社会经济条件、森林生物地理群落的特征所决定的，即决定了特定区域利用森林的目的，而这一目的的实现则要求采取相应的经营制度和措施体系，即森林资源经营管理。

关于森林可持续经营（sustainable forest management）的概念，由于不同国家、不同区域的经济发展水平和人们对森林功能认识程度的差异，人们从不同的角度给出了不同的理解和解释。比较著名的有：英国学者波尔的定义："用前后一贯的、深思熟虑的、持续而且灵活的方式来维持森林的产品和服务，使之处于平衡状态，并用它来增加森林对社会福利的贡献"。1993 年召开的欧洲森林保护部长级会议，启动后来称为"赫尔辛基进程"的会议提出的："森林可持续经营是指以一定的方式和速率管理并利用森林和林地，在保护森林的生物多样性、维持森林的生产力、保持其更新能力、维持森林生态系统的健康与活力，确保在当地、国家和全球尺度上满足人类当代和未来世代对森林生态、经济和社会功能的需求的潜力，并且不对森林生态系统造成任何伤害"。国际热带木材组织对森林可持续经营的定义是："经营永久性林地的过程以达到一个或多个明确定义的管理目标，连续生产所需要的林产品和服务，不降低其内部价值和森林的未来生产力，并且没有对系统和社会环境产生不良的影响"。联合国粮食与农业组织对森林可持续经营的定义是："森林可持续经营是一种包括行政、经济、法律、社会、科技等手段的行为，涉及天然林与人工林。它是有计划的各种人为干预措施，最终目的是保护和维持森林生态系统的健康和稳定"。1992 年联合国环境与发展大会通过的《关于森林问题的原则声明》文件中，对森林可持续经营的定义为："可持续森林经营意味着对森林、林地进行经营和利用时，以某种方式，一定的速度，在现在和将来保持生物多样性、生产力、更新能力、活力，实现自我恢复的能力，在地区、国家和全球水平上保持森林的生态、经济和社会功能，同时又不损害其他生态系统"。

虽然各国林学家对森林可持续经营的概念还存在不同的看法，但大家的理念和所下定义的核心内容是一致的，目前比较统一的观点可以表述为："森林可持续经营是通过现实和潜在森林生态系统的科学管理、合理经营，维持森林生态系统的健康和活力，维护生物多样性及其生态过程，以此来满足社会经济发展过程中，对森林产品及其环境服务功能的需求，保障和促进人口、资源、环境与社会、经济的持续协调发展。”森林可持续经营是实现生态文明的基础，是实现林业可持续发展的关键。

第十一届世界林业大会安塔利亚宣言认为，森林可持续经营是林业部门能够为国家可持续发展所做的最重要的贡献之一。森林可持续经营与传统经营模式相比，最大的差异是森林可持续经营的主体是人，对象是森林。强调规范人的行为，包括体制和法规、规划决策的程序化、公众参与、标准与指标等。

（二）森林可持续经营的内涵

森林可持续经营与可持续发展的关系主要体现在社会、经济、生态环境3个方面。其中社会和生态环境的持续性，体现的是全人类的利益，即可持续发展的社会需要通过森林的可持续经营提供物质产品和生态环境服务功能。而作为人类群体中的森林经营者来说，不仅需要自身的实践活动所提供的产品服务，更具有意义的是要求其自身经济利益的可持续性，这也是不同利益主体对森林问题构成不同态度的深层次原因，3个持续性的统一正是森林可持续经营追求的目标。

森林可持续经营是经营森林资源的实践过程，是从森林资源的培育、管护到利用的动态过程。从生态学的角度讲，森林资源的数量、质量和结构决定了森林生态系统的自然特征和生产力水平，考虑到全球范围内，尤其是发展中国家森林生态系统经营、管理和利用的现实，转变经营思想，构建经济上可行、社会上可接受、生态上合理、符合可持续发展原则要求的森林经营模式体系，是森林可持续经营从理论走向实践的关键。同时，由于森林本身具有复杂、动态的系统特征，森林经营思想的发展是建立在人类对森林生态系统功能、作用的认识，以及社会对林产品及其环境服务功能需求变化基础之上的，所以，随着社会的发展，森林可持续经营必然是依据经营目的的变化，在培育、经营、管理和利用等技术体系方面不断调整，不断进步的动态过程。

森林可持续经营是目标模式，是要通过严格保护和科学经营森林资源，达到满足人类对森林资源持续不断的多种需求的目标。人类对森林的需求是多方面的，不同历史时期森林经营的思想和模式与人们对森林的需求息息相关，人们对森林的态度也经历了从盲目破坏与浪费逐步转向自觉地保护与扩大森林资源的过程。现在人类已经普遍认识到，在新的历史发展阶段，保护和发展森林资源，持续满足人类生存发展在物质上、环境上、精神上、和文化上的多层面需求，是人类必须要走的一条发展道路。森林可持续经营正是既考虑人类在生态、经济和社会等多方面需求，又同时考虑在生态上合理（环境上健康）、经济上可行（可负担得起）及社会上符合要求（政治上可接受）的发展模式。

森林可持续经营的核心任务是增加森林产品的供给，提高森林的服务功能。森林资源及其物产在国民经济发展和人民的日常生活中，占有重要地位。林业建设的根本目的，就是满足国家建设和人民生活对林业产品和生态环境日益增长的需求。从国家利益角度考虑，一个分布合理、健康的森林生态体系的存在，对于促进经济的持续发展，维护国家乃至全球的生态环境的健康是必不可少的。作为像中国这样的森林资源相对贫乏的发展中国家，必须把全面培育森林资源，作为林业建设最根本、最重要的任务。不仅要培育林木资源，而且要培育多种多样的植物、动物和微生物资源；不仅要培育速生丰产的林木资源，而且要培育珍贵的、质量好的、价值高的林木资源。以森林资源的持续发展为基础，为国家建设和人民生活源源不断地提供越来越多、越来越好的优质林产品和优美环境。满足人类生存发展过程中对森林生态系统中与衣食住行密切相关的多种效益的需求。

森林可持续经营本质要求是既满足当代人的需求，又不对后代人满足其需求造成危害。伦理学是关于道德的起源、发展、人的行为准则和人与人之间的义务的学说。由于林业的一个重要特点是生产时间长，往往要延续到两个或两个以上的世代，如何处理好上一世代与下一世代之间的公平问题，具有重要意义。人类历史无数事实也表明，人类能否善待自然，与是否能妥善处理代际与代内人群关系密切相关，两者都是测量人类本身成熟与完善程度的尺度。森林可持续经营的一个基本出发点就是森林资源的所有经营活动不仅要考虑同代人的利益，而且要运用伦理学原理，正确处理好代际之间的相互关系和利益，实现我们与祖宗和子孙之间的代际公平。

森林可持续经营的基本理念是追求生态、社会、经济三大效益的协调统一，持续发展。可持续发展包括 3 个重要概念：需求、约束和协调。概括地讲，人的需求是发展变化的、无限的，也是多样化的。特定的社会经济发展水平、政治文化背景决定了在人类生存和发展过程中，需要通过对森林生态系统的经营和保护，向人类提供主导产品和服务。与此同时，由于自然生态环境条件、经济发展水平以及技术手段的制约，又决定了特定森林生物地理群落提供多种林产品以及环境服务功能的有限性。森林可持续经营的基本理念，就是协调需求与限制之间的矛盾，寻求在区域自然、社会、经济条件支持下，符合区域及其更大空间尺度生存和发展需要的森林经营模式和途径，从而能够站在全局、系统、综合长远的高度，处理好经济发展、社会进步、资源环境基础和森林生态系统的关系；处理好局部利益和全局利益的关系，处理好不同空间尺度（景观、社区、区域、国家和全球）的关系；处理好近期、中期和长期发展的关系。达到生态、社会、经济三大效益的协调统一，促进可持续发展。

综合分析各国对森林可持续经营的研究和实践，虽然在内容的表述方式上还存在一定的差异，但基本观点是一致的，即森林可持续经营是社会经济可持续发展的重要组成部分，是林业对社会经济可持续发展的最大贡献；森林可持续经营就是要通过对森林资源科学经营，在对人类有意义的时空尺度上满足人们对森林生态系统在社会、经济、环境、文化、精神等方面的需求；森林可持续经营与传统经营相比是它变成了一种社会行为，甚至是全球行为，要求全社会各部门的广泛参与，并且要密切注意国际上的发展动向与协调合作，要求真正打破林业部门一家经营和管理森林的观念；政府在森林可持续经营中具有特殊的作用和负有重大的责任，离开政府有力的宏观指导、调控、规划、协调、监督，森林可持续经营将无从谈起；森林可持续经营需要有一套科学、合理、实用的技术体系和管理体系来保障，需要真正依靠科学技术进步和科学管理；森林可持续经营意味着与森林经营有关的关联产业与部门要作出相应的调整，使其符合可持续发展的基本原则要求；森林可持续经营的实践还有很多没有解决的技术问题，有赖于未来多学科的共同研究和协同攻关。

（三）森林可持续经营的目标

所谓目标指的是一种预先设定的将来要达到的情况和状态。从宏观的角度讲，传统的森林经营主要是以人类对森林资源的物质需求来考虑的，焦点在林木及其副产品的生产，主要目的就是追求最大的森林纯收益或林地纯收益。而森林可持续经营的目标则是从森林在区域社会经济发展过程中的作用和预期目的考虑的，是要通过对森林资源的科学经营管理，保持森林生态系统的健康、稳定和完整，提高资源的承载力，扩大其环境容量，主要目的是追求环境保护功能最大、森林游憩功能最大和社会福利贡献最大，促进社会经济发展，实现人口、资源和环境的协调发展。

森林可持续经营的宏观目标是一个高度综合的概念，是针对一般情况的，是多个因素相互作用的综合体。为了使森林可持续经营的理论和宏观经营目标走向实践和具有可操作性，必须探讨在宏观目标下的每一项具体目标。森林可持续经营的目标随森林的主导功能和作用不同可分为社会目标、经济目标、生态环境目标以及森林本身的目标。同时必须清楚的是，对某一区域内的森林，在同一时间内会有多种不同的经营目标并存；对同一片森林在不同的时期又会有不同的经营目标，所以，森林可持续经营的具体目标是动态变化的，是随时间和空间的变化而变化的。

森林目标：健康的森林生态系统是森林可持续经营的社会、环境和生态环境目标得以实现的基础和前提。森林本身的可持续性也是人类经营森林的意愿和目的。也就是说，人类经营森林的目的最终要体现在森林的分布、数量、质量等诸多方面。森林本身的可持续性，同时也是森林经营思想的具体体现，反映了人类经营森林的生物、经济和社会的综合价值。需要指出的是，森林本身的可持续目标，不仅受特定区域社会经济发展水平的制约，同时也受制于特定区域的自然生态环境条件。在实践中，对森林本身可持续性的具体界定，应根据森林经营的社会经济、自然环境综合背景来考虑，一般具体目标应包括像保护生物多样性的森林；维护森林生态系统生产能力的森林；维护森林生态系统健康和活力的森林；保持水土资源的森林；保持森林对全球碳循环贡献的森林；保持和加强满足社会需求的长期多种效益的森林等内容。

社会目标：持续不断地提供多种森林服务满足社会发展和人类进步对林业的不断增长的多种需求，包括为社会提供就业机会、增加收入、满足人的精神需求目标（如美学目的、陶冶情操目的、教育目的、文化目的、学术研究目的、宗教信仰目的、旅游观光目的等）。对于大多数发展中国家而言，森林可持续经营还具有发展经济、消除贫困的目标。

环境目标：森林可持续经营的环境目标取决于人类对森林环境功能、森林价值的认识程度，主要包括：水土保持、涵养水源、二氧化碳储存、改善气候、生物多样性保护、流域治理、荒漠化防治等目标。森林可持续经营就是要坚持生态优先的林业发展原则，通过科学经营，建设和培育结构稳定、生物多样性丰富、功能完备的森林生态系统，从根本上为人类社会的生存发展提供适宜的生态环境，为满足人的精神、文化、宗教、教育、娱乐等多方面需求，提供良好的生态景观及其环境服务。

经济目标：森林可持续经营的经济目标，主要有 4 个方面：一是通过对森林的可持续经营，获得多种林产品，带动林产工业的发展，为国家或区域社会、经济发展提供经济贡献。在一些发展中国家和地区以及森林资源丰富的国家，经营森林的目的之一就是要为其他产业的发展提供原始积累，因此，林业是国家重要的经济部门；二是通过对森林的可持续经营，使森林经营者和森林资源经营管理部门获得持续的经济效益。没有坚实可靠的经济基础做保障，不从根本上改善经济条件，森林可持续经营是难以想象的。在森林生态系统环境允许的范围内，追求经济目标的最大化和应得收益，是改善林业经济条件的关键，忽视经济目标，森林可持续经营就会失去动力，而超越生态环境界限，一味追求自身的经济目标，则会丧失森林可持续经营的基础；三是通过对森林的可持续经营，促进和保障与森林生态系统密切相关的水利、旅游、渔业、运输、畜牧业等一大批产业的发展，提高相关产业经济效益的目标；四是通过对森林的可持续经营，提高区域（流域）等不同尺度空间防灾减灾的经济目标。

二、实现林业可持续发展战略途径

进入 21 世纪，虽然中国的经济继续高速发展，但生态恶化、资源匮乏的现状使我国不得不面对一个比较棘手的局面。解决经济高速发展与生态持续恶化的矛盾，实现林业可持续发展，就必须改变传统的森林资源利用方式，走森林生态系统经营之路。森林生态系统经营强调自然、社会、经济的协调统一，既追求人与森林的协调统一，又注重人在利用森林资源过程中，维持生态系统功能的完整和健康。生态系统经营是中国林业发展的历史选择，同时也是当前社会发展的客观要求。

（一）森林生态系统经营是世界林业发展的大趋势

世界林业发展的历史表明，森林生态系统经营是森林资源经营发展的趋势。世界林业发展主要经历了森林的原始利用、工业利用和可持续利用三个阶段。森林的原始利用阶段初期，森林利用的目标是满足人类的基本生活需要，总体来说对森林破坏不大；后期，农业取得了极大发展，人口大量增加，大面积固定经营农田和牧场向森林垦殖扩展，对森林资源采伐破坏速度超过恢复速度。工业利用阶段的目标是木材的永续生产和经营者经济利润的最大化，在这个阶段，林业生产规模化、专业化，森林经营活动主要的主要目的是木材生产，为经济发展提供原料来源。到了可持续利用阶段，也就是20世纪90年代以来，迫于环境恶化的压力，森林经营开始转向以建立完整、多样、稳定的森林生态系统为主要目标，保护和改善生态环境、保护生物多样性、改善和提高人类生活质量逐渐成为林业经营的主要任务。在可持续发展理论的指导下，森林经理把森林作为一个大的生态系统，在社会、经济、生态的大框架下实施综合管理，越来越重视森林经营的生态、社会效益。

1992年6月，美国林务局主席罗伯特森（Robertson）第一个宣布：林务局将在国家森林和牧地的经营中采用一条生态途径，其"新展望"项目也由此转向森林生态系统经营。1993年7月，克林顿政府宣布了美国西北部及加利福尼亚州北部国有林区以生态系统经营为核心的森林计划，同时也宣告了旷日持久的木材生产与自然保护之间僵局的打破。在经营中将自然环境同人类的多种需求协调起来，木材生产不再设为森林经营的主要目标。20世纪90年代中后期，国有森林越来越多地由商业利用转为非商业利用，苗圃苗木产量持续下降，同时人工林采伐量不断增加，私有造林发展最为迅速。州级的森林旅游活动发生两大变化：一是森林公园数量、面积和接纳的旅游人数增长很快；二是州级野生动物旅游活动发展很快，投资和收益都有大幅度提高。

其他一些国家，例如加拿大、德国、芬兰等也在进行相关方面的研究与试点，把森林当做一个大的生态系统来对待，取得的综合效益在不断增加。

林业发展的趋势正从重视经济效益为主转向逐步重视林业的生态和社会效益。一些发达国家，在可持续发展理论的指导下，林业经营已进入重视林业生态、社会效益的高级阶段，即森林生态系统经营阶段。全球可持续发展潮流和林业经营发展的方向给了我国林业经营的发展许多启示。21世纪的发展追求的是环境、经济、社会发展相协调的可持续发展。在中国的可持续发展中，林业发展要兼顾生态、社会、经济效益，要达到这样的目标，惟一有效的途径就是实施森林生态系统经营。

（二）森林生态系统经营是和谐的保证

经济与社会发展的主要标志之一就是物质财富的增加，创造物质财富就需要消耗大量的资源，资源并非取之不尽用之不竭，如何处理资源消耗与经济社会发展的关系成了每个国家和政府考虑的重要问题。在目前全球生态环境恶化、森林资源破坏大于恢复的情况下，更应该深入思考和审慎处理林业的可持续发展问题。

经济基础不同导致的需求不同，不同经济发展阶段的国家对森林功能的关注点不同。大多数发展中国家由于经济落后、国力弱，在国际交往中经常处于不利地位，因此发展经济的愿望比较强烈，森林经营以木材利用为主，忽视林业的可持续发展；发达国家由于具备了较强的经济实力，有精力和实力关注森林的生态效益，在发展经济的同时也将改善生态环境放到相当重要的位置，将森林作为一个大的生态系统来经营，例如美国、法国、德国等发达国家。经济社会发展与林业发展的矛盾需要解决和协调，森林各种功能产出也需要协调，要想同时满足人类对森林不同功能的需求，实现多赢的和谐局面，就需要对森林资源进行科学的经营。

和谐与协调是生态系统经营的精髓。森林生态系统经营是运用生态经济学的原理，充分利用当地的自然条件和自然资源，在促进林产品发展的同时，为人类自下而上的发展创造最佳状态的环境。森林生态系统经营以同时实现森林资源的经济效益、社会效益、生态效益为经营目标，追求自然、社会、经济的协调统一。森林生态经营管理作为一种理念、一种资源管理模式只要能得到正确实施，就能保证自然、社会、经济的协调发展。

（三）森林生态系统经营是中国国情的特殊要求

一个国家的林业经营管理策略无论逻辑多么严密，脱离现实的土壤只能是空中楼阁，只有适合中国国情的经营管理策略才真正具有活力。无论从历史还是从现实的角度看，现在我们必须放弃以木材利用为主的传统森林经营模式，代之以兼顾社会、经济、生态效益的森林生态系统经营模式。

从历史上看，党和政府对林业一直非常重视，对林业的经营，是以生产木材为主的经营。20 世纪 50～60 年代，林业的指导思想是“以木材生产为主”。当时国家的主要任务是振兴民族经济，林业的中心任务就是大力生产木材，满足经济建设和战争的需要。从 20 世纪 70 年代末期到 90 年代后期，在生产木材的同时，逐步加强了对森林资源的保护，陆续启动了一批林业生态建设工程。同时应当看到，在这个时期，社会经济发展对林业的要求尚未发生根本性的变化，林业以木材生产为主的特性并没有本质性改变。历史上以木材利用为主的森林经营方式带来的结果就是生态环境的恶化，森林资源的大量减少，这又进一步影响了经济的发展，形成了恶性循环。

我国的现实自然条件，总量很大，人均占有量少，再不进行科学地管理经营，中华民族的生存空间将会受到威胁。根据第六次全国森林资源调查资料，有林地面积、活立木总蓄积量、森林覆盖率分别为 16 902 万公顷、132. 6 亿立方米和 18. 21%，总量很大；但是从人均来看，资源量明显匮乏，我国人均有林地面积为 0. 132 公顷，相当于世界平均水平的 22%，人均有林地蓄积量 9. 421 立方米，相当于世界平均水平的 15%。森林资源供需的矛盾十分突出，再加上，人口增长、资源使用效率低、产业结构不合理、管理粗放等不利因素，使得矛盾尖锐起来。森林资源供给、环境保护、日益增长的需求之间关系复杂，三个方面中的每一方面的后退都影响着中华民族的发展。基于此认识，必须寻求森林资源经营方式上的改变，通盘考虑全局的关系，不可侧重一点而忽视另外一点。

现实条件提出了森林资源经营方式改变的课题，历史则为选择适合现代林业发展要求的森林经营模式提供了经验。过去森林经营策略一直以木材利用为主，有其历史合理性。现在的历史条件变了，继续沿这条路下去就会碰壁。基于现实和将来的考虑，必须转换思路走可持续发展的道路，而森林可持续发展的基础就是生态系统经营。简言之，中国森林资源选择生态系统经营有其必要性、必然性。

（四）森林生态系统经营是实现以生态建设为主的战略途径

中国进入新的发展阶段，对林业的社会主导需求发生了从木材生产为主到生态建设为主的改变。首先，进入 21 世纪以来，生态问题的日渐突出，使国民经济社会发展对森林的需求发生重大变化。目前，我国生态环境“局部治理、整体恶化”的趋势尚未得到根本扭转。基于森林的保护环境，改善生态的功能，森林“生态建设为主”已逐步取代“木材生产为主”而成为国民经济和社会发展对林业的第一位要求；其次，随着国民经济的发展，产业结构的更替，第三产业及高科技产业发展迅速，这些产业已经不同于传统的基础产业，对工作环境、投资环境的要求提高，对林业生态效益的需求不断增加。第三，人们收入水平提高，对森林资源所能提供的锻炼身体、陶冶情操、游林娱乐方面的需求不断增长。从另一方面看，随着生态科学的发展，森林在更大生态系统中的作用越来越被大家所熟知，人们保护环境的意识增强，对森林的主导需求也发生了从木材生产为主到生态建设为主的转变。顺应历史发展的潮流，国家审时度势，对林业的定位也发生了改变，提出了林业应从以木材生产为主转到生态建设为主的战略思想。

只有坚持森林资源生态系统经营才能实现林业从木材生产为主到生态建设为主的转变。对林业的社会主导需求发生了变化，也就意味着森林经营目标也从以木材生产为主转到了以生态建设为主。森林生态系统经营是一种新型的林业生产模式，是一个动态的、开放的、包含巨大复杂性的，同时又是对象十分具体的过程，把社会、经济、自然放到一起综合考虑，追求同时完成保护森林资源和林产品生产的双重职能。森林生态系统经营采取适应性经营的方式，在思想上是开放的。适应性经营主要是人们由于知识的不完善及人类与自然相互作用的复杂性、不确定性，而对森林经营采取的一种渐进的适应性过程，它是一个连续的计划、监控、评价和调节的过程。这种开放的经营方式特别适合现在正处于摸索阶段的林业生态建设。

第二节　森林生态系统经营

一、森林生态系统

（一）森林生态系统的概念

生态学是研究生物与环境之间相互关系的科学。德国生物学家海克尔（E. Haeckel）首次提出生态学这一名词，并于1886年创立生态学这门学科。生态学的英文名称Ecology来源于希腊文Oikos + logos。Oikos意为住所，而logos意为研究，两者结合起来意思就是对生物栖息场所的研究。生态学理论为世界范围内的能源危机、资源枯竭、人口膨胀、粮食短缺、环境退化、生态失衡等六大基本问题的解决提供了理论依据。可以说，生态学理论与森林资源经营管理实践的结合是实现生态文明的关键一环。

生态系统是生态学中最重要的核心概念。生态系统是一般系统的一种特殊形态。所谓系统，就是由相互作用、相互关联和相互依赖的若干组成部分结合而成的具有特定功能的有机整体。要构成一个系统，必须具备3个条件：①系统是由一些要素组成的。要素即系统的组成部分，生态系统是由许多生物成分和非生物成分组成的特殊系统。②要素之间要相互联系、相互作用、相互制约，按照一定的方式组合成一个整体，才能成为系统。生态系统是各种生物成分和非生物成分相互联系和相互影响，并按一定的结构方式组合而成，并不是杂乱无序的。③必须具有整体功能，即各个组成部分通过相互联系和相互作用产生与各个部分不同的新功能。

一个生物物种在一定地域内所有个体的总和在生态学中称为种群，在一定自然区域中许多不同种的生物总和称为群落，任何一个群落与其周围环境的统一体就是生态系统。生态系统就是指在一定的时间和空间范围内，由生物群落与其环境组成的一个整体，该整体具有一定的大小和结构，各成员借助能量流动、物质循环和信息传递而相互联系、相互依存，并形成具有自我组织、自我调节功能的复合体。森林中的乔木、灌木、草本植物、地被植物，还有多种多样的动物和微生物，它的环境条件包括阳光、空气、水分、土壤、温度等，它们之间相互作用，这样，由许多物种组成的森林生物群落与环境构成的森林，就是生态系统。因此，生态系统就是特定生命系统和环境系统在特定空间的组合。人是生物圈中生命系统的一员，人与生态系统有着密切的关系。生态系统的范围可大可小，大至整个生物圈、整个海洋、大陆等，小至一个池塘、一片农田等都是一个生态系统。在一个复杂的大生态系统中又包含无数个小的生态系统。任何一个生态系统都由生物和非生物环境两大部分组成。生物部分又可分为生产者、消费者和分解者，这三者构成生物群落。生态系统的生产者主要是指绿色植物和少数自营生活的菌类。消费者主要是指直接或间接利用绿色植物所制造的有机物质作为食物和能源的异养生物，包括各种动物、寄生和腐生的菌类，也包括人类本身。分解者主要是指微生物（包括部分真菌和细菌），它使生物体分解为无机物质。生态系统的非生物环境包括光、热、水、土、大气、岩石及非生命的有机物质等，它们为生物的生存提供必要的空间、能量和物质条件，是生态系统正常运转的物质和能量基础。

森林生态系统是一般生态系统分类中的一种，是研究以树木为主体的生物群落及与其周围环境所组成的生态系统的科学。森林是以树木为主体，具有一定面积、空间和密度，在林木之间、林木与各种生物（包括自身以外的其他生物）以及非生物环境之间相互影响并影响周围环境的地表群落。森林不仅仅是绿色植物以及其他生物简单的集合体，而且是生物按照一定的方式和秩序与周围非生物环境有机结合在一起共同发生着多种功能的生态系统。所以，可以认为，森林生态系统是指在一定的环境条件下，森林内部生物与生物、生物与环境以及环境与环境之间以一定形式的物质、能量和信息交换而联系起来的相互依存、相互制约的生命与非生命综合体。

（二）森林生态系统的特征

一般生态系统的概念和特征都完全适应于森林生态系统。由于森林生态系统是由乔木为主体、组成复杂、结构完整、外貌高大的一种生态系统，因此，与其他生态系统相比，森林生态系统具有明显的特征，主要表现在：

1. 占有巨大的空间

全球的森林面积占陆地总面积的30%左右，比草原、农地面积都要大的多，而且森林的主体大多为高大的乔木（热带雨林可达到60～70m），一般乔木的根系可深入土壤1～2m。因此，森林在陆地生态系统中占有巨大的垂直空间。

2. 具有复杂的种类和结构

森林中的各种生物种类成分极为复杂，除了各种乔木、灌木、草本、苔藓和地衣外，还有大量的动物、鸟类、昆虫和土壤动物生活在其中。森林生态系统是一个巨大的基因库，是物种最丰富的生物群落。森林生态系统的结构包括垂直结构和水平结构。森林地表垂直结构包括一至多个乔木层和灌木层，此外还可能包括一个草本层，有时在林地表面还存在一个地衣层，树木和植物的根系在地下形成与地上基本对应的垂直结构，不同种类的根系占据着不同的土壤层次。森林地表水平结构表现在林隙状况、直径分布、树种分布、株数密度分布、单木存活活力分布等方面，形成错落有致的水平整体。森林结构层次状况因林龄、气候和土壤而异。

3. 具有最大的生物量

森林生态系统是天然的生物加工厂，通过从太阳辐射、大气、降雨等从外界获取所需要的物质和能源，然后在合适的温度条件下，将无机物质转化为有机物质和生物体，形成地球生命系统的本能。陆地生态系统的生物量占地球生物量的99%，而森林生态系统的生物量占陆地生态系统的90%以上。森林生物量在100～400吨/公顷，相当于农田或草原的20～200倍。所以，森林是陆地生态系统的主体。

4. 具有显著的生态效益

森林中生物通过自然选择和遗传变异所获得的形态构造，是森林生态系统对周边环境系统发生功能关系的主体。由于森林生态系统其巨大的生物量和复杂的结构，在同化作用过程中对大气起着净化的作用，同时影响所处环境的小气候，具有改良土壤、防风固沙、涵养水源、保持水土等生态效益。

5. 持续处在动态演替中

和单一有机体一样，森林生态系统是在不断发生自我变化的，它体现在自我维持、调节、组织、生命活动的整个过程，这种变化在时间的宏观尺度上称为演替。森林生态系统的演替受制约性因子的影响，或者说更大程度上受地球运动（自转、公转、地壳运动）和太阳系的影响。当某个地域内的森林生态系统达到相当稳定而演替极为缓慢时，通常被称为“顶极”。一般将森林演替分为进展演替和逆行演替。进展演替是常规状况下的自然演替，森林的结构和功能从简单、不稳定向着复杂、稳定的方向发展。逆行演替即为相反的过程。人为干扰和外界环境骤然巨变干扰，都会影响演替的进程。合适的人为干扰或环境变化将加速进展演替，而不合适的人为干扰或环境变化将减缓进展演替，甚至变进展演替为逆行演替。

总之，森林生态系统是一个有生命的、开放的、动态的、复杂的系统，在认真研究森林生态系统的特征和发展变化规律时，要重点强调系统的内部机制、功能水平和可持续发展的能力，强调如何通过有效的经营管理措施，完善系统的结构，提高系统的功能水平，最终实现森林的可持续经营。

二、森林生态系统经营

（一）森林生态系统经营产生的背景

自19世纪末以来，经济的迅速发展产生了对森林林地资源的掠夺式采伐，也导致了全球生态环境迅速恶化和对森林主体地位的重新认识。与此同时，经济的迅速发展也导致人类文明、人类需求和科学技术的迅速发展。人类需求的发展导致了对森林效益多样化的需求，尤其是人类对生存环境的需求；科学技术的发展使人类有更大可能提高森林资源的综合利用率，更大程度地提供森林木材产品的替代品，尤其是能源上被石油、太阳能乃至核能所替代，建筑上被水泥、钢材所替代，日用工具上被塑料所替代，使人类有可能尽量地减少对森林资源掠夺式利用和提高对森林资源的保护。因此，20世纪80年代以来，经过人类对森林资源经营管理模式的不断反思，在历经了简单的木材永续利用管理、森林多效益主导利用管理等管理模式，特别是生态学、社会学、地理学等的发展和新技术如测量技术、运算技术、管理技术等的应用，丰富了森林资源管理的内涵和手段。在此大背景下，美国林学家J. F. Franklin于20世纪80年代提出了“新林业”的经营思想，新林业经营思想主要是针对20世纪60年代在美国盛行的老龄林已经不能满足人们对于森林资源的要求而要以人工林予以取代的思想而提出的，同时也是为了反对对现有林进行大面积皆伐更新的具体实践而提出。其基本内容是讨论在美国西部地区花旗松等树种天然老林的条件下如何协调好森林采伐和自然保护的矛盾。后来这种经营思想被美国林务局所接受，但因为其含义不够明确，1992年联合国环境与发展大会前后，美国林务局在可持续发展理论的影响下，提出了森林生态系统经营这一术语。

可以看出，作为一种新的经营思想，以森林生态学和景观生态学原理为基础的森林生态系统经营几乎与可持续发展的概念和森林可持续经营的概念同时产生，也同时为国际社会所接受和重视。森林生态系统经营充分地吸收了森林永续经营理论中的合理部分，以实现森林的经济价值、生态价值和社会价值为经营目标，建成既能永续生产木材和其他林产品，也能维持发挥保护生物多样性以及改善生态环境等多种效益的林业，是一项非常复杂的综合管理活动，涉及森林生态系统发生、发展和变化的每一个环节。

（二）森林生态系统经营的概念和内涵

森林生态系统经营是对传统自然资源管理模式根本性的转变，目前仍处于实验阶段，尚不成熟，因此其概念尚无定论。美国生态学会生态系统管理特别委员会1995年对生态系统经营进行了全面的评价，认为生态系统经营是具有明确且可持续的目标驱动的经营活动，由政策、协议和实践活动保证实施，并在对维持生态系统组成、结构和功能必要的生态相互作用和生态过程的最佳认识的基础上，从事研究和监测，以不断改进经营的适合性。

生态系统经营包括：①可持续性。生态系统经营将长期的可持续性作为经营活动的先决条件；②目标。在生态系统可持续的前提下，具体的目标具有可监测性；③生态系统模型。在生态学原理的指导下，不断建成适合的生态系统功能模型，并把形态学、生理学及个体、种群、群落等不同层次上生态行为的认识上升到生态系统和景观水平，指导经营实践；④复杂性和相关性。生态系统复杂性和相关性是生态系统功能实现的基础；⑤动态特征。生态系统经营并不是试图维持生态系统某一特定的状态和组成，动态发展是生态系统的本质特征；⑥动态序列和尺度。生态系统过程在广泛的空间和时间尺度上进行着，并且任何特定的行为都受到周围生态系统的影响，因此，经营上不存在固定的空间尺度和时间框架；⑦人类是生态系统的组成部分。人类不仅是引起生态系统可持续性问题的原因，也是在寻求可持续经营目标过程中生态系统整体的组成部分；⑧适应性和功能性。通过生态学研究和生态系统监测，人类不断深化对生态系统的认识，并据此及时调整经营策略，以保证生态系统功能的实现。

由此可见，生态系统经营并不是一般意义上对生态系统的经营活动，它促使人类必须重新审视自己的经营行为。根据对生态系统经营的一般性理解，森林生态系统经营定义为：人类在与森林进行物质和能量交换的过程中，以保护森林生态系统结构的完整性和功能的健全性为目的，追求系统内生物与非生物之间，生产者、消费者和还原者之间，以及人类活动和自然环境之间的能量转换和物质循环的动态平衡，从而实现森林生态系统的生态效益、经济效益和社会效益的最佳结合。

森林生态系统经营的对象范围，不仅仅是对林木、林地及林区内其他野生动植物资源的管理，而且还包括对森林生态环境的管理；森林生态系统经营是以使森林生态系统结构达到最优状态，从而在长期保持森林健康与生产力等整体功能的基础上，满足森林自身发展的需要和社会对森林整体效益的需要作为目标。

（三）森林生态系统经营的主要内容

若按生态因子来分析森林生态系统经营，可以分为水经营、土壤经营、生物经营、大气经营等多方面。但在具体实践中，森林生态系统经营是所有这些经营活动的综合，涉及资源和生物多样性保护、生产力维持与提高、森林健康与活力维持及提高、森林环境功能的改善等方面。森林生态系统经营主要内容有：

1. 解放思想，转变观念，突破对森林经营活动的传统认知

森林生态系统会受到生物和非生物因素的破坏，例如，病虫害、干旱、霜害、火灾等，破坏的程度和频率随环境变化。特别是林火和病虫害，传统认为就是森林的大敌，在生态系统经营活动中，必须从全新的角度来审视它们，要从系统的高度来认识这些现象，即把它们视作森林生态系统的一个组成部分来看待，从而在系统的高度上认识和处理相关问题。

2. 突破单一林分的管理模式，实现生态系统综合管理

森林生产力是森林生态系统功能发挥的物质基础，传统的森林经营注重木材生产的单一价值取向，森林生产力似乎直接意味着森林中林木的生长量。因而，经营活动集中于单一甚至是纯粹的林木或林分生长的经营，因而很少考虑森林生态系统的其他组分的发展变化及其对林木生长的影响，而且忽视森林的生态和社会价值。森林生态系统经营，则注重从生态系统综合经营的角度，提高系统的生产力和生产量，并注重森林在环境保护方面的作用和社会价值。

3. 大力保护天然林，同时注重资源的开发利用

现代的森林保护和经营，要求天然林的经营能够有效保障其能够实现可持续的开发利用，实践要求也证明了这一点。例如，如果天然雨林不进行可持续经营，可能导致极其消极的社会和经济影响。但如果经营适当，森林资源的再生性将保证以较低的投入实现森林的可持续经营，维持多种木材及其他林产品的低成本生产，同时还可以实现社会和环境的多重功能。与强有力的森林保护措施相结合的森林生态系统经营，将为人类持续不断享用天然林的效益和价值提供一个非常好的实现途径，并且为组成森林生态系统的动植

物提供栖息场所。

4. 加强湿地森林的经营管理

国际湿地公约将湿地广义的定义为“不管其为天然或人工、长久或暂时之沼泽、湿原、泥炭地或水域地带，带有或静止或流动，或为淡水、半咸水体或咸水体者，包括低潮时水深不超过 6 米的水域”。据估计，全球湿地面积（860 万平方千米）约占世界土地面积的 6%，其中包括流域内的季节性泛滥林和河漫滩林、世界大江大河三角洲上的沼泽林、河岸林及亚热带、热带沿海的红树沼泽林。需要通过采取包括立法、湿地整体经营与规划、提高群众湿地意识和加大培训力度、开展湿地科学研究等在内的综合措施，切实保证湿地在森林生态系统中的作用和其本身的可持续性。

另外，在森林生态系统经营中，要重视公众参与和协作，各种利益集团和个人协作及共同参与管理决策，所有决策都不能仅仅是经营者自己决定。

（四）森林生态系统经营的具体实践

通常，森林生态系统经营是在三个空间尺度内进行的，即区域或流域、集水区和生态小区。森林生态系统经营是实现区域林业可持续发展的途径，不同层次的森林生态系统经营的最佳评价、预测、决策等理论模式不同，从而有针对性地采用可操作性强的森林可持续经营管理指标、评价体系。

目前，森林生态系统经营实践主要有 3 个阶段。

1. 调查和评估阶段

森林生态系统经营的调查内容包括自然、经济、社会方面的调查，不仅重视多资源、多层次的调查，而且重视评估，包括生态评估、经济评估和社会评估。

2. 区域规划和区划阶段

以景观生态学为基础的土地利用规划，为土地适应性分类和利用提出了一种新的方法和途径，即在一个全面保护、合理利用和持续发展战略下，将多种资源和多种效益的要求分配（或整合）到每块土地和林分上，以保持健康的土地状况、森林状态和持久的土地生产力。

3. 实施、监测和建立起自适应机制的阶段

在取得共识的基础上，执行适应性管理过程，建立新的监测和

信息系统，增加调研和调整计划的方法增强部门内外机构的合作，以及如何保证公众的参与等。所谓适应性管理，包括连续的调查、规划、实施、监测、评估、调控等整个过程的不断重复深化。为此，需要提出一个在各种所有制下开展森林经营活动的、现实的自然生态和社会经济状况的信息系统，一个多层次和多目标的调查监测系统，一个高新技术支持下的决策系统和便于对实施做适当调整的评价系统，这些对建立自适应机制是非常必要的。

三、森林生态系统经营与传统森林资源经营

（一）两种管理模式的相关性分析

森林资源经营管理与森林生态系统经营管理，既有联系又有区别，是一种继承和发展的关系。传统森林经营模式无论采用何种理论系统，都没有脱离仅考虑森林有形产品为中心并获取最大化效益的基点。森林生态系统经营管理是建立在传统森林经营模式的基础上，针对由于森林资源经营管理导致的不良后果及人类文明发展对森林效益的新要求，从而改进的一种管理模式。

德国和芬兰等国在17世纪开始大面积营造人工纯林，在19世纪末时这种作业方式便表现出其不利方面，即森林结构失衡、森林功能下降；同时，人们首先意识到对森林资源无节制利用带来的威胁，而社会对森林公益需求也增长惊人，并引发了对森林多资源、多功能的进一步认识与开发。与此同时，多种用途的兼容经营中也发生了冲突，甚至有时难以协调。特别是传统森林经营利用中对环境的影响，要求保护森林、合理经营森林，而永续经营或可持续性概念明显地受到木材收获或单一资源价值的影响。到20世纪末，环境与发展、生态与经济、价值与取向将对未来森林经营的决策起着重大的影响。可持续发展战略的提出，首先要求有一个可持续经营的森林资源，显然，传统的森林经营概念和方法已不能反映森林的价值观和满足人类对森林的广泛需求，需要找一条生态系统经营的途径，把森林作为一个开放的、复杂的巨系统来研究。

然而，即使在传统的森林经营管理中，早期的森林经营思想中也包含有森林生态系统经营的思想。例如，“法正林”中的几个条件就体现为一种系统、结构、功能关系，是一种在生长量、蓄积量、采伐量之间的生态平衡关系，只不过突出了木材收获。如果没有生态平衡与生态系统的观点，当然这种永续收获也是无法保证

的。至于说到由德国林学家盖耶尔提出的“回归自然”的理论及其生产技术，其后由莫洛泽发展的“森林共同体学说”，在1863～1875年又由法国顾尔诺和瑞士毕奥莱于1920年采用，而成为著名的“检查法”，形成一整套异龄林择伐的收获调整法。当时把林分调整为复层异龄林的好处是：①维持林地生产力；②有效利用太阳能和种间关系；③提高森林产量；④较好地发挥森林公益效能；⑤增加森林景观；⑥增加生物多样性；⑦有利于防止病虫害等自然灾害；⑧减少造林抚育费用等。因此，这一作业体系体现了按生态系统经营的早期思想，但也仅限于森林自身的评价上。生态问题认识的转折点主要是受当代科学技术的发展，特别是生态学发展的推动和人类生态与环境危机的影响。生态学经过19世纪末萌芽阶段，20世纪上半叶的经典理论发展阶段，特别是20世纪50～60年代，随着系统论、信息论、控制论等系统科学理论的发展和电子计算机技术的出现，从而产生了解决复杂系统的科学依据和技术手段，开辟了生态系统研究的新阶段。

（二）两种管理模式的异同性分析

森林生态系统经营管理是森林资源经营管理的继承与发展，两者之间具有明显的相同之处和不同之别，主要表现在以下方面。

1. 物质基础

两者都是以林地、森林或木本植被作为经营管理的物质基础，这也是林业存在的物质基础，没有了这一物质基础，便没有进行管理活动的根基。

2. 基本思想

在传统森林资源经营管理中，人类对森林的认识集中体现在木材生产功能和其他有形林产品方面，重点放在森林提供的林分蓄积和木材结构上，同时把人类放在高于自然界其他生物的地位之上，以满足人类社会经济发展需求为中心，体现人的主体性。

在森林生态系统经营中，人类基于对森林整体性和森林价值观的认识，尤其是认识到森林是陆地生态系统的主体，森林的价值因此不仅仅是提供木材和有形林产品，而更重要的是提供人类生存的自然环境。因此，森林生态系统经营是从森林的个体、种群、群落、生态系统等多层次中去认识森林的结构和功能，把人类作为自然界的一部分，采用适应森林自身生长需要和人类发展需要相结合的方式，及时动态调整森林经营行为，在优先考虑森林自身需要的前提下，充分地收获森林的有形产品、享用森林的无形产品。

3. 基本目标

两者都是以获取森林效益为管理的基本目标。但森林资源经营管理侧重点是最大化的以木材为主体的有形产品，而森林生态系统经营则是在生态允许的条件下获取最优化的木材及其他有形产品，前者获取的森林效益比较单一，后者则考虑更多的因素，但不是以生态效益最大化为目标，否则如以生态效益最大化为目标，则森林生长过程根本不需要人为干扰就能发挥最优化的生态效益。

传统森林经营管理以木材生产为中心，把不利于永续利用的因素限制在最低水平下，强调两种或多种产品、产量的永续，实际是指森林管理采取了简单化的态度。而森林生态系统经营则强调维持生态系统的健康与恢复，追求系统整体所提供的全部效益和价值；传统森林经营管理的对象是林分或林分的集合，而后者则是生态系统演替条件下的景观水平模式，是空间上不同生态系统的聚合，即在一个特定区域内，要兼顾防护林、用材林、经济林和农田之间的生态格局。所以强调按森林生态系统经营，必须在一个较大区域内，在更大的景观水平层次上，跨越所有权，把生态系统的整体性、稳定性和社会系统、经济系统的稳定性紧密结合起来，形成一种生态经济功能的区划和规划。

因此，森林资源管理是以社会需要为中心，而森林生态系统管理是以森林自身和社会需要相结合为中心，传统森林资源经营管理向现代森林生态系统经营，其基本观念的转变内涵，是将过去认为的人是自然的主宰，转变为现在认识到的人是自然的一部分。

4. 基本作业

管理是一个实践的过程，无论采取何种模式进行经营管理，都最终落实到实践中。森林经营管理的实践内容，具有很大的同一性，即包括调查、区划、规划，组织经营单位、编制经营方案，执行、检查、修订、监督，反复作业。

传统森林资源经营管理过程中，侧重点是经营者和林业行政主管之间的关系，而规划方案中森林经营区域内居民参与不够甚至根本没有参与，而实践过程中受当地居民要求的影响却日益增加，导致规划方案很难严格实施。而森林生态系统经营中，由于充分考虑多方面需求和利益，特别是包括森林经营区域内居民的生产生活环境和更大范围内其他民众的普遍利益，尤其是生态环境、物种多样性、土壤地力的维持等因素，使森林经营者提高经营成本、降低经济收益，以获得更广泛性的认同。

总体上，传统森林资源经营管理已形成一套成熟的管理模式，但这种模式内在的不足，结合现代文明对森林整体功能的新要求，导致了被森林生态系统经营所取代的必然性，虽然森林生态系统经营模式还尚处于摸索阶段。

第三节　森林生态系统与其他生态系统的关系

地球上自然生态系统首先可划分为陆地生态系统和水域生态系统，在陆地生态系统和水域生态系统之间还存在湿地生态系统。森林生态系统是陆地生态系统中面积最大、最重要的自然生态系统。森林生态系统结构复杂、类型多样，但仍具有一些主要的共同特征。

一、草原生态系统

草原生态系统是以各种多年生草本占优势的生物群落与其环境构成的功能综合体，是重要的陆地生态系统之一，其形成与气候有密切的关系。草原气候的主要标志是水分和温度，水分与热量的组合状况是影响草原分布的决定性因素，一般热带草原年降水量800～1000毫米，温带草原200～450毫米，而高寒草原仅100～300毫米。从地理分布上看，草原处于湿润的森林区与干旱的荒漠区之间。靠近森林一侧，气候半湿润，草木茂盛，种类丰富；靠近荒漠一侧，雨量减少，气候变干，草群低矮，种类组成简单。草原上降水量较少、地下水位较深，且常有较浅的钙积层，因而草原上没有大片森林，而在森林中的地面层，有林冠的保护，多数情况下草本植物生长发育良好。

中国草原生态系统是欧亚大陆温带草原生态系统的重要组成部分，其主体是东北、内蒙古的温带草原，绵延约4500千米，南北延伸纬度17°（N 35°～52°），东西跨越经度44°（E 83°～127°），约占国土面积的1/5。由于地形、地貌和气候的差异，由东向西分布为3个类型，即草甸草原、典型草原和荒漠草原。此外，在中国西北和西南地区，还有山地草原和荒漠草原、高寒草原等类型。

森林—草原交错带是地处森林带和草原带之间的过渡区，属于生物群区（biome）大尺度生态交错带（ecotone），以森林和草原两种植被共存为特点，具有很高的生物多样性。我国森林—草原交错带北起内蒙古东北额尔古纳河边的吉拉林，沿着大兴安岭西麓向西南方向延伸，经河北坝上高原、山西大同盆地、陕西黄土高原，到甘肃渭源一带结束（刘镛，1965；李博等，1980；吴征镒，1980；邹厚远等，1994）。

在辽阔的草原分布区，由于地貌类型复杂多样，植被分布亦有差异，如在内蒙古高原中段的锡林郭勒高原，一般海拔 900 ~ 1300 米，它的北、东、南三面均有丘陵或低山隆起，但地形切割不甚剧烈。从锡林郭勒高原往西，进入阴山山脉以北的乌兰察布高原，海拔约 1000 ~ 1500 米，草原类型由典型草原向荒漠草原发展，在局部地区由于水热条件的改善，在草原分布区内镶嵌分布有成片的耐旱锦鸡儿、白刺灌丛地或灌木林地和华北驼绒藜半灌木灌丛地。在阴山山地，由于大气、水热等气候，随海拔高程而垂直分化，并因坡向、坡度等条件的不同，也会发生明显的局部差异，植被表现出垂直分布和其地形因素所造成的复杂分布格局。山地植被是由许多不同的植被类型按一定规律组合而成的植被复合体，有山地森林植被、山地灌丛植被、山地草甸等。

分布于草原区的灌木林地或灌丛地以及草原边缘丘陵、山地的山地森林，对维护草原生态系统的稳定与畜牧业安全有着重要作用，一方面，这些森林或灌木林在受到外界干扰的情况下，易于发生改变，当干扰有利于森林的生长发育，森林或灌木林面积将会扩大，森林附近的草原生态系统湿润类型分布面积扩大，草场质量得以提高。另一方面，由于森林或灌木林的存在，林冠层是地球与大气最粗糙的内界面，增加了地表面的粗糙度，对气流的阻滞作用增强，有利于滞留沙尘，减轻草场沙化和退化。同时，森林和灌木林的存在，丰富了草原生态系统的生物多样性，更有利于草原生态系统内的能量与物质转化，改善草场质量，提高产草量。在干旱或半干旱草原，灌木林在干旱季节可以作为临时牧场，以缓减牲畜对草场的破坏，在冬季草原遭受雪灾的情况下，也成为惟一的饲草基地，对稳定畜牧业经济具有十分重要的意义。

浑善达克沙地上的白皮云杉、白榆草原疏林和黄柳、山杏、绣线菊、小叶锦鸡儿灌丛化草原，为锡林郭勒典型草原区一种林草类型的特殊景观。1977年10月份的持续降雪量50～88毫米，雪后风力加大，气温急骤下降，牲畜的损失率达60%以上。凡在疏林和灌丛化草原上的畜群，借助林木的庇护和灌木林提供的枝叶枯草，保畜率达70%左右。可见，草原上的灌木林和草原疏林，在防御灾害性天气，保护畜群越冬度春具有重要的实用价值。

这些森林或灌木林一旦遭到破坏，草原生态系统就会失去固有的稳定性，生物多样性减少，在干旱的冬季，由于气流经过的下垫面的均匀一致，草场覆盖度低，易在大风条件下形成沙尘或扬沙天气，吹走表土，导致草场退化或沙化，有的地方由于连年干旱，加之牲畜的长期取食、过牧，甚至沦为不毛之地。

（一）干旱与半干旱（典型）草原区域的山地森林

锡林郭勒盟草原是我国天然草原保存最好的地区之一，其植被类型比较丰富，但主要是草原，占89.7%，其次是森林（0.3%）、沙地疏林（2.4%）、沙地灌丛及半灌木（4.1%）、草甸（1.5%）、沼泽（0.4%）和农田与撂荒地（1.4%）。根据赵献英等对锡林河流域天然草场分类，其中沙地疏林及灌丛草原草场类包括高沙丘沙地疏林放牧场、固定高沙丘中生灌丛草场、固定沙丘中生及旱生灌木、半灌木放牧场、平缓固定沙丘草原草场等4个类型。这类草场仅分布在固定沙地。沙地由于地形的起伏而形成不同的沙地地形单元，因而水分状况有较大的变化，部分地区水分状况较好，从而形成不同的疏林与灌丛草场，如在沙丘阴坡及丘间低地，水分状况较好，许多中生灌木得以生存，形成多优势种的杂木灌丛草场，其中有极少数营养丰富的优良牧草。鲜草产量达4.5吨/公顷，生产力中等。由于起伏的沙丘与乔灌木的防风作用，故是良好的冬营地。

在内蒙古自治区中部乌兰察布盟，畜牧在社会经济中占有重要地位，据1988年乌兰察布盟农业区划，全盟草场共分为11类，其平均鲜草产量（千克/公顷）为：平原荒漠草原类（873）、丘陵典型草原类（1355）、平原典型草原类（1542）、平原荒漠草场类（863）、低湿草甸草场类（2142）、山地典型草原类（1050）、山地草甸草原类（2055）、丘陵荒漠草原类（976）、山地草甸草场类（2595）、丘陵荒漠草场类（1171）、附带草场类（1276），除山地草甸草场类和低湿草甸草场类外，山地草甸草原类的产草量较高，该类型主要分布于阴山山脉、苏木山、马头山、峦汉山等山地，在山地垂直带中与森林带处于同一带谱上或与森林、灌丛镶嵌分布或围绕在森林外围。草本植物占70% ~95%，灌木占5% ~30%。草本植物中优良牧草占25%左右，主要植物有地榆、蓬子菜、唐松草、委陵菜、蒿类、风毛菊，麦瓶草、禾本科有野青茅、早熟禾、羊草，豆科有野豌豆、岩黄芪等，灌木有虎榛子、绣线菊、金露梅、高山柳、三裂绣线菊等。

从以上两例看出，山地森林或灌木林（丛）在干旱与半干旱草原区域占有重要地位，在森林的保护下草原单位产草量较高，有利于防风固沙，防止草原退化或沙化，而草原又是畜牧业发展的物质基础，有效地缓减林牧矛盾，减轻对森林的破坏，同时草原与森林的镶嵌分布，充分利用土地资源，为发展多种经济利用奠定了基础。

（二）荒漠草原区域的山地森林

鄂尔多斯高原既是我国半干旱区一个相对独立的自然单元，也是一个十分特殊和敏感的生态过渡带。丰富的灌木种类是该地区的优势生活型植物，是一个灌木天然分布“王国”，也是我国温带草原灌木生物多样性分布和起源的中心。高原的中西部是荒漠化草原向草原化荒漠的过渡地区。从东到西随着干旱程度的增加，灌木类群（群落）的生态替代明显：中间锦鸡儿、狭叶锦鸡儿和藏锦鸡儿群落依次被红砂、绵刺、四合木、沙冬青、半日花等群落或它们共同分布的复合群落所代替。中间锦鸡儿群落是荒漠化草原主要的灌木类群之一，大多分布在梁地；狭叶锦鸡儿是荒漠化草原与草原化荒漠过渡带的优势灌木种，常分布在砂砾质、覆沙地及砾石质地；藏锦鸡儿群落的土壤为棕钙土，地表覆沙10 ~30厘米，常见于缓坡中下部、山前洪积扇地带。群落组成草原化特征明显，主要伴生种有霸王、驼绒藜、红砂、针茅和冷蒿等；红砂群落是荒漠植被中面积最大、分布最广的荒漠群落类型，土壤为淡棕钙土或灰棕色荒漠土，地表多砾石，为砂砾质荒漠，群落组成草原化特征明显，以丛生禾草、葱属为主；绵刺群落的主要生境类型是薄层覆砂的砂砾质戈壁，其分布对土壤水分的多寡有明显的反映，属砂砾质荒漠植物，对土壤表层的砂质化有良好的反映，而对石质性基质的适应性较差，其群落中除建群种绵刺以外，有四合木、红砂、沙冬青、霸王、白刺、矮脚锦鸡儿和狭叶锦鸡儿等，群落具有明显的草原化特征；四合木群落多数处在地形部位较高的砾质和砂质高平原上，地表多砾石，也可在覆沙地及丘间壤质土壤上，常与绵刺、沙冬青和狭叶锦鸡儿呈复合形式出现。其群落组成草原化特征比较明显，在四合木的建群作用下，群落中伴生灌木种较多，如霸王、沙冬青、绵刺、珍珠、猪毛菜、猫头刺和狭叶锦鸡儿等，草本层植物也较发达，以禾本科和菊科植物为主；半日花荒漠群落分布在鄂尔多斯高原西部的桌子山一带。地形起伏高差10～15米的山麓石质残丘，地表具大量的石块，覆盖率达70%以上，形成强烈干燥剥蚀的石质丘坡地。

在荒漠草原区，山地森林如贺兰山山地森林、祁连山山地森林、阿尔泰山山地森林和天山山地森林对维护草原生态安全起着重要作用，是沙漠中的绿洲，生命的象征，有效地阻止了沙漠的扩大和迁移，同时也涵养了区域内河流的水源，减少了黄河等河流的泥沙含量，缓减雨季地表径流，调节河水流量，滞留洪峰、减轻洪水危害，保证河流下游区生产、生活及经济建设的安全与稳定。

二、湿地生态系统

湿地是地球上水陆交互作用形成的独特的生态系统，兼有水域和陆地生态系统的特点，具有其独特的结构和功能，是重要的生存环境和自然界最富生物多样性的生态景观之一。在抵御洪水、调节径流、改善气候、控制污染、美化环境和保持区域生态平衡等方面具有重要作用，因而被誉为“地球之肾”、“生命的摇篮”、“文明的发源地”和“物种的基因库”。在世界自然保护大纲中，湿地与森林、海洋一起并列为全球三大生态系统。

湿地在中国分布广泛，其面积约占世界湿地面积的11.9%，居亚洲第一位，世界第四位。全国可划分成8个主要分布区，即东北湿地区、华北平原与山地湿地区、长江中下游湿地区、杭州湾以北滨海湿地区、杭州湾以南沿海湿地区、云贵高原湿地区、蒙新干旱地区湿地区、青藏高原湿地区。

湿地生态系统类型众多，目前还没有世界公认的湿地分类标准。根据全国湿地分布情况和湿地监测网点布局原则，采用《全国湿地资源调查与监测技术规程》（试行本）的分类标准，可将全国湿地划分为4大类26种类型：

1. *近海及海岸湿地*

其中包括11种类型，它们是浅海水域、潮下水生层。珊瑚礁、岩石性海岸、潮间沙石海滩、潮间淤泥海滩、潮间盐水沼泽、红树林沼泽、潟湖、河口水域、三角洲湿地。

2. 河流湿地

其中包括3种类型，它们是永久性河流、季节性或间歇性河流、泛洪平原湿地。

3. 湖泊湿地

其中包括5种类型，它们是永久性淡水湖、季节性淡水湖、永久性咸水湖、季节性咸水湖、水库。

4. 沼泽和沼泽化草甸湿地

其中包括7种类型，它们是藓类沼泽、草本沼泽、高山和冻原湿地、灌丛沼泽、森林沼泽、内陆盐沼、地热湿地。

湿地物种十分丰富，蕴藏着丰富的遗传资源。我国的湿地植物有2760种，其中湿地高等植物约156科、437属、1380多种。从植物生活型方面划分，有挺水型、浮叶型、沉水型和漂浮型等；有一年生或多年生植物；有的是草本，有的是木本；有的是灌木，有的是乔木。我国在湿地栖息的动物有1500种左右（不含昆虫、无脊椎动物、真菌和微生物）。其中水禽大约250种，包括亚洲57种濒危鸟中的31种，如丹顶鹤、黑颈鹤、遗鸥等；湿地是迁徙鸟类的必需的停歇地。仅在亚太地区，就有243种候鸟，每年沿着固定的路线迁飞，途经57个国家和地区。所以湿地是全球生态系统的组成部分，任何一个国家的湿地状况都会影响全球生态环境。鱼类约1040种，其中淡水鱼500种左右，占世界上淡水鱼类总数的80%以上。总之，湿地是大自然的一部分，人类必须与自然和睦相处，成为同舟共济的伙伴。

（一）森林沼泽地

林区的河谷，山麓或分水岭，常有潜水渗出，造成地表过湿。其上生长苔草等喜湿植物，随后枯枝落叶、草丘的截拦，保持了地面水流，使钾、氮、钙、镁等元素被淋溶，而铅、铁、锰在土层下积累形成不透水层，保护土壤过湿，形成泥炭，发育为沼泽。在地形平坦的采伐迹地或火烧迹地，由于森林被砍伐，蒸腾减少了，地表就会积水，形成森林沼泽化。

沼泽与森林之间的过渡带随着空间地势的逐渐升高沼泽化程度由强到弱，形成了交错带的环境梯度，森林植物种逐渐向沼泽方向侵入形成了在群落建群种、灌木、草本层优势种、伴生种、径级结构、年龄结构以及相似程度等结构特征方面均存在很大差异的一系列群落，结构的不同导致群落的植物多样性、生产力沿着沼泽至森林方向的环境梯度呈现逐渐增高的趋势。

在没有干扰的情况下，沼泽演变为森林要经过森林—沼泽交错群落演替阶段。由于局部地势较低积水形成沼泽后，耐湿的沼泽植物定居而形成沼泽群落。又因其内部大量死有机体的堆积，形成高出水面的塔头小斑块，为树种的侵入创造了条件。各种适应沼泽生境方式的森林与沼泽植物组成二者的过渡区群落，开始了向森林演替的各个演替系列。

森林—沼泽交错群落的演替过程是群落对生境的改造过程，这一过程由两个方面作用而得以实现的，一是交错群落建群种个体下部小斑块的发育，起到抬升地势的作用，使地面积水转化为地下积水，生境得以改善；另一方面交错群落的生物排水作用，使群落的水分趋于平衡状态，同时降低了地下水位，相对地起到抬升地势的作用。这两方面的作用结果，使交错区群落空间分布位次发生改变，向着更加中生化的演替阶段发展，处于较高地势的交错区群落最终将会演替为森林群落。森林—沼泽交错群落改造生境作用受立地条件制约，它决定着群落的生产力，从而决定群落演替进程。

在森林地带的草甸区，洼地和永久冻土地带，由于地势低平，坡度平缓，排水不畅，地面过于潮湿，大量喜湿性植物经过长期的堆积、霉烂形成塔头沼泽。这些地方积水较多、气温较低、蒸发量较小。正是这样一种环境，却成为多种水生动物、两栖动物及多种候鸟的栖息地。湿地为它们提供了丰富的食物来源和隐蔽的繁育场所，并且，沼泽湿地是我们应保护的水资源自然存在于自然界中一种形式，对森林生态系统平衡，尤其是对林区内自然水系长久的存在，特别是人工和天然更新幼苗的生长等诸多方面都有重大的意义。过去我们错误的把沼泽湿地划分为：重沼泽（非宜林沼泽）和宜林沼泽，这一种错误的概念划分，只是单纯的从造林的观点出发，而没有从生态平衡的角度考虑，致使很多林业局对沼泽地采取了排水整地造林，这就严重地破坏了生态平衡，把大自然给我们设计好的一个个天然水库破坏掉了，使得林区的自然抗旱能力完全丧失。

（二）红树林

红树林生态系统处于海洋与陆地的动态交界面，周期性遭受海水浸淹的潮间带环境，使其在结构与功能上具有既不同于陆地生态系统也不同于海洋生态系统的特性，作为独特的海陆边缘生态系统在自然生态平衡中起着特殊的作用，其保护海岸、防止侵蚀和防风作用等生态功能尤为明显。

红树林是生长在热带海岸潮间带的木本植物群落。由于温暖洋流的影响，有些种类可分布到亚热带海岸，有些受潮汐的影响，也可分布到河口海岸和水陆交叠地方，因此，红树植物是指只有在每日可受潮汐浸润的潮间带生长的木本植物。

红树林生态系统所处的潮间带环境，各种环境条件变动性大而且严峻，只有高度特化的少数高等植物才能生长。因此，与同纬度地带的陆地森林生态系统相比，红树植物种类少，群落结构简单。但它所处的潮间带生境，具有许多大型藻类和浮游植物。

中国现有红树植物 12 科 15 属 27 种（含 1 变种），除两种蕨类外都是高大的乔木和灌木。红树植物的种类分布随纬度的增高而逐步减少。红树植物主要有：半红树植物、伴生植物、海草植物、大型藻类植物、浮游植物等。

红树林生态系统具有独特的功能：①通过网罗碎屑的方式促进土壤的形成，抵抗潮汐和洪水的冲击。②过滤陆地径流和内陆带出的有机物质和污染物。③为许多海洋动物提供栖息和觅食的理想生境。在红树林生态中，红树林群落和栖息的鸟类、水生浮游动物、底栖动物等构成一个相对稳定的生物群落，这个生物群落与环境条件一起构成一个相互依存、相互制约的独特海岸沼泽生态系统。④红树林是自然辅助的高生产率的生态系，具有高光合率、高呼吸率、高归还率的特点，是热带河口海湾生态系第一性生产量的重要贡献者，它以凋落物有机碎屑的形式输出有机物，维持海岸和近海生态系统众多消费者。红树林的营养物质循环不仅发生在生物组分、大气组分和土壤组分之间，而且还发生在水体组分之间，因此红树林生态系统属于自然的太阳供能生态系统类型，其自然补能部分即来自潮汐和海洋水体。⑤植物本身的产物，包括木材、薪炭、食物、药材和化工原料。⑥具有社会教育和旅游景观价值。

红树林是较高生产力的生态系统，但对人为扰动极其敏感，在遭到破坏后，森林的恢复非常缓慢，保护红树林已经成为全球关注的主要生态问题之一。

三、农业生态系统

农区森林在保护农田稳产和高产，防灾减灾等方面具有重要作用。近年来，一些国家和一些国际组织机构已将发展农林业作为农业增产和防止土地退化、控制热带和亚热带地区的毁林、保护生态平衡和改善农村贫困的重要途径。

在我国平原绿化工程是一项以农业种植区为核心，以农田林网化为骨干，以带、网、片相结合的综合农田防护林体系建设工程，在我国粮食主产区呈现出巨大的作用。平原农区林网配套既实现有限土地的立体种植，提高单位面积产量和效益，又达到以林促农，保证农业增产与增收，而有些间作的农作物也能为树木生长提供生长发育所必须的养分，如豆科植物的固氮作用，可以培肥地力，促进树木生长与发育，因此，稳定、健康的农林复合系统经营成为当今大力提倡的生态环境治理模式。

众所周知，林带通过其动力效应，能够改变空气流场特征，降低风速，消弱风的能量，从而达到防止风蚀，减少风沙危害。林带的防风效应主要体现在对近地面层的气流运动的作用，包括降低风速、改变流场结构和流态。此外，在北方干旱半干旱地区，林带（网）的蒸腾作用可有效地增加局部地区的空气湿度，有利于作物的生长和发育，形成区域小气候，减少各种自然灾害，使作物获得稳产高产。在南方林带（网）的蒸腾作用，也可以有效地减轻局部地区的盐渍化、沼泽化，有利于农田生态系统的水分循环，保证农田土壤的宜耕作性。

（一）粮食主产区的农田防护林

近年来，生态安全与粮食安全成为与人类生存质量密切相关的问题。作为生态建设的重要措施，农田防护林是农田生态系统的屏障，从20世纪30年代美国西部大平原防护林建设，到50年代苏联斯大林改造自然计划，以及70年代中国三北防护林建设，随着全球环境问题的愈演愈烈而逐渐被国际社会所认同。农田防护林是以一定的树种组成、一定的结构成带状或网状配置在农田四周，以抵御自然灾害，改善农田小气候环境，给农作物的生长和发育创造有利条件，保证作物高产稳产为主要目的的人工林生态系统。

农田防护林抵御的自然灾害主要是：沙尘风暴、干热风、风灾、低温冷害、其他自然灾害，如洪涝、土壤盐渍化、霜冻及冰雹等。

农田防护林的防护效果与树木高度和林带结构有直接关系，林带结构可以通过合理配置来实现，树种的生物学特性决定着林带的高度，从而影响林带的防护效果，因此，选择树种在农田防护林建设中具有决定性的意义。

我国各农田防护林区的气候条件、土壤类型及农作物品种、耕作技术等的差异较大，各区林带、林网对农作物的生长发育都有明显影响，对作物产量和产品质量都有显著提高作用。在全面考虑适地适树的原则下，营造农田防护林要选择当地优良乡土树种；速生、高大、树冠发达、深根性树种；抗病虫害、耐旱、耐寒且寿命长的树种；与主要农作物无同种病虫害的树种；适当选用有经济价值的树种作为伴生树种或灌木；在积水区选择蒸腾量大的树种，以降低地下水位。

在东北西部、内蒙古东中部农田防护林区，主要农业气象灾害是风沙、干旱。适宜树种有杨树、柳树、榆树、樟子松、红皮云杉、落叶松、胡枝子、紫穗槐、沙棘、锦鸡儿、柽柳。在西北绿洲灌溉农区，主要农业气象灾害是沙尘暴和干热风。适宜树种有杨树、柳树、榆树、沙枣、白蜡树、桑树、杏树、紫穗槐、沙棘、沙拐枣、锦鸡儿、沙柳。在华北中原地区，有灌溉条件，主要农业气象灾害是高温、低湿，因此，防护林带的作用是降低气温，增加空气湿度，适宜树种有杨树、柳树、榆树、槐树、泡桐、臭椿、楸、桑树、白蜡树、枣树、侧柏、柽柳、水杉。在长江中下游地区，主要农业气象灾害为洪涝、台风等，适宜树种有杨树、柳树、榆树、杉树、桑树、乌桕、桤木、灌木柳类、紫穗槐。在林带设计中要综合考虑田、林、路、渠的配套。

为达到农田防护林防护效益和经济效益最大并永续利用，防护林体系必须具有在空间上布局的合理性及树种、群落和林分的多样性和稳定性特征。因此，构筑大面积以生物学稳定性保证生态学稳定的防护林系统，调整现实防护林网为理想的永续经营模式的林网，建立树种多样性林带及其混交方法的营造技术体系是当前农田防护林经营急需解决的核心问题。

（二）平原农区的农林复合生态系统

平原区在我国除西北部与内蒙古东中部平原地区，华北中原地区、长江中下游平原地区外，还应包括西北绿洲灌溉农业区。这些地区是我国粮、棉、油、肉、蛋、奶生产基地，是最大的农业生产区。

农林复合生态系统是农作区和农林交错区土地利用的主要形式之一。农林复合生态系统考虑资源多层次利用的原则，利用生态学原理将树木与农作物按不同的组合方式在同一土地单元和时间序列内种植。树木通过各种形式引入农田，固然影响到林下和胁地范围内农作物的生长，但同时也起到防风固沙、涵养水源、调节农田小气候、促进系统内物质循环、能量流动、减少自然灾害的发生等保护农田及其增加农作区的产品效益（木材、薪柴、果实等林副产品）的作用。这一经营方式是除了通过遗传育种、扩大耕地面积、改善农业生态环境来提高粮食产量的另一种解决粮食问题（粮食产量和粮食安全）及改善农村生态环境的主要的行之有效的措施。

在我国农林立体种植历史悠久，其主要类型有林农间（轮）作型（如泡桐、枣树、杉木、杨树等与农作物间作；先种植豆科树种进行沙荒地改良，固沙后再林果或农林间作）、林牧（渔）间作型、林果（经济、药、菌）间作型等。

农林立体种植层次结构明显，包括地上空间、地下土壤、水域立体层次，空间容量较单一种植大，资源利用率也相对高。在水平布局上，有带状间作、均匀混交、斑块混交等，因地制宜。通过农林立体种植合理利用农时，随季节变化因时而种，实现长、中短期利益结合。

实践证明，在平原地区大力发展农用林业，将林木与农作物合理配置形成农林复合生态系统。这不仅是加速平原绿化的有效途径，也使这个系统的综合功能发挥的更好、更稳定。但由于没有因地制宜地确定合理的结构模式，不同程度地影响了农业的生产。近几年不少地区采伐林木后没有更新，平原林业持续发展面临严重困难。

四、城市生态系统

20 世纪以来，社会发展的重要趋势之一，是全球城市化的步伐不断加速，城市生态系统是一个以人为中心的自然、经济与社会的复合人工生态系统，即包括自然系统、经济系统与社会系统。自然系统为经济系统提供能源利用，经济系统给自然系统带来生产污染。社会系统对自然系统有生态要求，同时又对自然系统造成生活污染。如果自然系统过于脆弱不能防治生产污染和生活污染，就不能满足社会系统的需求，城市的生活、生产环境质量就低。因此，整个自然生态系统的生态能力就成了整个城市生态的关键，城市森林因其生物量大、物种构成丰富和生态综合效应高的特点，对改善城市生态环境具有不可替代的作用。

将城市森林纳入中国森林生态网络体系建设中，构建以城市为“点”，以河流、海岸及交通干线为“线”，以我国林业区划的东北区、西北区等 8 大林区为面，即“点、线、面”相结合的森林生态网络布局框架，使城市与森林和谐共存，人与自然和谐相处，是新世纪世界生态城市发展的必然趋势。作为中国森林生态网络体系建设中的点，其核心内容就是发展城市森林。

城市森林是指在城市及其周边范围内以乔木为主体，达到一定的规模和覆盖度，能对周围的环境产生重要影响，并具有明显的生态价值和人文景观价值等的各种生物和非生物的综合体。它包括市区的道路、公园、绿地的林木及市郊的森林公园、风景区、果林、防护林、水源林等。

一般来说，城市的气候要比农村暖和而干燥，人们常把这种现象比作“城市热岛”。城市热岛是城市气候最明显的特征之一，它是由于城市下垫面性质特殊，建筑物、道路、广场不透水，热容量、导热率大，人口拥挤，建筑密集，通风不良等原因造成的。植物可以改变城市气候，在气候调节规划设计中最重要的目标就是如何控制对象地区的“热岛效应”，增加空气湿度。合理的城市森林结构和较高的森林覆盖率能有效地抑制城市热岛效应。

城市森林不以木材和其他产品的生产为目的，而是以有效发挥它的无形效益为主要方面。即特有效益和对应效益。

（一）特有效益

城市森林以其群体或个体的形态、色彩、明暗、气味、音响、季相变化等特征产生的心理和美学功能和以其调温、增湿、制氧、减噪、灭菌、净气等物理和生理功能等直接作用于人们的肌体和精神，给人以美好的环境感受。如城市森林创造的绿色世界。优美的风景、宜人的气候、清新的空气、少菌的空间、幽静的环境。不仅使人感到情绪镇定、心情畅快、精神爽朗、心旷神怡，而且有益于人们的健康与长寿，同时还有陶冶情操、增进智力、激发灵感的特种效应，这是其他任何物质或资源无法达到和代替的。其价值是量化的经济效益所不可比拟的。

（二）对应效益

它是指城市森林对周围环境的保护与保持作用，间接地服务于人们的生活与工作，保护人们的健康与安乐，如防风、防沙、防尘、防灾、减噪、灭菌、保持水土、调节气候、净化空气、消除或减弱温室效应等。对应效益不但影响和改善了所在的空间环境，而且对整个城市环境也有明显的有益效果，这是城市森林无形效益的另一方面。

城市森林的生态作用是巨大的。实践证明，城市森林是城市园林发展的目标。但是，目前在城市园林绿地系统中，城市森林没有得到充分的发展，城市园林的生态效益不高。主要原因是人们对城市森林的生态作用及重要性认识不足。从园林的发展史看，以前的园林以栽花种草、创造环境美化生活为主要目的，不重视生态效益。只有到今天环境恶化，可持续发展受到制约，人们才开始重视园林的生态功能，其点、面、带的结构特点由城市的总体规划布局所决定。

研究表明，植物群落结构越复杂，单位立体空间内叶绿量越高，生态功能越强。城市周围茂密的森林与市内结构简单的疏林或草地相比，其生态功能相差甚远。以人与自然、社会的和谐为核心，用生态学原理解读植物群落与环境（包括自然环境和社会环境）的关系，扬其共生，避其相克，形成有规律的人工生态经济系统，使城市社会的生态效益、社会效益、经济效益得到协调发展是生态园林的宗旨。大力发展生态园林和城市森林，改善城市生态环境，在造景供观赏游览的同时，兼顾生态效益，保障生态系统的良性循环，才能达到社会经济的可持续发展。

1. 大都市城郊森林

20 世纪 60 年代中，北欧一些科学家根据现代城市出现的一些弊端，提出在城区和郊区发展森林，将森林引入城市，使城市坐落在森林中。美国、英国许多城市在城郊都有森林区。新加坡的公园及娱乐区基本都采用了城市与乡村结合的思想，在城郊建设“原始公园”，将农田和森林及其他一些景观揉和进“田园城市”的建设中。这些森林带对于保证城市的发展及补充城市绿地的不足，改善城市生态环境都有着不可替代的作用。

我国不少城市已开始了城郊结合、森林园林结合，扩大城市绿地面积，走生态大园林道路的探索，如上海在迈向21世纪的城市绿地建设中，尤其加强了环城绿带的生态建设，在郊区结合河湖水系和滩地建设大规模的森林公园，如淀山湖、佘山、崇明东滩、大小金山岛等。

大都市森林通常包括城区森林，以小街景、小绿地、小游园、道路、滨河、公园、广场绿化为主；近郊森林，重点进行环城林带的建设和城区周边的村镇绿化；远郊森林，重点进行林地、森林公园、自然保护区、果园、农田林网的建设，建设中突出自然景观，为城市居民提供一个回归自然的游览去处。大都市城郊森林还包括山地成片森林和平原区农田防护林和城市水源区的水源涵养林，环城林带及其他防护林、市郊人工林（如果园、经济林、用材林、薪炭林、特种用途林等）、天然森林、森林公园、自然保护区、风景林、陵园、公墓绿化区等，这是城市森林的外围部分，是一体化的多功能综合体系。

城郊森林能够充分发挥森林对城市污染物吸收、降解作用，同时改善城市小气候，减轻或消除城市热岛效应，改善市区内的碳氧平衡，才能满足市民休闲娱乐的需求，保障城市居民身心健康。运用景观生态学、森林生态学等生态学科的基本原理，结合城郊森林的特点和实际，因地制宜，从空间布局和群落结构两方面对城郊森林进行布局规划与结构设计，充分利用城郊森林公园“吐故纳新”的负反馈机制，挖掘城郊森林的生态效益、社会效益和经济效益，形成发展城郊森林的良性循环。

2. 小城镇森林

城镇森林生态环境建设，对于国家发展，对于人们的生活、健康和精神面貌都会产生一个巨大的影响。过去城市绿化建设过于注重视觉效果，很少关心或者是不太注意生态效果，要充分发挥森林在改善城镇生态环境中的作用，就要使城镇里达到林网化，即通过道路两侧的行道树形成相互连接的绿廊，与城镇森林公园、近郊及远郊的大面积片林相连相通，形成有效的城镇生态环境森林保障体系。

我国绝大多数小城镇森林面积较少，结构单调，季相变化不明显，特别是北方地区小城镇森林常以城郊地区的农田防护林和荒山绿化为框架，以庭院经济和城镇内道路绿化为辅助，郊外农、林、牧交错，在城镇环保设施不完备的情况下，小城镇森林发挥着较大的防污染和除臭功能。在南方，小城镇多数成为大都市生活用品的生产与加工区，城郊区成为工农业废物的堆积区，城镇森林既是垃圾滞留地和净化带，却又受到城镇垃圾的严重危害，是制约小城镇森林发展和健康的主要因素之一，应引起足够的重视和正确的对待。

随着我国城镇化进程的加快及环境的迫切需求，迫使森林要进入城镇，为城镇服务，而园林要走出城外，向生态园林方向发展，这是相辅相成的两大趋势。在具体操作上可以从两个方面着手，一是要把森林引入到城市，建立林网化；二是与林网相配合，实现水网化。同时在植物材料选择、引进及配置的各个环节上体现注重生态效益的意识。

第三章　森林生态系统经营：要素·评价

第一节　森林生态系统生产力

一、森林生态系统生产力的概念

森林生态系统生产力是森林资源持续利用、生物多样性保护、缓解气候变化和防治土地退化的基础。森林生产包括的内容十分广泛，其实质就是森林的物质生产和环境构造。森林生产力是由自然环境因子和生物生长规律决定的森林潜能，它表现为森林生态系统的森林物质生产力和森林环境承载力。物质生产主要包括绿色植物通过光合作用利用太阳能吸收养分、二氧化碳和水的初级生产，以及动物、微生物等利用初级生产量而进行生长、繁殖和营养物质储存的次级生产。环境承载力主要是森林在其生命活动过程中，由于物理或化学的作用，而对所处的或周边的环境产生的构造或改善程度，如森林的防风固沙、涵养水源、保持水土、消除噪声、提供新鲜大气、美化环境等。

长期以来，人类一直十分重视森林生产力的发挥。但是，在过去，人类主要侧重于物质生产能力的发挥，并将这种功能高度集中于单一的蓄积（或木材）生产能力，这也是目前森林生产力的普遍含义。随着近代人类生态意识的觉醒，人类考虑以更安全的方式来获取森林木材产品，实际上是优先考虑生态安全和环境承载力，在此基础上才考虑森林蓄积（或木材）的生产能力，因此，森林生产力绝不再仅仅是森林的物质生产力甚至是木材生产力。

人类是自然界最高等的生物体，人为经营过程有可能改变局部地块的自然环境条件和树木遗传特性。因此，森林生态系统生产力，受到明显的外在环境、物种自身生长规律和人为干扰的影响，影响因素可分为自然因素和人为因素，但最终都是通过森林自身规律起作用的。

二、森林生态系统生产力的指标

根据森林生态系统生产力的外在表现，森林生态系统生产力指标可分为两大类，一类是森林生态系统物质生产力，另一类是森林生态系统环境承载力。

森林生态系统物质生产力的指标主要包括：①林地总面积、林地各地类面积；②可供生长成乔木的林地理论面积、可供生产木材的林地理论面积；③现有各类乔木林面积及活立木蓄积；④现有各类乔木林按林种分类的面积、活立木蓄积；⑤人工林面积、活立木蓄积及其林种分类；⑥现有用于木材生产的林地面积、蓄积按龄级的分布；⑦现有乔木林、灌木林单位面积生物量的年增长量及其按林种、按龄级、按树种的分布；⑧非木质的林产品年收获量。

森林生态系统环境承载力的指标主要包括：①森林环境对太阳辐射的调节与吸收量，如太阳辐射吸收量、太阳光质变化量；②森林环境对大气组成、温度及其流动的调节量，如减缓风速程度、消除大气污染程度、光合与呼吸作用程度、降温作用；③森林环境对森林土壤及土壤温度的保护和改善的作用量，如减少地表水土流失量（或河川流沙量）、净化土壤最大污染量（或河川有机质含量）、防治地质的崩塌量、土壤结构的改良程度和动态；④森林环境对雨水的调节量，如削减和延缓洪峰量、年河川径流波动调节量和补枯量；⑤森林环境对环境噪声的调节量；⑥森林环境提供的生物多样性程度，如物种多样性程度、种群数量大小等。需要注意的是任何单一物种超过森林生态系统中允许其存在的阈值量，都将导致在森林生态系统内的成灾现象，常见的如病虫害。

三、自然环境对森林生产力的影响

（一）自然力与环境因子

自然环境是某个自然地理位置的自然固有属性，对森林生长起着决定的作用，在相互关联的环境因子中，存在着主导因子，而主导因子与非主导因子之间，存在着有限的相互补偿作用。

自然环境因子构成了自然力，自然力是生产力的基础。不同地区之间，自然力的差别将直接导致林业生产资源（这里主要是指森林资源）的多寡。例如，森林在气候优越、雨量充沛、土壤肥沃的地区就比气候恶劣、降雨稀少、土壤贫瘠的地区生长得更好，其产出也高。在社会生产力水平大致相同的条件下，自然力的差别就成为影响劳动生产力水平高低的重要因素，在“因地制宜”中，“地”就是指自然环境因素，“制”就是指调整生产力布局，“宜”就是使适应于环境的自然生产力发挥出来。

自然条件对植物自然分布的影响，其直接因素是太阳辐射、大气、降水、温度、土壤、地球重力等；间接因素是地球公转和自转、经纬度、地质地貌地形、生物环境等，生物因素体现在植物体与其他生物复杂关系上，而其他间接因素则影响了直接生态因子在具体地域上的分布。各个因素并不是孤立地、单独地对生物发生作用，而是共同综合在一起对生物产生影响；一个生态因素不管它对生物的生存有多么重要，也只能在有其他因素的适当配合下才能发挥其作用。各个因素的变动幅度非常广阔，而每种生物所能适应的范围却有一定的限度和最适范围，当某个或多个因素在高于或低于物种所能忍受的临界限度时，物种生存将受到影响或完全不能生存，当在最适范围时对应的物种生长发展最好。不同的物种对自然环境条件的适应能力是有差异的，对应的不同自然条件限度也是不一样的，而生物总是尽可能地在环境中寻求生存，甚至改变自身的生理过程、形态构造，因此，同一物种在不同地域下将表现为乔、灌、藤、草等不同形态，对环境适应能力较强的物种具有较广的分布范围。

（二）直接生态因素的作用机制

1. 太阳辐射

太阳辐射是维持地球上一切生命活动的原始能源之一，植物光合作用是地球生命系统利用太阳能的基本形式之一，光在植物生长中起着重要的作用——光合作用中能量和酶的作用，植物生长光合作用的制约性因素主要是光补偿点、光波波长、光照时间。一般来说，耐荫乔木光补偿点为100lx，而喜光乔木光补偿点为400lx，多数植物要求光波波长以红光为最适宜光波，同时光照时间必须达到在对应光周期要求的日光照时间和累积光照时间要求以上。植物通过长期自然选择而获得了与地理环境一致的自身特有的光饱和点、光补偿点、适应性光波波长和光周期，受其他生态因子的影响而稍有变化；光饱和点和光补偿点是导致同一树种在不同环境中表现为不同形态的重要原因之一，光周期是导致植物生长年周期长短的主要因素，光波波长以红色为适宜，而紫外光（紫光）则对原生质有破坏作用。

从目前来看，太阳光能够提供足够的能量，全球光合作用中最高产的农作物也仅利用了到达植物表面太阳光的4%～5%，因此太阳光数量的多少并没有直接决定植被能否生长。但是，有时光照往往成为不利因子，例如，在年降水量低于300毫米地区，光照导致了蒸发量的增加，加剧了环境的恶化。又如，在高海拔地区（如青藏高原等）、极地区等，由于太阳辐射中富含紫外线，导致植物生长受抑制而生长矮小。

2. 大气

大气是陆生植物体生存的主导空间，也是植物体构成的原料来源。大气对森林的生长主要体现在两个方面，一是二氧化碳和氧气的含量，二是大气流动状况。植物生长需要有合适的二氧化碳和氧气含量，二氧化碳参与光合作用，氧气参与呼吸作用，植物由此自然选择地形成了自身的二氧化碳补偿点和氧气补偿点，但过高的二氧化碳或氧气含量会抑制植物的生长，不利于干物质的积累。大气的流动形成风，风促使植物蒸腾加剧，风力吹打植物体，这两个方面都有合适度的范围，超过这个合适度，都不利于植物体的生长，特别明显的是干热风、大风等。因此，一般来说，大气中的二氧化碳和氧气含量能满足森林生长的要求，但风却可能成为限制森林生长的主导因子，特别明显的是高山山顶、山脊、干热河谷等地区。

3. 降水

树木的生命过程离不开水，水是植物体主要组成成分之一，是生命活动的原料和媒介。普遍生长乔木林所需要的最少降水条件（含雨、雪、露、雹等各种形式的降水）约为年降水量400毫米，灌木林约为年降水量50毫米，如果没有其他淡水水源（如地下水、人工引水）补充，长期低于对应的界限，乔木或灌木便生长不良而零星分布甚至不能生存。例如，在我国，400毫米降水线条带区域（降雨量为300～500毫米条带区）是连片乔木林分布的边缘，常分布着森林草原（或疏树草原），在300毫米以下地区，乔木林被灌木林和草场所代替，在150毫米以下地区，主要是为草场植被和灌木林，当为50毫米以下时，分布的全部为沙漠并只能生长旱生植被。在降水400毫米以上不能分布乔木林的区域，是一些盐碱地、裸岩地、高山森林线以上等地貌地形导致的气温过低而连续积温不足、或气流速度过大、或水分缺乏等其他不利因素的存在。

4. 土壤

土壤是一个极其复杂的自然体，是在光、温、水、气等因子作用下、由岩石风化形成的。植被生长离不开土壤，土壤是陆生高等植物的立足点和营养库，向植物提供几乎全部水、氮和矿质元素并强烈影响植物对营养物的吸收活动，起着资源与调节双重作用。

土壤的物理和化学性质受环境影响（包括植物影响）因地而异，对植物生长的影响过程极其复杂，不同土壤总是生长发育与其相适应的植物种类。从森林生长难易的角度看，土壤厚度与土壤孔隙度影响到土壤温度、土壤养分和水分，因此土壤厚度对土壤肥力起着关键性作用，土壤肥力中的土壤孔隙状况对森林生长速度起着限制作用。一般认为，土壤温度在土层厚度达到80～100厘米时便基本稳定，土壤孔隙度达到50%且毛管孔隙与非毛管孔隙所占比例相近时土壤养分和水分易于储藏和流动。在森林经营管理过程中，土壤厚度常成为划分立地质量等级的重要因素，一般来说，土壤厚度要求在中等厚度（即土壤A+B层厚度在南方达到40厘米、在北方达到30厘米）以上适宜于森林生长和人工经营，但很多森林也分布于薄土层甚至岩石裸露的地表，但这样的森林生长高度脆弱，干扰破坏容易但难以恢复。

5. 温度

温度条件对植物的作用，与作为能源的光，作为营养物来源的水、土、气都不一样，它直接影响植物的生命活动，间接影响其他多种生态条件，是非常重要的生存因子。温度实际是反映了热量的多少，许多生化反应必须在一定温度条件之上进行，它限制了不同树种的分布区，因此温度是影响森林分布的最重要因子之一。

植被的生长存在一个温度区，植物通过长期自然选择形成了自有的温度生长范围（包括最低、最适、最高三个基本点温度）、温周期、积温等，因此，年均气温、年极端气温、年积温都限制植物生长活动。从森林生长角度看，年极端温度成为森林树种能否正常生长的限制性因素，而年均气温和年积温是森林生长速度的限制性因素。由于温度间接地影响其他生态条件，因此它的作用极其复杂。目前虽然认为≥10℃的连续性年积温最小值是影响森林分布的主要温度因素，但当温度超出一定限度时，如沙漠区的40℃，因为温度对其他生态因子的作用，导致了植被难以生长。所以，总体上尚未详细研究确定森林生长的温度界线和积温界线。

由于温度受重力加速度、光照、空气流动的影响，导致温度随纬度增大而降低、随海拔的上升而下降，因此温度的动态导致了不同地区森林分布的不同。

6. 重力环境

重力环境是植物生长所在空间的一种无形自然环境，它与上述诸要素的影响都有差别，重力影响到气压的分布、土壤水分与养分的分布，形成植物向地性等，不难想象，如果没有重力环境植物将如何生长，但至今还不确定重力对植物生长影响程度。

（三）间接生态因素的影响

地球公转和自转、经纬度、地质地貌地形、生物活动等由于影响上述直接性生态因子的分布状况，因此也影响到森林生长过程。虽然对这些因子有些初步的定性研究和统计性定量研究，但是，目前定量化研究还很不充分。因此，对于这些因子对森林分布的影响，也仅是根据自然地理的分布而较多地停留在定性描述上，例如，高山乔木林线和灌木林线，或低海拔的荒漠与半荒漠区域，或海岛区域，都可能是受水分、长期低温、大风、紫外线辐射强度高、土壤肥力不足或难以发挥等因素的单一制约或综合影响，导致了乔木或灌木的难以生长，甚至导致草本植被也不能生长。

地球公转是四季的来源、自转是日变化的来源，正是由于它们的结合，才形成了具体的气候、地质地貌地形、土壤等，并形成更大的稳定性（陀螺原理），可以说是所有自然因素的根本。

地质地貌地形的作用主要是影响水热和土壤的分布，进而影响森林的分布。例如，我国南方水热条件好，阳坡的森林一般优于阴坡，而我国北方水热资源有限，阴坡的森林一般优于阳坡。就是对于同一个大山脉而言，也存在森林分布上的不同，即森林的垂直分布现象。

生物因素之间存在着复杂的关系，并由于其他因素形成生物圈，植物与动物之间形成了明显的食物链关系，而植物与植物之间存在着明显的营养、竞争、机械依赖等关系。因为物种相互作用和受自然条件的变化，妨碍物种去利用最适宜的环境，即经常不能完全发挥出自己的生长潜能，所以生物之间的相互作用也影响物种的分布，包括森林的分布。但生物之间相互作用对其分布的影响程度，特别是植被的协同与竞争，仍多处于定性化描述阶段。由于森林是陆地生态系统的主体，因此，在考虑森林分布时，较少考虑生物作用的影响，实际上，作为生物作用之一的人类活动是对森林自然分布的最大干扰因素。

影响森林分布的环境因子还有海拔、空气流动状况等，但它们的作用与地形地貌是类似的，即通过影响水热分布而导致森林的不同分布。

由于受间接因子的影响，区域内某个直接因子可能起着极为明显的变化，导致森林生长的明显差异，如同一山体随着海拔升高而产生的梯度变化。

四、森林经营对森林生产力的影响

（一）森林经营的意义

地球生命系统的发展孕育了人类，人类是地球生命系统的引导者，人力和自然力都是地球生命系统的能力。生产力是人力和自然力的合成，生产力的活动是人与自然进行物质和能量交换的双向活动。人类提高生产力，是提高地球生命系统活力的本能活动。

人类对森林的经营活动是地球生命系统进化过程中自然产生并获得的基本行为和本能，是对森林生长过程的干扰行为。人为干扰而促进森林生产力的提高是地球生命系统的必然，并促进地球生命系统的进化。

人为干扰和外界环境骤然巨变干扰，都会影响演替的进程。合适的人为干扰或环境变化将产生、促进甚至加速进展演替，而不合适的人为干扰或环境变化将减缓进展演替，甚至转化进展演替为逆行演替。

从长远来看，地球生命系统（人类仅仅是其中最高级的生命系统）最终朝着有利的方向行进，森林生态系统也最终朝着有利的方面行进，因此，森林经营必然是适当的、合理的和有利于促进森林生产力的，这也是进行森林生态系统经营的目标所在。但是，从短期来看，短期的、暂时的、个别的森林经营活动却可能是不合适的干扰，并将导致森林进展演替的减缓，有时甚至转化为逆行演替，这时森林生产力便呈现下降趋势。

（二）森林经营的主要行为

自人类诞生以来，人类就在森林中进行着一系列的活动，如早期的狩猎、采集、修巢。随着人类社会文明的发展，自然火和简单工具的使用，人类逐步从林中空地的原始农耕发展为今天的农业文明和工业文明，人类对森林的活动也逐步演变成为今天的采樵、采伐为主，以及相应的人工造林、抚育管理。概况地说，人类对森林的经营活动，是“采”和“育”的过程，两者是对立统一的。

1. 森林采伐

森林是地球上陆地生态系统的主体和初级生产者，是一种可再生且不断自我更新的自然资源，它将太阳能转化为人类更容易利用的能源和资源，是地球有条件成为生命星球后的自然演化结果，也是这一生命星球利用外来能源的自然过程。人类作为地球生命中最具智能的物种，在地球生命系统中位于“金字塔”顶端，因此，最合理地培育和利用森林资源，是作为地球生命的代表，推进地球生命或地球文明在整个宇宙中不断进化的一项基本活动，是地球生命运动的本能。森林采伐是培育和利用森林资源的最基本和最重要方式，是地球生命的自然活动和基本行为。人类是地球生命系统中有序过程的最主要引导者，是森林采伐行为的引导者和实施者；虽然个别采伐行为是个无序的现象，但如同自由扩散最终达到平衡一样，大量的个别无序必然累积构成整体有序，大量的个别森林采伐活动必然需要有序进行；实施森林采伐管理是国家为合理地培育和利用森林资源的一项基本管理内容，森林采伐限额制度是森林采伐管理中的核心。

森林采伐具有“双刃剑”特点。一方面，森林采伐为人类提供着以木质原料为主体的有形产品，直接生产出社会经济需要的生产原料。另一方面，森林采伐是个干扰自然环境的过程，良好的干扰有利于促进改善人类赖以生存的环境，而恶性的干扰将破坏这个环境；通过选择性采伐，可以伐除某一森林中弱质林木或非目的树木而改善其结构、提高其质量，或伐除某一区域内不能充分利用土地生产力或不能充分保护土地生产力的低产低效林分，再培育成适合的森林资源，从而调整森林资源结构、提高森林资源质量，这是通过采伐而干扰环境的有利方面；然而，为了单一利益如收获木材、获取耕地或建设用地等而过樊（过火面积过大）、过樵（间伐强度过大）、过伐（轮伐期过短或皆伐面积过大），对某个区域内森林环境尚未恢复便又实施采伐，或将立地脆弱的森林加以采伐，则将导致森林逐步退化、缩减，森林环境遭受破坏。如此作业，虽然通过森林采伐可能在短期内获得了社会经济的快速发展，但却是“皮之不存，毛将焉附”，不能长期保证人类生存的自然环境和文明发展势头，这样的例子不胜枚举，如古代印度河文明、古希腊文明、古代中国塔里木盆地罗布泊地区的楼兰古城文明、西亚“美索不达米亚”平原的古巴比伦文明等的衰落，除了大区地理环境变化以外，森林采伐导致的森林破坏是加速这些文明消失的重要因素。

2. 森林培育

人类对森林的培育行为，是逐步形成和完善的。人类从早期的林中采集、狩猎，发展了耕作业和工业；而耕作业和工业的发展，导致了人类进行森林培育的可能和实践。

人类培育森林的历史已很早，如我国公元 6 世纪北魏贾思勰在《齐民要术》中就已收集归纳了多种种树方法，这些方法延续至今。但早期森林的生长过程完全是依赖于自然力的作用，就是目前所形成的森林分布，也主要是自然历史变迁的结果。

森林培育是人类充分利用自然力的方式，培育过程包括造林和抚育管理，是人类从完全依赖自然力向充分利用自然力和改造自然力的过程。实际上，只有现代科技的发展，才能真正实现科技造林，提高森林生产力。

虽然森林培育总体趋势是有利于人类更充分地利用自然力，但是，不当的森林培育活动仍将导致森林生产力的降低，这种现象目前很普遍，如由于树种选择的不当、抚育措施的不当等导致了在前一期森林尤其是天然林采伐后，新营造的森林大量地成为了低产低效林。实际上，人类大规模培育森林只是近代由于大量需要木材和森林（尤其是天然林）资源大量被采伐后才开始的，相应的研究也由此开始并持续进行。

（三）森林经营的作用机制

森林是个具有自我营养功能的系统（表 3-1）。森林经营对森林生态系统作用的机制，实际上是森林经营过程改变了森林自然环境因子、森林树木自身特性，改变了森林结构状况，如森林土壤结构、植被结构、森林气候、森林水文、森林生物多样性、森林景观等，从而影响到森林的生长发育，进而影响到森林生态系统的生产力（包括森林物质生产力和森林环境承载力）。

表 3-1　森林经营对森林生产力影响的机制

	森林采伐	森林培育
森林土壤	总体上对森林土壤是个破坏过程，具体包括因采伐、集运过程中对地表植被和地表土壤的破坏，导致了水土流失加剧、甚至超过水土流失容许量（地表水土流动是个自然现象，具体地域都有一个水土流失容许量，在此流失量以下，土壤生成量和土壤养分都能及时得到补充），从而土层变薄、养分流失，引起土壤肥力下降。由于不适当的采伐，还可能增加塌方、滑坡等地质灾害的概率	人工施肥可以改变土壤中元素含量的变化，适当的人工施肥将迅速增加土壤养分、或促进土壤疏松，不适当的施肥可能导致植被中毒、或土壤板结 适当的人工除草松土将改善表层土壤结构，破坏地表细毛管孔隙、降低地表水分发散，同时还除去与树木争肥的杂灌草。但不当措施将导致地表水土流失的加重、超过水土流失容许量，从而土层变薄、养分流失，引起土壤肥力下降，甚至可能伤及目的树木，减缓生长势
森林气候	森林采伐对森林气候的影响有正有负。皆伐形成小块林中空地、择伐加大林中空隙。在一定面积范围内作业，有利于大气流动，改善空气质量。如果形成大面积的采伐或高强度的采伐，则将超过森林调节气候的能力，一是减少空气中水分和氧含量，二是加大空气中沙含量，三是可能形成干热风	森林造林、抚育（不包括过度的抚育间伐）有利于森林气候的形成
森林生物多样性	森林采伐将直接降低生物多样性，这种减少程度可能达到很高的比例，包括植物、动物和微生物的种类	森林培育在多数情况下是降低生物多样性，但引种能增加生物多样性，一般引种要防止物种入侵
森林水文	采伐将降低地下水位、增加雨后的直接地表径流，增加林内地表径流量和含沙量的波动幅度	人工施肥能增加地表径流中养分含量，除草松土能增加地表径流中含沙量。 此外，森林培育有利于森林水文过程
森林植被	采伐可能导致森林植被的骤然而剧烈变化，体现在树种、径级、树高、树冠、密度及年龄结构等的变化。皆伐将导致植被的全面更新；合理择伐可能促进保留木在直径等方面的明显变化，提高和加速林分胸径生长量	人工造林直接改变了树种和龄级结构，中幼林抚育改变了森林的径级、树高、树冠结构。 如果改变树木的遗传特性，则将从根本上改变森林生产力
森林景观	皆伐和高强度择伐直接改变森林景观，而低强度择伐对森林景观的影响不明显	森林培育直接改变森林景观

第二节　森林集水区经营管理

一、集水区经营管理的概念

集水区是指某一封闭的地形单元，该单元内有溪流（沟道）或河川排泄某一断面以上全部面积的径流。因此，集水区也是一个水文单元，经常把集水区作为一个生态经济系统进行经营管理。

在我国，集水区经营管理是为了充分发挥水土资源及其他自然资源的生态效益、经济效益和社会效益，以集水区为单元，在全面规划的基础上，合理安排农、林、牧、副各业用地，因地制宜地布设综合治理措施，对水土及其他自然资源进行保护、改良与合理利用。

集水区经营管理分集水区保护、集水区改良和集水区合理利用三个方面。集水区保护是指集水区水土及其他自然资源与环境的保护，预防或制止人们对资源的不合理利用和开发，防止水土等自然资源的损失与破坏，维护土地生产力，防止集水区生态系统退化，维护生态平衡。集水区改良是指整治与恢复已遭破坏的集水区资源与生态环境，重建已经退化的生态系统，采用生物与工程相结合的综合措施，改良退化的土地，提高土地生产力。集水区合理利用是指以生态效益、经济效益和社会效益等多目标优化为目的，合理组织人们对集水区水土及其他自然资源的开发利用，实现集水区自然资源的可持续经营，实现社会经济与生态环境的协调发展。

二、森林对集水区水文的影响

森林对集水区的水文影响主要体现在涵养水源、保持水土、调节径流、防止洪水、改造局部地区水文循环等方面，在调节局部气候方面也起到了一定作用。

（一）森林对降雨的再分配作用

在有森林分布的集水区中，当降雨到达林冠层上时，从林冠层向下运动的过程中就要被重新分配，总的趋势是到达林地上土壤表面的降水有所减少。其中相当一部分降雨要被林冠层和枯枝落叶层截留，通过蒸发返回大气中去，对林地土壤来说成为无效降水。但是这种林冠或枯枝落叶湿润条件下的蒸发又可以增加大气湿度从而抑制林木的蒸腾和地表土壤的蒸发，使进入土壤的水分有充足的时间在土壤内重新分配，而后更有效地供给林木及其他植物的蒸腾需要。同时这种从林冠至地面上对降雨的再分配作用对降雨的雨滴动能可以起到一定的消耗作用，即减少或消灭雨滴对土壤的分散力，防止地表土壤被侵蚀。

大气降水落到森林表面时，首先被林冠层截流引起降水的第一次分配。然后，当降水足够大时，一部分降水到达枯枝落叶层引起降水的第二次再分配，这种再分配持续的时间和各层所能容纳的降水量，与它们的数量、性质和降水特性有关系。对于林冠层来说，与当时的气象条件（如降水量、降水强度、风速等）和林冠的特征（如郁闭度、林冠干燥度、林冠特性、林龄等）有关。对于枯枝落叶层而言，除了降水条件外，主要与枯枝落叶层的数量、性质、分布及干燥度有关。

（二）森林削减洪峰涵养水源的作用

降水在经林冠层和枯枝落叶层截留后，一部分进入土壤被土壤进行再分配，另一部分则直接从地面流走。进入土壤中的水分有一部分进入地下水层或变成土内径流，其余部分则被林木吸收蒸腾或直接从地面蒸发掉。通过多年的森林水文试验，在森林采伐、更新对径流的影响深入研究的基础之上，已充分论证了在流域中不同林分的存在，对地下径流量、洪峰流量及流域的总水量都产生深刻的影响。

森林对径流的形成有着显著的影响，这已在理论上得到了证明。一般来说，森林改良土壤的作用，对地表的覆盖作用及地被物对径流的阻力作用可以促使降雨向地下渗透从而减小地表径流，同时当土壤水分达到饱和时一部分水分以土内径流的形式流入河道，成为河川径流的一部分，另一方面林地地被物具有一定的截留作用，土壤的饱和持水量也比较高。这样，森林在客观上就起到了削减洪峰流的积极作用，即延长了洪水总历时，降低了洪峰，减小了洪水总量。

森林的水源涵养功能主要是指在降雨时通过截留、渗蓄等途径吸收降雨，减少地表径流，以水分暂时储存的方式防止水分流失；而水源涵养作用则是指暂时储存的水分的一部分以土内径流的形式或以地下水的方式补充给河川，从而起到调节河流流态，特别是季节性河川水文状况的作用。因此，森林调节径流的实质就是它的水源涵养作用。这种作用在不同条件下虽然表现不尽相同，但它对国民经济的发展及人类的生存环境却有着十分重要的意义。

三、森林对集水区土壤的影响

森林对土壤的影响主要是利用它庞大的根系改良、固持和网络土壤的作用，林冠层和枯枝落叶层削减和消灭侵蚀性降雨的雨滴动能及拦截、分散、滞缓和过滤地表径流的作用，保持土壤结构稳定等作用来实现的。

（一）对土壤水蚀的控制作用

侵蚀力主要表现在3个方面：一是推离作用，即当土壤颗粒的抵抗力小于径流的推力时，则使土粒随径流产生推移运动；二是悬移作用，水流在土粒的上下产生压力差具有向上的分速度时使土粒悬浮在径流中或产生跳跃；三是摩擦作用，不仅径流中的砂粒与地面摩擦可以带动地面的砂粒一起运动，而且径流本身对地面也存在极大的剪切力使地面发生剥蚀。只要能有效降低地表径流流速和流量，就能降低地表径流的侵蚀力和它对泥沙的搬运能力。实践证明，森林对地表径流和流量都有明显的降低作用，因为它对影响径流的糙度因子、径流深因子都有不同程度的影响，其中最重要的是增加了土壤蓄水量和地表糙度。

森林如果经过科学经营，形成合理的垂直结构后，林地地面有一层枯枝落叶覆盖，就可以大大减轻雨滴溅蚀。林内降雨虽然以冠滴下雨的形式到达地面仍具有较高的能量，有时甚至高于林外降雨，但是雨滴不是直接打击到表层土壤颗粒上，经林下植物进一步分散后再滴落在枯枝落叶层上，使雨滴在打击枯枝落叶的瞬间释放出来。如果枯枝落叶层未达到饱和时则降雨首先被枯枝落叶所吸收，然后多余的水分则传送到土壤层。同时经过枯枝落叶的吸收传递对降雨起到了分散过滤的作用，使进入土壤的水分保持干净，防止了表层土壤孔隙的堵塞，也就防止地表结皮的产生，从而土壤可以得到一个比较平稳的水分供应，减小了地表径流量。这样就防止了溅蚀的进一步发展。相反在我国西北、华北等地由于居民缺乏燃料，每年都要在林内搂取枯枝落叶，致使林地地面枯落物不足或没有，使一些林分成了所谓的“卫生林”，在暴雨时雨滴打击表层而形成板结层，使地表径流集中造成冲刷产生沟蚀，降低了其应有的水土保持作用。

（二）林木根系对土体的固土作用

任何林木的根系对于防止边坡滑动，提高边坡的稳定性都有促进作用，但这种作用的大小受到许多因素的影响。

树种不同决定了根系的物理性质——主要是抗拉强度的不同，固持力也不相同。因为当根系表面与土体间的摩擦阻力足够大时，能否阻止土体滑动，关键在于根系的抗拉强度。影响抗拉强度的主要因素有树木根系的通直性、树种本身的生物学特性、根系直径等。一般来说，根的抗拉力随着直径的增大而增大。通常小根具有比粗根更大的抗拉强度，从这个意义上讲，同样根量的情况下，须根型树木的固土作用比主根型树木要好。

树木年龄和根系的固土能力之间存在着密切的关系，树龄较大、根系较多，其固土能力也大。当树木砍伐以后，随着时间的推移，根系逐渐腐朽，韧性变弱，固土作用明显下降。据研究，砍伐后4～5年时，根腐层已深入伐根表面以下5～10厘米，大部分根系完全腐朽，因此，砍伐4～5年，树木根系已有相当一部分的固土作用便消失了。

林木根系对土体的固持作用是毋庸置疑的，然而对其作用也应采取实事求是的科学态度，不要过高地估计林木根系在斜坡稳定中的作用。首先，从林木根系的分布来看，虽然在一些特殊的环境条件下，某些木本植物根系的可及深度在1米甚至几米。而对土体固持作用最大的密集分布层次则多在60厘米以上的地表层，一些浅根性树种的根系密集分布层则集中于40厘米以上的土层，因此，就一般树种来说，分布于1米以下地层的根量只占总根量的极少一部分。

（三）对土壤的改良作用

森林改善集水区水文状况的作用和防止土壤侵蚀的作用，与其改良土壤的作用是有密切关系的。可以说，森林改善生态环境是以改良土壤的作用为基础的。在水土流失严重的地区，因为多数的土壤遭受到严重的毁坏和退化，对多数植物生长的适宜性降低，自然的植被恢复极为困难，只有通过人工措施按照不同植物群落的生态需求及发育规律人为地逐步恢复植被。在这些地区随着森林的建立和生长发育，水土流失迅速得到控制，土壤的水热条件及生物活动状况逐渐得到改善。在林分生物小循环及对生境的作用下，该地区生态系统中的物质循环与能量循环的数量和速度就起了较大的变化，总的特点是，该地区的生态系统趋于复杂，物质和能流的速度加快，出现了过去相当长时期未有的生物、矿质元素的循环关系，促进了土壤的发育进程，使土壤的理化性质得到改善，肥力不断提高。这样，林木生长的环境条件也不断得到改善，土壤的抗蚀性不断增强，形成了生态系统的良性循环。

由于林分生物小循环的作用，林地土壤的养分可以得到保持和减小淋失。保持土壤养分的方法主要有两点：一是依靠土壤生物群的活动把被淋溶的组分从土壤下层运到土壤上层进行重新分配；二是由林木进行养分循环。在第一种方式中，掘穴动物把含有养分的土壤从剖面的这一部位搬运到另一部位去是相当重要的，这一过程通常是朝着与淋渗流失相反的方向进行的。在第二种方式中，被林木根系从土壤储存吸去的养分，可以由正在分解的枯枝落叶层及死亡根系归还的养分得到补偿，也可由降雨的淋洗作用补偿。

森林改良土壤的作用，对于林木生长发育和水土流失控制来说，最有直接意义的就是土壤物理性质的改良作用。与无林地相比，一般来说，由于林地生物小循环的作用强，土壤的物理性质一般都要好于无林地，如土壤密度、土壤孔隙度、土壤结构及其稳定性、土壤的持水性、土壤的导水性等方面。一般的规律是林地土壤的密度降低，孔隙度增大，形成了较大数量的水稳性团粒结构，土壤的持水性能和导水性能均得到改善，其中对土壤物理性质影响较大的是土壤团粒结构的多少及稳定性。

四、森林集水区经营管理的指标

森林集水区经营管理应以可持续经营理论为指导，以科学经营，持续利用，建设和培育稳定、健康和高效的森林生态系统为目标；严格保护，积极发展，大力促进森林经营管理从木材生产管理为主向森林生态系统经营为主的转变，从以工业利用为主向以满足生态效益为主发挥森林多种效益的转变。因此，森林集水区经营管理活动应以遵循可持续性为准则，森林集水区经营管理的指标包括社会经济和生态环境两方面的指标。

（一）社会经济方面

1. 多种社会效益的持续提供指标

（1）流域内多样的、稳定的劳动与就业机会；

（2）保证措施体系全部功能持续发挥的管理机制；
（3）文化的、精神的和美学的价值；
（4）游憩和旅游价值的提供。

2. 多种经济效益的持续提供指标

（1）持续提高物资供应的能力，满足民众需求；
（2）维持民众收入逐年增长；
（3）维持集水区生产力。

3. 为可持续经营建立的机构及基础设施指标

（1）规划（水土资源调查、分析、评价、合理的资源利用规划）；

（2）制定适当的条例法规（如植被保护、水土保持法规及实施细则）；

（3）经济政策（奖惩条例）；
（4）群众有效参与的程度；
（5）具有联系流域管理部门和公众部门的渠道。

（二）生态环境方面

1. 生物多样性指标

（1）集水区景观格局；
（2）森林景观的连贯性；
（3）森林景观破坏程度和速度；
（4）野生动物迁移走廊的提供；
（5）水生生境的变化；
（6）单位面积和林型内种的多样性，包含种的消失速度；
（7）单位面积和林型内的基因多样性；
（8）生态系统的更新能力。

2. 土壤保持指标

（1）土体快速移动的事件（如泥石流、滑坡等）；
（2）土体缓慢移动的事件（如土体蠕动、山体变形等）；
（3）土壤侵蚀状况（类型、程度、强度）；
（4）土壤养分状况；
（5）土壤微植物区系及微动物区系；
（6）土壤质量。

3. 水的保持指标

（1）水的数量（集水区产水量）；

（2）水的化学质量与等级；

（3）水的生物质量（如水生生态系统多样性）。

4. 森林生态系统的健康和活力（包括人工林）指标

（1）昆虫、病害的非生物灾害事件；

（2）生态系统组分的健康与活力；

（3）生态系统的恢复力及抗逆性；

（4）生态系统的适应能力；

（5）种和基因的多样性；

（6）人为潜在干扰影响的水平（如污染、小气候变化等）；

（7）捕食者种群的活力。

第三节　森林生物多样性

森林是地球上最丰富的遗传基因库和物种库，是生物多样性的载体，是植物、动物、微生物和其他生物物种的家园。森林资源的采伐、森林覆被率的降低、林地的退化和转移，将引起森林生态系统的破坏、衰退，造成森林生物物种的灭绝。除表现为物种消亡和数量减少外，还表现在森林景观、种群类型、种内遗传多样性等方面的下降。保护森林生态系统内生物的多样性，是维护森林生态系统的长期健康和持续活力、保持森林生态系统生产力和可再生能力、提高系统的抗干扰能力，特别是提高自然生产力的关键基础，对维持生态平衡、稳定环境具有关键性的作用。因此，维持生物多样性是森林生态系统经营要实现的重要目标。

一、森林生物多样性的概念

生物多样性（biodiversity）是近年来国内外最为流行的一个词汇。由于自然资源的合理利用和生态环境的保护是人类实现可持续发展的基础，因此，生物多样性的研究和保护已经成为世界各国普遍重视的一个问题。20 世纪 70 年代中后期，热带雨林，特别是亚马孙河流域热带雨林的大量砍伐，引起科学界和各国政府的广泛关注。许多国家政府纷纷制定有关生物多样性法规，特别是受威胁物种保育法规。1986 年，在美国举行了国家生物多样性论坛，论坛之后威尔森（Wilson，1988）主编的《生物多样性》一书出版，并在学术界和社会产生了较大影响。

生物多样性是指所有来源的活的生物体中的变异性，这些来源包括陆地、海洋和其他水生生态系统及其构成的生态综合体，这包括物种内、物种之间和生态系统的多样性（《生物多样性公约》，1992）。遗传多样性是指存在于生物个体内、单个物种内，以及物种之间的基因多样性，一个物种的基因组成决定着它的特点，这包括它对特定环境的适应性，以及它被人类的可利用性等。物种多样性是指动物、植物和微生物种类的丰富性，它是人类生存和发展的基础。生态系统多样性是指地球上或一个地区内存在的各种各样的生态系统类型的多样性。

生物多样性广泛地存在于生物圈内，即使在沙漠腹地、冰冻的苔原、深深的海底、深达 4.2 千米的地下或沸腾的硫磺温泉中，都有生物的存在，因为遗传多样性赋予生命在最艰难的环境中生存的本领。但是物种在地球上的分布又是很不均匀的，生物多样性总是在一些地区多一些，而在其他地区则少一些。

二、森林生物多样性的指标

（一）丰富度指数

物种丰富度即物种的数目，与样方大小有关。物种丰富度用物种数目与样方大小或个体总数的不同数学关系 d 来测度。d 是物种数目随样方增大而增大的速率。常用的表示丰富度指数公式如下：

$$d_{Ma} = \frac{S - 1}{\ln N}$$

式中：S——物种数目；

N——所有物种的个体数之和。

（二）优势度指数

Simpson 指数又称为优势度指数（D），是对物种集中性的度量。计算公式如下：

$$D = 1 - \sum_{i=1}^{s} \frac{n_i(n_i - 1)}{n(n - 1)}$$

式中：n_i——第 i 种的个体数；

n——所有种的个体总数；

s——物种数。

（三）均匀度指数

均匀度是指群落中物种个体分布的均匀程度，通常用均匀度指数表达物种在群落内的分布均匀状况。常用的均匀度指数（J）计算公式如下：

$$J = \frac{-\sum_{i=1}^{s} P_i \ln P_i}{\ln S}$$

式中：p_i——第 i 种的个体数 n_i 占所有种个体总数 n 的比例；

S——物种数。

三、森林经营对生物多样性的影响

森林自身是动态变化的，这种变化受到物理、化学和生物过程的限制。然而由于人口增加、污染、气候变化及其他威胁，森林生态系统及其庇护的动植物受到的压力在持续加大，导致了世界范围生物多样性的急剧下降，基因、物种和生态系统正以空前的速度消失，人类的生存面临着由于对大自然盲目和无节制的榨取而形成的生态环境恶化的严峻挑战。研究人类经营活动对森林生物多样性的影响，探讨生物多样性可持续利用的合理途径，已成为维系人类生存、至关子孙后代的重要任务。

目前我国森林现状是：天然林资源过伐、火烧等破坏后留下大量难于恢复的迹地、天然生境丧失、破碎和退化；人工林品种单一化、针叶化和结构简单化、人工林林分的后期经营管理严重落后；森林破坏或采伐导致的风蚀、水土流失以及荒漠化危害在局部地区不断扩大和发展。因此，改变传统的经营方式，及时而科学地开展我国森林健康及其生物多样性变化的评估和监测刻不容缓。

（一）森林经营对物种遗传多样性的影响

物种多样性是种群表现在分子、细胞和个体水平上的变异度，变异越丰富进化潜力就愈大。其中，环境是影响物种变异度的主要因子。森林生态系统提供了多样化的生境。一个物种分布在森林环境中，种内变异就很明显。人类活动对环境的破坏导致了遗传多样性的降低。主要指森林破坏、栖息地环境破坏和退化、森林破碎化、林地转做它用以及大量引进外来树种而引起的对森林遗传资源的威胁。如选择优良的树木砍伐，使优良的树种绝迹或濒危，不加区别地收获某些物种，会导致一些有价值的基因资源损失，甚至丢失，采伐引起的生境变化又使野生动植物面临生存危机，遗传多样性受到严重威胁，盲目引种造成有害生物入侵等。这些因素导致物种灭绝、基因丧失或基因重组，减少群体的基因变异，种内变异变窄或完全消失，以及导致乡土林分与外来种源的人工林之间发生杂交，从而降低乡土树种的适应性，减少遗传多样性。

森林生态系统中种内和种间存在大量的遗传多样性即基因型的差异，这些遗传多样性对系统的稳定性和抗干扰能力至关重要，因为这些基因型经过数百万年的进化和自然选择而保留下来，使生物体适应各种不同的物理和生物环境。“遗传变异是物种进化的重要原料储备，一个物种的遗传变异愈丰富对环境的适应能力就愈大，反之就愈弱”。尽管哪种基因型对未来的气候、土壤等生境条件的变化是适应的，哪种是不适应的，现在还不完全清楚，但是保持高的遗传多样性，对于生态系统整体的稳定性和适应性无疑是有利的，在森林经营实践中，那种采用来自单优母树的种子或采用无性繁殖技术繁育的苗木进行大规模连片造林，将会导致局部或区域的遗传多样性降低，在较长时间内对保持生态系统的稳定性是不利的。“许多森林生态系统的衰退，并非是由于土壤受到了损害或是损失了微气候条件，而是丢失了植物、动物或微生物的种类或者丧失了地方性的适应种群。”如果种子或苗木是来自不同生境，不同地区范围的优良林分，则将扩大新林的遗传基础。

对于一个健康的生态系统来说，外来种很少能够形成入侵的规模，“保持自身生态系统的健康对于抵御外来种的入侵至关重要。”尽管几乎所有的生态系统或多或少都有外来物种入侵，但是其中一些生态系统更容易遭到入侵。在云南和四川造成严重危害的紫茎泽兰，入侵的就是大面积退化的草场。这主要是因为在退化的生态系统中，一些资源被过度利用，而另一些则没有被充分利用。外来物种正是借助这些没有充分利用的资源而得到发展。

（二）森林经营对微环境的改变影响生物多样性

森林生态系统中小环境的变化，往往会使生物多样性瞬间增大。但是，小环境的变化对生物自下而上是有一定阈值的，超过这个阈值，原先的生态系统环境就不复存在了。特别是当郁闭的天然林经过强度干扰后，其生态环境就会发生急剧的变化，就会导致许多物种的消失。

贺金生等（1997）就纬度、水分、土壤营养成分、海拔、演替等因子对近年来国内外陆地植物群落的研究结果进行了综述。近年来，某些方面的研究还比较深入，如土壤理化性质和多样性的关系的研究（杨万勤，2001）。此外，对光和生物多样性的关系的研究也不少（庄树宏，1999）。对于具体的植物群落，在气候条件相对一致的情况下，群落生境的差异可能是形成生物多样性的主要原因。当群落所处的生境条件存在较大的差异时，群落会向不同的方向演替，在群落的结构、功能和动态上产生变化。归根到底，影响群落物种多样性的最基本环境因子应是光照、土壤、水分、温度等。

森林采伐、林地清理、放牧等人为干扰比自然干扰频度高，也是影响生物多样性的主要因素。但它并非单独作用，而是与其他生物因素（动物、微生物等）和物理环境因素相互作用。森林采伐作业对生态环境的不利影响是客观存在的，为了减轻这些不利影响，维护生态系统的稳定性，森林采伐作业必须在一定的生态约束下进行，在采伐作业中应针对不同树种、林龄控制采伐强度，以维持森林生态系统的生产力，保护森林的生物多样性，实现森林可持续发展。

同时，要保障森林生态系统持续稳定地运作，必须使新陈代谢过程保持平衡，这需要在原始生产者（绿色植物）、有机物的消费者和分解者这三者之间保持一定的相互关系：生物量蓄积保持一定的水平，生物量索取要有一定的限量，禁止皆伐，不允许全树利用，保留树枝、树叶和伐根，不要把采伐的残留物堆积在溪边或河岸边。以免分解腐烂后，这些物质会沿着河道恶化水的物理化学性质，影响生境及水生植物和动物；提高消耗的多样性，控制饲料的供求关系，使之不利于食草动物的繁殖，以保护小生境；加速微生物的分解活动，保持适当的微生物食物供求关系；保障微生物适宜的小气候。

（三）森林经营对森林结构和物种多样性的影响

森林生态系统是最复杂的生态系统，其水平结构、垂直结构和营养结构复杂，藤本、攀援、寄生、绞杀、附生等植物丰富。研究表明，结构的复杂度是森林生态系统生物多样性的一个重要指标，而森林经营经常会导致多样的森林生态系统简化、退化至消亡，甚至造成森林物种灭绝，其主要原因是作为物种栖息地的森林被皆伐，其次是由于森林被部分皆伐使大面积的森林破碎为不连续的片断（裂解作用），尤其是对天然林采伐，将天然林改为单纯的人工林。

1. 森林采伐等经营活动对森林结构和生物多样性的影响

地球上的生物有半数以上在森林中栖息繁衍，当前物种灭绝的原因主要归结于森林的破坏。而掠夺性的森林采伐，更是造成许多森林生态系统退化乃至崩溃，诱发当今生态环境严重危机的主要原因之一。在森林采伐作业中，不合理的采伐、集材以及林地清理作业对森林生态环境产生了多方面的不利影响，严重威胁森林的生物多样性。森林作业是人类开发和利用森林资源的重要手段之一，它具有社会经济性和环境生态性双重属性。过去，由于人们注重了前者，而在某种程度上忽视了后者。

不合理的森林采伐不仅会引起森林的退化，而且会导致物种数量的减少或灭绝。长期以来，人们在对森林资源的开发和利用过程中，由于种种原因，只注重森林的经济效益，而忽视了森林的生态效益，盲目开采，给森林生态系统造成了严重的影响。据统计，我国从20世纪70～80年代10年内国有林区面积减少了21.3%，加之更新跟不上采伐，导致疏林、迹地和荒山扩大，森林退化演替为次生林。森林采伐导致的森林生态系统退化，甚至消亡的现象屡见不鲜。

被采伐林与自然林的结构主要有3方面不同：林龄、林窗大小、大型残木的数量和分布。每一种因素在森林结构和功能方面都起着重要的作用。采伐使再生树木年龄均一化，而自然干扰则造成不均一的格局。例如，火干扰会在不同的植株上有不同的效果，有些植株仍保持部分的生命功能，而有些则死亡。这样有利于森林的再生并为很多生物种类提供了生境。采伐（特别是皆伐）会留下大面积裸地，自然干扰也会产生林窗，只是自然干扰在不同的情况下会产生大小不同的林窗，有时只有一棵树的空间大小，有时（例如飓风和龙卷风的干扰）则造成大面积的林窗，而且采伐的空地往往是规则和均一的。

2. 作业方式和采伐强度对森林结构与生物多样性的影响

对于森林采伐这一生产活动来说，来自人类与森林复合系统的环境约束实质上体现在人类采伐森林的作业方式和采伐强度。

人类采伐森林的活动是大规模的、渐近的和持久的。如果采伐强度和方式不合理，如工业文明前期的掠夺性采伐，使人类干预强度超出局部森林的承受极限，导致森林的退化，甚至崩溃。或者山地森林和立地条件极差的森林经过度采伐后很难恢复，变成岩石裸露的不毛之地或半沙漠地。为此，世界上绝大多数有林国家都建立起了相应的法律法规，严格控制采伐强度，并限定采伐树种、采伐方式等。这些法律的建立、实施和完善，为保护、发展和合理利用森林资源起到了关键性的作用。

皆伐和择伐对生物多样性的影响有很大不同，有研究表明，在原始阔叶红松林区皆伐后两年的迹地上，只有 8 种鸟类，且皆为草地灌丛鸟，森林鸟完全消失；皆伐后经 50 年的恢复，鸟类种数会增至 15 种，但仍不及原始阔叶红松林（34 种，其中森林鸟 33 种）的一半，其中森林鸟仅为 12 种。而阔叶红松林按 40% 强度择伐后，第二年夏季森林鸟仍有 24 种，为原始林鸟类的 72%，远高于经 50 年演替后的次生林（李世纯，1995）。

植物种的恢复也和鸟类相似，择伐后第二年，90% 的林下植物种与原始林基本相同，只是各物种多度分布发生一些变化。而过伐林需经 30～40 年的恢复后，其物种构成才能基本与原始林一致。在原始林种群种源可及的情况下，经 30 年恢复的次生杨桦林，林下地带性原生成分恢复可达 60%，经 60 年后可达 90% 以上。保护区周边的蒙古栎林因有足够的地带性原生种群源，经 40 年自然演替后，其植物种数可恢复 80%，而远离自然保护区靠近农区的蒙古栎林，由于农民烧柴等的反复破坏，加之无地带性原生种群种源，40 年后只恢复 30%（郝占庆，1994）。

抚育间伐对林下灌木和植被的影响主要从以下不同的角度来考虑：抚育间伐对林下植被的密度、盖度的影响；对林下灌木和植被种类组成和结构变化的影响；对灌木和植被生物多样性的影响。很多学者研究证明，低强度间伐对植被种类、密度和盖度的影响相对较小，而中强度和大强度间伐对植被的种类、密度和盖度影响相对较大。不同的间伐强度除了对植被种类有较明显的影响外，对于植被结构也有较大的影响。低强度间伐造成的植被结构无明显垂直分化，基本是单层的；而中强度间伐的植被结构是复层的，有明显的垂直分化。因此提高间伐强度，不仅可以增加林下草本和灌木的种类，而且也可相应地提高每个物种的高度、盖度、增加植被和灌木出现的株数。

在研究抚育间伐对林下植被和灌木的生物多样性影响方面，许多研究认为，伐后物种多样性比伐前高。像史密斯（Smith）和米勒（Miller）在研究间伐对生物多样性影响时认为：集约间伐的林分比未间伐林分有更高的植物丰富度，随着收获强度的增加，地被和灌木的盖度也随着增加。罗菊春等比较了长白山林区择伐后的红松林与皆伐后形成的白桦次生林的植物多样性，认为白桦林及其下层木的群落多样性高于红松林。另外一些研究则认为间伐对物种多样性无显著影响。瑞得（Reader）认为草本物种的数量和频度随上层部分间伐强度的增加而没有出现显著的变化。还有一些研究认为间伐和其他的人为干扰会导致草本植物丰度或多样性的长期下降，任何包含采伐的森林经营都会对生物多样性产生负面的影响。

但总体上可以归纳为以下几点：

（1）无论是人工林还是天然林，林分直径和蓄积的生长随间伐强度的加大而增加，而间伐对树高生长影响不大。

（2）间伐后，林分的生态环境和营养空间都发生了变化，最终导致林木各器官中的养分含量发生变化。整个森林生态系统养分的积累均超过相应的未间伐林分。

（3）间伐作业对叶生长量和茎生长量的影响要比集材作业显著，而这两种作业方式的交互作用对叶和茎生长量的影响都不显著。认为小强度间伐对林分结构没有大的影响，20% ~30% 的强度对改善林分的结构和树木生长效果较好。从林分的生长过程来说，间伐产生两种效应，一种是伐后因保留林木生长空间的扩大而出现的林分增长效应，另一种是间伐去掉了一些林木而对林分生长的失去效应。因此，间伐对林分生产力和各因子的影响就取决于上述两种效应的相对大小，而这两种效应又与很多因素有关。

3. 人工林经营模式对生物多样性的影响

为缓解濒于枯竭的天然林资源危机与经济发展对木材及其他林产品需求的日益增长，我国在大力发展人工林。然而我国人工林大多是纯林。造林树种单一的后果不仅是导致病虫害的频繁发生，而且降低了林内的生物多样性。尤其一味追求短期效益的速生丰产，忽视和违背了生态学持续发展原理，导致人工造林引起生物多样性衰弱、退化和其他环境退化问题。我国人工造林累计面积已达 5326 万公顷，其发展速度和规模均居世界之首。

人工林发展对生物多样性冲击主要表现在两个方面：首先，大规模人工造林以破坏蕴藏丰富多样性资源的天然林为代价，使自然连续分布的天然森林植被砍伐破坏或片断化；另外人工林树种单一化、针叶化和结构简单化。单树种人工纯林在南方主要是杉木和马尾松，北方地区是杨树和落叶松，这种营林模式会造成多样性衰减，还会造成系统功能紊乱和脆弱，引起病虫害的严重危害和普遍的地力衰退。这一问题在中国的发展十分严重。另外，集约经营程度低，林木生长不良，对林内生物的生存环境也造成极大的威胁。

伴随中国人口的进一步增长和经济的发展，对森林需求产生的压力将会日益加剧。林地逆转、生产力下降和生物多样性减少已成为严重的问题，对此，我们必然充分认识森林生物多样性丧失和威胁的严重性，努力改变传统的森林经营模式。

四、保护生物多样性的策略

长期以来，我国在生物多样性保护方面进行了不懈的努力，制定了《中国自然保护纲要》、《中国生物多样性保护行动计划》，确定了生物多样性保护的方针、战略以及重点领域和优先项目。加强生物多样性保护，主要包括3部分内容：生态系统的保护、物种的保护、基因的保护。

1. 保护生物多样性的策略

（1）严格保护自然保护区、自然保护小区的森林、林木；

（2）保留地带性典型森林群落和原始林；

（3）保留生态系统多种多样的异质性，包括物种组成的异质性、空间结构的异质性和年龄结构的异质性；

（4）保存或保护珍贵、濒危、关键树种的林木、幼树和幼苗；

（5）满足濒危野生动植物物种特定的栖息地数量与质量要求。

2. 森林生物多样性的保护

（1）加强对天然林的保护措施。发展木材替代品，降低对森林的压力；选择适宜林地作为薪炭林地，以解决对燃料的要求，减轻“采樵”的压力。

（2）健全生物多样性管理体制。制定一整套生物保护分类管理系统，在生产区划出足够的保留地以保护植物和动物的不同区系；划出保护区以保护栖息地的多样性，这些地区应连接作为绿色走廊的片林；

（3）维持林内生态系统的健康和生命力。要通过人们的有效活动保持林内生存系统的稳定性；采取保护措施提高抵抗病虫害的能力，防止灾害的发生；保持个体生物的健康生命力，提高自然更新（繁殖）能力。

（4）人工造林要多造混交林。混交林是保障林木生命力、提高抵抗病虫害能力的重要手段，因此，要改变只重视营造纯林、忽视营造混交林的习惯。

（5）提高集约经营程度，应用生物技术培育森林，加快林木生长，为林内生物提供适宜的生存环境。

在衡量森林永续性时，注意力应该放在用材林发展过程与天然林发展过程的差异上，关键是认识不同森林分布带的系统功能特征，如北方林与温带林的发育规律明显不同。发展森林资源要模拟天然林发生发展规模，用材林经营要依据天然林发生发展阶段来进行，人工林的结构应反映天然林的特征，即模仿天然林生物多样性的特征。

20世纪70年代初期，在联合国教科文组织和世界自然保护联盟（IUCN）工作的国际保护学家们提出了一个“生物圈保护区”的崭新概念和管理模式。它强调保护区应把保护与发展密切结合起来，使保护区的工作和当地的经济繁荣和人民生活的提高联系在一起。这样，保护区就是一个具有多功能作用，实施可持续发展的基本单元。它的任务是以保护为主，在不影响保护的前提下开展科研监测、教育培训、资源开发和生态旅游等方面的工作。在管理好保护区的基础上，广交伙伴，与周边地区有关部门和社区以及社会各界人士，实施共同管理，利益公平分享。要求在制定统一规划的基础上，帮助周边地区安排好土地合理利用，形成一个具有相当面积的走廊带，摆脱保护区的孤岛状态，有利于物种迁移和传播的生境，增强对自然灾害的防御能力和资源持续利用，以适应全球气候变暖的影响。这样，地方政府就必须充分认识保护区的意义和作用，关心其建设和发展，出面组建专门机构，并将计划列入地方经济建设或社会发展的项目，工作才能顺利开展。

第四节　森林生态系统的固碳功能与碳汇平衡

人类燃烧化石燃料（石油、煤炭等）以及采伐森林的行为已经极大地改变了地球碳素循环，导致大气中二氧化碳的积累和温室效应的发生，和由此引起的一系列严峻的全球性生态环境问题。

森林生态系统是陆地生态系统的主体，其维持的碳库占全球总碳库的46.3%，其中森林植被部分占全球植被的77.1%。森林通过生长从大气中吸收储存二氧化碳，其存储能力取决于森林类型、树种组成、林龄及其与人类活动的关系。人类活动诸如工业化、城市化、农业化过程引起的土地利用变化使森林生态系统存储碳能力下降的同时不断向大气输送二氧化碳。据报道，在1850～1998年全球因土地利用变化而排放的二氧化碳累积达810亿～1910亿吨碳（约是石化燃料燃烧和水泥生产所排放的一半），而其中约87%来源于森林变化。因此，研究森林生态系统碳循环对于了解全球碳平衡和人类活动对全球气候变化的影响均具有重要意义。

一、森林生态系统固碳功能评价

（一）森林生态系统是陆地中重要的碳汇和碳源

在陆地生态系统中，碳汇功能体现在碳库的储量和积累速率，碳源体现在碳的排放强度；基本碳库包括植被活体、残体和土壤部分，基本积累过程包括光合作用和土壤碳的吸收，基本排放过程包括植被和土壤的呼吸作用。

森林生态系统是陆地中重要的碳汇和碳源，在这个系统中，森林的生物量、植物碎屑和森林土壤固定了碳素而成为碳汇，森林以及森林中微生物、动物、土壤等的呼吸、分解则释放碳素到大气中成为碳源。如果森林固定的碳大于释放的碳就成为碳汇，反之成为碳源。

在全球碳循环的过程中，森林是一个大的碳汇，每年约可吸收3.6×10^9吨碳，森林也是生物碳的主要储库，约储存4826×10^9吨碳，相当于目前大气中含碳量的2/3。然而，由于森林砍伐对植被和土壤的破坏使陆地生态系统成为碳源，这更加剧全球的温室效应，导致生态环境的进一步恶化。森林开垦不但地上生物量被砍伐，而且残留植物的腐烂和土壤有机质的下降几年内会增加二氧化碳向大气的排放量，森林转化为农田，土壤碳损失25%～40%。目前，热带亚热带由于森林破坏严重，被认为是主要碳源之一。研究表明，严重侵蚀退化生态系统是一个碳源，而人工造林则吸收大气中二氧化碳成为碳汇。这应该引起全人类的关注，并采取有效措施防止森林变成碳源，从而缓和和扭转全球气温变暖的趋势。

《京都议定书》中认为温室气体的源排放和汇清除主要指造林、再造林和森林管理。温室气体汇主要包括植被、海洋和大气中对温室气体起分解转化的机制。在全球碳平衡中，碳的基本源过程包括化石燃料燃烧、毁林和土地利用变化。

据估计，全球植被碳储量主要由热带森林、温带森林、北方森林、热带灌丛、温带草原、荒漠和半荒漠、湿地与农田生物区的植被碳组成；植被碳库通过光合作用吸收积累，通过呼吸作用排放到大气，通过植物死亡及分解作用变成土壤碳；植被每年通过光合作用吸收的碳（GPP）约在 120×10^9 吨，每年呼吸作用排放出碳约在 60×10^9 吨，每年净光合作用吸收碳约为 60×10^9 吨。另外，一部分植被碳又通过植物体的死亡和残体的分解而变成土壤碳。全球土壤按 1 米土层计算，有机碳的储量约 1550×10^9 吨，占陆地生态系统碳储量（2100×10^9 吨碳）的 3/4，是植被碳库的近 3 倍、大气碳库（750×10^9 吨碳）的 2 倍；土壤有机碳库由不同周转率的组分组成，其周转期从几周到近万年；土壤平均每年排放到大气中的二氧化碳以碳计为（68～100）$\times 10^9$ 吨，约为化石燃料碳排放量的 11 倍，大气二氧化碳储量的 10%。陆地生态系统通过这些过程，调节着大气中二氧化碳的浓度。

著名的“碳失汇”问题一直困扰着世界各国的科学家，最近的研究表明，占全球陆地生态系统的 40% 森林生态系统，尤其是北半球森林生态系统与大气之间存在着较大的二氧化碳负通量，是吸收人类排放二氧化碳的一个重要的汇。这为发达国家通过恢复森林生态系统来满足《京都议定书》所要求的限排二氧化碳提供了重要的定量数据。将森林生态系统与大气之间直接的长期的二氧化碳通量监测，与森林生长的资料、生理生态资料相结合，则可以准确量化森林生态系统碳汇/源效应。而且，通过开展长期的、直接的针对不同森林生态系统的二氧化碳通量研究，可以为进行森林生态系统二氧化碳吸收与释放的过程调控、改善人类生存环境提供必要的定量数据。

我国中亚热带森林是生产力和碳吸存能力最高的森林类型之一，是我国森林碳汇的重要组成部分，而且自新中国成立以来，我国亚热带地区在水土保持生态恢复方面进行了大量工作，许多土壤侵蚀退化生态系统恢复了森林植被。目前，人类对森林生态系统的作用呈现多样性，如有毁林耕地也有退耕还林，有只伐不育也有植树造林，这就使森林生态系统的碳循环变得复杂。必须综合考虑多种因素的作用。

（二）土地利用变化对生态系统碳的储量汇的影响

土地利用变化过程对生态系统碳汇/源的影响包括自然过程和人为过程两个方面。自然过程受制于自然植被本身光合作用和呼吸作用等增加生物量与生产力的生理过程及环境条件，这些过程是由植被本身的自然过程决定的。人为过程通过改变植被碳和土壤有机碳动态过程而实现，包括生物量收获、残体的处理和土壤扰动及植被组成改变或改变环境条件等方面。

土地利用变化引起植被组成的改变，进而引起生态系统碳储量及各个部分分配的改变，造成系统碳储量的变化，这很大程度取决于生态系统类型和土地利用方式的改变。主要体现在植被和土壤碳在土地利用变化中，既可能成为碳汇，也可能成为碳源。在土地利用变化过程中，使植被和土壤碳库储量积累的过程是碳汇，而使植被和土壤碳储量减少的过程是碳源。

土地利用变化过程主要是土地利用变化活动对植被和土壤部分的影响。天然次生林生态系统变成农田或草地生态系统的过程主要是砍伐、收获与燃烧等人为活动，都是短期活动，主要结果是改变了生态系统中植被、遗留部分残体和原有土壤有机碳部分。这个过程使生态系统中植被生物量和残体碳库的储量减少，是生态系统碳汇功能减弱过程，也使生态系统碳释放强度增加，所以又是源过程。农田或草地生态系统造林变化主要是通过造林活动使农田或草地生态系统变成人工林生态系统，主要结果也是植被活体和残体碳储量改变及土壤有机碳遗留。这个过程中植被生物量和残体碳增加，是汇过程。土地利用变化后，土壤有机碳储量的变化受新土地利用方式的影响。在新土地利用下，一方面是植被本身的天然生长特性及土壤有机碳的自然循环过程，另一方面是不同土地利用方式的经营活动，这些活动使生态系统碳的储量和过程碳的汇功能强度发生改变。在这些自然和人为过程的长期作用下，生态系统的碳库储量将达到稳定状态，碳汇/源的功能强度也将达到稳定状态。但是，这些稳定是相对的，在受到如火灾、病虫害或其他自然灾害影响后又将被改变，碳汇功能也将被改变。

据赫顿（Houghton）对土地利用变化影响结果的估计，在过去

100 年间陆地生物圈是一个巨大的碳素释放源，历史上由于自然生态系统转变为人为生态系统，导致土壤向大气释放（80～100）$\times 10^9$ 吨碳，植物群落释放（100～150）$\times 10^9$ 吨碳。1850～1990 年，土地利用的变化导致 124×10^9 吨碳释放到大气中，约相当于同时期化石燃料燃烧释放量的一半，其中 108×10^9 吨碳来自森林生态系统（热带森林占 2/3，温带和极地森林约占 1/3），其余 16×10^9 吨碳的释放主要是中纬度草地的过度放牧和农田耕种引起的。20 世纪 80 年代，由于土地利用的变化造成陆地生态系统向大气输入的碳净通量为 2×10^9 吨/年，绝大部分来自热带地区，其中由于森林砍伐后变为农田和草地的释放量大约占 85%，收获木材及木材加工产品的释放量约占 15%。

在土地利用变化过程中，使植被和土壤碳库储量增加或减少的过程较多，如土地上覆盖的植被本身生长特性等自然过程，人为收获生物量及对残体的遗留等。这些过程有些直接使植被和土壤碳储量增加或减少，有些间接使植被和土壤碳储量增加或减少。准确认识和评价陆地生态系统的碳源/汇功能，需要准确认识土地利用变化过程对植被和土壤碳储量的影响是增加还是减少，是直接影响还是间接影响。

农田和草地生态系统碳积蓄量低于天然次生林和人工林生态系统，表明天然次生林生态系统通过土地利用变化变成农田或草地生态系统后，生态系统的碳储量汇功能下降。反之，草地或农田生态系统通过造林变成人工林生态系统后，生态系统碳储量汇功能增加。

不同土地利用方式中，生态系统植物残体碳库储量不同。天然次生林生态系统通过土地利用变化变成农田或草地生态系统后，植被残体碳储量汇功能下降，而草地或农田生态系统通过造林变成人工林生态系统后，生态系统中植被残体碳储量汇功能增加。总之，天然次生林生态系统变成农田或草地生态系统后，生态系统碳储量、植被活体和残体碳储量汇功能都将下降，而农田或草地生态系统通过造林变成人工林生态系统后，生态系统的这些碳汇功能又将增加。

我国是土地利用变化巨大的国家，尤其是地处西北的陕、甘、宁暖温带林区，几千年的人类活动已经使土地利用方式发生了很大变化，近 20 年来，在这些地区开展了大规模的退耕还林和还草工程，目前又是全国退耕还林和天然林资源保护的重点地区，这些活动无疑将对这里的生态系统碳汇/源功能产生很大的影响，但对这些影响还不是很清楚。

通过采取减少森林砍伐、弃耕农田和草地恢复为森林等保护性管理措施，可以减少陆地生态系统向大气的二氧化碳净排放，增加森林生态系统对大气中碳的汇集。合理的保护性农田管理措施，可以减少农田生态系统的碳损失，稳定甚至增加土壤碳储量。总之，土地利用对陆地生态系统碳储量的影响取决于生态系统类型和土地利用方式的变化。

（三）森林土壤有机碳储量是生态系统碳汇功能的重要组成部分

土壤是连接大气圈、水圈、生物圈和岩石圈的纽带，是陆地生态系统的重要组成成分，它与大气和陆地生物群落共同组成了系统中碳与植物营养元素的主要储存库和交换库。据估计，全球约有（1400~1500）$\times 10^9$ 吨的碳是以有机质形式储存于土壤中，是陆地植被碳库〔（500~600）$\times 10^9$ 吨〕的 2~3 倍，是全球大气碳库（750 $\times 10^9$ 吨）的两倍多，土壤贡献于大气二氧化碳的年通量是燃烧化石燃料贡献量的 10 倍。由于土壤有机碳储量的巨大库容，其较小幅度的变化就可能影响到碳向大气的排放，以温室效应影响全球气候变化，同时也影响到陆地植被的养分供应，进而对陆地生态系统的分布、组成、结构和功能产生深刻影响。

土壤中的有机碳量是进入土壤的植物残体量以及在土壤微生物作用下分解损失的平衡结果。其储量的大小受气候、植被、土壤属性以及农业经营实践等多种物理因素、生物因素和人为因素的影响，并存在各种因子之间的相互作用。增加土壤碳截存对缓解大气二氧化碳浓度升高，防治土地退化，提高土壤质量和生产力，保护生物多样性等都会产生积极的影响。

土壤不仅是一个巨大的碳库，而且活跃地参与全球碳循环。很多研究认为陆地生态系统既可能是全球二氧化碳循环的"汇"，也可能是"源"，主要取决于土壤碳库的变化。据估计，在过去 150 年间土地开垦使陆地生态系统有机碳储量（主要来源于土壤）每年减少（1.1~1.9）$\times 10^9$ 吨，大约占二氧化碳排放总量的 20%。曹明奎等利用陆地生物地球化学模型（CEVSA）模拟了陆地生态系统碳循环对全球气候变化的动态响应，认为陆地碳流动对大气二氧化碳浓度增加和气候变化有明显的影响。但也有研究表明，全球陆地生态系统在20世纪80年代后已成为一个重要的碳汇。发生这种变化的重要因素是80年代以来北半球土地利用和管理状况的改善增强了陆地生态系统的固碳量。因此，研究土壤有机碳的演变对于正确掌握陆地生态系统碳的动态变化有着极其重要意义。

在土壤碳库储量变化中，土壤呼吸是最大的源，而土壤侵蚀是碳的迁移过程，为非源非汇过程，而其他过程都是汇的过程。在这些过程汇中，关键环节是植被活体碳的年产量和土壤碳储量的净变化。因为，植被活体生产过程直接把大气中的二氧化碳吸收，土壤有机碳库储量的净变化反映土壤中碳增加和排放的强弱。其他过程是中间环节，只是改变了土壤有机碳库的储量，并没有直接和大气碳联系。研究表明天然次生林生态系统是强汇，人工林生态系统为弱汇，而农田和草地生态系统表现为源。考虑土壤侵蚀对碳储量的迁移方面，农田和草地生态系统土壤有机碳的储量的减少量更大。不同生态系统土壤碳汇功能强度都因土壤侵蚀碳的迁移而减弱。

（1）农田和草地生态系统土壤有机碳储量比天然次生林和人工林生态系统低，表明农田和草地生态系统土壤有机碳储量汇功能比天然林和人工林生态系统弱。

（2）在生态系统中，土壤有机碳库稳定性也是土壤碳储量源/汇功能的体现。土壤有机碳稳定性增强是土壤碳储量汇功能增加的过程，而稳定性减弱是土壤碳储量汇功能减弱的过程。农田和草地生态系统土壤非稳定性碳库储量汇比天然次生林生态系统弱，与人工林的差异不大。农田生态系统稳定性碳库汇比天然次生林和人工林生态系统低，草地生态系统土壤稳定性碳储量汇与天然次生林和人工林生态系统碳储量汇功能接近。

（3）在生态系统中，土壤有机碳库组分也与土壤碳储量汇功能相关。土壤保护性组分是土壤碳储量汇功能增加的体现，非保护性组分是汇减弱的体现。天然次生林土壤保护性碳汇功能比农田、草地和人工林生态系统都强。在土壤非保护性碳库方面，同样天然次生林生态系统土壤非保护性碳储量的汇功能较强，表明天然次生林中也存在大量的弱性碳汇。

（4）在土壤活性碳库的储量方面，天然次生林生态系统活性碳库的储量汇较强。

森林土壤是森林生态系统中最大的碳库。不同的森林其土壤含碳量具有很大的差别，在北部森林中森林土壤占有84%总碳量；温带森林土壤中的碳占到其总碳量的 62.9%；在热带森林中，土壤中的含碳量占整个热带森林生态系统碳储量的 50%。全球森林土壤的含碳量为（660～927）$\times 10^9$ 吨，是森林生态系统地上部分的 2～3 倍。

以上结果表明，天然次生林生态系统通过土地利用变化变成农田或草地生态系统后，土壤碳储量汇功能强度降低，稳定性和非稳定性汇减弱，保护和非保护性、活性碳汇的强度也都将减弱。而农田或草地生态系统通过造林变成人工林生态系统后，土壤碳储量这些汇功能强度都将增加。

二、我国主要森林生态系统的碳储量与动态变化

（一）主要森林生态系统的碳储量

中国科学院生态环境研究中心在分析中国主要森林生态系统类型和各地带的森林生态系统的各林龄级的生物量与蓄积量的关系基础上，根据全国森林资源普查资料中的按省（自治区、直辖市）和按各优势种调查统计的各林龄级的蓄积量资料，分别估计了中国森林生态系统的植物碳储量，并分析了中国森林生态系统植物碳密度的分布规律和影响因素。

根据中国 38 种优势种森林的蓄积量估算出中国森林生态系统的植物碳总储量是 3724.50×10^6 吨（表 3-2）。从林龄级分布看，幼龄林、中龄林、近熟林、成熟林和过熟林分别占 14.6%、29.7%、12.0%、29.5% 和 14.2%。从类型构成看，栎类林最大，占 22.4%（这是因为栎类在我国分布的面积较大），其次为落叶松林，占 12.1%，阔叶混交林占 11.5%。

表 3-2 中国各森林生态系统的总生物质碳储量 单位：$\times 10^6$ 吨

林型	幼龄林	中龄林	近熟林	成熟林	过熟林	总计	比例(%)
红松	3.12	4.85	4.32	14.30	1.79	28.38	0.76
冷杉	1.71	25.26	33.80	140.28	113.38	314.43	8.44
云杉	5.81	35.80	19.70	235.86	33.00	330.17	8.86
铁杉	0.70	2.13	2.72	10.31	9.65	25.51	0.68
柏木	7.84	7.17	1.50	8.59	2.15	27.25	0.73
落叶松	90.11	101.90	57.39	142.87	57.91	450.18	12.09
樟子松	3.85	5.88	1.20	4.57	0.00	15.50	0.42
赤松	0.01	0.09	0.02	0.00	0.00	0.12	0.00
黑松	0.16	0.05	0.00	0.00	0.00	0.21	0.01
油松	5.38	10.50	2.25	0.92	1.36	20.41	0.55

（续）

林型	幼龄林	中龄林	近熟林	成熟林	过熟林	总计	比例(%)
华山松	0.59	3.71	2.22	1.45	1.49	9.46	0.25
油杉	0.60	1.34	0.74	0.11	0.73	3.52	0.09
马尾松	42.12	67.14	18.85	7.86	2.61	138.58	3.72
云南松	21.57	24.98	12.90	24.77	26.51	110.73	2.97
思茅松	4.28	6.72	4.54	6.47	2.96	24.97	0.67
高山松	4.31	5.84	2.50	37.56	8.13	58.34	1.57
杉木	9.98	31.61	11.73	7.50	2.87	63.69	1.71
柳杉	0.03	0.05	0.00	0.25	0.00	0.33	0.01
水杉	0.02	0.06	0.00	0.00	0.00	0.08	0.00
针叶混交林	2.65	12.34	4.21	6.13	4.50	29.83	0.80
针阔混交林	5.51	28.54	12.04	21.27	9.33	76.69	2.06
水曲柳、胡桃楸、黄波罗	2.25	7.41	3.27	3.70	1.45	18.08	0.49
樟树	0.32	0.91	0.14	0.19	0.00	1.56	0.04
楠木	0.00	0.28	1.56	0.60	0.45	2.89	0.08
栎类	163.53	281.72	108.82	180.72	101.15	835.94	22.44
桦木	32.61	117.90	25.21	36.84	21.36	233.92	6.28
硬阔类	39.44	78.68	22.76	35.42	16.66	192.96	5.18
椴树类	2.22	4.32	2.13	10.30	2.55	21.52	0.58
檫树	0.08	0.01	0.03	0.00	0.00	0.12	0.00
桉树	0.55	0.90	0.14	0.30	0.00	1.89	0.05
木麻黄	0.15	0.39	0.49	1.08	0.00	2.11	0.06
杨树	14.90	34.20	14.60	24.23	13.03	100.96	2.71
桐类	0.19	0.21	0.02	0.00	0.23	0.65	0.02
软阔类	6.25	21.48	11.57	20.10	34.73	94.13	2.53
杂木	5.56	20.35	2.67	2.45	0.55	31.58	0.85
阔叶混交林	61.13	143.02	59.97	107.32	58.33	429.77	11.54
热带林	3.63	17.52	2.66	3.54	0.69	28.04	0.75
总 计	543.16	1105.26	448.67	1097.68	529.55	3724.50	100.00

森林植被碳储量比例高反映了保护好森林对调节大气二氧化碳的重要意义，如果森林一旦被砍伐，意味着森林生态系统短期内将有60%以上的碳向大气释放，长时期内随着水土（包括有机质）流失、土壤有机质氧化分解，森林土壤的碳也将会释放到大气中。

（二）中国森林植被碳库的动态变化

森林通过光合作用从大气中吸收碳，这其中约有一半通过呼吸作用重新释放到大气中，另一半则固定在土壤、沉积物和木材中。因此森林是全球生物圈中重要的碳库。温室效应以及二氧化碳的增加给森林带来的影响难以预估。有证据表明，气候变化、温度上升似乎会促进植物生长。但很难预测二氧化碳对森林生态系统的长期影响，特别是因为二氧化碳的增加不但会带来气温的升高而且会带来降雨和自然干扰等因素的变化。此外二氧化碳浓度增加使植物根系和枝叶生长加快，相应地对其他营养的需求量也会增加。而研究表明在这种情况下分解作用和营养循环反而可能受到阻碍。例如，二氧化碳浓度增加使植物的叶片等组织氮含量降低，而低氮组织不易分解，从而导致森林氮营养的缺乏。

由于气候变化对物种分布区有很大的影响，所以必须弄清楚物种为适应全球气候带的变化而重新迁徙的速度，特别要考虑到人类活动导致的森林景观破碎化给物种重新分布带来的困难。除了改变大气和影响气候以外，工业生产和人类活动所产生的废气也会直接影响森林的分布。上面每一种因素的影响都难以预测，而当所有这些因素共同作用时，结果就更难以预测。只通过短期实验很难对这些干扰共同产生的长期效果作出判断。现在只能用计算机模拟其可能的结果，但无法对其进行检验。

加拿大生态学家以森林生物量及森林资源清查数据为基础，估算森林生物量的碳量及其动态变化。按气候区、森林类型、生产力等级、森林生长发育阶段（分为新造林地、未成熟林、成熟林和过熟林），收集生物量数据绘制各种森林生物量累积曲线。将森林蓄积量按一定比例换算成森林生物量，生物量乘以碳转换系数（变动于0.43 ~0.58），即可得森林生物量中所含碳量。根据两次清查森林蓄积量的消长情况，即可估算出森林生物量碳库的变化。

人类使用化石燃料、进行工业生产以及毁林开荒等活动导致大量的二氧化碳向大气排放，使大气二氧化碳浓度显著增加。陆地生态系统和海洋吸收其中的一部分排放，但全球排放量与吸收量之间仍存在（1.6 ~2.0）$\times 10^9$ 吨碳的不平衡。来自北美和欧洲的实测和模型研究均表明，北半球中高纬森林植被是一个重要的汇，它在减小碳收支不平衡中起着关键作用。中国作为最大的亚洲国家，阐明其森林的二氧化碳源汇功能不仅对研究本地区碳循环至关重要，而且对研究全球碳循环也必不可少。中国连续50 年较为系统地进行的森林资源清查资料为这种实证研究提供了有效的数据。北京大学的方精云等利用这些数据和大量的生物量实测数据，基于改良的生物量换算因子法，研究中国森林碳库及其时空变化，分析大面积的人工造林在碳循环中的作用。为提供森林资源清查资料中所对应的各类型森林的生物量换算因子，方精云等曾利用1992 年以前各种文献上发表的生物量资料，建立了相应的数据库。最近，对该数据库进行了充实和完善，增加了 1992 年以来发表的各森林类型的生物量。分别求算了1949年和1950～1962年各省（自治区）的总生物量。尽管这种处理得出的各省（自治区）的总生物量存在一定的误差，但对于全国来说，误差很小。中国森林碳库由新中国成立初期的5.06×10^9吨碳减少到20世纪70年代末期的4.38×10^9吨碳，之后又开始增加到90年代末的4.75×10^9吨碳。这种变化趋势与中国的土地利用方式、人口压力以及经济政策的变化密切相关。新中国成立以来，中国的人口急剧增加，造成对森林植被的压力逐渐增加。在新中国成立初期，由于人口压力不大，对自然的开垦程度较小，保存着较大面积高生物量的原始林。这体现在那时中国森林的总面积虽然不是最大，但碳密度较高（49.45吨碳/公顷），使总碳储量达到最大。之后，原始林资源快速减少。这种状况持续到20世纪70年代末期。自20世纪70年代初开始，人工造林的面积逐渐增加，森林面积和森林生物量都得到逐渐提高。在最近的20年中，森林碳储量增加了约0.4×10^9吨碳，年增加（0.011～0.035）$\times10^9$吨碳，平均增加0.022×10^9吨碳/年。中国森林碳储量的增加主要是由于人工造林生长的结果。造林成林面积由20世纪70～80年代初的1274万～1739万公顷增加到20世纪末的2311万公顷。碳储量由0.27×10^9吨碳增加到0.72×10^9吨碳，净增加0.45×10^9吨碳，年增加（0.012～0.027）$\times10^9$吨碳不等，平均增加0.021×10^9吨。值得一提的是，20多年来，中国人工林的碳密度显著增加，由20世纪70年代中期的15.32吨碳/公顷增加到1998年的31.11吨碳/公顷。这主要与人工林中成熟林的比例增加有关。另外，也可能与全球温度增加和二氧化碳施肥导致生长加速有关。最近20多年来，中国非人工林（天然林和次生林，由森林总量减去人工林部分）的面积和碳储量均变化不大，总面积在8270万～8730万公顷之间，碳储量在（3.9～4.2）$\times10^9$吨碳。

中国50年的森林清查资料为验证森林的源汇功能和模型的预测精度提供了有效数据。研究结果表明，最近20多年来，中国森林起着二氧化碳汇的作用，平均每年吸收0.022×10^9吨碳的二氧化碳。这个数值与北美的结果是可比较的。必须指出的是，中国森林碳汇主要来自人工林的贡献，因此，这从某些侧面支持了《京都议定书》所提出的用植树造林来缓解大气CO_2浓度增加的方案的合理性，尽管这只是一个暂时的应急对策。中国目前正在实施的天然林资源保护工程也可望对减缓大气CO_2浓度上升有一定的贡献。

三、森林经营对碳汇平衡的影响

森林生态系统碳平衡包括输入与输出两个过程，输入与输出的差值即为生态系统的净生产量（net ecosystem production，NEP），若净生产量为正，表明生态系统是二氧化碳汇，为负，则是二氧化碳源。碳的输入主要是植被对二氧化碳的固定，输出包括群落呼吸、凋落物和土壤有机碳分解释放二氧化碳，凋落物分解释放二氧化碳量几乎没有报道，这个分量与其他分量相比小得多，所以，系统的碳收支 = 植被总光合量 - 群落呼吸量 - 土壤呼吸量（不含根系呼吸，在群落呼吸量中已考虑），而植被的年净固碳量 = 年总光合作用 - 群落年呼吸量 - 地上年凋落物碳量，故系统的碳收支 = 净固碳量 + 地上凋落物碳量 - 土壤非根呼吸。年净固碳量，这里指的是植被年净增长量为净初级生产力减去年凋落物量后折合成碳量。

（一）林分结构与吸收碳素的潜力

森林吸存碳的速率因森林类型、林龄和树种组成不同而异。森林生物量碳库从幼林到成林，随着林分生长，积累于生物量中的碳量逐渐增加。森林生物量碳积累速率决定于植物的净光合、动物和微生物呼吸消耗、生物体死亡间的关系。这与森林类型、立地生产力、森林生长发育阶段、气候条件等因子密切相关。呼吸消耗量与森林生物量呈正比关系，森林年龄越大，生物量越多，枯枝落叶量增加，动物和微生物的种类和数量越多，呼吸消耗量就增加。处于幼龄阶段的森林，生物量积累速率较大，随着森林年龄增长，积累速率下降。未受干扰的原始森林（处于顶极群落阶段），吸收二氧化碳量很大，但群落中植物、动物和微生物呼吸量大，枯枝落叶量大，分解消耗有机质释放出的二氧化碳量也很大。顶极森林群落吸收和释放的二氧化碳量基本上是平衡的。但原始森林生物量和土壤中储藏着大量的有机碳。

林分的生物量、生产力及其吸碳放氧能力的大小与植物的生理特性、林龄、林分密度、林分群落结构布局、林分立地条件等因素有关，随着林龄的增大，林分的蓄积量、生物量、生产力及其单株材积也在增大，其吸碳放氧能力也随之增大。当林龄和林分密度达到一定值时，林分的生产力将下降。当林分密度过大时，由于同种群的生态位相同，其对资源的竞争尤为激烈，使得林分的生长受到限制。

森林的生物量与其成长阶段的关系最为密切，一般森林按其年龄可分为幼龄林、中龄林、近熟林、成熟林、过熟林，其中碳的累积速度在中龄林生态系统中最大，而成熟林、过熟林由于其生物量基本停止增长，其碳素的吸收与释放基本平衡。从森林的年龄结构来估算吸收碳素的潜力是决定森林生态系统碳汇功能的一个主要方面。目前，我国森林的结构以幼龄林、中龄林居多，因此我国森林生态系统中植物固定大气碳的潜力很大。据王效科等估算我国森林生态系统潜在的植物总碳储量为 8.41×10^9 吨，现有的实际碳储存总量只是潜在的植物总碳储量的 44.3%。因此，如果我国的森林生态系统得到切实有效地保护，那么它将是中国一个重要的碳汇。

研究表明，混交林中各树种的生产力、吸收二氧化碳释放氧气的能力均高于相同条件下的纯林林分的生产力，这表明各混交树种都具有一定的生态位重叠，能充分地利用环境资源。混交之后，改善了林内小气候，有利于植被的生长，使群落结构变得更加复杂，提高了群落的稳定性和生产力。森林生态系统通过光合作用吸收大气中的二氧化碳、释放出氧气，合成有机质储存于植物体内，为人类提供第一性生产力，维持自然界的物质和能量平衡，改善人类的生存环境。因此，通过森林群落的吸收二氧化碳、释放氧气能力的研究，对森林资源保护、生物多样性和生态环境保护具有生态学意义，从而为混交林营造及森林的定向经营管理、开发利用、实现森林资源的可持续发展提供重要的参考依据。

（二）森林演替不同阶段碳汇能力的分析

植物的碳储存量、碳净固定量和碳同化净增量主要取决于植物的生物量、净生产量和生物量净增量。不同演替阶段植被对碳氧平衡的作用不同，华南南亚热带森林破坏后形成的植被类型有草地、芒萁群落、灌木群落。这些群落具有向森林演替的倾向，其演替序列通常为草地（芒萁群落）→灌木林→季风常绿阔叶林。由于演替不同阶段植被类型的植物生物量、净生产量及植物种类组成等的差异，其环境效应有较大的差别。100 年生季风常绿阔叶林植物碳储量相当于禾草草地的 49 倍，芒萁群落的 22 倍，灌木群落的 13 倍，30 年生季风常绿阔叶林的 1.6 倍。从碳净固定量看，森林也远大于草地、芒萁灌木群落。30 年生季风常绿阔叶林植物的碳净固定量相当于禾草草地的 3.4 倍，芒萁和灌木群落的 2.3 倍。因此，保持较多的森林，将使更多的碳储存于植物体中，有利于降低大气中的二氧化碳，反之，一旦森林受到破坏，储存于森林植物体中的碳将会释放到大气中，从而增加大气中的温室气体。

对华南南亚热带不同演替阶段植被植物碳储量、碳净固定量及氧释放量研究结果说明，森林植物每年从大气中吸收的二氧化碳比草地、芒萁、灌木群落大得多。从碳同化净增量看，森林植物不但每年从大气中吸收较多的二氧化碳，而且将大部分碳存留于植物体中。相反，草地由于大部分禾草植物地上部分当年死亡，其碳同化净增量较小，只相当于 30 年生季风常绿阔叶林的 12% 。芒萁群落的生物量在火烧后有一个恢复过程，其碳同化净增量略大于桃金娘灌木林。

研究结果表明，地带性植被季风常绿阔叶林无论是对生态系统的养分保护或对碳氧平衡和酸雨的缓冲作用都明显优于演替早期的草地、芒萁、灌木群落。因此，让草地、芒萁、灌木群落尽快演替成为季风常绿阔叶林，将有利于改善区域的生态环境。

（三）森林采伐与土地利用方式改变对森林碳平衡的影响

森林是陆地生态系统的主体，森林在生长过程中从大气中吸收并固定大量的碳，森林的采伐和破坏又将其储存的碳释放到大气中。因此，森林既可能成为碳汇，又可能成为碳源。森林采伐、土地利用方式改变等均能引起森林生态系统的碳量变化。

森林采伐后，地上生物量损失，生物量碳库储碳量下降。如果采伐迹地能马上进行天然更新或人工更新，则土壤碳储量变化不大，可以作未发生变化处理。如果森林采伐后撂荒，则采伐剩余物大约在 10 年内分解完，土壤中的植物根则需更长时间才能彻底分解。土壤中有机碳的排放速率受土壤温度和湿度的影响。美国学者认为，森林采伐后 25 年，土壤中碳排放处于比较低的水平。

森林采伐后改变土地利用方式，改为农田或牧地，则生物量储碳量明显减少，土壤有机碳逐渐释放至较低水平。特别是原始森林被破坏后，用于耕作，生物量和土壤中储藏的大量碳逐渐释放到大气中，使大量固定态碳转化成游离态碳，增加了地球环境中碳的流通量。大面积破坏原始森林是大气二氧化碳浓度升高的一个重要因素。农田或牧地弃耕还林，则生物量储碳量和土壤储碳量逐渐增加。同样，生产力高的有林地向生产力低的疏林地或灌木林地转化，也使森林储碳量下降。森林病虫害大暴发，轻则造成森林生长量下降，重则引起林木死亡，生物量储碳量下降。森林火灾把地上部分绝大多数生物量碳释放到大气中，土壤碳库损失部分碳量。我国传统的造林前炼山、整地等经营措施，会加速土壤碳流失，免烧、免耕经营有利于维持土壤碳储量和土壤肥力。

据方奇研究，常绿阔叶林皆伐后培育杉木人工林，土壤储碳量下降为原来的50%。而杉木林头耕土与三耕土间土壤储碳量差异很小（小于8%）。因此土壤储碳量较高的原始森林转变为集约经营的人工林，土壤储碳量下降很显著。四川冷杉原始林皆伐后自然更新，前10年（禾草期和悬钩子期）土壤碳排放量大，储碳量不断下降，10年后（次生阔叶林期）土壤储碳量逐渐增加。因此，受干扰后，能天然更新的森林（原始林或次生林），尽管受干扰后几年内土壤排放一定量碳，但随着森林更新和恢复，土壤储碳量可很快恢复到原来水平，也可作土壤碳量未发生变化处理。如果在土壤储碳量较低的荒山、荒地或弃耕农田、牧地上人工或天然更新森林，随着林分生长，土壤碳逐渐积累，变化显著。

在森林生态系统碳的分布格局中，低纬度森林占37%，中纬度森林占14%，高纬度森林占49%。在20世纪90年代，低纬度地区由于森林的砍伐，释放碳（1.6 ± 0.4）$\times 10^9$吨/年，中高纬度地区由于森林的恢复而汇集碳（0.7 ± 0.2）$\times 10^9$吨/年，整个陆地森林生态系统向大气释放碳（0.9 ± 0.4）$\times 10^9$吨/年。森林生态系统遭到破坏，尤其是森林砍伐后变为农田和草地，会导致碳由陆地生物圈向大气大量释放，其释放量可与化石燃料燃烧引起的二氧化碳释放量相当。由于人口、政治以及经济发展等诸多因素，人类活动导致世界森林面积大幅度减少，引起陆地生态系统向大气释放大量的碳，增加大气中二氧化碳的浓度，加剧了全球温室效应。

1850～1995年，由于土地利用变化热带亚洲地区森林面积减少了173×10^6公顷，向大气释放了43.5×10^9吨碳，约为同期全球释放量（120×10^9吨）的1/3，其中森林砍伐后转变为永久性农田的释放量为33.5Pg，占总量的75%，刀耕火种、森林采伐、燃料木材的收获引起森林生物量下降，而导致系统净损失11.5×10^9吨碳。土地利用变化导致该地区森林生物量减少58%〔（76～32）$\times 10^9$吨〕，土壤碳储量下降18%。1980年前后，土地利用变化引起的碳排放量大约为该地区总排放量的75%。1980～1990年，由于土地覆盖（利用）的变化导致非洲热带森林地上部分碳库减少6.6×10^9吨碳，其中43%起因于森林的砍伐，57%来自于人类其他活动造成的生物量下降。

森林砍伐后变为农田和草地，使生态系统中植被和土壤碳储量大大降低，土壤碳含量的降低主要是由于凋落物输入的减少，有机质分解速度的提高，以及耕种措施对有机质物理保护的破坏造成的。土壤碳损失主要发生在森林砍伐后较短的时期内，而其降低速率取决于诸多因素以及土壤理化和生物过程。

森林砍伐不仅使木材的输出、植物损伤死亡和凋落物分解速率提高，造成碳素损失，而且还会使砍伐过的地区因气候变干，更易发生火灾，从而使失去更多生物量碳的可能性增加。森林砍伐后转变为农田和草地，地上部分生物量会明显降低，而土壤碳储量的变化则比较复杂。土地利用方式变化后土壤有机碳（soil organic carbon，SOC）含量变化的方向和速度取决于诸多因子及土壤理化和生物过程。森林变为农田后土壤有机碳含量快速下降，其主要原因是凋落物输入减少，有机质分解速度提高，以及耕种措施对有机质物理保护的破坏。作物残茬易于降解，而其所含的不溶性物质较低；另外，耕作使土壤充分混合，打破了团聚体结构，并且使有机质暴露，加快了其降解速度，这些均导致土壤团聚体结构中轻分子量有机碳和一些有机矿物碳含量降低。

据研究，热带森林转变为农田或放牧地后，碳储量将减少40%，而转变为牧场将减少20%。据赫顿（Houghton）推算，在皆伐之后，热带、温带和极地森林枯落物和土壤碳分别减少35%、50%和15%，随着土地的进一步耕种，有机碳含量降低到原来的50%。森林皆伐和土地耕种导致美国南部土壤碳损失40%。在森林转变为农田后的第1~2年内，表层（0~20厘米）土壤碳含量降低达25%。在转变为草地初期，表层土壤碳含量存在相似的变化趋势，两年内碳损失达21.4%，但8年以后，草地表层土壤碳含量恢复到转变前森林土壤碳含量水平。迪特勒（Detwiler）认为，森林的砍伐和燃烧不会导致土壤碳损失，有时候还会使之增加。砍伐后变为农田和草地以及农田的耕种才会引起土壤碳损失，所以土壤碳减少的主要原因不是森林的砍伐，是砍伐后土地的利用。

采伐对土壤的健康有很大的影响。如果采伐后的森林群落健康地再生，那么土壤中因为细凋落物而失去的碳就可很快恢复。问题在于如何重新补充随木材特别是枝干的采伐而失去的土壤中的碳。在高强度森林管理中，在采伐地留下残余树干往往却被认为是一种浪费，而研究却表明可持续的森林管理需要在采伐时留下一些残木。清除采伐残物的行为以及采用重型机械破坏有机质层的行为会严重影响土壤肥力。因此，可持续性的森林管理政策应该根据土壤营养状况规划伐木率和管理活动以避免土壤营养的长期流失。

森林收获对土壤碳的影响取决于森林植被类型，大多数情况下不会产生影响或影响很小。有研究表明，土壤碳的减少与森林收获后土壤的遮荫和温度有关。森林收获 3 年后，在完全暴露、半暴露和完全遮荫情况下，0～5 厘米表层土壤碳分别减少 57%、49% 和 25%，5～15 厘米表层变化趋势相同，分别减少 30%、25% 和 17%。森林砍伐与土地耕种对表层土壤碳含量的影响大于深层土壤。耕种 30～50 年后 0～20 厘米土壤表层土壤有机碳损失 50%，0～100厘米土层土壤有机碳损失 30%。

（四）森林生态系统的恢复对碳汇量的影响

历史上由于人类活动的影响，全球森林面积大幅度减少，造成陆地生态系统碳的大量流失。随着社会经济发展格局的变化和人们环境意识的增强，世界各国开始采取积极的保护性措施，使森林在一定程度上得以恢复。在 1940 年波多黎各岛森林覆盖率降至 6%，之后，由于经济的发展使农田弃耕恢复为森林，到 1985 年森林覆盖率达到 33%。巴西亚马孙平原大面积森林曾经遭受严重破坏，但近几年部分农田和草地已被放弃，恢复为森林，并进入次生演替阶段。对我国近 20 年来森林碳储量的推算结果表明，虽然存在一定波动，但总体呈现递增趋势。

土壤有机碳是陆地碳循环中最大的碳库，农田退耕恢复为自然植被或常绿植被，土壤有机碳能够得到汇集。农田恢复为常绿植被，潜在地改变了因常绿植物遭到破坏而造成的土壤有机碳损失。农田和草地弃耕恢复为森林，能够使大气中的碳在植被和土壤中得到汇集。森林恢复过程中植被可以大量汇集大气中的碳，而由于农田耕种历史不同以及土壤空间异质性，导致土壤碳汇集速率差异极大。

碳在土壤中汇集的时间和速率差别很大，这与恢复植被的生产力，土壤物理、生物学状况以及土壤有机碳输入及物理干扰历史有关。在常绿植被恢复早期，碳汇集的最高速率往往低于 100 克/平方米·年。皮斯特（Post）等的研究表明，农田恢复为森林和草地后土壤碳的平均汇集速率分别为 33.8 和 33.2 克/平方米·年。

自然植被恢复后，土壤碳汇集速率低，可能是由于有机质输入较少造成的。随着植被初级生产力的提高，土壤有机质输入增加，土壤碳汇集的速率会有进一步的提高。森林是巨大的碳汇，对调节全球碳循环的平衡起着至关重要的作用。森林恢复过程中植被可以大量汇集大气中的碳。但是，土壤碳含量变化的研究结果差别很大。土壤碳汇集速率的差异主要是由农田耕种历史及其空间异质性引起的。Lugo 研究表明，森林砍伐后土壤碳含量降低 65%，在农田弃耕恢复为森林 50 年后，碳含量达到原有水平的 75%。Wilde 发现，红松林 15 厘米表层土壤有机质（soil organic matter，SOM）含量与红松林恢复时间呈显著正相关，在恢复 40 年后，土壤有机质含量增长 300% ~400%。从碳的分布格局看，农田弃耕恢复为森林后碳主要汇集在生物量、地被层和土壤表层。美国南卡罗来纳州耕种 100 多年的土地恢复为森林 40 年后，生物量、地被层和 7.5 厘米土壤表层碳汇集的比例分别为 80%、20% 和少于 1%。尽管矿质土壤碳的输入量很大，但由于降解速率快、土壤结构粗糙、黏土矿物活性低等原因，土壤碳的汇集受到很大限制。土壤碳的汇集主要发生在 0 ~7.5 厘米表层，占总汇集量的 96%，而 7.5 厘米以下土层仅占 4%。温度、湿度是影响土壤碳汇集的两个重要因子。土壤有机碳的汇集存在一定趋势，即从温带地区到热带地区其汇集速度加快。热带地区森林恢复以后，土壤碳很快达到砍伐前的水平。由于温度、湿度的增加，土壤有机质的输入量增加，是产生这一趋势的主要原因之一。

四、增加生态系统碳汇的措施

增加生态系统的碳汇功能主要应从增加输入量、减少输出量和增加稳定性去实现。在一定区域尺度，还应该合理选择土地利用方式。Kern 和 Johnson 提出 3 种增加生态系统土壤碳汇的管理原则，即维持现有土壤有机质的水平、恢复退化土壤中有机质、扩大土壤有机质库的承载力。增加生态系统碳汇的输入量可以通过提高植被生产力和减少收获部分去实现。通过提高生物量碳和减少收获部分可以增加土壤有机碳输入部分，提高植被碳库，这些过程将进一步增加土壤有机碳和生态系统的碳储量。减少生态系统碳的输出包括减少土壤呼吸、控制水土流失和减少碳的淋溶流失。土壤呼吸受土壤温度影响较大，增加土壤的植被覆盖度能减弱温度的影响。增加土壤有机碳稳定性包括增加土壤有机碳的腐殖质化、土壤稳定性碳及保护性组分碳储量。土壤有机碳稳定性与土壤团聚体密切相关，农田耕作破坏土壤结构，使有机碳稳定性降低，所以通过减少耕作可以增加有机碳稳定性。

目前，一些国家实施了提高土壤碳截存的对策。对不适宜长期持续性农作的边缘土地和因植被破坏退化严重的土地，采取转变土地利用方式，植树种草，恢复和保护多年生植被。对耕作土壤采取保护性耕作措施，降低耕作强度或采取免耕覆盖；种植系统的集约化管理，包括作物残留物管理等；提高产量的先进技术的应用如科学施用化肥等；多年生植被的重建。

在人类土地利用的实际过程中，往往是多种土地利用方式并存，且土地利用过程担负着满足人类多种需要的功能。单纯为增加生态系统的碳储量来选择土地利用方式或制定措施显然是不现实的。事实上，增加生态系统的储量要求又往往与增加土壤肥力、提高土地生产能力和土壤的环境调节能力的要求相一致。因此，在制定增强生态系统碳的汇功能措施也与实现提高土壤其他功能的措施基本上一致。增加生态系统碳库储量的具体措施包括 4 个方面。

（1）合理区划和选择土地利用方式扩大森林面积，尤其是天然林面积，控制水土流失，恢复退化土地，扩大造林或种植长久作物，保护低承载力草地，实行轮作种植，把低产农田变成草地或森林，集约管理农田，实行农林复合、林草复合经营方式。在区域或地区尺度，不可能采取单一土地利用方式，而是多种土地利用方式并存，并且不同土地利用方式承担不同的人类需要。为了协调好增加生态系统碳汇功能和满足其他方面需要之间的关系，需要合理区划和规划不同土地利用方式的分布。

在农田、草地与森林几种土地利用方式中，森林生态系统碳汇功能最强，尤其是天然林生态系统具有较强的保护性组分碳，碳汇稳定性强，所以扩大森林生态系统面积、尤其是天然林面积是区划中首先应当考虑的方面。而水土流失是导致土壤有机碳迁移的主要过程，退化土地土壤有机碳储量较低，通过造林或种植多年生植物可以控制水土流失，恢复退化的土地，提高土壤有机碳储量。草地的人为活动影响主要是放牧或割草，使草地生态系统碳储量的输入减少而使生态系统碳储量降低。而在单一种植农田土地利用方式下，减少生态系统的碳输入、破坏了土壤有机碳的稳定性、增加水土流失，导致生态系统碳汇功能降低。因此，保护低承载力的草地，实行轮作种植，把低产农田变成草地或森林，集约管理农田，实行农林复合、林草复合经营方式，能够提高草地有机碳输入、增加土壤有机碳的储量，提高农田有机碳稳定性，通过土地利用方式的变化提高土壤有机碳储量和稳定性都能够实现增加土壤有机碳和生态系统碳汇功能的目标。

（2）合理管理森林生态系统停止毁林，保护天然林生态系统，提高现存森林生态系统生产力，进行人工林的合理经营采伐，造林或采伐活动中归还所有残体，减少对土壤扰动，造林选择固氮树种，增施肥料，营造混交林，控制火灾。人类在森林生态系统的利用过程中，毁林和严重破坏天然次生林生态系统是历史上导致生态系统碳成为大气中二氧化碳源的主要原因。在增加森林土地利用的碳汇措施选择中，保护森林生态系统是首要的选择。森林生态系统生产力直接影响土壤有机碳输入，也反映植被碳储量的高低，提高森林生态系统生产力，可以增加土壤有机碳输和生态系统的碳储量。在森林生态系统的经营中，不合理的土地利用过程往往可能增加碳源而弱化汇功能，尤其是过分扰动土壤及收获生物量，因此减少对土壤扰动、增加对残体的遗留是减少生态系统碳的源而增加碳输入的重要措施。树种、肥料对土壤有机碳增加都有影响，固氮树种及增加肥料能够增加土壤有机碳的储量。而单一树种对增加土壤有机碳稳定性不利，火灾将导致碳大量释放，所以营造混交林、防止火灾发生是提高生态系统碳汇的必要举措。

（3）合理管理草地生态系统保护草地，减少放牧和割草，进行合理施肥、灌溉，选择高产草种，防治病虫害和火灾，对退化草地禁牧，促进其自然演替，控制水土流失。草地生态系统过度放牧或割草是导致生态系统生产力下降的主要原因，通过实施保护措施，减少放牧或割草，能提高生产力、增加生态系统的碳储量。另外，通过合理的灌溉、施肥、防治病虫害和火灾，也能提高草地生态系统的碳储量。对退化草地进行禁牧而促进其自然进展演替和控制水土流失也是增加草地生态系统碳储量的重要举措。

（4）合理管理农田生态系统合理耕作，部分实行减耕或免耕的耕作方式，尽可能减少收获量，实行粮草农作，秸秆还田，种植绿肥，提高地力，增施有机肥，提高肥料效率，调整作物布局，控制水土流失。

1997 年 12 月，在《联合国气候变化框架公约》缔约方第三次会议上制订了《京都议定书》，旨在规定各发达国家的温室气体排放量。中国与其他发展中国家一样，目前虽然不承担温室气体减排的义务，但由于也是温室气体排放大国，所面临的国际压力将会越来越大。同时，《京都议定书》中也明确了造林和再造林项目是第一承诺期中惟一有资格作为清洁发展机制的土地利用、土地利用变化和森林项目。但目前绝大多数营造林管理工作者对气候变迁、国际上为削减温室气体所做的努力等方面的知识了解不多，对森林碳汇清单的计算和国际碳交易的规则知之甚少。

森林有“地球之肺”的美誉，每生产 10 吨干物质将吸收二氧化碳 16 吨，释放氧气 12 吨。它是一座巨大的天然碳库，热带森林每公顷每年可以固定二氧化碳 4.5 ~ 16 吨，温带林为 2.7 ~ 11.25 吨，寒带林为 1.8 ~ 9 吨，而农地只有 0.45 ~ 2.0 吨，草地只有 1.3 吨，森林碳储量占陆地生态系统碳储量的 90%。由此可见，森林的固碳作用最为明显。可以这样说，绿化就是固碳，造林等于减排。当前，通过大规模地植树造林来增加森林植被，已成为国际公认的缓解全球变暖的有效途径。并且，与其他减少二氧化碳等温室气体的措施相比，植树造林不仅成本低，而且综合效益好。

第五节　森林生态系统健康

一、生态系统健康的概念

（一）生态系统健康概念的由来

健康概念来源于医学，最初它主要用于人体，后来逐渐用于动植物，随后又出现了公众健康。在出现严重环境污染而影响到人体健康后，这一概念又应用到环境学和医学的交叉研究领域，出现了环境健康学和环境医学。

生态系统健康概念的提出只有 10 余年的历史，从生态学角度看，却可以追溯到 20 世纪 40 年代初。1941 年，美国著名生态学家、土地伦理学家 Aldo Leopold 首先定义了土地健康，并使用了“土地疾病”这一术语来描绘土地功能紊乱。成立于 1941 年的新西兰土壤学会（后更名为新西兰土壤与健康学会）在第 2 年就出版发行了《土壤与健康》杂志，积极倡导有机农业，提出“健康的土壤→健康的食品→健康的人”。20 世纪 60 ~ 70 年代以后，随着全球生态环境日趋恶化，受到破坏的生态系统越来越多，人类社会面临着生存与发展的强大挑战。在这一时期，生态学得到迅速发展。20 世纪进入 80 年代，人们越来越关心胁迫生态系统的管理问题。1984 年，在美国生物科学联合会年会上，美国生态学会主办了题为“胁迫生态系统描述与管理的整体方法”研讨会。1988 年，Schaeffer 等首次探讨了有关生态系统健康度量的问题，但没有明确定义生态系统健康。1989 年，Rapport 论述了生态系统健康的内涵。1990 年 10 月，来自学术界、政府、商业和私人组织的代表，就生态系统健康定义的问题，在美国召开了专题讨论会。1991 年 2 月，在美国科学促进联合会年会上，国际环境伦理学会召开了“从科学、经济学和伦理学定义生态系统健康”讨论会，与此同时，一些与生态系统健康研究相关的国际学会组织先后成立。

（二）生态系统健康概念的含义

生态系统健康是一个很复杂的概念，它不仅包括生态系统生理方面的要素，而且还包括复杂的人类价值及生物的、物理的、伦理的、艺术的、哲学的和经济学的观点。当一个生态系统的内在潜力能够实现、它的状态稳定、遇到干扰时有自我修复能力以及最少的外界支持来维持其自身管理时，这个系统就可以认为是健康的。Costanza 等这样定义生态系统健康：如果一个生态系统是稳定和持续的，也就是说它是活跃的能够维持它的组织结构，并能够在一段时间后自动从胁迫状态恢复过来，不受胁迫综合症的影响。因此，对生态系统健康可以这样理解：生态系统健康是生态系统内部秩序和组织的整体状况，如系统正常的能量流动和物质循环未受到损伤，关键生态成分保留，系统对自然干扰的长期效应具有抵抗力和恢复力，系统能够维持自身组织结构长期稳定，并提供合乎自然和人类需求的生态服务。总的来说，生态系统健康是一门研究人类活动、社会组织、自然系统的综合性科学。

生态系统健康有以下特征：不受对生态系统有严重危害的生态系统胁迫综合症的影响；具有恢复力，能够从自然的或人为的正常干扰中恢复过来；在未投入的情况下，具有自我维持能力；不影响相邻系统，也就是说健康的生态系统不会对别的系统造成压力；不受风险因素的影响；在经济上可行；维持人类和其他有机群落的健康。

（三）森林生态系统健康的定义

森林生态系统健康是指森林生态系统有能力进行资源更新，在生物和非生物因素如病虫害、环境污染、营林、林产品收获等作用下，从一系列的胁迫因素中自主恢复并能够保持其生态恢复力，而且能够满足现在和将来人类对于森林的价值、使用、产品和生态服务等不同层次的需要。目前，森林生态系统健康越来越多地应用于森林资源管理中，不仅是森林资源管理的一个目标，而更重要的是作为森林资源管理的一种有效手段，正日益受到人们的重视。一个健康的森林生态系统应该具有以下特征：

（1）各生态演替阶段要有足够的物理环境因子、生物资源和食物网来维持森林生态系统；

（2）能够从有限的干扰和胁迫因素中自然恢复；

（3）在优势种植被所必需的物质如水、光、热、生长空间及营养物质等方面存在一种动态平衡；

（4）能够在森林各演替阶段提供多物种的栖息环境和所必需的生态学过程。

对森林生态系统健康的理解主要包括森林生态系统的整合性、稳定性和可持续性。整合性是指森林生态系统内在的组分、结构、功能以及它外在的生物物理环境的完整性，既包含生物要素、环境要素的完备程度，也包含生物过程，生态过程和物理环境过程的健全性，强调组分间的依赖性与和谐统一性；稳定性主要是指生态系统对环境胁迫和外部干扰的反应能力，一个健康的生态系统必须维持系统的结构和功能的相对稳定，在受到一定程度干扰后能够自然恢复；可持续性主要是指森林生态系统持久地维持或支持其内在组分、组织结构和功能动态发展的能力，强调森林健康的一个时间尺度问题。

二、森林生态系统健康评价指标

森林生态系统健康评价是诊断由于人类活动和自然因素引起森林生态系统的破坏和退化所造成的森林生态系统的结构紊乱和功能失调，使森林生态系统丧失服务功能和价值的一种评估。对森林生态系统健康进行评价，指标体系的建立是首要和关键的步骤，指标体系建立的好坏直接关系到评价的科学性和准确程度。

（一）评价指标体系的建立

森林生态系统健康的评价是一个综合、全面的评价过程，其评价内容包括森林生态系统的组成结构（生物和非生物因素）、功能过程、胁迫因素等。根据生态系统健康指标体系原则，从森林生态系统的生态要素、生理要素、胁迫要素、环境要素和气象要素等5个方面来进行森林生态系统健康评价，具体指标体系见图3-1。

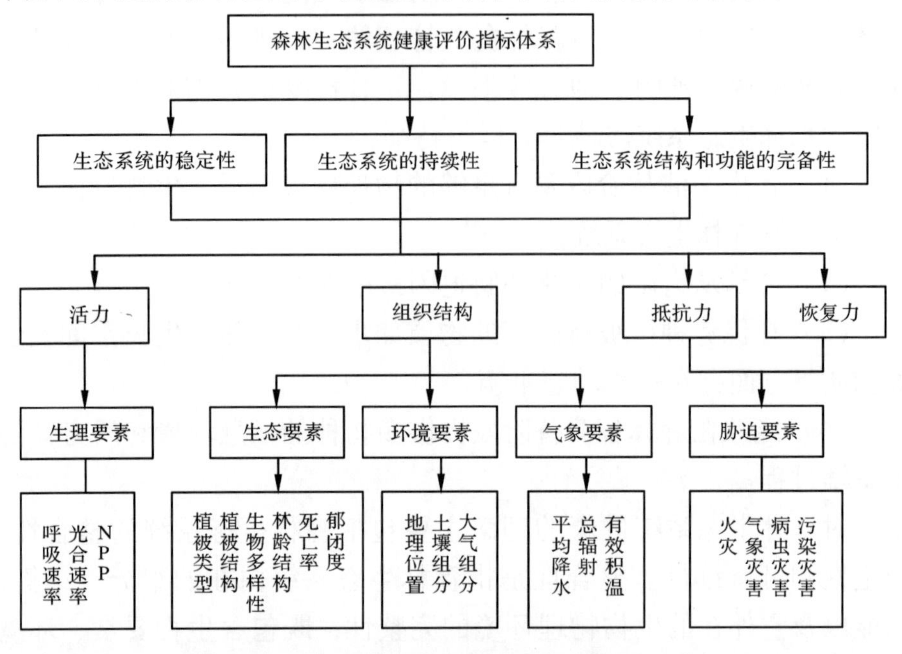

图3-1　森林生态系统健康评价指标

森林生态系统健康评价主要是基于森林生态系统的稳定性、持续性和生态系统结构和功能的完备性（整合性）来进行。生态系统的稳定性、可持续性和整合性是生态系统健康的基础，也是森林生态系统健康评价的标准。一个生态系统只有在结构完整、系统相对稳定的条件下，才能够充分地实现它的生态过程和生态功能，并维持系统的可持续性，这样的生态系统才是健康的生态系统。评价要素包括生态系统的活力、组织结构、抵抗力和恢复力。活力反映了生态系统的活动能力，即它的活跃性，是生态系统的能量输入和营养循环容量，是生态系统的内在机理和生态过程。组织结构是生态系统的组成，也即生态系统的复杂性，包括生物和非生物组分，只有结构完备的生态系统才能充分履行其生态功能，提供良好的生态服务。抵抗力和恢复力是在生态系统受到外来干扰后的反应。抵抗力是抵抗外来干扰的能力，恢复力是指系统在外界压力消失的情况下逐步恢复到稳定状态的能力。

（二）森林生态系统健康评价方法

1. 森林生态系统活力测量方法

对于森林生态系统活力，可以用森林的光合速率、呼吸速率以及森林的净第一性生产力（NPP）等指标来度量其活力。光合速率和呼吸速率主要是通过光合作用测定仪来测量。而对于小尺度的生态系统，净第一性生产力可以通过试验方法、调查方法，如果是研究大尺度森林生态系统则要求运用各种生产力模型来模拟计算森林生产力。随着遥感技术的发展，以卫星遥感数据作为信息源的植被净第一性生产力研究已经显示出它在大尺度调查研究上的优越性，目前已经成功应用于森林生态系统净第一性生产力的测量。

2. 森林生态系统组织结构的测量方法

在生态系统背景下，组织结构是指系统的物种组成结构及其物种间的相互关系，反映生态系统结构的复杂性。生态系统的组织结构包括两方面的含义，其一是生态系统的物种多样性，其二是生态系统的复杂性。物种多样性的含义既包括现存物种的数目，又包括物种的相对多度。其测量方法主要是通过样地调查，调查森林群落物种的多度和丰富度，并选择相应的多样性指数来计算森林群落的组织结构。

3. 森林生态系统恢复力和抵抗力的测定方法

直接测量恢复力和抵抗力比较困难。一般都要通过间接的方法来测定生态系统的抵抗力和恢复力。在森林生态系统健康评价中，可以选用研究区域森林生态系统对病虫害的抵抗能力来作为森林生态系统的抵抗力。在一定程度内，健康程度高的森林生态系统对病虫害的抵抗能力强，病虫害发生频度和强度都小，而健康程度较低的森林生态系统，就容易受到病虫害的危害，其抵抗病虫害就弱。因此，在评价我国森林生态系统的健康状况时，选择森林病虫害胁迫干扰因子来测度抵抗力，也就是通过森林生态系统对病虫害发生的抵抗能力来评价森林生态系统的抵抗力（R）。设病虫害的发生强度是 P（$0 \leqslant P \leqslant 1$），则定义其抵抗力 R 的大小为：$R = (1 - P) \times 100$（$0 \leqslant R \leqslant 100$），式中，$R$ 为森林生态系统的抵抗力，P 为森林生态系统的病虫害发生强度。

三、病虫害对森林生态系统健康的影响

（一）森林病虫害对不同林分结构森林的影响规律

纯林和混交林是两个不同结构的森林生态系统。森林昆虫群落结构与林分结构、植物种类、地理环境以及气候条件密切相关。一般说来，纯林树种单一，昆虫群落结构简单，天敌数量少，害虫一旦发生，数量增殖快，容易造成灾害。混交林内由于树种较多，昆虫群落结构复杂，病虫害一旦发生，各虫期被天敌捕食和寄生率高，虫害不易发生。混交林面积越大，混交树种越多，减轻病虫害的作用就越显著。这主要是混交林不适于害虫形成虫源基地，阻碍了食物信息的传递，改变了昆虫群落食物网结构，复杂的森林环境有利于鸟类栖息，有利于天敌昆虫和昆虫病原微生物的繁衍，提高了森林对害虫的自控能力。

树种愈杂，害虫种类愈多，而以害虫为生的天敌因为有了丰富的中间寄主，其种类和密度也就随之增大。林间各种害虫各虫态发生期相互交替，不仅为捕食性天敌提供了充足的食源，寄生性天敌也随时有寄主可寻，为天敌的繁衍创造了有利条件。

一般较复杂的混交林内均有丰富的蜜源植物。林分中的蜜源植物是寄生性昆虫成虫补充营养的主要来源，对延长成虫寿命，促进性腺成熟，提高产卵量等具有重要作用。

我国目前存在大面积纯松林，生产上要采取封山育林、补植阔叶树和蜜源植物、加强抚育管理等措施加以改造。改造后的林分各种乔灌木、植被及昆虫区系明显增加，林内郁闭度提高，植被覆盖率增大，从而逐渐形成较为稳定的森林生态环境。此外，合理的林业措施可诱发林木的抗虫性，提高林木与整个林分的耐害性；由于植被茂密，林内光强度明显减弱，不利于喜光的松毛虫生长发育；林分内有机质增多，提高了土壤肥力，增强了树势，也提高了林木的抗灾能力；通常封山育林后林内的松毛虫幼虫的体重减轻，消化系数降低，化蛹历期延长，繁殖力下降，不利于松毛虫的繁衍。

（二）森林病虫害对灌木林的影响规律

灌木林一般多是天然林遭受破坏后各种原生灌木发展成林的结果，或是通过封山育林培育起来的。灌木林一般属于薪炭林范围，很少有经营的习惯，一般采取分片皆伐或定期轮伐方式取得薪炭

材，伐后萌芽更新，是林分类型中另一种生态系统。其害虫发生的种类和危害情况，很少引起人们的重视。这类林分中昼夜温差较大，阳光充足，食叶害虫种类较多，多数种类为杂食性。灌木林中常有多种金龟子危害，它们还迁向附近的森林中去，使许多林木受害。在栎类混生较多的灌木林内，也常见到舟蛾类害虫严重危害。在北方，美国白蛾、舞毒蛾、天幕毛虫等主要害虫多起源于灌木丛林。

大部分灌木林中常混生着少量的针、阔叶乔木树种，称为乔灌混交林。一般灌木种类多，郁闭度大，对抑制虫灾有极为明显的作用。就马尾松毛虫来说，在灾害较轻的年代里，虫口密度一般比纯林内小，危害程度轻。

四、火对森林生态系统健康的影响

（一）火对动物的影响

火作为一种动力能改变许多野生动物的生存环境，影响野生动物种类及种群数量的变化。对于某些动物，火的作用是有利的；而对于另一些动物，火的作用是不利的。

火对野生动物的直接影响主要表现在烧伤和烧死两个方面。对某些节肢动物来讲，火烧对它们的致死主要取决于他们所处的位置。越接近植物顶端其死亡数量越多，越接近地表其死亡数量越少。

火烧对野生动物的间接影响主要表现为火烧改变了野生动物的栖息环境，从而影响野生动物种类及种群数量的分布。一般来讲，火烧后个体大的动物种群数量显著减少，个体小的动物种群数量减少相对较少。这是因为大型动物遇到火烧时逃跑能力强，火烧后演替起来的植被矮小又不利其藏身。而小的动物不能逃跑，但容易找到地方躲藏起来而不至于烧死。火烧不仅改变动物食物的种类，而且改变食物的质量和数量，从而影响野生动物种群的消长。火烧间接影响还表现为改变野生动物的种间竞争关系，火烧后食源减少，适宜的栖息地减少，生态位相近的动物为了取食和栖息地而发生竞争。

火作为一个活跃的生态因子，对某些野生动物的保护也有很大影响。火的作用具有两重性：一方面是火烧能破坏野生动物的栖息地，对野生动物的保护不利；另一方面，火烧能维持某些珍稀动物的生存。

（二）火对植物的影响

火烧对植物生长发育的各个阶段及不同部位均有不同程度的影响。

（1）种子。植物种子对温度有较强的忍耐力。如果植物种子被突然轻轻埋藏，即使强度较大的火烧后，种子也不会失去生命力。某些树种火烧后种子大量萌发，而且火烧越频繁，萌发数量越多。火烧还能促进迟开球果的开裂。火烧后，种皮开裂，油质、蜡质等不利于种子萌发的物质挥发，使种子得以萌发。

（2）叶。植物的叶对火比较敏感，叶抗活性的大小与其灰分物质的含量有关。灰分越多越不易燃，而且蔓延迟缓。针叶树的叶比阔叶树的易燃，这是因为针叶树含有大量的挥发性油类和树脂等易燃成分，而阔叶树含有大量的水分。

（3）树皮。树皮厚度及结构不同，其易燃性差异很大。树皮是热的不良导体，一定程度上能起到隔热作用，保护形成层免遭火烧时的高温杀伤。树皮抗火性主要表现在两个方面，一是树皮的厚度；二是树皮的结构。树皮厚，结构紧密，则抗火性强。树皮随着树木年龄增加而增厚。因此，幼树抗火性弱，大树、老树抗火性强。树皮的厚度有时还与火烧刺激有关，火烧能刺激树皮增厚，火作用次数越多，树皮越厚。

（4）根。根的表皮非常薄，如遇高温会很快致死。但根常常能得到土壤的保护。根的无性繁殖对火的适应很重要。火烧后林内光照加强，土壤温度升高，有利于根部芽的萌发。根的萌芽能力越强，对火的适应能力则越强。

（5）植物开花。火烧后碳氮比增加有利于植物开花。火烧迹地上常有大量的单子叶植物开化，也有少量的双子叶植物开花。火烧具有“疏伐”的作用，可改善林内光照条件，增加碳水化合物的积累，从而增加了树木提早开花结实的能力。此外，火烧迹地上常留有大量的木炭、“灰分”等黑色物质，大量吸收太阳长波辐射，使地表增温，植物提前萌发。加之火烧后土壤养分丰富，有利于植物快速生长发育，促使植物提前开花结实。

（三）火对植物群落的影响

不同森林群落的成层性对其燃烧性具有不同的作用。多层异龄针叶林发生树冠火的可能性大，而成层性较好的针阔混交林和阔叶林则不易发生树冠火。因此，可根据森林群落的成层性与燃烧性的关系来开展生物防火。森林群落郁闭度大小，影响林内可燃物的数量和种类分布及林内小气候。郁闭度大则林内风速小，光照少，温度低，一般不易着火；而郁闭度小的林分易着火。

森林群落多为异龄结构，在高强度火烧后能导致同龄林。强度火烧或火的多次作用可使群落的物种组成发生改变，如大兴安岭落叶松反复火烧后形成黑桦林，小兴安岭阔叶林强度火烧后形成蒙古栎林或软阔叶林等。火烧后植物群落常被一些具有无性更新能力的树种取代，形成既能通过有性繁殖，又能进行无性更新的群落类型。火烧后针叶树被阔叶树所代替，实生树被萌生树代替，而实生树比萌生树高，因此火烧后群落的高度下降。

在植物群落演替的任何阶段进行火烧，都会使群落的稳定性下降。主要表现为植物竞争激烈、植物种类减少、环境单一、抗干扰能力下降等。火烧后演替起来的群落燃烧性增大，常形成火烧—易燃—火烧的恶性循环。

（四）火对森林生态系统的影响

火作为一个生态因子始终存在于森林生态系统中，对植物组织、生物个体、种群、森林群落以及生态系统的平衡均有重要影响。林火对森林生态系统的影响，主要因火作用于生态系统的作用时间及火强度等的不同而有本质区别。有时火能使森林生态系统的结构和功能遭到破坏，成为不利于平衡的干扰因素。有时不但不会破坏森林结构和功能，而且能够维持森林群落的自我更新，成为有利于平衡的稳定因素。

1. 火对森林演替的作用

原生演替指在原生裸地上开始的植物群落演替。火对原生演替的作用不大，但在特殊条件下也会引起植被的原生演替。次生演替指发生在次生裸地上的植物群落演替。次生裸地指那些原生植被虽然消灭，但原生植被下的土壤及某些种类的繁殖体还或多或少地保留着的地段。火对森林演替的影响主要取决于火行为、作用时间及作用条件。这些条件的不同会产生两种相反的演替方向——进展演替和逆行演替。

高强度的火作用于生态系统，会延长森林生态系统的恢复过程，森林群落会发生逆行演替。而某些低强度、小面积的火或局部高强度火烧的作用，能改善森林更新条件，有利于植物的生长发育，使森林生态系统朝着稳定协调的方向发展，森林群落会发生进展演替。因此，火可以作为经营森林的工具和手段，加速森林的进展演替。有时火的反复干扰会使当地的气候发生根本变化，超过群落的演替弹性极限，使群落无法恢复。火也可以造成森林群落的偏途顶极，偏途顶极是演替离开原生演替系列，朝其他途径发展，并且群落具有一定的稳定性。小兴安岭的蒙古栎林其原来的气候顶极为红松阔叶林，由于林火反复干扰，使原优势树种红松逐渐消失被蒙古栎林取而代之，形成偏途演替顶极。

2. 火对森林物种多样性的影响

物种的多样性一定程度上反映了群落的稳定性。稳定的森林群落种类丰富，种间关系复杂，生态系统的抗干扰能力和自我维持能力强，不易崩溃。高强度的火烧可严重破坏森林环境的多样性，从而使物种多样性明显减少，甚至彻底摧毁森林。但有时小面积或低强度的火，不但未使原来的物种摧毁，而且增加了生境的多样性，使一些喜光植物得以侵入，从而增加了森林生态系统物种的多样性，有利于维持和促进生态系统的稳定和平衡。

3. 火对森林生态系统稳定性的影响

在比较稳定的群落中，有两种稳定力：一是群落的抵抗力，另一是群落的忍耐力。这两种稳定力有时同时存在于一个群落，有时则分别存在于不同群落。当火作用的强度和频度超过了群落的抵抗力和稳定力时，群落就会消失。高强度的火烧会使群落的稳定性下降。低强度的营林用火能增加森林群落的稳定性。

4. 火对森林生态系统自我调节能力的影响

火作用森林生态系统，系统的功能会发生改变，火能增加或削弱生态系统的自我调节能力。但如果火超过了生态系统的自我调节能力，系统就会失去平衡。某些种群或群落系统是依靠火来调节的，通常用火来维持的顶极群落称为火顶极，如大兴安岭的落叶松是靠火来维持的。这种顶极群落并不是本区真正的顶极群落，而是由于构成这种群落的主要树种对火有很强的适应能力，在火的作用下，排除其他竞争对象，暂时形成的。一旦火的作用消除，仍会被当地的顶极群落所代替，因此火顶极实质上是亚演替顶极。火还能调节病虫害的消长，但在森林火灾后，病虫害种群数量大增。由于病虫害的影响加速了森林的死亡，又为森林火灾的发生准备了良好的条件，从而形成了火灾—病虫害的恶性循环，超出了生态系统的自我调节能力，使系统失去平衡。

5. 火能调节生态系统的物流和能流

森林生态系统的平衡和稳定，其重要标志之一是能流和物质的收支接近平衡。火能加速或间断森林生态系统的物质转化和能量流动。不同的林火种类对生态系统能流和物流的影响不同。高强度的火使生态系统所储存的大量能量突然释放，所剩下的灰分物质随风、雨水等流失，这虽然加速了生态系统的能量流动和物质循环，但使系统的输出大于输入，不利于生态系统的平衡和稳定。低强度、小面积的火不会削弱森林减少地表径流、涵养水源、保持水土等功能，不会使生态系统的能流和物流受阻，而且能增加养分物质的循环，有利于森林的生长和发育。因此，合理用火能改善森林环境，有利于森林生态系统的平衡和稳定。

从大兴安岭林区火烧迹地的调查资料看，火灾不但使森林林木被烧毁，降低了森林覆盖率，而且烧光了有些地方的林地灌木、杂草等植被和有机质。无母树残留的地方，天然更新困难，引起林相结构改变，降低了森林的利用价值。由于林地被烧，使地表裸露，促使林地干燥，地温增高，昼夜温差加大，林区的相对湿度明显降低，风力加大。火烧严重的地方，使土壤有机质层被破坏，土壤结构变的紧密，渗透性减弱，失去蓄水、抗水能力，林区低洼地段会出现塔头，加速沼泽化过程，陡坡地段岩石裸露，出现侵蚀沟，水土流失严重，可变成不毛之地。

森林燃烧所产生的大量烟雾，污染林区周围环境，对人类和生物带来严重危害。林火烧毁了林下经济植物和药用植物，烧死了林内珍贵鸟兽或破坏了其栖息环境，使森林野生动植物资源和益鸟益兽大量减少。此外，火烧迹地往往会成为森林病原菌和森林虫害大量侵袭繁殖的有利场所。林火过后，未烧死的林木生长衰退，树木干基部和根部被烧伤，极易感染腐朽病菌或小蠹虫等，使大量林木受害枯死。由于火烧迹地内残留大量的枯死木，易再次发生火灾，造成恶性循环，使森林环境进一步恶化。

总之，森林生态系统的平衡一旦遭到破坏，调整和恢复这种平衡和森林效益则需几十年甚至上百年的时间。因此，火灾对森林健康的破坏和危害后果十分严重。

五、酸雨对森林生态系统健康的影响

（一）酸雨对森林的危害机制

在结合野外监测、模拟实验和合理假设的基础上，通过20多年的研究，我们已初步了解到酸雨对植被的潜在影响主要有两种方式：直接影响和间接影响。直接影响是指：酸雨能伤害叶片表层结构和膜结构，影响细胞对物质的选择性吸收；干扰植物正常的代谢过程；影响繁殖过程；由于氢离子的代换作用而加速阳离子的淋失。间接影响是通过改变土壤性质而造成的，包括：土壤酸化引起盐基离子的淋溶，从而造成养分的缺乏；某些重金属元素如铝的活化，伤害植物根系；增加的氮素输入引起土壤养分不平衡，并导致菌根数量下降；影响微生物过程和有机物的分解。然而，酸雨对森林这两方面的影响在现实情况下是很难完全区分开的，往往表现为一种综合作用。植物受害的外在表现为生长、发育和繁殖受阻。种间相互作用被改变，植物对逆境的抵抗力下降。

在上述研究结果中，德国Gottingen大学的Ulrich所提出的土壤酸化—铝毒理论较为系统地论述了酸雨对森林的危害机制，并为大多数学者所接受。他的主要论点是：由酸沉降引起的土壤酸化及其对植物根系和养分吸收的影响是森林衰退的主要原因。根据Ulrich的研究，酸雨对森林的危害可分为4个阶段：第一阶段，由于酸雨增加了硫和氮，树木生长变化较为迅速，呈现受益的倾向，这个阶段常常可在短期的研究中观察到；第二阶段，随着硫和酸的长年累月降落，土壤不断进行着离子交换，养分被淋失，致使土壤的中和能力以及养分的供应能力大大减弱；第三阶段是个不稳定时期，连续的硫酸等物质降落，活化了土壤中的铝，大多数土壤都含铝，然而是非溶态的，酸雨把铝释放出来，在土壤中使它成为可溶形态，危害树木赖以吸取养分和水分的根毛，这个阶段土壤溶体和根部的钙/铝比率小于1，当钙/铝比率低于0.15时，所溶出的铝具有毒性，它使树木生长受到抑制，土壤溶体会出现高浓度未被络合的3价铝离子，引起根系严重枯萎，致使树木枯死，此时，生态系统已失去恢复力；进入第四阶段，一株看起来有生命力、实质上濒临死亡的树，在其生活周期中如遇到环境胁迫如持续干旱时就会死亡，其实环境胁迫只是个诱发因子，它将生态系统酸化后带来的一连串反应显露出来。

（二）酸雨对我国森林的危害

我国的酸雨地区主要集中在长江以南，尤以西南地区最为严重。与酸雨有关的森林衰退或死亡现象在我国虽未大规模发生，但在局部地区已不容忽视。自20世纪80年代以来，重庆南山1800公顷的马尾松已死亡46%，峨眉山金顶冷杉死亡率达40%，四川奉节县茅草坝林场6000公顷华山松已死亡96%，柳州市区和郊区的一些林木也出现了较严重的衰退症状。已初步证实，这些衰退现象与酸雨有关。但我国学者对上述森林衰亡原因持不同看法，中国科学院上海植物研究所专家认为森林虫害是造成重庆南山马尾松林衰亡的直接原因，而大气中的氟化氢等的复合污染是造成虫害盛发的主要诱因。除此之外，该地区的酸雨和酸雾也是引起森林衰退原因之一，但不是主要原因。中国环境科学研究院专家在考察和研究了重庆南山马尾松林后发现，衰退树木针叶及林下土壤中锰和钴明显降低，而叶片中铝的含量则增加到正常水平的3倍。因此他认为，马尾松衰亡的主要原因是酸雨导致土壤酸化所引起的。中国科学院沈阳应用生态研究所专家等对重庆南山马尾松林生长做了详细的调查，并对诸因子与森林衰亡关系进行了数量化分析后认为，酸雨污染是松林衰亡的主导因素。由此可见，我国酸雨与森林衰退之间的关系问题仍需要做进一步的监测和研究。虽然我国目前还没有对全国范围内遭受酸雨危害的森林面积和程度进行过系统调查和监测，但在局部地区的统计结果却令人担忧。在受酸雨危害最严重的四川盆地和贵州省，森林受害面积分别达到27.56万公顷和14.05万公顷。初步估计，约在20世纪70年代初酸雨就对四川盆地和贵州中部森林产生影响，若危害按15年计算，森林的木材产量减产50多万立方米，造成的经济损失近30亿元人民币。另据有关专家推测，我国南方7省（自治区），受酸沉降危害的森林面积累计达1.2821×10^6公顷，其中马尾松7.908×10^5公顷，杉木4.913×10^5公顷。受害面积分别占该地区森林总面积和用材林面积的4.18%和6.52%，每年损失的木材量约为1.0145×10^6立方米。

第六节 森林生态系统经营评价

实施森林可持续经营战略是一项庞大的系统工程，需要制定与社会经济发展水平协调一致的、科学的和系统的森林可持续经营规划，同时它还是个长期的过程，它的实践活动涉及政治、法律、行政、社会、文化、教育、科技等诸多方面。所以，1992 年联合国环境与发展大会以后，森林可持续经营进入了一个实质性阶段，世界上许多国家都承诺要可持续地经营本国森林，而且开始研究可持续性的内在含义和如何用易于广泛理解的科学、技术和政策术语来描述可持续的本质特征。但在可持续发展和森林可持续经营成为全球共识的条件下，如何实现这一伟大的目标便成了国际社会以及各国政府共同关心的焦点。在联合国和相关国际组织的协调下，很多国家为了履行诺言所采取的最重要的步骤就是制定和验证森林可持续经营的标准和指标。

综合地讲，森林可持续经营的标准和指标是评价森林可持续经营的工具。制定和验证森林可持续经营标准和指标体系的目的就是用来评价一个国家或一个区域的森林状况和森林经营随时间变化的趋势，它们把森林作为能够为社会提供广泛环境、社会和经济效益、动态的复杂生态系统来探讨，提供一个描述、监测和评价迈向森林可持续经营的基本框架。森林可持续经营标准和指标体系有 3 个主要功能：一是描述和反映任何一个时间上（或时期内）森林经营的水平和状况；二是评价和检测一定时期内森林资源的变化趋势和速度；三是综合衡量森林生态系统及其相关领域之间的协调程度。它可以方便政府确定森林可持续经营进程的优先顺序，同时给决策者一个了解和认识森林可持续经营进程的有效信息工具。森林可持续经营标准与指标本身也是森林可持续经营技术体系的重要组成部分，因为标准和指标的选择、建立过程本身就体现了决策者和公众对可持续发展、林业可持续发展和森林可持续经营的定义和认识。同时，森林可持续经营标准和指标也是对森林经营成果进行科学评价的重要依据。

“标准”是用于评价森林可持续经营的条件或过程的类目。包括重要的森林功能，如生物多样性和森林健康状况、森林多种社会经济效益如木材价值和文化价值等，它由一系列相关的、可以定期监测和评价其变化的指标来表示。“指标”则是标准的某一方面的度量或描述，是一系列可以定期测量或描述的定量或定性变量，它们确定了相应的标准及其含义，并能够表现标准随时间变化的趋势。

在过去的10多年，国际上对森林可持续经营标准和指标的选择和相关技术性问题都已经进行了深入的探讨和实践，并从国际、国家、地区和森林经营单位等不同层次对指标体系的建立工作进行了卓有成效的实践，取得了大量的研究成果。

一、国际上相关标准和指标体系概述

1992年联合国环境与发展大会所制定的《21世纪议程》第11章，《防止毁林》和《关于森林问题的原则声明》强调对各种类型的森林，必须在其生产功能和非生产功能（防护、环境和社会功能）之间寻求协调。在此之后，各国都积极倡导和参与国际范围内区域性森林可持续经营问题的对话和讨论，经历短短的数年时间，这些活动都已经发展成为具有相似自然和经济条件国家的区域森林可持续发展进程，而由这些区域进程所引发的讨论，目的就是建立不具有法律约束力的国际区域森林可持续经营的标准和指标体系。目前几乎所有森林和林产品国际贸易额的100多个国家都参与了制定和实施森林可持续经营标准与指标的活动。这些标准与指标涉及森林可持续经营的经济、环境和社会等各个领域和方面。目前出台的标准和指标框架大同小异，也都处于起步或验证的初步阶段。由于各国在自然、经济、社会、政治、人口、生活与消费方式、开发历史、科技水平等方面千差万别，因此，目前难以形成国际统一的标准和指标，制定和实施森林可持续经营标准与指标体系是一个动态的渐进过程，仍然需要长期艰苦的努力。

现在已经形成并有一定影响的国际进程有8个，即国际热带木材组织进程、蒙特利尔进程、赫尔辛基进程、塔拉波托进程、非洲干旱地区进程、中美洲进程、近东进程和非洲木材组织进程，与我国关系较为密切的是前3个进程。

国际热带木材组织进程：国际热带木材组织制定的标准和指标体系是世界上第一个关于森林可持续经营的标准和指标体系。在可持续发展的概念被提出之后，国际热带木材组织于1990年即发表了热带天然林可持续经营的原则，并通过一项决议，要求其成员国在2000年实现森林的可持续经营，为了评价各国在这方面的进展，1991年9月国际热带木材组织发表了热带人工林可持续经营原则，1992年进一步发表了监测热带潮湿林可持续性的原则，即所谓的ITTO原则。在此基础上，1993年又补充了营建和可持续经营热带人工林的指南，以及保护生产性热带林的生物多样性的指南。国际热带木材组织在制定森林可持续经营标准与指标框架方面所做的开创性工作，促进了全球对森林认识的变化，尤其是对森林的多种综合效益认识的改变。

国际热带木材组织的热带天然林可持续经营框架明确提出了一系列可持续经营热带森林要考虑的内容，具体包括①森林政策；②国际森林清单；③森林的长期状况；④森林所有制；⑤国家森林服务；⑥森林计划；⑦森林收获；⑧森林保护；⑨森林立法管理；⑩森林监测和研究；⑪森林与当地居民的关系；⑫经济刺激（像税收）等。

1992 年国际热带木材组织发布的针对天然林并强调木材产量可持续的标准和指标体系，包括国家水平 5 个标准 27 个指标和森林经营单位水平 6 个标准 23 个指标。设计这些评价可持续性指标和标准的主要依据有：①森林面积的变化；②数量和蓄积价值的估测以及它们未来的变化；③工业能力，供求平衡和覆盖率；④溪流时间的记录和流域侵蚀指标；⑤动植物种群数量的变化和珍稀濒危物种状况等。在 ITTO 成员国准备进程“进展报告”的过程中认识到该体系在数据收集、结构方面有许多不足之处，如缺乏生物多样性、社会参与和环境方面的指标与标准。于是，ITTO 组织专家从 1996 年开始对 1992 年的标准与指标体系进行了全面修订，形成了新的“热带天然林可持续经营的标准与指标”，其中包含 7 个标准和国家水平的 66 个指标和经营单位水平的 57 个指标（括号内前为国家水平指标，后为经营单位水平指标）：

（1）森林可持续经营实施条件（9，7）；

（2）森林资源安全性（5，5）；

（3）森林生态系统健康和条件（5，3）；

（4）森林生产流程（12，12）；

（5）生物多样性（8，6）；

（6）水土保持（9，9）；

（7）经济、社会和文化方面（18，15）。

我国作为国际热带木材组织的成员国，每年也向国际热带木材组织理事会报告我国热带森林可持续经营的进展情况。

蒙特利尔进程：1993 年 9 月由欧洲安全与合作会议资助，在加拿大的蒙特利尔召开了温带与北方森林可持续经营专家研讨会，会议的主题是讨论制定标准和指标以评价温带和北方森林的相关议题，出席蒙特利尔会议的欧洲安全与合作会议的 40 个国家，于 1994 年 6 月在日内瓦又召开温带和北方森林保护和可持续经营标准与指标工作会议，并成立了一个由澳大利亚、加拿大、智利、中国、日本、韩国、墨西哥、新西兰、俄罗斯、美国等 10 个国家为成员的专门工作组，旨在制定以欧洲以外的温带和北方森林为对象，具有科学依据，并能得到国际社会广泛接受的森林资源保护和可持续经营标准与指标体系，即“蒙特利尔进程”。以上这些国家拥有世界上全部森林的 60%，同时拥有世界上 90% 的温带和北方森林，并且占据着世界上木材和木材产品贸易的 45%。到目前为止，蒙特利尔进程在不同的国家共召开了 16 次工作会议，其中第 12 次工作会议是在北京召开的。我国 1999 年成为该进程的正式成员国。

蒙特利尔进程有两个鲜明的特点：一个是参加国的多样性。参加该进程工作会议的代表来自五大洲，既包括发达国家，也包括发展中国家，各国之间在人口、经济发展水平、土地所有制类型、政治制度和社会形态、森林面积、数量和质量等诸多方面都存在显著的差异；二是运作方式的特殊性。蒙特利尔进程是一个较松散的官方进程，对各国参加其工作组活动的代表没有明确的限定。像赫尔辛基进程是由各成员国的部长代表参加其正式会议，并代表政府签字和作出有关决议；非洲干旱区进程和近东进程是在联合国粮食与农业组织和联合国环境规划署共同倡导下进行的。蒙特利尔进程的这两个特点决定了它的灵活性和机动性。

蒙特利尔进程共有标准 7 个，指标 67 个，具体包括：

（1）生物多样性（9）；

（2）森林生态系统生产能力（5）；

（3）森林生态系统健康和活力（3）；

（4）水土保持（8）；

（5）森林与全球碳循环（3）；

（6）满足社会需求的多种、长期社会经济效益（19）；

（7）保护森林和可持续经营的法规、政策和经济体制（20）。

蒙特利尔进程的制定立足于国家水平，主要用于国家级的森林可持续经营进展情况，着重强调以生态系统的方法来实现森林可持续经营，而且强调了社会—经济体制、社区需求与法律框架等方面标准与指标的重要性。其中标准1～6及其指标与森林的条件、特征、功能或者效益相关，标准7及其指标是有助于森林可持续经营，并为保护、维护和加强标准1~6所设定的条件、特征、功能或效益提供支撑的总体政策框架。

另外，蒙特利尔进程为了解决标准与指标体系实施过程中遇到的技术问题和发布各种技术报告，于1996年6月成立了进程的技术咨询委员会，现技术咨询委员会的秘书处设在美国。

赫尔辛基进程：赫尔辛基进程起源于1993年6月在芬兰赫尔辛基召开的有关欧洲森林保护的第二次部长级会议，会议通过了《赫尔辛基宣言》以及关于欧洲森林问题的四项决议。随后欧洲国家作为一个区域开始制定森林可持续经营的标准和指标，共有38个欧洲国家参与了这一进程。

会议发表的宣言包括6项内容：①欧洲监测森林生态系统永久性标准地网络；②森林基因资源保护；③扩大欧洲林火数据库；④适应新环境状况的山区森林经营；⑤树木生理网络研究的扩充；⑥森林生态系统的网络研究。

通过的4项决议为：①欧洲森林可持续经营基本方针；②欧洲森林生物多样性保护基本方针；③经济过渡时期不同国家间的林业合作；④欧洲气候变化的森林策略。针对与森林可持续经营关系紧密的前两项决议，组织实施了7个方面的具体内容：①森林可持续经营；②森林可持续经营国家水平标准与指标；③泛欧标准与指标的适用性；④相关国家对标准和指标的实施；⑤制定森林可持续经营亚国家水平和地区水平标准与指标的建议；⑥加强森林生态系统生物多样性保护；⑦为了获取最大效果并发挥各个进程之间的协同作用。

赫尔辛基会议后，1994年6月由芬兰和葡萄牙组织召开的第一次后续专家会议，确定了有关欧洲森林可持续经营的6条标准和27个定量指标：

（1）维持和适当增加森林资源及其对全球碳循环的贡献（5）；

（2）森林生态系统的健康与活力（7）；

（3）森林木质和非木质的生产性功能（3）；

（4）森林生态系统生物多样性的保持、保护和适当增强（7）；

（5）保持和适当增强森林管理（特别是土壤和水）方面的防护功能（2）；

（6）保持其他社会—经济功能和条件（3）。

由于大部分欧洲国家的林业发展水平和森林经营管理水平都比较高，所以，与其他区域进程的参加国相比，赫尔辛基进程的参与国对实现森林资源的可持续经营具有更强的自信心，而且多数西欧和北欧国家认为自己国家的森林资源在很多方面都已经实现了可持续经营，这些观点已经反映在了赫尔辛基进程所设计的标准与指标体系中，它是一个比较注重森林资源管理的体系。

二、森林生态系统可持续性的衡量标准

不管方法和角度有多大的区别，人们努力研究和探讨森林可持续经营评价标准的目标是一致的，都是将森林作为一个复杂的生态系统，以科学合理地经营森林资源为手段，以获取森林的多种效益为目标，借助设定的评价标准来评价一定区域的森林资源状况和森林经营随时间而变化的趋势。

实现森林可持续经营是国际社会追求的共同目标，但各国由于其社会经济发展水平和自然条件存在很大差异，必须采取与自身社会发展水平相一致的运作方式。目前国际上对森林可持续经营的所有评价标准尽管在内容上存在一定的差异，但在基本内容上都体现了7个方面的要素：①林木资源状况；②生物多样性；③森林生态系统的健康与活力；④森林的生产性功能；⑤森林的保护功能；⑥社会经济效益和需求；⑦法律、政策和机构框架等。差异主要体现在孰重孰轻、如何评价以及实现各要素的要求所需要承担的责任方面。

中国是一个森林资源相对贫乏的国家，有限的森林资源不但难以为国土安全提供有效的保护，而且无法满足国民经济建设对木质和非木质林产品日益增长的需要。中国的林业就是在这种特别困难的条件下起步和发展起来的，我们必须充分认识到实现森林资源可持续发展所面临的艰巨任务和具有巨大挑战性的发展条件，充分认识到解决中国环境和资源供应问题是一项长期的奋斗目标。

从森林可持续经营的实践属性看，就是力图通过对森林生态系统结构演替的控制和规范操作来达到森林可持续经营过程对森林生态系统结构与功能关系的双重规定，是一个非常复杂的、需要通过大量实践和调整的系统工程，并不是一蹴而就的。结合新时期林业发展的战略目标和我国林业的实际状况，衡量森林资源可持续经营实现与否的标准应该有以下几个方面：

（一）森林生态系统持续稳定

形成一个完整的生态系统必须具备4个基本条件：①生态系统是客观存在的实体，有时间和空间的概念；②生态系统是由生物成分和非生物成分组成的；③生态系统是以生物为主体的；④各成员之间有机地组织在一起，具有统一的整体功能。

森林生态系统是一般生态系统分类中的一种，是一个开放的、动态的和异常复杂的生态系统。它是指在一定的环境条件下，森林内部生物与生物、生物与环境以及环境与环境之间以一定形式的物质、能量和信息交换而联系起来的相互依存、相互制约的生命与非生命综合体。

森林具有蓄水保土、防风固沙、涵养水源、净化空气、优美环境、提供林副产品等多方面的生态效益、社会效益和经济效益。但效益的持续发挥是建立在森林生态系统健康稳定的基础之上的，森林生态系统的质量和结构决定了其三大效益的大小和发挥的程度。我们在考虑森林生态系统的可持续经营时，要注重加强协调系统的内部机制、功能水平和可持续发展的能力，要强调如何通过有效的管理措施，完善系统的结构，提高系统的功能水平，最终实现可持续经营。

森林资源的再生性是森林资源的自然特征，但它使得森林资源的经营部门区别于其他资源利用部门，也使得林业生产的经营方式有别于其他类型的生产经营活动，使得森林资源实现持续利用成为可能。但我们首先必须明白森林资源的再生性是在一定条件下才能实现的，森林资源并不是在哪里都能良好生存的，它需要一定的自然环境条件，所以在进行森林资源的生产和再生产时就要科学地论证它的适应性，只有考虑了森林在生产的自然特性的基础上，才能最大限度地发挥生产经营要素投入的产出率；其次，林木的再生同森林资源的再生以及森林生态系统的再生并不是完全等同的，林木的再生是简单的物种繁衍，森林资源的再生是指森林系统各组成部分和结构的重建和恢复，而森林生态系统的再生就困难和复杂得多了，它不仅要求物种组成和结构的重建，还包括各种功能的恢复，以及外部环境交换关系的恢复。一般来讲，林木的再生最容易，森林资源的再生在一定条件下也是相对容易的，但如果森林生态系统遭到破坏和毁灭后，要恢复到原来的组成、结构和功能是十分困难的，需要相当长的时间和过程。所以，在林业生产和森林经营活动中，既要利用森林资源再生性的特点，持续地实现森林资源的物质产出，也要高度重视森林生态系统的复杂性和难恢复性，坚决不能以破坏森林生态系统为代价来获取短期的经济利益，要在保持森林生态系统健康稳定的基础上实现森林资源的永续利用。

维持森林生态系统的健康稳定就是要求我们在对森林进行各种经营措施的过程中，以保护森林生态系统结构的完整性和功能的健全性为目的，追求系统内生物与非生物之间，生产者、消费者和还原者之间，以及人类活动和自然环境之间的能量转换和物质循环的动态平衡，从而实现森林生态系统的生态效益、经济效益和社会效益的最佳结合。

（二）森林多功能的充分发挥

森林资源是一个巨大的和可持续利用的自然宝库。在物质产品生产方面，森林除了提供传统的木材产品外，还可以生产其他众多的森林产品，覆盖了医药、化工、食品加工、木本粮油生产、毛皮生产等许多方面。在生态防护方面，森林资源是人类生存的绿色屏障，为农牧业生产的稳定发展提供着重要的保障。在环境的改善、污染的治理、荒漠化的控制和水资源的供给等方面也发挥着越来越重要的作用。同时，森林资源又是重要的景观资源，是人类旅游和休息的重要场所，具有多种社会服务功能。我们应当清楚的是，森林资源的各种物质产品的生产和各种效益的获取都是以森林资源以及森林生态系统为载体的，而且这些产出和效益在获取中有些是统一的，有些则是矛盾和对立的，在实现森林资源可持续利用的过程中要科学地分析和研究各种产出和效益的相互关系。

中国科学院生态环境研究中心在中国生态环境的预警研究报告中，对我国生态环境的基本评价是：先天不足，并非优越；人为破坏，后天失调；局部有改善，整体在恶化；治理能力远远赶不上破坏速度，环境质量每况愈下，形成了中国历史上规模最大、涉及面最广、后果最严重的生态破坏和环境污染；尤其是重点、难点、热点地区的自然生态环境，不时出现边治理、边破坏的现象；长江、黄河、淮河（太湖）、松花江等大江、大河上游地区由于大面积采伐森林，过度垦荒，超载放牧，已经成为新的水土流失区。

森林资源在利用上多效益性的特点，客观上要求我们在确定利用方式时要有一定的主导性，并不是在既定的森林资源上可以实现所有效益的，主导利用方向的确定主要是以获取的目标和资源特点为依据。但面对我国生态环境的现实和林业建设由以生产木材为主向以生态建设为主的历史性转变的大背景，森林资源的生态环境效益要时刻处在我们进行经营决策的首要位置。

我们也许还不明白的是，在确定对森林资源的利用方式时，效益最大化并不是惟一的原则，有利于森林资源保护，有利于维护森林生态系统的稳定和完整才是最基本的原则，这一点对于天然林资源的利用尤为重要，因为天然林是陆地生态系统中最重要的生命支持系统，天然林中蕴藏着丰富的生物多样性，是生物圈中最重要的基因库。天然林生态系统具有复杂的结构和完整的功能作用，具有人工生态系统所不可比拟的稳定性和多功能性。天然林组成结构的复杂性、多样性和功能的完整性决定了其产品和生态功能的多样性，同时又具有美学、游憩、科学研究和精神文化等多种价值。可以说，天然林中已经开发和尚待开发的多种多样的功能和价值是人类社会实现可持续发展所必不可少的。

（三）生物多样性有效保护

生物资源的价值可以分为直接价值和间接价值，直接价值包括消耗性利用价值（如薪材、野味等非市场价值）和生产性价值（木材等商业价值）；间接价值分为非消耗价值（科学研究、水源保护、光合作用、调节气候等）、选择价值（保留对将来能有用的选择价值）和存在价值（野生生物存在的伦理感觉上的价值）。不少物种在维护生态系统的健康稳定上能发挥重大作用，但现在我们对各种生物物种对人类的价值并不是完全了解，有些甚至是一无所知。所以在策略上，我们对已认清的颇有价值而受到威胁的物种给予保护，对尚不了解的物种要加强研究，实现保护，这对人类的未来发展无疑将有重大的意义。

不论是生态系统还是物种，只有多样性才有稳定性。在每个生态系统中，以多种多样的物种群落为基础，他们经过长期的演变，相互适应、相互制约，达到了一个平衡稳定的生存状态。维护生物多样性是森林生态系统经营计划中绝不能缺少的一个重要环节。一方面，生物多样性的丧失往往是难以挽回的；另一方面，引种对自然生态系统所产生的负作用，也说明生物多样性不是简单地增加物种数目的问题。对生态系统结构、功能及生物间复杂关系的有限认识，也迫使我们必须在管理环节上加强对生物多样性的保护。

我国是世界上生物多样性最丰富的国家之一。据统计，脊椎动物种类4400多种，占世界总数的10%；高等植物有32 800余种，占世界总数的12%，居世界第三位；其中被子植物占世界总科数的53%以上，被誉为被子植物的故乡。我国现有兽类450种，鸟类1186种，两栖类196种，爬行类315种，占世界总量的10%。以上这些物种的50%在森林中栖息繁衍。

生物多样性是森林进化和发展的基础，是森林生态系统抗干扰和自我恢复，适应环境恶化的物质基础。多样性在森林生态系统中的表现包括：组成成分的多样性、组成结构的多样性、功能多样性、物流和能流以及信息流的多层次性和多样性，以及生产方式、经营模式的多样性等。在整个林业建设中，时刻都要十分重视生物多样性的保护和建设，使包括植物、动物、微生物在内的生物种类越来越多，生物资源越来越丰富，生态环境越来越优美。所以，生物多样性保护应是森林可持续经营的一个重要目标。对生物多样性最大的威胁是不可持续的森林经营和森林收获，但森林经营也有改善生物多样性的巨大潜力，前提是森林经营者必须明白经营工作是如何影响生物多样性的。

（四）林业产业结构比例协调

林业产业是国民经济体系中的基础产业之一，发展林业产业是满足社会发展对林业的需求，促进农业产业结构调整和农民增收，推进林业生态建设，协调林业发展格局的根本性措施。新中国成立后，特别是改革开放以来，我国的林业产业得到了长足的发展，取得了巨大的成就。森林资源环境建设和营林生产向基地化、集约化、定向化发展；林产工业建设步伐加快，产品结构趋于合理，整体实力不断增强；林副产品基地已经在全国普遍展开，基地面积逐步扩大；经济林面积不断扩大，名特优基地面积的比重逐年上升；竹林、花卉基地发展迅速，已经成为地域经济的支柱产业和新的经济增长点。

在林业发展的新时期，为了适应社会主义市场经济体制的建立和完善以及全面建设小康社会的要求，中共中央、国务院《关于加快林业发展的决定》中提出到2050年我国林业要建成比较完备的森林生态体系和比较发达的林业产业体系。“中国可持续发展林业战略研究”也提出，在最大程度地发挥林业在生态建设中主体作用的同时，建立发达的林业产业体系。森林资源的可持续经营是建立两大体系的前提和条件，没有高质量的森林资源就不会有新时期林业的大发展，也就没有林业产业的大发展。

在林业产业大发展的同时，我们还必须同时看到，50 多年林业产业的发展，对多数林产品而言，我国都还是一个生产大国，不是生产强国，与林业发达国家相比，在生产技术和设备先进性、产品的精加工和深加工等方面都存在较大的差距。我国森林资源利用的总体水平还不高，劳动生产率和经济效益偏低，与世界发展平均水平相比还有较大的距离。森林资源利用中的一些深层次矛盾还十分突出，具体表现在：①森林资源利用的主导产业建设严重滞后。林产工业发展总量不小，但有规模、有竞争力的企业不多；②森林资源潜力发挥不充分。森林资源多样性是林业产业的一大特色，蕴含着巨大的商业潜力，遗憾的是很多该利用的资源还没有利用起来，许多可以支持产业建设的资源还没能形成产业优势；③森林资源利用的产业素质较低。企业的产业结构以木材生产为中心的格局还没有发生根本性变化；④森林资源利用企业技术装备落后，科技含量不高。虽然改革开放后，林产工业新上了一批现代化的骨干企业，但就产业总体水平而言存在技术装备落后，科技含量不高的问题；⑤森林资源利用与原料林基地建设相脱节。长期以来，特别是天然林资源保护工程开始后，相当数量的林业工业企业存在着不同程度的原料供应紧张的局面。

中国的林业问题不可能从单一的角度去解决，保护天然林、保护生态环境、加强用材林基地建设、调节产业结构等，都是紧密联系在一起的，因为问题的症结所在是森林的数量和质量不能满足社会经济发展的需要。要搞好森林资源的可持续经营问题，要推进林业产业的大发展问题，首先解决认识问题，处理好资源培育与利用的关系，处理好资源利用与环境建设之间的关系。森林经营思想由强调产业转变为强调生态和整个系统的可持续发展，认识到必须综合发挥森林的经济、生态和社会效益。任何把林业生态建设和产业发展割裂开来、对立起来的思想都是错误的、片面的。不抓生态建设，工作就没有抓住重点；不抓产业发展，林业就没有后劲，而且社会用材和群众的生产生活问题不解决，森林资源的保护和发展也难以实施，生态环境建设的目标就无法实现。

中国可持续发展林业战略研究提出了以商品林的大发展促进林业产业的大发展，以林产工业的大发展带动资源培育业的大发展，以森林旅游业的大发展带动森林服务业的大发展的林业产业发展战略。并提出了21世纪中叶林业产业发展的远期目标，即建成发达的林业产业体系，森林资源丰富多样，结构和布局合理，规模与素质并重，生产技术与装备的技术水平整体达到世界先进国家的水平，部分领域处于领先水平。

（五）对全球碳平衡的持续贡献

气候变暖是全球十大环境问题之首。1994年《联合国气候变化框架公约》生效后，国际社会为推进公约的实施进程，缓解全球气候变暖趋势进行了不懈努力。《京都议定书》为41个工业化和经济转轨国家规定了实质性减排指标，确定了履约新机制。在此后一系列气候国际公约谈判中，国际社会对森林吸收二氧化碳的作用越来越重视。《波恩政治协议》、《马拉喀什协定》确立的清洁发展机制（CDM），鼓励各国通过绿化、造林来抵消一部分工业源二氧化碳的排放，原则同意将造林、再造林作为第一承诺期合格的清洁发展机制项目，意味着发达国家可以通过在发展中国家实施林业的碳汇项目抵消其部分温室气体的排放量。

中国政府积极应对气候公约谈判中的新变化，对开展造林、再造林碳汇项目及其相关工作给予了充分重视和积极支持。在过去的20多年，由于我国政府持续不断地实施绿化造林项目，使得我国森林植被吸收二氧化碳的功能明显增强，平均每年净吸收我国工业二氧化碳平均年排放量的5%～8%。这是对缓解全球气候变暖的重大贡献。

森林总生物量的生产是计算森林碳循环的基础，依据我国目前的发展水平，过量消耗资源导致的森林质量下降、单位面积生产力水平的降低、现行采伐作业方式的不合理以及广大农村地区薪材的短缺等都在直接或间接地降低森林的碳汇能力。因此在实现森林可持续经营的实践过程中，我们必须高度重视恢复和重建森林生态系统，通过科学合理的规范规程，约束我们采伐利用森林的作业方式，通过改善森林生态系统的结构和功能，提高其碳汇水平。另外，还要充分考虑我国石化燃料资源的限制和中国人口、社会、经济的发展速度，大力发展薪炭林，以保护天然林、用材林和其他具有巨大碳汇效应的特种用途的森林资源。

（六）法律与政策保障体系完善

为了实现林业的可持续发展，国际社会和各国政府都认识到建立和完善与森林相关的法律和政策的重要性。在有关森林可持续经营的国际进程中法律和政策保障体系是指标和标准的重要组成部分。

与森林经营有关的法律体系，包括法律规范的系统性和其运作的有效性。对森林可持续经营而言，系统和有效的法律体系应当包括两个方面的内容，一方面是适应社会主义市场经济体制的要求，将森林资源看作资产，维护其所有者、使用者和承包经营者的合法权益，激励其依法经营森林资源的积极性。中国森林的林地所有权归国家和集体所有，有关森林权属的立法要能够明确林地的使用权、林木的所有权、经营权和受益权，促进荒山、中幼林和成过熟林采伐权的流转，并要提供实现上述过程的机制；另一方面是根据森林资源和资产的特殊性，对森林经营者的短期行为和有损于社会公益的行为依法进行制约，以保护生态环境和公共利益。中国正处于计划经济向社会主义市场经济过渡的时期，政府要相应地逐步过渡到采用市场调节手段来管理森林。要建立和完善与森林可持续经营有关的森林资源资产管理的法律法规，包括森林资产产权的取得途径及其有效性和公正性，林权纠纷的有效解决和公平规范的产权交易市场等。

在推进森林可持续经营管理的政策方面，要通过制定或完善促进森林资源分类经营的政策、促进公众参与林业建设的政策、促进人力资源培养的政策、促进林业产业结构调整的政策、促进林业基础设施建设的政策、促进林业生产的经济优惠政策以及建立森林生态效益补偿基金制度等一系列政策措施。

建立我国森林保护和推进森林可持续经营方面的法律、法规和政策体系，要依据《中华人民共和国森林法》、《中华人民共和国森林法实施条例》、《中华人民共和国野生动物保护法》以及相关的一系列法律、法规，并要考虑中国的国情林情以及经济改革的方针政策。完善体系的建立将是森林保护和可持续经营的保障，是建立良好外部环境的基础。

（七）信息和技术支撑体系扎实

信息和技术的支撑，贯穿于森林经营管理的每一个环节。信息是决策的源泉和基础，技术则是获取信息的手段。在实现森林可持续经营的实践过程中，我们要十分强调科学研究与发展、新技术的开发和推广、信息收集整理和森林可持续经营及其控制等方面的重要性。良好的经营规划和技术规范，是森林可持续经营，尤其是经营单位水平的森林可持续经营的指导性纲领。

从世界森林利用发展的历史看，森林利用经历了原始开发、计划开发和森林经营三个阶段。森林经营经历了以木材永续利用为主的单目标经营、多目标经营和生态系统经营等几个阶段。森林经营模式演变的动力一方面来源于社会和森林经营者对森林需求的转变，另一方面来源于科学对森林整体功能认识的进一步深化。当无节制的森林开发导致可采伐的森林资源越来越少，自然资源难以保障森林利用者的采伐需求时，便产生了永续利用的思想和经营技术；当社会和森林经营者对森林的多种需求的矛盾尖锐到一定程度时，便产生了多目标经营理论与技术；当与森林相关的多种学科进一步发展并相互融合时，森林经营者在考虑自身需求时，也将森林资源作为一个内部要素相互联系、相互依存的有机整体看待，这时就产生了以保持森林生态系统完整性和森林健康为主要目的的生态系统经营。

新中国成立以来，我国国有森林经营一直坚持永续利用思想，但由于多方面的原因，森林资源的质量越来越差，以至于出现国有林区的资源危机和经济危困。实际上，国有森林资源一直处于一种不经营或部分经营的状态，这种状况下，任何先进的经营思想都难以产生实际效果。

全面实施森林经营技术的一个前提是森林可持续经营的经营方式与森林经营者的利益具有一定程度的一致性，同时短期经济利益对森林经营者的压力小于森林经营者对长远效益的期望。长远效益与森林经营者的关系越密切，短期效益对森林经营者的压力越小，森林经营者对可持续经营技术的要求就越高，先进技术对森林经营的贡献就越大。反之，技术对森林经营的贡献就会递减。由此可见，信息和技术支撑体系的作用发挥与林地、林权制度的改革，法律、法规、政策和规程规范的完善以及林区经济发展的总体水平等都有密切的关系，是一个有机的整体。

第四章　森林生态系统经营：分区·分类

我国幅员辽阔，经纬度跨越大，森林类型多样，森林生态系统特征各异，国家对森林资源和生态系统的主导功能需求差异巨大，以森林生态系统为基础的森林经营必须保持生态系统的完整性和促进生态交流的生产力，经营策略需要分区域、分类型具体确定。但是，在高度集中的计划经济体制影响下，我国的森林资源经营管理技术政策一直由中央统一制定，森林生态系统的多样性和复杂性与经营政策的一致性形成了明显的矛盾。同时，一致性的政策也忽略和限制了各类生态系统的特殊功能和特殊生产力的发挥，造成生物多样性的损失和林地生产力的损失。实施分区施策、分类管理的森林生态系统经营策略是解决当前我国林业发展中诸多矛盾的最有效途径。

第一节　森林生态系统经营分区

一、分区的必要性

森林生态系统是由森林资源及其所处自然环境相互影响的综合体，因此，森林生态系统经营离不开自然生态环境和区域社会经济环境。自然生态环境的基本特点之一是其区域性。因为地球是围绕太阳旋转的球体，地球表层的自然生态环境由于所处纬度位置、海陆位置、地质地貌条件的差别，带来生态条件各不相同，进而产生了生态环境的区域分异，这就是自然生态环境的区域性。另外，根据区域经济发展的非均衡理论，社会经济的发展必须按照非均衡发展规律，有重点、有差异、有特点地发展，而不是平均使用力量或普遍采用一个模式发展，这种经济发展的非均衡性也表明经济发展具有区域性差异。基于自然生态环境的区域性和社会经济发展的区域性，导致森林资源具有极强的地带分异性，对森林功能的区域社会经济需求也千差万别。多年的实践证明，对森林单一的经营管理策略有悖区域“生态—社会—经济”系统协调发展。

1935 年，英国生态学家坦斯利（Tansley）提出了生态系统（Ecosystem）的概念，从此各国生态学家对生态系统开展大量的研究工作，使人们对生态系统的形成、演化、结构和功能以及影响生态系统的各环境因子有了较为充分的认识。在此基础上，以植被（生态系统）为主体的自然生态区划方面的研究工作全面开展，并以气候（主要是水、热因子）作为影响生态系统（植被）分布的主导因子，确立了一系列区划自然生态系统（植被）的气候指标体系。

真正意义上的生态区划方案直到 1976 年才由美国生态学家 Bailey 首次提出，他为了在不同尺度上管理森林、牧场和有关土地，从生态系统的观点提出了美国生态区域的等级，认为区划是按照其空间关系来组合自然单元的过程，并编制了美国生态区域图，按地域（domain）、区（division）、省（province）和地段（section）4 个等级进行划分，从而引起各国生态学家对生态区划的原则和依据以及区划的指标、等级和方法等进行了大量的研究和讨论。加拿大不列颠哥伦比亚省根据生物多样性、地理和气候 3 大要素的差异，将全省分为 14 个大区（biogeoclamatic zone，BGC Zone），在大区内再划分小区，主要用于指导和规范生物多样性保育、森林可持续经营、确定不同树种的自然更新周期（采伐年龄），也可以用于火险评估。但是，这些区划工作主要是从自然生态因素出发，几乎没有考虑到人类在自然生态系统中所起的作用。

近年来，由于人口的急剧膨胀，经济活动的加强，不仅使资源开发和环境保护的矛盾日益尖锐，而且引起一系列严重的生态环境问题。各国生态学家越来越重视生态系统的区划，并认识到以前各自然区划的局限性，开始关注人类活动在资源开发和环境保护中的作用和地位。同时，随着人们对全球及区域生态系统类型及其生态过程认识的深入，生态学家开始广泛应用生态区划与生态制图的方法与成果，阐明生态系统对全球变化的响应，分析区域生态环境问题形成的原因和机制，并进一步对生态环境和生态资产进行综合评价，为区域资源的开发利用、生物多样性保护，以及可持续发展战略的制定等提供科学的理论依据。生态区划及生态制图从而成为当前宏观生态学的研究热点。

我国的自然区划工作起步较晚，但在自然区划研究方面进行了大量工作，并取得了丰硕成果。迄今为止，可查阅到的与森林植被有关的自然区划研究成果不下数十种。然而，这些区划主要是依据客观自然地理的分异规律，按区内结构的相似性和区际的差异性所进行的区划，都缺少对人类活动在自然生态环境变化中的作用和影响的系统分析，尤其是忽略了对生态资产、生态服务功能以及生态脆弱性和敏感性等指标的研究，不能完全满足当今以森林生态系统为基础的经营管理需求。

如何协调日益突出的发展与生态保护的矛盾，维护区域经济和资源的可持续发展已成为我国目前亟待解决的问题。这就要求应根据地域分异规律和社会劳动分工理论的原理，综合考虑全国自然与社会经济条件的分异规律对森林资源分布特性、森林整体功能和森林经营管理要求的相似性和差异性，同时考虑到各地森林经营管理面临的主要矛盾和问题的异同性，将全国森林经营从大尺度上进行分区，对每个区域内各生态因子之间的关系，尤其是对人类活动在资源开发利用与保护中的地位与作用以及区域问题的形成机制和规律进行充分分析研究，提出森林生态系统经营应采取的不同策略。在宏观理论体系上，符合林业的科学发展观；在行业实践中，可以协调森林资源的培育、保护与利用间的关系。

二、分区方案

（一）分区基本原则

分区的原则和依据是由分区的尺度、分区的目的及分区对象的特点所决定，所以不同的分区，由于其尺度、目的和对象的不尽相同，其分区的原则和依据也有所不同。森林生态系统经营区划主要着眼于如何针对生态系统经营要素和不同森林资源的可持续经营管理要求，把利用和保护的矛盾统一起来，在确保森林生态系统健康的前提下，对生态系统结构和功能进行维护，从而保证区域性经济的可持续发展。分区的理论基础，就是对森林生态系统健康发展的认识和理解。森林生态系统经营的对象主要是森林资源。森林资源作为生态系统的重要组成部分，社会和经济发展对其有极强的依赖性。进行分区时不仅要考虑综合自然要素和森林资源要素，而且还应考虑社会经济、可持续发展等要素。因此，森林生态系统经营区划是综合性分区。

1. 自然地带性原则

由于我国森林分布明显受控于由南北方向的温度地带性、东西方向的水分地带性及海拔的垂直地带性，所以，在分区中，森林分布的地带性是首先考虑的因素。

2. 大尺度地貌的分异性原则

就全国而言，由于我国地貌的分异性，而表现出与之呼应的不同的森林类型和森林资源状况，根据这些差异，就能划分出不同的森林管理区域。在分区过程中，严格遵循地貌的分异性原则。

3. 层次性原则

分区单元等级越高，差异程度越大，反之，分区单元等级越低，差异也越小；同时，低等级单元依附于高等级单元，高等级单元的特点在一定程度上能在低等级单元中得到反映。

4. 综合分析与主导因素相结合原则

森林生态系统分区服务于森林可持续经营，而影响森林经营的因子涉及到自然、森林资源、区域社会经济对森林的依赖性、区域的灾害性等。在选取主导因子为主要依据的基础上，要综合分析影响森林经营诸要素之间的关系。

5. 政策法律先导性原则

分区是森林资源经营管理政策体系和技术体系的基础，在分区中，除考虑科学性外，相关的法律、政策应优先考虑，以保证森林政策的严肃性与权威性。

（二）分区方法

区划系统中，综合自然、社会、经济多因素，将自然指标与人文、社会和经济指标结合起来进行分区。区划体系采用二级分区的方法，在不同层次分区过程中，采用异级、异指标的分区方法。

在第一级分区中，主要采用多指标定性分类的方法，所采用的主要指标为地貌，辅助指标为气候，同时也根据区划的目标，考虑森林资源分布的多寡。

在第二级区划中，针对森林生态系统经营和管理施策的需求，重点考虑的因子为地带性森林植被、中地貌、森林起源、森林主体功能等。不同的大区划分亚区时，根据区域情况，采取了灵活的指标选取方法。大区的森林经营同质性较强时，不分亚区。同时，在分亚区时，还考虑了与周边社区的关系。

具体区划时，以县级行政单位为区划的基本单元组织区划指标体系，选择了3个控制影响因子（森林自然属性、森林环境、森林生物多样性），9个影响因子，43个基础因子，用以建立分区指标体系（表4-1）。

初步选定的指标进行了定性筛选与定量复选，并以最终选定的指标构造成主因子综合指标。为了准确分区，在指标筛选时遵循以下基本原则：①指标数据收集的可行性；②指标应具有可比性；这就要求大多数指标应属于相对指标，以排除地域单元因面积大小、人口多寡不同所造成的绝对值差别；③指标应有较强的分辨意义和显著差异性，以避免因选用指标的地域差异过小造成的归类困难；④指标的独立意义和不可替代性，以消除因选用指标交错重叠引起分类界限不吻合的现象。

指标筛选采用因子分析（factor analysis）法。因子分析是主成分分析的进一步发展，它是用较少个数的公共因子的线性函数和特定因子之和来表达原来观测的每个变量，以便达到合理地解释存在于原始变量间的相关性和简化变量维数的目的。经过初步筛选，确定了14个指标：森林覆盖率、耕地面积比率、疏林灌丛面积比率、牧草地面积比率、农业人口密度、农业人口比例、农业产值比例、林业产值比例、牧业产值比例、农民人均收入、年平均温度、年降水量、海拔高、相对高差。

依据上述筛选的指标建立区划指标体系，采用聚类分析方法，以县为基本区划单元进行分层区划。

表4-1　森林生态系统经营区划指标体系

控制影响因子	影响因子	基础影响因子
森林自然属性	结构属性	森林覆盖率
		森林分布格局
		森林破碎度
		森林质量（单位面积蓄积、径级结构和龄级结构）
		主要树种组成
		非木质森林资源（种类和数量）
	效益属性	生态效益
		经济效益
		社会效益

（续）

控制影响因子	影响因子	基础影响因子
森林环境	自然因子	主要气象因子（年均温、年降水量等）
		土壤因子（土壤类型、土层厚度等）
		地形地貌（地貌类型、海拔高度、地形起伏度）
		植被组成
	社会因子	农业人口密度
		农业人口比例
		农业人口分布格局
		森工企业职工数
森林环境	社会因子	人均护林面积
		下岗职工安置比例
		森林权属的面积及蓄积量（森工、地方国有、集体）
		劳动力数量
		政策体系（扶贫、移民、农业人口城镇化、退耕还林、牲畜舍饲）
		法律法规体系（《森林法》及有关的地方法规）
	经济因子	农业产值
		林业产值
		牧业产值
		农民人均收入
		财政收入（地方自营收入，国家政策资金）
		生态效益补偿
		森工企业工资水平
		森工企业自营收入（多种经营、综合利用、第三产业）
		森工企业国家下拨事业费（生态公益林建设、护林等）
	土地利用	土地利用现状（耕地、林地、牧草地、矿山）
		土地利用结构动态（耕垦、放牧、开矿、退耕还林、退牧还林、荒山造林、迹地更新）
生物多样性	生态系统多样性指标	森林类型占森林面积的比值
		按龄级或演替阶段划分的森林类型的面积比值
		人工林中针叶树与阔叶树的比例
		按龄级或演替阶段确定为保护区的森林类型面积的比值
	物种多样性指标	森林物种的数量
		关键物种生存能力状态
	遗传多样性指标	分布范围显著减少的森林物种数量
		从多种生境中监测到的代表种的种群水平
		已开展种质基因保存的物种数

（三）区划结果

我国森林生态系统经营区划可分为9个区14个亚区，分区系统如表4-2所示。区划成果遵从“中国可持续发展林业战略研究”中林业发展区划最新研究结果，并与林业重点生态工程建设布局、生物地理区划、植被区划、森林区划、森林立地分类区划、林业区划等已有成果紧密结合。各区域分布如图4-1所示。

表4-2 森林生态系统经营区划系统

区域	亚区	范围
大兴安岭山地区		黑龙江北部和内蒙古东部的大兴安岭山地区
东北东部山地丘陵区	小兴安岭与长白山山地丘陵亚区	黑龙江省除大兴安岭以外的山地丘陵区，以及吉林东部、辽宁东部山地丘陵区
	东北与三江平原亚区	辽宁中部与北部、吉林中部和北部、黑龙江的东北平原、三江平原地区
北方干旱半干旱区		辽宁西部、吉林西部和西南部、河北坝上地区、内蒙古中部和西部、宁夏大部、甘肃大部、新疆北部和青海的海西地区
黄土高原和太行山区	黄土高原亚区	甘肃黄河以南、青海东部、宁夏南部、陕西北部、山西大部分、河南西南部
	太行山与燕山山地亚区	河南北部和西部、河北西部和北京、北京西北部，以及山西东部和东南部山地区
华北与长江中下游平原区	平原亚区	北京、天津、河北、河南、山东、江苏、安徽、上海、浙江、湖北、湖南、江西的平原区、湖区和滨海地区
	山东低山丘陵亚区	山东胶东半岛丘陵区和鲁中南低山丘陵区
南方山地丘陵区	秦巴山地亚区	河南南部、陕西秦岭以南、湖北北部、重庆北部和四川盆地以北地区、安徽西部和西南大别山区
	四川盆地及盆周亚区	四川成都平原及及盆周、重庆的丘陵区
	云贵高原亚区	贵州大部分、云南中部与东部与东北部、湖北西部、湖南西部、四川南部
	南方低山丘陵亚区	湖北东南部、湖南大部分、贵州东南部、广东北部、广西西部和北部、江西、安徽南部、福建、浙江等山地丘陵区
	两湖沿江丘陵平原亚区	湖南洞庭湖和江西鄱阳湖区及周边丘陵区、湖北江汉平原区

（续）

区域	亚区	范围
热带沿海区	闽粤桂沿海丘陵亚区	广西南部、广东南部、福建南部等省（自治区）
	海南岛亚区	海南省及南海诸岛
	滇南及滇西南丘陵盆地亚区	云南思茅以南热带区
西南高山峡谷区		西藏东南部、云南西北部、四川西部、甘肃白水江地区和青海东沿
青藏高原区		西藏大部分、青海的青南地区和新疆西南部地区

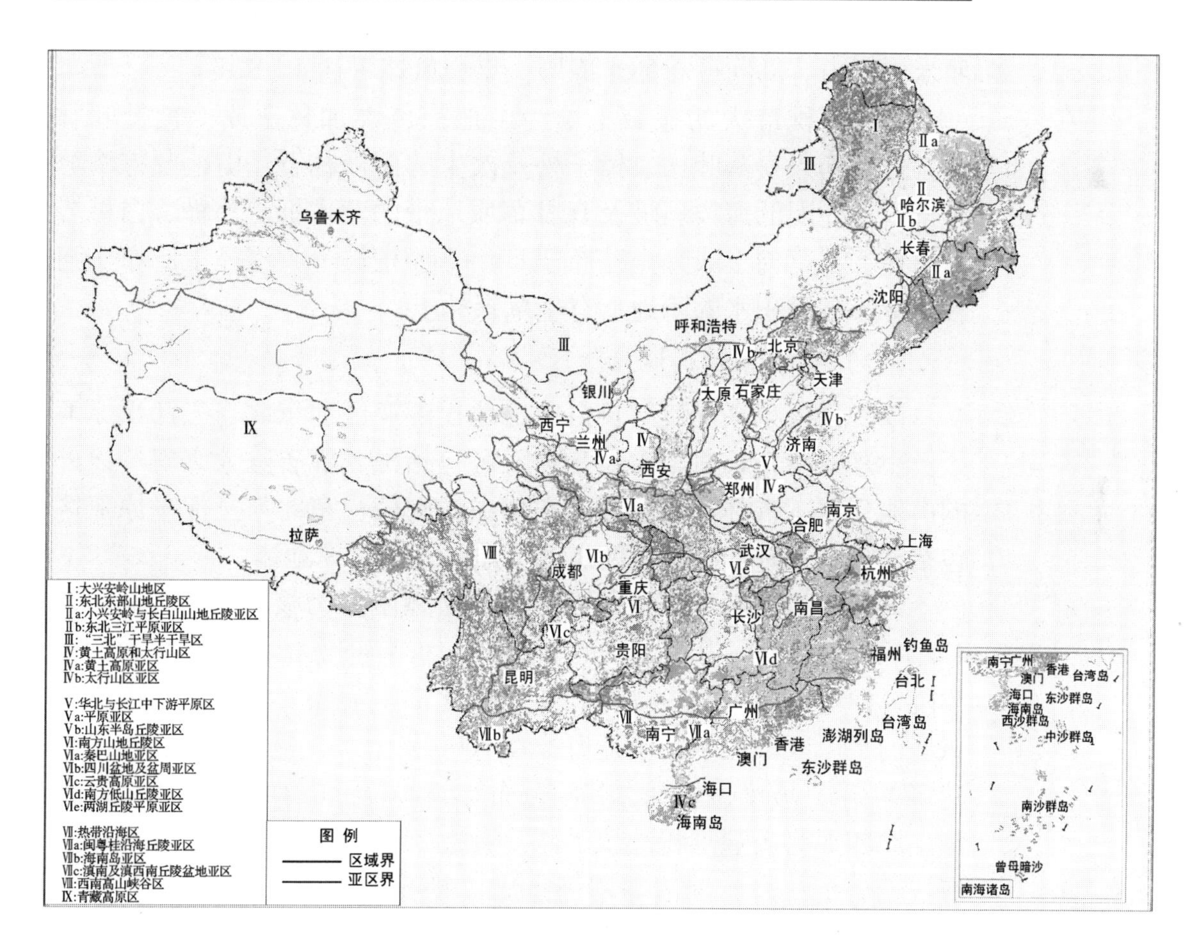

图 4-1　森林资源管理区划图

三、区域范围与自然特征

（一）大兴安岭山地区

该区包括黑龙江北部和内蒙古东部的大兴安岭山地区。

大兴安岭的主脉呈北北东—南南西走向，北部支脉伊勒呼里山呈西西北—东东南走向。全区北部较低，平均高度700～800米；南边较高，平均高度1200～1500米，最高峰摩天岭高1712米。

该区气候属寒温带季风区，冬长少雪，春秋较短，夏季更短甚至无夏。年温差较大，年均温－2～－4℃，1月均温－20～－30℃且极端低温为漠河－52.3℃，7月均温17～20℃且极端高温为漠河35.1℃，≥0℃的积温1900～2500℃。年降水量350～500毫米，且集中于5～8月（占70%以上），相对湿度70%～75%，植被生长期90～120天。日照时数2600小时以上，相对日照率超过60%，春夏季长、均在700小时以上。积雪期达7个月，林内雪深30～50厘米，区内有岛状分布的永冻层。年均风速可达7～8级。

该区面积最大的显域土壤为山地棕色泰加林土或棕色针叶林土，分布于兴安落叶松、樟子松及次生的白桦林下，山地灰棕壤分布于山地外围低海拔斜坡及森林草原地带的蒙古栎、黑桦、白桦或山杨林下，草甸土或黑土分布于草甸草原植被下，沼泽土广布于河谷地带，在不积水的阶地上有生草森林土。

（二）东北东部山地丘陵区

该区分为小兴安岭与长白山山地丘陵亚区和东北与三江平原亚区。小兴安岭与长白山山地丘陵亚区包括黑龙江省除大兴安岭以外的山地丘陵、吉林东部和辽宁东部山地丘陵；东北与三江平原亚区包括辽宁、吉林和黑龙江的东北平原、三江平原地区。

该区总的地貌是以辽阔而宽浅的松嫩平原为核心，西、北、东3面环山；东北部为小兴安岭山地区，东南部为长白山地区和部分丘陵，西南部与内蒙古高原相接，西北部与大兴安岭相依，中部为该区的平原区。大多数山地海拔在1000米上下，最高峰白头山海拔达2744米，坡度也较缓，其间分布有一些较宽广的盆地和谷地。松嫩平原四周为山麓洪积冲积平原，海拔250～300米左右，盆地中心海拔不到200米，湖泊与沼泽广布，是我国主要的粮食生产基地。该区主要河流有黑龙江、松花江和乌苏里江，此外还有许多大小河川，如嫩江、辽河、逊河等，形成了一个稠密的水路网，而三江平原是这个水路网的核心，也是我国最大沼泽分布地区之一。小兴安岭山地区的主要河流分属黑龙江和松花江水系。

该区属温带、暖温带，大陆性季风气候特征明显。年平均气温－2～6℃，热量南部大北部小，≥10℃的活动积温1800～3400℃，辽东半岛最高。无霜期100～140天，北部山地较短，中部平原区较长。降水自东南向西北递减，全年降水量400～900毫米，辽东半岛东南部可达1000毫米。雨热同期，降水多集中在夏季，约占全年降水量的60%～80%，利于植物生长。

该区主要土壤有棕色针叶林土、暗棕色森林土、黑土、草甸黑钙土、白浆土、山地苔原土、沼泽土、谷地生草森林土等，棕色针叶林土和暗棕色森林土主要分布于中、低山区和高原区，黑土、草甸黑钙土和白浆土主要分布于平原地区。

（三）北方干旱半干旱区

该区包括辽宁西部、内蒙古中部和西部、宁夏大部、甘肃大部、新疆和青海的青海湖以北地区。

该区总的地势西高东低，地貌类型复杂多样。东北端为呼伦贝尔高原，东南端为辽河平原，中部为内蒙古高原、阴山山脉、祁连山山脉、巴丹吉林沙漠、库姆塔格沙漠，西北端为阿尔泰山脉、准噶尔盆地、天山山脉，西南端为昆仑山脉、阿尔金山脉、塔里木盆地。该区河流、湖泊众多，分属额尔古纳河水系、辽河水系、黄河水系、永定河水系、塔里木河水系。

该区区域范围大气候多变。内蒙古高原以东为温带干旱、半干旱季风气候，其特点是冬长而寒冷，夏短而温暖，温差大，日照充足，年平均气温在-2～8℃，活动积温2000～3200℃，年降水少，从东向西逐渐减少，介于450～150毫米，年内分布不均且集中于夏季，强度大，变率大。内蒙古高原以西为强度大陆性的温带、暖温带荒漠气候，其特点是干旱少雨、降水变率大、日照丰富、寒暑剧变、风沙大，年均气温介于0～14℃，其中塔里木盆地、吐鲁番盆地和哈密地区为8～14℃，河西走廊、阿拉善高原、宁夏河套平原、准噶尔盆地为0～9℃；年降水少，除天山、祁连山少数高寒地区外，80%以上的地区年降水量少于100毫米，在柴达木盆地的四周一般少于50毫米，内部少于25毫米，降水总趋势是从东、西侧向内陆中部急剧减少，干燥度除山区小于2.0外，绝大部分平原区在4.0以上；年均风速2～4.5米/秒，全年大风日数10～45天。

该区土壤从水平地带而言，在贺兰山以东，自东至西为黑钙土、栗钙土、棕钙土（或灰钙土）；贺兰山以西，主要为荒漠土，包括灰漠土、灰棕漠土和棕漠土。非地带性土壤则是广泛分布的风沙土和盐土。

（四）黄土高原和太行山区

该区分为黄土高原亚区和太行山亚区。黄土高原亚区包括甘肃黄河以南、宁夏南部、陕西北部、山西、河南伏牛山以西；太行山亚区包括河南西部、河北西部和北京西北部，以及山西东部和山西东南部山地区。

1. 黄土高原亚区

黄土高原亚区的东部为鄂尔多斯台向斜，西部属祁连山褶皱带。位于吕梁山至六盘山之间的鄂尔多斯台地，是华北台地的重要组成部分，海拔一般1000～1500米，南部为表面比较平坦的黄土高原，其上发育有不少的冲沟，沟深可达100米以上，地貌形态以大面积的塬面和长梁为主。黄土丘陵区以破碎的黄土峁以及一部分黄土梁为主。

本亚区较大的河流除黄河纵贯东部外，尚有渭河、泾河、洛河、无定河等较大支流。

该亚区气候属暖温带半干旱半湿润地区，年平均温度7～9℃，≥10℃活动积温3200～3600℃，全年平均降水量在350～650毫米，约有90%的降水集中在≥10℃期间，对农业生产有利，但由于夏季多暴雨，且强度很大，容易引起土壤侵蚀。

该亚区地带性土壤为黑垆土，黑垆土是古老耕种土壤，主要分布在陕西北部，陇东和陇中有比较普遍的分布，它常出现在地形平坦，侵蚀较轻的黄土塬区，在塬顶平坦处（1°～3°），为黑垆土，在塬畔坡度较大的地区（3°～5°）为侵蚀黑垆土，在地下水位较高地区多形成潮黑垆土。在渭河谷地的阶地上分布有𪣻土、黄绵土，广泛分布于黄土丘陵的水土流失比较强烈的地区，常和黑垆土交错出现。

2. 太行山亚区

太行山亚区地形复杂，包括冀北的燕山山脉、冀西的太行山脉以及太行山北端的小五台山、百花山等，此外还包括了辽宁省西部的松岭南缘。除辽西山地为400～700米外，一般为1000米上下，少数山峰如小五台山、恒山、雾灵山、南坨等在2000米以上；最高峰为五台山，海拔3058米。

太行山区是海河、黄河重要水源区，大小河流密布，较大的河流有六股河、滦河、潮河、白河、永定河、桑干河、拒马河、御河、漳河、洛河、沁河等，各河流中下游修建有很多大中型水库。

太行山区除长城以北的燕山山地为温带大陆性季风气候外，其余都处于中纬度暖温带，一般气候温和，无霜期较长。日照较多，水热同期，可以一年三季造林。大陆性季风气候明显，特点是春季干旱多风，夏秋炎热多雨，冬季寒冷干燥。由于峰峦起伏，地形复杂，跨越纬度较广，以至气温、降水等要素时空变化很大。年均气温4～14℃，≥10℃活动积温2200～4400℃，无霜期100～200天，降水量400～700毫米，总趋势是从东南向西北递减，迎风坡大于背风坡，山地多于盆地，60%～80%集中在7～8月，且强度大，暴雨多，往往造成山洪暴发。本地区灾害性天气多，除干旱外，还有冻害和雹灾。

太行山区的地带性土壤是褐土，在水平分布上，它处于东部的棕壤和西部的黑垆土与北部的栗钙土之间，在垂直分布上则处于棕壤之下。由于本区所处的位置，在区内土壤的分布，有由南向北和由东向西变化的趋势，冀辽山地多淋溶褐土，山西高原的南部和东北部属褐土，中部属淡褐土。恒山以北的大同盆地和冀辽山地的北缘属栗钙土。山地棕壤在较湿润的辽西山地分布最广的，海拔高度也最低。山西高原南部的盆地和山坡，多覆盖有黄土，而中部的盆地和山坡则分布有淡褐土，在地势低平地下水位较高的地方，发育有草甸潜育湿土甚至形成沼泽土。

（五）华北与长江中下游平原区

该区分为平原亚区和山东半岛丘陵亚区。平原亚区包括北京、天津、河北、河南、山东、江苏、安徽、上海、浙江、湖北、湖南，以及江西的平原区、湖区和滨海地区；山东半岛丘陵亚区包括山东东部低山丘陵区。

1. 平原亚区

平原亚区地处华北大平原，三面环山，北与西北与燕山东南缘山地相接，西邻太行山及余脉山地，南依伏牛山、大别山、黄山，东北部与泰山山地和山东半岛相毗邻，主要有黄淮海平原、沿海平原和淮北平原及肥沃的沿江平原与富饶的长江三角洲。该区主要是由黄河、淮河、海河和滦河等水系泥沙长期洪积、冲积而成的平缓华北大平原和由长江及其支流挟带的泥沙堆积而成的淮北平原、长江三角洲平原，海拔一般5～50米，地势坦荡，排水尚好，滨海平原高度在5米以下，长江三角洲平原海拔在10米左右。

主要河流有海河水系的永定河、潮白河、子牙河、卫河及其干支流，黄河主流及其干支流金堤河等，淮河水系的西淝河、浍河、颍河、涡河等，长江水系的裕溪河、青阳江等，以及钱塘江和微山湖、洪泽湖、巢湖、太湖等大型湖泊和各类水库。

平原亚区气候属温带半干旱半湿润气候，年均气温6.5~14℃，≥10℃的积温3300~4880℃。无霜期160~220天，全年降水量500~950毫米，大部分集中在6~9月，水热同期，对植物生长有利。

平原亚区地带性土壤为褐土和潮土两大类。褐土可分为典型褐土、草甸褐土、石灰性褐土等亚类。褐土是本地区较好的土类，土壤疏松多孔，耕用性好，保水保肥，抗旱性强，肥力中等。潮土主要分布在冲积平原上，有4个亚类：典型潮土、褐土化潮土、盐化潮土、沼泽化潮土。

2. 山东半岛亚区

山东半岛丘陵亚区海蚀、海积地貌类型齐全，有险峻的海蚀岬角，也有规模巨大的沙坝、沙嘴、典型的陆连岛，以及面积广大的海积平原。地面组成以片麻岩、花岗岩、安山岩为主。波状丘陵海拔在200~300米，有少数山岭突出丘陵之上，其中崂山海拔1133米。

主要河流有黄河、沂河、小清河、沭河、潍河、胶莱河等和大小水库。

该亚区气候受海洋的影响较显著，年平均气温10~12℃，1月平均气温-1.1℃（青岛），极端最低气温-16℃以上，无霜期180~210天，≥10℃的活动积温4000~4600℃，全年降水量700~900毫米。

该亚区土壤主要为棕壤，由于母质多为花岗岩和片麻岩，砂粒密度很大，海滨河岸也有大量砂质土。

（六）南方山地丘陵区

该区域包括秦巴山地亚区、四川盆地及盆周亚区、云贵高原亚区、南方低山丘陵亚区和两湖沿江丘陵平原亚区等5个亚区。秦巴山地亚区包括河南南部、陕西秦岭以南、湖北北部、重庆北部和四川盆地以北地区；四川盆地及盆周亚区包括四川成都平原及盆周重庆的丘陵区；云贵高原亚区包括贵州、云南东北部、湖北西部、湖南和广西西部、四川南部；南方低山丘陵亚区包括湖北、湖南、广东北部、广西西北部、江西、安徽南部、福建、浙江等山地丘陵区；两湖沿江丘陵平原亚区包括湖南洞庭湖和江西鄱阳湖区及周边丘陵区、湖北江汉平原区。

1. 秦巴山地亚区

秦巴山地亚区地处我国中部，是我国南北气候相隔的天然屏障，成为主要的气候分界线，由于山势陡峻，高差悬殊，垂直气候带分布及南北端气候差异明显。该区是以山地为主的地貌结构，山地主要由低山、中山和高山组成，其间还夹有一些河谷盆地和丘陵地。北部的秦岭，是一个宽大的纬向褶皱山地，曾经历多次造山运动，岭脊海拔除成县—凤县一段较低外，其余多在 2000 ~ 3000 米，相对高度最大的一段，俯临宝鸡—西安间的渭河平原，高达 2000 ~ 3000 米。海拔 3767 米的最高峰——太白山就坐落在这个区段。

秦巴山地亚区主要水系自西向东有：嘉陵江及其主要支流东河、南江、通河、后江等，长江水系漳水、汉水、褒水、子午河、牧马河、乾佑河、丹江、堵河、湍河、唐河、旬河、金钱河、巴水、举水、太湖河等，黄河水系及其主要支流渭河、洛河等，淮河水系白露河、史河等。

秦巴山地亚区气候属温暖湿润的季风气候。秦岭、大别山横亘在本区北部，有明显的气候屏障作用。由于我国低层大气中气流多偏南、北方向，秦岭东西向山地对气流及天气系统的屏障作用明显，尤其是冬季，气流受高大山体阻挡，中、下层空气难以逾越，使得冬季南北的气温有较大的差异。该区年平均气温 13 ~ 16℃，1 月平均气温 -7 ~ 3℃，7 月平均气温 18 ~ 28℃，日温持续在 5℃ 以上时期 8 ~ 9 个月，10℃ 以上时期 6 ~ 7 个月，年降水量 600 ~ 1600 毫米，大别山区较丰。本区气候不仅有南北差异、东西递变，而且由于山地的影响，有明显垂直差异。

秦巴山地亚区土壤主要有黄棕壤、黄褐土和山地棕壤、漂灰土等，并有明显的垂直变化。秦岭北坡海拔 1000 米以下褐土，1000 ~ 2000 米山地棕壤，2000 ~ 3000 米山地暗棕壤，3000 米以上漂灰土；南坡海拔 700 米以下黄褐土，1000 米以下黄棕壤，700（1000） ~ 2000 米山地暗棕壤，3000 米以上漂灰土。黄褐土分布于河谷盆地和丘陵，黄棕壤分布在低山和中山，漂灰土分布于高峰顶部。

2. 四川盆地及盆周亚区

四川盆地及盆周亚区被山地和高原环绕，绵亘北缘的米仓山和大巴山，面临盆地的南坡陡峻，海拔2000米上下，是嘉陵江与汉水的分水岭。西北缘、西缘和西南缘有龙门山、邛崃山、大相山、峨眉山、大凉山，山势巍峨挺拔，并且由东向西节节抬升，山脊海拔达3000~4000米以上，如峨眉山3099米。南缘与东南缘为乌蒙山、大娄山、七曜山和巫山，多数海拔1500~2000米之间，地表崎岖。盆地内以低山、丘陵为主，海拔平均约500米，地表起伏，总趋势是西北高而东南低。

四川盆地及盆周亚区河流众多、源远流长，盆地地貌使河流呈向心状或辐集型汇入盆地中心，是典型的树枝状水系。来自西缘、北缘高大山地的河流多、长度大，盆地的西部和北部河网密度大。来自南缘山地的河流较少，长度较短，河网密度也较稀。区内主要河流有长江及嘉陵江、岷江、沱江、乌江、渠江、涪江等80多条，各河流均由边缘山地汇集到盆地底部的总干流——长江。

四川盆地及盆周亚区气候属湿热的亚热带季风气候，终年温湿，多云雾，日照少。年平均气温16~18℃，冬季温暖，最冷月平均气温5~8℃，极端最低气温一般高于-5℃；夏季既热且长，一般5月初进入夏季，至9月中始见秋凉，7月平均气温26~29℃，极端最高气温超过40℃。年降水量1000~1300毫米之间，最高达1500~1800毫米，降水以夏季为主，占50%以上，全年及各月的相对湿度大致在70%~80%，年际和月际变化很小。

四川盆地及盆周亚区盆底地带性土壤不明显，大面积分布的是带有暖温带土壤特性，而处于幼年发育阶段的紫色土强烈反映出母质的特性和鲜艳的紫红或紫红棕色。黄壤仅见于周围低山和盆地内部部分低山。本区耕作历史悠久，农田面积广大，农业土壤类型十分复杂主要有红黄壤、姜石黄壤、紫色土等。分布在平原和河流两岸有成片的冲积土，一般土层深厚，质地适中，结构良好，养分含量丰富，是高肥力土壤。山地具有垂直带谱特点，自下而上为黄壤—山地黄壤—山地黄棕壤—山地棕壤、山地暗棕壤—山地草甸土。南部海拔较低，土壤垂直带谱简单，为山地黄壤—山地黄棕壤。在山地黄壤带内，还分布有紫色土和红色石灰土。

3. 云贵高原亚区

云贵高原亚区以山地高原地貌为主体，西部为云南高原原面完整、起伏和缓的丘状高原和分割高原，是金沙江、南盘江、元江等水系的分水岭。丘状高原分布在离江河较远的分水岭地带，分布连续，由宽谷和浑圆丘陵组成，地面相对高差在300～400米，有深厚的残坡积覆盖。分割高原分布在近河流两岸，受断裂控制，高原分布不连续，在新构造运动差异抬升影响下，统一的高原被解体为4000～4100米，3600～3700米，2400～2500米，1800～2100米等4个不同高度的夷平面。

云贵高原亚区主要河流有长江、珠江、金沙江等的主干支流，如黑水河、牛栏江、北盘江、岔河、赤水河、乌江、南盘江、红水河、郁江、沅江、清水江等。

云贵高原亚区东西差异及局部差异较大，西部云南高原属高原型季风气候，但在滇中、川西高原盆地冬暖夏凉，四季如春；东部贵州高原则属多阴雨的高原式亚热带气候，但在大娄山西南，云南高原向贵州高原过渡区气候温凉；西部地区受地形影响，年平均气温一般15～18℃，年较差在12～16℃，日较差较大，通常在12～20℃。年降水量1000～1200毫米由西南向东北递减。多数地方年平均气温在15℃以上，偏北地方可低至12～15℃。

云贵高原亚区西部云南高原的地带性土壤是山原红壤，是在残存的红色风化壳上发育的，广泛分布于1500～2200米的高原面上，还有分布于干热河谷的燥红土，垂直带上的红黄壤、棕壤、漂灰土等。在东部的贵州高原，地带性土壤为黄壤。在喀斯特地貌东侧分布有砖红壤性红壤和红壤土，最东端分布有红黄壤和黄壤。多数地区以农业为主，水稻土也较多。

4. 南方低山丘陵亚区

南方低山丘陵亚区具有独特的山地丘陵景观，以面临东海、峰峦重叠、河流纵横、四季常青为主要特点。在东部浙赣闽地区，山脉走向大至与海岸平行，东列为天台山、括苍山、鹫峰山和戴云山，中列是会稽山、仙霞岭和武夷山，西列是天目山和千里岗山。山地以海拔500～1000米的低山为主，武夷山、仙霞岭地势最高，平均海拔在1000米以上，最高达1500～2000米。山脉以东逐渐过渡到沿海丘陵和台地，其中还夹有一些河谷盆地和海积平原，一般海拔50～200米。

南方低山丘陵亚区有稠密的河流网水系，主要河流有富春江、东阳江、溪江、闽江、梅江、北江、绥江、黔浔江、西江、郁江、红水等和分布较多的水库。

南方低山丘陵亚区的气候东西差异大，东部气候湿热，有明显的海洋性气候特点，年均气温一般为 15 ~ 20℃，等温线与海岸平行，内地温度高于沿海。年降水量 1100 ~ 2000 毫米，沿海少于内陆。

南方低山丘陵亚区的主要土壤是红壤和黄壤。黄壤多分布在海拔 500 ~ 1000 米处，地较高、气候湿润凉爽、土壤湿度较大。红壤的自然肥力一般不高，分布区内土壤侵蚀比较严重。由于海拔的不同，土壤也具有明显的垂直带性，在该区西部海拔 800 米以下，为山地红壤；800 ~ 1500 米为山地黄棕壤；1500 米以上逐渐过渡到草甸土。

5. 两湖沿江丘陵平原亚区

两湖丘陵平原亚区具有丘陵山地和长江干支流冲积平原地形，是我国东部平原向西部山地过渡地区，地形四周高中间低，中部两湖平原地势平坦开阔，河流密布，堤垸交错，阡陌纵横，是全国有名的“鱼米之乡”。平原周边分布着丘陵山地，大部分海拔在 500 米以下，为一系列东北—西南走向的狭长山岭与盆地的交错区。

两湖丘陵平原亚区河流水系稠密完整，长江干流自西向东横贯全区，将两湖平原连成一体，南北支流众多，主要有汉水和清江、湘江、沅江、修水、赣江、盱江、信江、洞庭湖、洪湖和鄱阳湖等，大小河流密如蛛网，广布于该区，形成全国最主要的水网地区之一。

两湖丘陵平原亚区属亚热带温暖湿润气候，年平均气温 16.7 ~ 18.1℃，最冷月均气温为 4.5 ~ 6.1℃，最热月均气温为 28.7 ~ 30.0℃，无霜期 281 ~ 292 天。年降水量在 1400 毫米左右，每年 7、8 月炎热少雨，常有不同程度的干旱发生。

两湖丘陵平原亚区主要土壤为冲积土，分布于滨湖河流两侧和沿江两岸。红壤土主要分布在海拔 150 米以下的低丘和岗地，在海拔 500 米以下的山地也有分布。此外，还有分布于湖洲地区残丘阶地的水稻土和紫色土；分布于湖洲地区的草甸土和沼泽土。

（七）热带沿海区

该区分为闽粤桂沿海丘陵亚区、海南岛亚区、滇南及滇西南丘陵盆地亚区等 3 个亚区。闽粤桂沿海丘陵亚区包括广西南部、广东南部、福建南部等省（区）；海南岛亚区包括海南省及南海诸岛；滇南及滇西南丘陵盆地亚区包括云南思茅以南热带区。

1. 闽粤桂沿海丘陵亚区

闽粤桂琼沿海丘陵亚区广布切割破碎的丘陵，地貌类型多样，除部分山峰超过1000米以外，大部分为海拔500米以下切割破碎的丘陵。境内低山、丘陵、盆谷、台地、平原交错分布，以丘陵、台地为主。

闽粤桂琼沿海丘陵亚区的主要河流有左江、郁江、钦江、南流江、九州江、新兴江、潭江、珠江、韩江、龙江等。

闽粤桂琼沿海丘陵亚区气候属南亚热带、热带气候。在闽粤桂南部为南亚热带气候，特点是夏长多雨、冬短而干，夏秋多台风、暴雨，冬春阵发性寒潮或冷空气入侵，有奇寒。年平均气温20～22℃，夏季长达6～7个月之久，极端最高气温低于40℃，最冷月平均气温10～15℃，正常年份无或少霜冻，基本上无冬季，年降水量1400～1800毫米。台风是该地区天气系统的重要组成部分，平均每年有台风13.4次，其中登陆的台风平均6.3次/年。

闽粤桂琼沿海丘陵区的地带性土壤是赤红壤，主要分布在广大丘陵台地上；在低山和中山依次分布山地红壤和山地黄壤；石灰岩区常见的是石灰土；红色盆地中为紫色土。

2. 滇南及滇西南丘陵盆地亚区

滇南及滇西南丘陵盆地亚区大部分地区属于横断山脉向南延伸部分，自西到东的山河排列为：邦马山、澜沧江、无量山和哀牢山、元江、六诏山。这些山河在本区向西南和东南散开，成为我国著名的“帚状”间山宽谷地貌的南端。大部分地面海拔在1000～2000米，地势向南倾斜，向南部边境一带逐渐降低。平原都分布在山间盆地之中，多数海拔在500～1300米，与周围山地的高差在500米左右。

滇南及滇西南丘陵盆地亚区的主要河流有南卡江、南垒河、南览河、澜沧江、把边江、李仙江、藤条江、盘龙江、西洋江等。

滇南及滇西南丘陵盆地区具有夏温不高、冬温不低的热带北缘山原性气候。日照时数2000～2200小时，年平均气温18～22℃，夏季除了元江谷地达27～28℃外，其余地区都在21～25℃，最冷月（1月）平均气温11～16℃。年降水量1200～1600毫米，分布的大体趋势是西南和东南多，中间少；年降水量主要集中在5～10月，占全年降水量的80%～90%，干湿季分明。低热河谷多雾，全年雾日在120天左右，四季如春。

滇南及滇西南丘陵盆地区的地带性土壤主要有砖红壤和砖红壤性红壤（赤红壤）。砖红壤分布在西双版纳海拔700～800米以下和河口一带的海拔400～500米以下的低热坝区，在此高度以上的本区北部多数地区为砖红壤性红壤。

3. 海南岛亚区

海南岛亚区在海南岛和雷州半岛北部及其相邻的两广沿海，多为海拔150米以下的台地和阶地，而在海南岛中南部的穹窿山地，则以海拔500米以上的中、低山为主，有81座山峰海拔超过1000米。

海南岛亚区有南渡江、昌花江、万泉河，以及台湾岛的淡水河、大甲溪、浊水溪、旗溪、高屏溪等。

海南岛亚区地处热带北缘，属季风热带气候，其特点是热量丰富、常夏无冬、偶有阵寒，年辐射总量502～586千焦/平方厘米，年平均气温23～25℃，≥10℃活动积温8200～9200℃，最冷月均温度15～20℃，夏季长，春秋相连，无冬季。在台湾岛，气候条件具有明显的热带季风气候性质，即高温而年较差大，多雨而季节分配不匀，年中有较明显的干、湿季之分。年均气温22～24℃，4～11月份月均温在20℃以上，年降水量2600毫米左右，台风期为每年5～10月，其中以7～9月受影响最大，台风每年平均过境4次，最多年可达8次。

海南岛亚区土壤种类较多，有分布于低丘、台地的砖红壤；分布于琼雷玄武岩盆地的铁质砖红壤；分布城琼东旱季较长、高温高湿、海拔300米以下的花岗岩丘陵地区的黄色砖红壤；分布于琼西南海拔300米以下的丘陵台地的褐色砖红壤；分布于琼东南方与乐东滨海稀树草原台地或海成阶地有刺灌丛地区的燥红土。山地还有赤红壤、山地黄壤和山顶矮林草甸土。

（八）西南高山峡谷区

该区位于青藏高原主体的东部和南部，包括西藏东南部、云南西北部、四川西部、甘肃白水江地区和青海东沿。

该区地貌十分复杂，包括山地、盆地、溶岩、冰川等，以山地为主，具有高原面的中切割山地和尖峰刃脊的深切割山地。西部为东喜马拉雅山脉北翼雅鲁藏布江中下游及支流——泊龙藏布、易贡藏布和尼洋曲河流域，发育着高山峡谷地貌，著名的峡谷有底杭峡；南迦巴瓦峰高达7756米，为本区最高峰。中部为横断山脉，总体上以深切割山地为主，但在中南部以中切割山地为主。东部为川西高原，以中切割山地为主。全区地势向东南倾斜，高原面比较破碎，夹江山体嶙峋陡峻，山高谷深、江水流急，以高山狭谷地貌为主，著名的横断山脉高山峡谷区是典型代表。

该区的主要河流有雅鲁藏布江中下游及支流——泊龙藏布、易贡藏布和尼洋曲河，怒江、澜沧江、金沙江、雅砻江、大渡河、岷江、嘉陵江及其支流。该区水网密布，是我国主要江河发源地。

该区虽然在纬度上处于亚热带，但因青藏高原的强烈隆升，打乱了热量条件的水平纬度地带性分布规律，给大气环流以深刻的影响。表现为一方面受夏半年的印度洋西南季风和冬半年的西风环流所控制，另一方面又受来自中国南海的东南季风的影响。印度洋西南季风是本区南部水汽的主要来源，并沿各纵谷北上，影响范围很广。冬半年西风环流主要控制本区北部，气候寒冷、干燥、少雨、风大。中国南海的东南季风虽受东部诸山阻隔，但对本区仍有影响，特别是给东部山地带来了降雨，年降水量可达1000毫米以上。总之，本区东南部受海洋季风气候影响较大，越往西北气候的大陆性越强，气温逐渐降低。降水渐趋减少，呈现出从温暖湿润逐步向寒冷干旱过渡的气候特征。本区由于海拔高度变化大，从河谷到高山的气候垂直变化具有明显的多带谱性质，由低海拔向高山，气候从亚热带逐渐过渡到高山寒带，年均气温－5～23℃之间，年平均降水量400～1000毫米。

本区南部土壤垂直分布由低到高为燥红土、红壤、山地黄棕壤、山地棕壤、漂灰土和高山草甸土；北部河谷为冲积土、褐土、棕壤、山地暗棕壤、漂灰土和高山草甸土。

（九）青藏高原区

该区包括西藏大部、青海大部和新疆西南部地区。

该区地貌复杂多样，北部昆仑山脉和阿尔金山、可可西里山、疏勒南山、大通山为屏障，一般海拔5000～6000米，山势高峻，多冰峰雪岭。昆仑山脉大体呈东西走向，山峰海拔6000米以上，其北翼濒临新疆塔里木盆地，高差达4000米，但在高原面上，与高原湖盆之间的相对高差仅为1000多米。西昆仑山是青藏高原地区巨大的冰川中心之一，冰川面积在4000平方千米以上。昆仑山与可可西里山之间广布有海拔4800～5100米的湖盆，多呈狭长形东西走向。

该区的主要河流有黄河、金沙江上游通天河、雅砻江、森格藏布、朗钦藏布、雅鲁藏布江及上游马泉河、格尔木河、柴达木河等及水量不等的盐湖与沼泽，著名的有本区最大的淡水湖——扎陵湖和鄂陵湖及本区最大的咸水湖——青海湖。

该区属高原气候，特点是空气稀薄，太阳辐射强。全区年平均气温－3～12℃，1月－18～－7℃，7月5～18℃，藏北高原气温低，一年中约有半年时间冰雪封冻；青海西南部高原几乎没有无霜期，藏南无霜期可达120～150天。区域内年均降水量一般在20～400毫米之间，但藏南谷地西段降水量较大。总体上，除藏南谷地外，其他区域气候都属严寒，形成独特的地球“第三极”。

该区主要土壤有分布昆仑山—西倾山以南及部分祁连山山地的高山土；分布于柴达木盆地的荒漠土；分布在青海省南部高原的西部、藏北高原大部和藏南谷地的高山草甸土；分布于低湿河滩和湖滨地的草甸土、沼泽化草甸土、沼泽土或盐化草甸土、盐土。

第二节　森林生态系统经营分类

一、分类的意义

森林生态系统经营区划将全国划为9个大区、14个亚区，共形成了18个相对独立的区域。这18个区域既是经营区，更重要的也是管理区。国家的森林资源政策，特别是森林资源经营技术政策可以区域为总体研究制定。但是在区域内，森林生态系统仍然具有较强的分异性，森林的演替规律、主导功能和抗干扰能力差异很大。因此，根据区域内森林资源、自然生态的特点，选用不同的指标，以一定的方式对区域的森林生态系统经营类型进一步划分，对指导森林生态系统经营管理十分必要。

生态系统概念被提出后，接受、应用和发展以生态学方法分析生态系统的努力从未间断，但对生态系统研究包括对生态系统的分类存在一些完全不同的观点。大致来说，体现了生态系统的种群—群落（或生物）方法和功能—过程方法。生物方法侧重于研究种群及它们之间的生物作用，尤其是集中于捕食和竞争的研究上；功能方法侧重于能量流动和物质循环，并把物理环境作为系统的一个完整部分。从经营管理的角度对森林生态系统分类同样离不开生物方法和功能方法两种观点的影响，这两种方法的研究成果长期在国内外生态学界和林学界并存。生物方法主要为个体研究人员和生态学界所采用，功能方法主要为研究团队或林学界所采用。

用生物方法对森林生态系统分类形成了众多的植被分类或森林群落分类成果。依据《中国植被》区划成果，我国森林生态系统共有241种（群系水平），可以归纳为寒温带针叶林、温带针阔混交林、暖温带落叶阔叶林、亚热带常绿阔叶林、热带雨林和季雨林等森林植被型。寒温带针叶林主要有多种落叶松、云杉、冷杉和松，均分布在寒冷、湿润的生境。温带针阔叶混交林以红松阔叶混交林为代表，这类森林遭破坏后常被落叶阔叶林所代替。暖温带落叶阔叶林以栎林和栎与多种阔叶树混交林为代表，针叶林主要有油松、赤松、白皮松和侧柏等。亚热带常绿阔叶林和针叶林区是世界上亚热带面积最广阔的区域，常绿阔叶林主要由壳斗科、樟科、兰科、山茶科等植物组成；针叶林在东部以马尾松林为代表，西部以云南松、华山松为主。热带雨林、季雨林主要分布在云南南部和西南部、海南岛、广西南部和藏东南部，只占全国国土面积的0.5%，却拥有全国物种总数的25%、植物种类的15%。

功能方法形成的分类成果较复杂。最典型的是目前正在全国范围内深化的森林分类区划，将全国森林资源按主导功能的不同分为公益林和商品林两大类别，森林区划可以与长期实行的林种区划相衔接。根据《森林资源规划设计调查主要技术规定》，我国森林可以分为防护林、特用林、用材林、经济林和薪炭林5大林种23个亚林种。因此，功能方法可以将森林资源分为23种不同类型，用于指导森林经营管理。

但从生态系统经营角度来看，片面地采用生物方法或功能方法进行分类都是不可取的。生态系统经营管理是一个将整个环境考虑在内的过程，要求以某种方式对人类的各种需要和环境的各种价值进行综合考虑，以保持森林成为多样、健康、多产和可持续的生态系统。而植被类型划分忽略了森林生态系统的结构、功能和服务，林种区划则忽略了森林生态系统动植物间的必然联系和生物作用。因此，森林生态系统经营必须综合这两种方法，采用一种可以考虑或兼顾森林生产力、生物多样性、集水区管理、碳汇平衡和森林健康等要素，更加全面的生态系统经营分类体系。

二、分类方案

（一）指标体系

根据我国林业发展历史性转变的要求，林业以生态建设为主。为了充分体现森林的生态服务功能，确保区域生态安全，选取森林生态重要性和生态敏感性两个层面的指标作为控制指标对区域森林生态系统经营进行类型划分。

森林生态重要性标志着森林在某一区域（或区段）内对维持该区域生态环境安全的重要程度。森林的生态重要性分为 4 个等级，即生态重要性高（A 级）、生态重要性较高（B 级）、生态重要性一般（C 级）和生态重要性较低（D 级），分别对应的生态功能的重要程度为生态功能很重要、重要、较重要和一般。

森林生态敏感性是指自然环境决定下的森林对自然和人为因素干扰产生反应的敏感程度，体现为脆弱或稳定。森林的生态敏感性分为 4 个等级，即脆弱（1 级）、亚脆弱（2 级）、亚稳定（3 级）和稳定（4 级），分别对应的敏感程度为极敏感、敏感、较敏感和一般。

根据不同区域状况，其采用的分类指标也不同，详见表 4-3 和表 4-4 所示。

表 4-3 生态重要性指标群等级划分

区域	区域景观	生态重要性等级			
		A	B	C	D
大兴安岭山地区	河流	黑龙江、嫩江上游两侧自然地形第一层山脊以内地段	额尔古纳河、海拉尔河及其他河流中上游两侧	额尔古纳河、海拉尔河等河流中下游两侧	三级河流中下游两侧
	自然保护区	核心区和缓冲区	实验区		
	草甸和沼泽	面积大、集中连片	面积较大，但交错分布	零星分布	

（续）

区域	区域景观	生态重要性等级			
		A	B	C	D
东北东部山地丘陵区	农田与草原		片林30公顷以上并集中连片，以及防护基干林带	片林30公顷以下，或30公顷以上交错分布	零星分布
	湖库	兴凯湖周边自然地形中第一层山脊以内和平坦处2平方千米以内地段	其他容量100万立方米以上湖泊周边	其他容量10万~100万立方米以下湖泊周边	
	自然保护区	核心区和缓冲区	实验区		
	河流	松花江、鸭绿江、乌苏里江、绥芬河两侧自然地形第一层山脊以内	牡丹江、图们江等河流中上游两侧	河流中下游两侧	
	湿地	国际、国家重要湿地内的森林	国际、国家重要湿地两侧500米以内的森林	国际、国家重要湿地两侧500米以外，及其他湿地的森林	
	草甸和沼泽	面积大、集中连片	面积较大，但交错分布	零星分布	
北方干旱半干旱区	农田与草原	沙漠绿洲	面积大、集中连片	面积较大，但交错分布	零星分布
	道路	沙区道路	山区国道、省主干线两侧一面坡以内，平地国道、省道两侧100米以内；平原地区两侧6~12米以内地段	县、乡村及以下级公路两侧	
	自然保护区	核心区和缓冲区	实验区		
	森林公园	生态保护区	游览区	生活服务区	
	河流	黄河、辽河中上游区，塔里木河、黑河、额尔齐斯河、疏勒河、伊犁河、石羊河两侧自然地形第一层山脊以内	塔里木河、黑河500米外两侧，及其他内流河500米内两侧	外流河中下游两侧	
	湖库		呼伦湖周边500米以内地段	其他湖泊周边500米以内的地段	
	山体部位	重要分水岭的山顶、山帽或山脊	其他山体的山顶、山脊	山体中上部	下部与山谷
	沙漠沙地	面积大、集中连片	面积较大，但交错分布	零星分布	

（续）

区域	区域景观	生态重要性等级			
		A	B	C	D
黄土高原与太行山区	农田与草原		面积大、集中连片	面积较大，但交错分布	零星分布
	自然保护区	核心区和缓冲区	实验区		
	森林公园	生态保护区	游览区	生活服务区	
	道路		山区国道、省主干线两侧一面坡以内，平地国道、省道两侧100米以内；平原地区两侧6～12米以内地段	县、乡村及以下级公路两侧	
	山体部位	重要分水岭的山顶、山帽或山脊	其他山体的山顶、山脊	山体中上部	下部与山谷
	河流	黄河、渭河、汾河两侧自然地形第一层山脊以内地段	其他河流发源地汇水区及中上游两侧	其他河流中下游两侧	
	黄土区域	梁、峁	塬	坡面	沟壑
华北与长江中下游丘陵平原区	河流	长江、黄河、淮河、海河、大凌河、滦河、沭河、沂河、泗河两侧自然地形第一层山脊以内	长江、黄河、淮河、海河支流两侧500米内	其他河流中上游两侧1000米以外	其他河流中下游两侧1000米以外
	湖库	太湖、洪泽湖第一层山脊以内和平坦处2平方千米以内地段	太湖、洪泽湖周边500～1000米的地段	其他湖库周边，及太湖、洪泽湖周边1000米以外的地段	
	道路		山区国道、省主干线两侧一面坡以内，平地国道、省道两侧100米以内；平原地区两侧6～12米以内地段	县、乡村及以下级公路两侧	
	自然保护区	核心区与缓冲区	实验区		
	森林公园	生态保护区	游览区	生活服务区	
	农田与草原		面积大、集中连片	面积较大，但交错分布	零星分布
	海岸线	海岸线与台风方向垂直	海岸线与台风方向形成非垂直的夹角	海岸线与台风方向平行	

（续）

区域	区域景观	生态重要性等级			
		A	B	C	D
南方山地丘陵区	河流	长江、钱塘江、闽江、赣江、湘江、沅江、瓯江、资水两侧自然地形第一层山脊以内	长江、钱塘江、闽江、赣江、湘江、沅江支流两侧500米内	其他河流中上游两侧1000米以外	其他河流中下游两侧 1000米以外
	道路		山区国道、省主干线两侧一面坡以内，平地国道、省道两侧100米以内；平原地区两侧6～12米以内地段	县、乡村及以下级公路两侧	
	自然保护区	核心区和缓冲区	实验区		
	森林公园	生态保护区	游览区	生活服务区	
	湖库	太湖、洪泽湖、升钟水库、黑龙滩水库第一层山脊以内和平坦处2平方千米以内地段	太湖、洪泽湖、升钟水库、黑龙滩水库周边500～1000米之间的地段	其他湖库周边，及太湖、洪泽湖周边、升钟水库、黑龙滩水库1000米以外的地段	
	山体部位	重要分水岭的山顶、山帽或山脊	其他山体的山顶、山脊	山体中上部	下部与山谷
	河口湿地	国际、国家重要湿地内的森林	国际、国家重要湿地两侧500米以内的森林	国际、国家重要湿地两侧500米以外，及其他湿地的森林	
	海岸线	海岸线与台风方向垂直	海岸线与台风方向形成非垂直的夹角	海岸线与台风方向平行	
东南热带亚热带沿海区	河流	珠江发源地汇水区	珠江中上游及一级支流上游区，南渡江两侧	其他河流中上游两侧1000米以外，珠江一级支流下游区	其他河流中下游两侧 1000米以外
	山体部位	重要分水岭的山顶、山帽或山脊	其他山体的山顶、山脊	山体中上部	下部与山谷
	道路		山区国道、省主干线两侧一面坡以内，平地国道、省道两侧100米以内；平原地区两侧6～12米以内地段	县、乡村及以下级公路两侧	
	自然保护区	核心区与缓冲区	实验区		

（续）

区域	区域景观	生态重要性等级			
		A	B	C	D
	森林公园	生态保护区	游览区	生活服务区	
	河口湿地	国际、国家重要湿地内的森林	国际、国家重要湿地两侧500米以内的森林	国际、国家重要湿地两侧500米以外，及其他湿地的森林	
	海岸线	海岸线与台风方向垂直	海岸线与台风方向形成非垂直的夹角	海岸线与台风方向平行	
西南高山峡谷区	自然保护区	核心区与缓冲区	实验区		
	森林公园	生态保护区	游览区	生活服务区	
	道路		山区国道、省主干线两侧一面坡以内，平地国道、省道两侧100米以内；平原地区两侧6～12米以内地段	县、乡村及以下级公路两侧	
	河流	雅鲁藏布江、澜沧江、金沙江、大渡河、雅砻江、岷江、怒江、元江两侧自然地形第一层山脊以内	雅鲁藏布江、澜沧江、怒江一级支流上游两侧自然地形第一层山脊以内地段	其他河流发源地汇水区及中上游两侧	其他河流中下游两侧
	山体部位	重要分水岭的山顶、山帽或山脊	其他山体的山顶、山脊	山体中上部	下部与山谷
	冰川和雪山	冰川外围2千米以内	冰川外围4千米以内	冰川外围4千米以外	
青藏高原区	湖库	青海湖周边自然地形中第一层山脊以内和平坦处2平方千米以内地段	其他库容10万立方米以上湖库周边	其他库容10万立方米以下湖库周边	
	河流	长江、黄河、澜沧江、雅鲁藏布江、狮泉河发源汇水区	长江、黄河、澜沧江、雅鲁藏布江一级支流上游两侧自然地形第一层山脊以内地段	其他河流发源地汇水区及中上游两侧	其他河流中下游两侧
	自然保护区	核心区与缓冲区	实验区		
	湿地和沼泽	国际、国家重要湿地内的森林	国际、国家重要湿地两侧500米以内的森林	国际、国家重要湿地两侧500米以外，及其他湿地的森林	
	山体部位	重要分水岭的山顶、山帽或山脊	其他山体的山顶、山脊	山体中上部	下部与山谷
	冰川和雪山	冰川外围2千米以内	冰川外围4千米以内	冰川外围4千米以外	

表 4-4　生态敏感性指标群等级划分

区	因子	区域敏感性等级			
		1	2	3	4
大兴安岭山地区	坡度	>36°	26°~35°	16°~25°	≤15°
	植被自然度	原始或人为影响很小而处于基本原始的植被	有明显人为干扰或处于演替中期或后期的次生群落	人为干扰大，演替逆行，极为残次状态	人工植被
	土壤永冻层	成片分布	岛状分布	无永冻层但冰冻期较长	无永冻层
	土壤厚度	跳石塘	薄	中	厚
	沼泽发育程度	重度	中度	轻度	
	凋落物干湿状况	干热、连续	干热、间断	湿冷、连续	湿冷、间断
东北东部山地丘陵区	坡度	>36°	26°~35°	16°~25°	≤15°
	植被自然度	原始或人为影响很小而处于基本原始的植被	有明显人为干扰或处于演替中期或后期的次生群落	人为干扰大，演替逆行，极为残次状态	人工植被
	地貌	高中山	浅山丘陵	谷地	平原
	土壤厚度	跳石塘	薄	中	厚
北方干旱半干旱区	坡度	>36°	31°~35°	26°~30°	≤25°
	植被自然度	原始或人为影响很小而处于基本原始的植被	有明显人为干扰或处于演替中期或后期的次生群落	人为干扰大，演替逆行，极为残次状态	人工植被
	裸岩率	>51%	41%~50%	21%~40%	≤20%
	土壤风蚀程度	极强度风蚀（广布沙丘、沙垄，流动性大）	强度风蚀（有流动或半固定性沙丘或风蚀残丘）	中度风蚀（常见半固定、固定沙地、沙垄或沙质土）	轻、微度风蚀
黄土高原与太行山区	坡度	>36°	31°~35°	26°~30°	≤25°
	植被自然度	原始或人为影响很小而处于基本原始的植被	有明显人为干扰或处于演替中期或后期的次生群落	人为干扰大，演替逆行，极为残次状态	人工植被
	土壤水蚀程度	严重侵蚀，沟壑密度>3千米/公顷，沟蚀面积>21%	强度侵蚀，沟壑的密度1~3千米/公顷，沟蚀面积15%~20%	中度侵蚀，沟壑密度<1千米/公顷沟蚀面积<10%	轻度或无明显侵蚀、表土层基本完整
	土壤风蚀程度	极强度风蚀（广布沙丘、沙垄，流动性大）	强度风蚀（有流动或半固定性沙丘或风蚀残丘）	中度风蚀（常见半固定、固定沙地、沙垄或沙质土）	轻、微度风蚀
	土壤厚度	跳石塘	薄	中	厚
	裸岩率	>51%	41%~50%	21%~40%	≤20%

（续）

区	因子	区域敏感性等级			
		1	2	3	4
华北与长江中下游丘陵平原区	坡度	>36°	31°~35°	26°~30°	≤25°
	植被自然度	原始或人为影响很小而处于基本原始的植被	有明显人为干扰或处于演替中期或后期的次生群落	人为干扰大，演替逆行，极为残次状态	人工植被
	裸岩率	>51%	41%~50%	21%~40%	≤20%
	土壤厚度	跳石塘	薄	中	厚
	海岸基质类型	沙质海岸线200米以内或泥质海岸线100米以内	泥质海岸线200米以外500米以内或泥质海岸线100米以外300米以内	砾质	基岩完整
南方山地丘陵区	坡度	>46°	36°~45°	26°~35°	≤25°
	凋落物干湿状况	干热、连续	干热、间断	湿冷、连续	湿冷、间断
	植被自然度	原始或人为影响很小而处于基本原始的植被	有明显人为干扰或处于演替中期或后期的次生群落	人为干扰大，演替逆行，极为残次状态	人工植被
	土壤水蚀程度	表土层无保留，心土层裸露受剥蚀。沟壑密度>2千米/公顷，沟蚀面积>15%	表土层保留厚度<1/2，心土层和母质层完整。沟壑密度<2千米/公顷沟蚀面积<15%	表土层开始受剥蚀，心土层和母质层完整	表土层完整
	土壤厚度		薄	中	厚
	裸岩率	>51%	41%~50%	21%~40%	≤20%
	植被盖度	≤0.1	0.2~0.3	0.4~0.5	>0.6
	海岸基质类型	沙质海岸线200米以内或泥质海岸线100米以内	泥质海岸线200米以外500米以内或泥质海岸线100米以外300米以内	砾质	基岩完整
东南热带亚热带沿海区	坡度	>46°	36°~45°	26°~35°	≤25°
	凋落物干湿状况	干热、连续	干热、间断	湿冷、连续	湿冷、间断
	植被自然度	原始或人为影响很小而处于基本原始的植被	有明显人为干扰或处于演替中期或后期的次生群落	人为干扰大，演替逆行，极为残次状态	人工植被
	土壤水蚀程度	表土层无保留，心土层裸露受剥蚀。沟壑密度>2千米/公顷，沟蚀面积>15%	表土层保留厚度<1/2，心土层和母质层完整。沟壑密度<2千米/公顷沟蚀面积<15%	表土层开始受剥蚀，心土层和母质层完整	表土层完整

（续）

区	因子	区域敏感性等级			
		1	2	3	4
	植被盖度	≤0.1	0.2～0.3	0.4～0.5	>0.6
	海岸基质类型	沙质海岸线200米以内或泥质海岸线100米以内	泥质海岸线200米以外500米以内或泥质海岸线100米以外300米以内	砾质	基岩完整
西南高山峡谷区	植被盖度	≤0.1	0.2～0.3	0.4～0.5	>0.6
	裸岩率	>51%	41%～50%	21%～40%	≤20%
	坡度	>36°	31°～35°	26°～30°	≤25°
	植被自然度	原始或人为影响很小而处于基本原始的植被	有明显人为干扰或处于演替中期或后期的次生群落	人为干扰大，演替逆行，极为残次状态	人工植被
	雪线	雪线以下100米以内	雪线以下500米以内	雪线以下500米以外	
青藏高原区	植被自然度	原始或人为影响很小而处于基本原始的植被	有明显人为干扰或处于演替中期或后期的次生群落	人为干扰大，演替逆行，极为残次状态	人工植被
	坡度	>36°	31°～35°	26°～30°	≤25°
	土壤水蚀程度	表土层无保留，心土层裸露受剥蚀。沟壑密度>2千米/公顷，沟蚀面积>15%	表土层保留厚度<1/2，心土层和母质层完整。沟壑密度<2千米/公顷沟蚀面积<15%	表土层开始受剥蚀，心土层和母质层完整	表土层完整
	植被盖度	≤0.1	0.2～0.3	0.4～0.5	>0.6
	裸岩率	>51%	41%～50%	21%～40%	≤20%

（二）分类方法

森林生态系统经营类型的划分采用通用矩阵法。根据生态重要性等级和生态敏感性等级所划分的4个级别交叉组合，形成16个经营类型（表4-5）。每个类型的生态重要性等级和生态敏感性级别不同，森林保护与经营的强度也不同。

表4-5　森林生态系统经营分类

指标层	生态重要性等级				
区域生态敏感级	级别	A	B	C	D
	1	A1	B1	C1	D1
	2	A2	B2	C2	D2
	3	A3	B3	C3	D3
	4	A4	B4	C4	D4

上述16个类型适用于集约管理或中小区域（集水区或林分层次）的管理。根据我国森林经营管理的现实水平，将按其归为4个类型组更有意义，即严格保护类型组、重点保护类型组、保护经营类型组和集约经营类型组。

严格保护类型组包括A1、A2和B1 3个类型，该类型组基本识别特征是处于脆弱区或亚脆弱区，同时其生态重要性最高或较高。

重点保护类型组包括A3、B2、C1、C2和D1 5个类型，该类型组基本识别特征是位于脆弱区、亚脆弱区或亚稳定区，包括森林生态重要性一般但处于脆弱区或亚脆弱区、森林生态重要性较高同时处于亚脆弱区、森林生态重要性高同时处于亚稳定区、以及森林生态重要性较低但处于脆弱区的森林。

保护经营类型组包括A4、B3、B4、C3和D2 5个类型，该类型组基本识别特征是位于亚脆弱区、亚稳定区或稳定区，包括位于亚稳定区同时森林生态价位较高或一般，处于稳定区但生态价位高或较高，处于亚脆弱区但生态价位较低的森林。

集约经营类型组包括D3、C4和D4 3个类型，该类群基本识别特征是处于稳定区或亚稳定区，同时其生态重要性一般或较低的森林。

三、经营分类的一般原则

（一）严格保护类型组

严格保护类型组是以保护生物多样性、维持特有自然景观等为主要目的。主要森林类型按林种分，主要有国防林、自然保护区的核心区和缓冲区的森林、森林公园的生态保护区等特种用途林，生态敏感性极高的水源涵养林和水土保持林，以及自然度高的天然林。

严格保护类型组应采取严格保育措施。国防林、自然保护区的核心区和缓冲区、森林公园的生态保护区严禁采伐，其他林种一般只进行卫生伐。

（二）重点保护类型组

重点保护类型组是以确保生态安全，防止自然灾害，改善现有的脆弱生态环境为主要目的，同时进行少量木材生产利用，通过人工与半人工植被途径，使农田、草场、河库、道路等免受灾害性生态因子的侵害与胁迫，使经营的目标系统由脆弱转向稳定。主要林种有生态敏感性和生态重要性较高的水源涵养林、水土保持林、防风固沙林、农田防护林、国道和省道护路林，以及其他列入国家重点公益林的森林。按森林自然度划分主要有人为干扰痕迹的原始林或处于进展演替状态的天然次生林。

重点保护类型组的森林经营应依据生态敏感性等级和生态重要性等级采取不同的经营措施，从 C1、B2、A3、D1 到 C2 类型，经营强度可逐渐加大。天然林可以进行低强度的抚育间伐和低强度更新择伐，人工林应采取多次抚育性间伐和更新性择伐控制密度，栽针补阔、采针保阔，形成复层混交异龄林。

（三）保护经营类型组

保护经营类型组以生态和经济兼融，在有一定生态防护功能的基础上，确立明确的经济功能或经济目标而进行合理采伐利用。主要林种有生态较稳定地区的水源涵养林、水土保持林、防风固沙林、农田防护林、护路林、一般用材林和薪炭林、经济林；按自然度划分有人为干扰明显、出现逆行演替趋势的天然次生林，或以林农复合经营形式、绿洲农林形式和沙地生物经济圈形式存在的人工林。

保护经营类型组应根据生态经济学原理，重点推行疏伐体制，组织进行生态系统经营。除兴安落叶松、杨桦等强喜光树种组成的天然林外，其他天然林和南方天然更新较好的人工林都应采用疏伐体制，定期对森林的主林层进行利用性疏伐，对亚主林层进行培育性抚育间伐，促进演替层树木生长发育，保护更新层。从 B3、A4、D2、C3 到 B4 类型，经营强度可逐渐加大，经营周期可适当缩短。其他人工林可以采用传统的皆伐体制，皆伐伐区应适当控制面积，并保留好母树。林带和林农复合经营森林可采用带状疏伐方式；绿洲及周边森林、林木采用综合疏伐方式和选择疏伐方式；沙地生物经济圈经营类型采取封闭式管理，集约化经营。

（四）集约经营类型组

集约经营类型组是以获得稳定的经济收益和可持续的林产品为目的的人工林和天然次生林，一般位于生态条件较好、生态环境稳定的地块。主要类型有较稳定区域的一般用材林、工业原料用材林、速生丰产林、薪炭林和经济林等。

集约经营类型组的森林资源经营管理应采取基地定向经营的模式，根据培育目的进行集约化经营。

四、经营分类与林种的关系

森林生态系统经营分类与现有 5 大林种的分类不是矛盾的，是 5 大林种在森林经营管理作业层次上的分类。这种分类与林种、亚林种之间的关系如表 4-6 所示。

表 4-6　森林生态系统经营类型组和林种间的关系

类型组	林种	亚林种
严格保护类型组	防护林	（1）处于脆弱区且生态重要性高或较高，及处于亚脆弱区且生态重要性高的水源涵养林、水土保持林、防风固沙林、农田牧场防护林和护岸林
		（2）处于脆弱区且生态重要性较高的护路林
	特种用途林	（1）所有区位的国防林、名胜古迹和革命纪念林
		（2）森林公园和风景名胜区中生态保护区的森林
		（3）自然保护区中核心区和缓冲区的森林
重点保护类型组	防护林	（1）处于脆弱区且生态重要性一般或较低，处于亚脆弱区且生态重要性高、较高或一般，及处于亚稳定区且生态重要性高的水源涵养林、水土保持林、防风固沙林、农田牧场防护林、护岸林
		（2）处于脆弱区且生态重要性一般，及处于亚脆弱区且生态重要性较高或一般的护路林
	特种用途林	（1）所有区位的环境保护林
		（2）森林公园和风景名胜区中游览区的森林及其他风景林
		（3）自然保护区中实验区的森林
保护经营类型组	防护林	（1）处于亚脆弱区且生态重要性较低，处于亚稳定区且生态重要性较高或一般，及处于稳定区且生态重要性高和较高的水源涵养林、水土保持林、防风固沙林、农田牧场防护林、护岸林
		（2）处于亚稳定区且生态重要性较高或一般，及处于稳定区且生态重要性较高的护路林
	特种用途林	森林公园和风景名胜区中服务区的森林
	用材林	处于亚稳定区的一般用材林
	薪炭林	处于亚稳定区的薪炭林
	经济林	处于亚稳定区的经济林；自然度高和较高的经济林

（续）

类型组	林种	亚林种
集约经营类型组	防护林	（1）处于亚稳定区且生态重要性较低，及处于稳定区且生态重要性一般和较低的水源涵养林、水土保持林、农牧场防护林、护岸林
		（2）处于稳定区且生态重要性较低的防风固沙林
		（3）处于稳定区且生态重要性一般的护路林
	用材林	（1）处于稳定区的一般用材林
		（2）所有区位的短轮伐期工业原料用材林和速生丰产用材林
	薪炭林	处于稳定区的薪炭林
	经济林	处于稳定区的经济林；自然度一般的经济林；人工经济林

第三节　区域主要森林类型经营

一、大兴安岭山地区

（一）森林资源状况

大兴安岭山地区是我国北方针叶林的集中分布区，为欧亚针叶林区域向南延伸的一部分。森林类型以寒温带兴安落叶松、白桦、蒙古栎林等天然次生林为主，还零星分布有樟子松疏林。在该区域的西侧与南端，森林常与草原或草甸草原交错分布。该区域的森林植被分两大类区。

一类是兴安落叶松林区。从高海拔到低海拔地区分布有偃松—落叶松林、杜鹃—落叶松林、草类—落叶松林、泥炭藓—杜香—落叶松林及部分白桦林和山杨林。在林缘及谷地分布有以丛桦、越橘、苔草为主的湿地化灌丛或灌丛化湿地。河滩多为塔头苔草、小叶樟为主的湿地群落，有时也出现朝鲜柳、杏杨组成的河岸林。本区亚高山有小面积稀疏偃松落叶松矮曲林，最多的是兴安落叶松纯林，由于适应地生境的变迁，成为稳定的寒温带亮针叶林。樟子松、蒙古栎、黑桦及其林分数量很少；次生白桦、山杨及其林分，随人类破坏出现而增多。北部湿冷区偶见红皮云杉混于落叶松林内，多呈零星分布，仅在新林林业局翠岗、碧洲两林场有成片云杉林，成为本区珍稀树种。红皮云杉主要分布在河流两岸及沟谷冷湿地，海拔在450米左右；另外鱼鳞云杉多见于海拔550~1000米，坡度20°左右的阴坡或半阴坡上，垂直分布明显。在低海拔大河两岸有甜杨和钻天柳片林及散生木，它们是北部寒冷区罕见的阔叶乔木树种。

第二类是兴安落叶松、蒙古栎林区，为北方针叶林成分与落叶阔叶林成分并存，或在不同地段上交替出现。在大兴安岭岭南，从东北向西南呈带状分布着胡枝子—蒙古栎林为主的阔叶林，岭的东、西两侧常形成森林与草原或草甸草原交错分布。此外，还有较大面积的隐域性沼泽和草甸植被。大面积的森林沼泽是嫩江等主要河流的发源地与水源涵养区。

（二）森林资源的生长潜力分析

该区的自然条件能够满足森林生长的需求。

但是，一些自然和人为的因素限制了森林的生长，如主要的自然因素为冻土层、跳石塘、频发的森林火、低温、大风，主要的人为因素是大兴安岭区的“企业办社会”体制，该体制导致庞大的人员机构依靠森林资源的木材产品生活，从而使森林资源锐减。

总体上，该区森林生长慢，除个别树种外一般生长量为0.2～0.5立方米/（亩·年），森林生长期长、单位龄级年数长，速生期一般在30～100年，因此，该区森林资源较有利于培育大中径木材或珍贵用材。

（三）森林资源的功能要求

该区域既是我国最大的木材生产基地和战略储备基地，又是东北粮仓松嫩平原和呼伦贝尔大草原的天然屏障，是嫩江等主要河流的发源地与水源涵养区，对维护东北和内蒙古东部地区较好的生态环境和保护农牧业生产有着积极的作用，因此，森林资源生态保护和商品林基地建设是该区森林资源的主要功能要求。

森林资源的功能要求具体包括：①为额尔古纳河和嫩江涵养水源、保持水土；维护呼伦贝尔草原和大兴安岭山地区生态安全；②保护黑熊、鹿、麝等重点野生动物及栖息地，保护黄檗、水曲柳等珍稀濒危植物，保护寒温带针叶林生态系统；③提供大径材和纤维材，提供各种林副特产品。

（四）森林类别的划分

该区域内森林资源经营管理类别的主要区域性划分如下。

严格保护型包括黑龙江、嫩江上游两侧自然地形第一层山脊以内地段，额尔古纳河、海拉尔河及其他河流中上游两侧，跳石塘分布和森林土壤永冻层分布区的森林，以及自然保护区，尤其是分布有黑熊、鹿、麝等重点野生动物和樟子松、黄檗、水曲柳等珍稀濒危植物的地段。

重点保护型包括区域西侧和南端的森林草原（草甸）交错分布的林带（网），森林沼泽（湿地）分布区、山顶偃松群落区、大兴安岭主山脉等的森林资源。

保护经营型包括区域内广泛分布的天然次生林和残次林、农田林带（网）。

集约经营型分布于各处人工林，以培育大径材为主要目标。

（五）森林资源经营目标和方向

该地区森林经营的目标是：①保证森林生态效益，维护区域内生态环境安全，尤其是防止草原南移和沙地东移；②提供充足的商品材产出；③提供珍贵中草药材，增加林区收入。

该地区森林经营的方向是：①保护好现有天然林，特别是原始林；②大力营造商品林，尤其是珍贵用材林；③发展林下中草药；④发展森林草原（草甸）防护林。

（六）森林资源经营管理要点

该区域内森林资源经营管理的主要内容：①加强森林资源产权管理，落实国有资产管理权与经管权；②要将保护资源、培育资源与合理利用资源相结合，近期以保护资源为主，尤其是天然林资源和严格保护型森林资源、重点保护型森林资源；③开展寒温带森林资源可持续经营的研究，重点是薪材与商品材的采伐管理，当前应减少木材采伐，使林区休养生息，以及加强中幼林抚育间伐管理，切实提高抚育间伐效用；④规范和促进林下中草药的种植和挖掘，加强种源基地建设，提高林地利用率和林区非木材产品收入。

（七）主要森林类型的经营管理建议

1. 兴安落叶松林

兴安落叶松林是中国面积最大的天然林，也是中国寒温带惟一的重要天然林类型，对于保护寒温带自然环境、保持生物多样性、维持生态平衡具有重要意义。

根据对森林采伐影响的研究，一定强度的采伐疏开了兴安落叶松林上层的林冠，增加了林下的透光度，有利于兴安落叶松林的更新和幼苗、幼树的生长，从而既从采伐中得到了经济效益，同时又保持了一定的生态效益。因此，现有兴安落叶松天然林可进行抚育性采伐，但必须控制采伐强度，既要经济效益，又要保证生态效益，合理开发利用。

2. 白桦林

白桦林是区域内的先锋树种，当森林遭到破坏后，白桦能首先占居次生裸地，对恢复森林和维护森林生态效益有重要的意义。由于白桦林一般是原生针叶林或针阔混交林受破坏后所形成的次生群落，结构不稳定，演替过程较迅速，受人为破坏和封禁后都在较短时间内出现明显变化。因此，对白桦林的经营，既要保证在条件允许的情况下，尽可能的恢复结构稳定、生产力高的针叶林或针阔混交林，又要因地制宜地采取合理措施，经营好现有的白桦林。

目前该区的白桦林是1949年后在皆伐迹地与火烧迹地上天然更新起来的先锋群落。在多数白桦林中，落叶松、云杉已形成了更新或演替层，因此，应通过抚育间伐或更新改造，引导向落叶松林、云杉林等顶极群落转变。对于分布于原生林缘与外围，或目前林内无针叶树种更新的白桦林，可通过栽针保阔或林分改造途径转化为针阔混交林，另外，也可发展短轮伐期的桦木林，以生产纸浆及白桦的细加工产品，使白桦木材更广泛的进入民用材、农具材、造纸材市场，并通过木材的加工和综合利用寻找新的利用领域。

二、东北东部山地丘陵区

（一）森林资源状况

东北东部山地丘陵区的森林资源丰富，林地比例和林地利用率都较高，植被类型介于欧亚针叶林区域与暖温带落叶阔叶林区域之间，以及长白山主脉的针阔混交林。山地典型地带性植被为温带针叶落叶阔叶混交林，主要群落为红松阔叶混交林。

该区是典型草原区及其向针阔混交林区的过渡地带，主要森林群落有蒙古栎、黑桦、白桦和山杨林。该区西部为温带草原区域，东部和东南部地区为山地红松、沙冷杉针阔叶混交林区和长白山主脉的针阔叶混交林区。

小兴安岭山地的植被类型属东北部长白植物区系，北部是与寒温带湿润针叶林区的交界，以落叶松蒙古栎林为主，南部是以红松为主的温带北部针阔叶混交林，但混有寒温性针叶树种，如鱼鳞云杉、红皮云杉、臭冷杉，更靠北地区甚至有兴安落叶松，伴生的阔叶树种数量也较少。森林植被破坏严重，形成了大面积次生林，较多的是山杨、白桦及其他阔叶树，还有少量蒙古栎林。除阔叶红松林外，在谷地泥炭腐殖质沼泽土上能建群种为鱼鳞云杉和臭冷杉的云、冷杉，以及兴安落叶松林。在活水地带常为水曲柳、黄波罗、核桃楸林。森林植被在山地呈垂直分布规律，随海拔升高，森林植被依次为山地阔叶红松林带、山地寒温针叶林带和亚高山矮曲林带。

长白山山地丘陵的植被类型属东北部长白植物区系，地带性植被是以红松为主的温带南部针阔叶混交林。在红松针阔叶混交林中，红松的组成通常不足1/2，常伴生有温性树种沙冷杉、千金榆、白牛槭、柠筋槭等，还有狗枣子、北五味子、山葡萄等藤本植物，区内尚有温度要求较高的长白松、紫杉等树种。在低湿谷地有小面积的长白落叶松林，随地势升高有明显垂直分布规律，即山地阔叶红松林带、山地寒温针叶林和亚高山矮曲林带。

三江平原地区分布有大面积的沼泽植被和沼泽化草甸植被，主要以多种苔草、小叶章和柴桦、沼柳为主，森林植被以人工的杨、柳、榆、樟子松、油松、沙棘、沙枣、山杏等组成的防护林为主。在低山和残丘，以及平原稍高地段有蒙古栎、山杨、白桦为主的阔叶林，伴生有紫椴、糠椴、黄波罗和水曲柳等，在兴凯湖边有兴凯松生长；灌木层以榛和胡枝子为主；草本植物有芍药、铃兰、大叶草藤、蕨类等；人工植被有落叶松、樟子松等。

（二）森林资源的生长潜力分析

该区森林资源生长潜力大，但是低温寒冷是森林资源生长速度的限制性因子，甚至在某些地段内形成土壤永冻层。此外，在平原区，限制森林资源生长的因素主要还有农林争地问题；在山地区，主要是长白山等地势险峻、土层薄，生长期短，森林资源被干扰后不易恢复。

（三）森林资源的功能要求

该区是东北地区主要江河的发源地与水源涵养地，也是我国木材生产的重要基地，因此，区域内森林主要功能要求是：①为我国国民经济建设持续提供木材，尤其是提供针阔叶大径材和工业原料用材；②维护三江、松辽、松嫩平原地区的生态安全，防治湿地退化；③保持水土、涵养水源，保障松花江、嫩江、鸭绿江、辽河等河流生态安全，减少江河对湖泊和海洋的输沙量，保持水源清洁和用水量充足，稳定渔业捕捞、水产养殖产量，保证农业稳产高产；④保护该地区工业基地、矿山、油田、电力等基础设施的地质安全与生产安全；⑤为依赖于森林生存的动植物提供繁衍生存的良好环境，扩大东北“三宝”种植与养殖区域，提高产品的产量与质量；⑥维护铁路、公路和航海运输的安全。

（四）森林类别的划分

该区域内森林资源经营管理类别的主要区域性划分如下。

严格保护型，包括兴凯湖周边自然地形中第一层山脊以内和平坦处2平方千米以内地段；自然保护区；松花江、鸭绿江、乌苏里江、绥芬河两侧自然地形第一层山脊以内；国际、国家重要湿地内的森林；集中连片的大面积草甸森林和沼泽森林；小兴安岭和长白山主山脉两侧森林等。

重点保护型，包括森林与草原交界带森林，重要湖库周边森林，牡丹江、图们江等河流中上游两侧的森林资源，以及重要湿地周边的森林资源。

保护经营型，包括农田林网，一般湖库、沼泽周边森林；位于土层薄或坡度陡的森林。

集约经营型，为其他森林资源。

（五）森林资源经营目标与方向

区域内森林资源经营目标：①维持良好的农田林网、森林草原林带、河流湖库周连边水源林区，保护冻土、跳石塘、重要沼泽处的森林资源，为区域提供生态安全环境；②保护区域内珍稀物种资源，尤其是长白山区域内的森林生态系统资源；③继续发挥林区作用，为国家提供大量木材资源。

区域内森林资源经营方向：①加大区域内的严格保护型的资源保护力度，尤其是冻土、跳石塘、沼泽处的天然林资源；②加强农田林网、森林草原林带、森林草甸林分的抚育性采伐管理，开展农林复合型经营，及时更新与抚育；③加大集约经营型森林资源的管理，调整森林结构，提高森林质量。

（六）森林资源经营管理要点

本区森林资源经营管理的主要内容：①对严格保护类型的森林

资源严禁采伐，但可以进行非木质产品开发利用，对重点保护型的森林资源实行低强度择伐和抚育间伐的开发利用；②严格落实有关资源保护措施，尤其是征占用林地的管理、森林补偿费的收缴和天然林保护补助费的落实；③加强保护经营型和集约经营型森林资源的合理利用管理，尽可能既不降低保护经营型资源的质量又充分发挥其木材资源，既保证区域生态安全又充分利用地力，为国家提供大量木材。此外，在小兴安岭、长白山区、平原地区，其经营管理又具有不同特色。

在小兴安岭，由于森林遭受破坏，因此，改善林木组成，提高森林生产力是该区的经营重点。除严格保护型资源外，其他天然林资源主要采伐方式是择伐，径级择伐强度（株强）应控制在40%以下，在人工林中则带状皆伐，带宽应不高于50米。

在长白山区，由于该区是我国珍贵的自然基因库，因此，在重点保护的前提下适度利用是该区的经营特点，除严格保护型资源外，其他天然林资源应采用低强度择伐和抚育间伐，集约经营型人工林资源最低主伐年龄不应低于36年，且应以二次带状渐伐、小面积皆伐或带状皆伐方式作业。

在平原地区，由于是我国北方粮食主要产区，因此，森林资源必须考虑农林复合经营型，只进行抚育间伐、低产林改造和更新性采伐，维持农田林网的完整性，保持农田生产安全。

（七）主要森林类型的经营管理建议

1. 红松林

红松林是东北东部山区地带性顶极群落，蕴藏着丰富的野生动植物资源。红松是珍贵的用材树种，树干通直，材质优良，生产力高，是我国的宝贵财富。但红松面临着资源灭绝的危机，为了恢复红松林和扩大红松林资源，必须坚持森林资源的科学管理和提高经营集约水平。

合理利用森林资源，必须保证红松不断更新，实行限额采伐，坚持采伐量不超过生长量的原则。为了提高森林生长量和避免采伐过于集中，应加强林区道路网的建设，便于开展集约经营。

森林是可更新资源，必须按照红松的林学特性和生长规律，进行更新、抚育，才能有效地提高成活率和幼林生长速度。对未更新的新旧采伐迹地、疏林地和不同立地条件的林分，应采取不同措施分别对待，如采用封山育林、人工造林、林冠下补植、补播以及抚育改造等方式，以加快恢复和扩大红松林面积。

红松林呈针阔混交林状态，是东北东部山地森林生态系统中比较理想和稳定的模式，它有生产力高、提高土壤肥力、防止病虫害发生等优点，采用“栽针保阔”使大面积的天然次生林和人工红松纯林的结构得以改善，并缩短演替过程，是人工措施和自然潜力紧密结合的有效途径。

2. 长白落叶松林

长白落叶松树体高大，干形通直，生长迅速，林分产量高。在早期，人工林比天然林生长快 4 ~ 5 倍，40 ~ 50 年生的林分，蓄积量可达 250 ~ 300 立方米/公顷。长白落叶松不仅经济价值高，而且具有较高的防护效益。

分布在亚高山的长白落叶松林，绝大部分为复层异龄混交林，林下已出现明显的云冷杉演替层，应采取弱度择伐作业，择伐强度在 30% ~40% 以下，利用成过熟落叶松大径材，保留未成熟的中径木。伐后上层林冠郁闭度不低于 0.5，不仅可防止风倒，尤其有利于林下Ⅱ、Ⅲ层红松和云杉的生长，自然恢复以长白落叶松与鱼鳞云杉、臭冷杉、红松及少量风桦并存的针阔混交林，实现永续作业，维护亚高山森林生态系统，保护三江水源，防止长白山中上部的水土流失。

低山坡地、台地无积水的长白落叶松林，多为落叶松占优势与红松、紫椴、风桦、香杨等组成的复层异龄混交林，个别地段有落叶松纯林，但不是同龄林。对这类林分可采用等带间隔间伐，伐后人工促进更新。采伐带宽以50 ~ 100 米为宜。若实行中度择伐，采伐强度 40% ~50%，既不破坏林相，又有利于保留木的生长，可形成长白落叶松与其他针阔树种的混交林。

对处于幼中龄阶段的天然长白落叶松林，应及时进行透光伐和疏伐以伐除白桦和过密的落叶松，但下层的阔叶树应酌情保留。对于云冷杉落叶松混交林，通过上层疏伐，伐除落叶松，为云冷杉生长创造良好的环境。对于沼泽落叶松林，由于林木比较稀疏，一般可不进行间伐。

3. 水曲柳林

水曲柳林生长迅速，在次生林区主要用材树种中，其生长速度仅次于山杨。它适生于东北东部山地的中生、潮湿和湿生立地，原生型和次生型均有以水曲柳为优势的类型，溪流两岸的水曲柳林有重要的水土保持和水源涵养意义。

水曲柳是阔叶红松林的主要伴生树种之一。现已证明它是人工林中落叶松、红松的理想混交树种。因此在今后发展混交林时水曲柳是应首先考虑的阔叶树种。

水曲柳林在次生林区的天然更新中占有优势地位，许多林分通过合理的经营活动，可期望加速演替过程，把软阔叶林培育成更加优质和稳定的硬阔叶林。

三、北方干旱半干旱区

（一）森林资源状况

北方干旱半干旱区的森林资源比较分散，除了广泛分布于各处沙地的防风固沙林外，主要资源分布于天山、阿尔泰山、贺兰山、阴山、祁连山、阿尔金山、大兴安岭南部、塔里木盆地等。主要森林资源类型是：①天然（次生）杨、桦混交林（或纯林）；②天然（次生）针叶混交林（或纯林）；③天然（次生）针阔叶混交林；④天然灌木林；⑤人工林资源，包括用材林、经济林、防护林等。森林资源基本特色是：①灌木林资源广泛分布，各地域主要树种不同；②各林区的乔木林资源多数是以云杉为主；③主要山脉的植被具有明显的垂直分布特点；④人工林为地域性块状分布，以纯林为主。

1. 天然林资源分布

（1）树种组成

天然（次生）杨、桦混交林（或纯林）：树种以山杨、白桦或欧洲山杨、疣皮桦、蒙古栎（分布于锡林郭勒高原东缘山地）分布最广，主要分布于大通河流域、黄河上中游、阴山山地、大兴安岭西坡低山丘陵区的草甸草原、大兴安岭南部山地、天山北坡、阿尔泰山南麓的额尔齐斯河两岸、宁夏罗山、甘肃马鬃山、东大山及阿尔金山的河谷等地区。此外，还有分布于新疆塔里木河等流域的天然胡杨、灰杨林以及内蒙古阿拉善地区的胡杨林。

天然（次生）针叶混交林（或纯林）：树种以落叶松、云杉、冷杉为主，主要有分布于阿尔泰山的新疆落叶松、新疆云杉、新疆冷杉、西伯利亚落叶松、西伯利亚云杉、新疆五针松林；沙吾尔山的新疆落叶松、云杉林；天山北坡的雪岭云杉、新疆落叶松纯林或少量混交林；祁连山半阴坡和阳坡的青海云杉、祁连圆柏和油松林；贺兰山山地的云杉林；阴山山地的油松、云杉、侧柏、杜松纯林或混交林；大兴安岭西麓草甸草原的红皮云杉林；大兴安岭南部山地的兴安落叶松、华北落叶松、油松、红皮云杉等。

天然（次生）针阔叶混交林：树种多为落叶松、云（冷）杉与杨、桦混交，主要有分布于大通河流域、黄河上中游、阴山山地、锡林郭勒高原东缘山地等地区。

天然灌木林：不同地域的主要树种不同，如西部高寒荒漠区是驼绒藜、红砂、白刺、梭梭、枸杞、盐爪爪林，鄂尔多斯东部地区是柽柳、杨柴、花棒、沙柳、锦鸡儿林，浑善达克沙地是小黄柳、小叶锦鸡儿林，阴山山地是沙棘、虎榛子、绣线菊、锦鸡儿林，银川和内蒙古河套平原区河滩和湖盆边缘是柽柳、胡杨林，黄河上游区是金露梅、山柳、卫矛、野蔷薇、甘青锦鸡儿、盐爪爪、白刺林，祁连山高寒落叶阔叶灌丛是杜鹃、箭叶锦鸡儿、毛枝山居柳、金露梅等，河西走廊是柽柳、沙枣、梭梭、白刺、沙冬青、盐爪爪、红砂等灌木或半灌木丛（林），天山地区是欧洲荚蒾、新疆忍冬、阿尔泰山楂等灌丛（林），准噶尔盆地是蔷薇、忍冬、阿尔泰山楂、梭梭、白梭梭、柽柳等，阿尔泰山山地是刺蔷薇、金银木、兔儿条、新疆忍冬、小叶忍冬、刺玫果、小檗、栒子木、狭叶锦鸡儿等灌丛（林），大兴安岭南部是山杏、锦鸡儿、虎榛子、绣线菊、小黄柳、蒙古柳等，大兴安岭东部是山柳、绣线菊、野玫瑰、越橘等。

（2）垂直分布特征

本区内主要山脉的植被呈明显的垂直分布。

阿尔泰山林区植被的垂直分布大致为：海拔 3000～3500 米以上为苔藓类垫状植物带；海拔自西北至东南段顺次为 2300～2600 米以上为高山草甸带；海拔自中段至东南段顺次为 2100～2300 米以上为亚高山草原草甸带；海拔自西北至东南段顺次为 1300～1700 米以上为山地针叶林带；海拔自西北至东南段顺次为 800～1450 米以上为低山灌木草原带；向下延伸则进入半荒漠及荒漠带。

天山林区比较复杂，南坡只有少量针叶林分布，北坡植物种类繁多，约有 2500 种，分布有大面积的雪杉林，但因受地理位置及气候的影响，东西各段的分布规律也不同。北坡东段乔木林海拔为1900（2000）~2700米，森林带上部为西伯利亚落叶松，下部为雪岭云杉与落叶松混交林。北坡中段乔木林海拔为1450~2700米，成林树种有雪岭云杉，但在云杉林带下部沟谷地形则有野苹果和山杏组成的小块状落叶阔叶林。天山森林植被以雪岭云杉为优势树种中，绝大部分林区为云杉纯林。

祁连山西段基本属荒漠草原区，中段海拔2000（2200）~2500（2700）米为山地草原，海拔2400（2700）~3400（3450）米为山地森林草原带，阳坡为草原，阴坡、半阴坡分布有寒温性针叶林，主要为青海云杉和祁连圆柏林。

贺兰山、阴山一带海拔较低，天然林主要分布在贺兰山、大青山、乌拉山、狼山，以杂木林为主，主要树种有云杉、侧柏、杜松、桦、山杨、蒙古椴、蒙古桑、青冈栎、山柳、山黄榆等。贺兰山森林分布在海拔2000~3000米间，2000~3400米为针阔混交林带，主要是油松、山杨林及青海云杉、山杨林。2400~3000米为云杉林带，主要是青海云杉纯林。

2. 人工林资源分布

区域内人工林资源总体较少，分布广泛的主要树种是油松、落叶松、云杉、樟子松、杨、柳、榆、槐、沙枣、白蜡等，其次是槭、苹果、桃、海棠、葡萄、杏、枣、文冠果、枸杞、柽柳等树种，品种均以当地乡土树种为主，杨、柳、榆的乡土树种及油松、樟子松为全区主要人工造林树种。人工林多为纯林，混交林比例很少，特别是经济林几乎都是纯林。此外，还有适应当地立地条件的灌木树种，但锦鸡儿不同种或品种和柽柳遍布全区各地。

人工林中，用材林主要组成树种为针叶树，个别立地条件较好的地段有杨、榆、柳用材林；防护林主要组成树种以杨、柳、榆、槐为主，山地则以针叶树为主的水源涵养林或水土保持林；经济林主要组成树种为苹果、桃、杏、枣等为主，葡萄林主要分布在内蒙古中部以西而且有灌溉条件的地区；薪炭林以当地乡土灌木树种为主，但多数灌木林为水土保持林和防风固沙林。在人工林中防护林的比例较大，薪炭林的比例较小。

（二）森林资源的生长潜力分析

该区域内森林资源生长潜力有限，因为在不同地域内受到不同灾害因素的影响，如干旱少雨、土壤瘠薄、低温（大部分都是）或高温（塔里木盆地）、大风，以及一些地质灾害。

此外，区域内少数民族居住多，有各自的生活习惯和对森林资源（包括木材资源和其他动植物资源）的特有需求或作业，也对森林资源（尤其是野生动物资源）增长有一定的限制作用。

（三）森林资源的功能要求

本区森林的主要功能是防风固沙和水土保持，包括防治与减轻沙尘暴、沙害等自然灾害，保护沙漠绿洲和不定湖，维护塔里木河、黑河、疏勒河、伊犁河、石羊河、额尔齐斯河、辽河中上游、黄河等重要流域以及天山、阿尔泰山、祁连山、阴山、贺兰山、阿尔金山等重点山体的生态安全，保护农田与牧场等。此外，由于生活习惯，森林资源应尽可能解决区域内房建用材和薪材的需求，在部分自然条件好的地方，如河套平原也需为国家提供大量经济林产品和部分工业原料用材。

（四）森林类别的划分

该区域内森林资源经营管理类别的主要区域性划分如下。

严格保护型，包括位于以下地段的森林资源：①重要湖库（如呼伦湖）、沙漠绿洲、湿地沼泽的周边第一层山脊内或周边平坦地2000 米内；②重要河流流域（如塔里木河、黑河、疏勒河、伊犁河、石羊河、额尔齐斯河、辽河中上游、黄河等）发源地汇水区；③重要河流的干流和一级支流两侧第一层山脊内或周边平坦地 2000 米内非人口分布地段；④重要山体（如天山、阿尔泰山、祁连山、阴山、贺兰山、阿尔金山等）的山顶、山帽或山脊、分水岭，以及与乔灌、灌草、灌漠等乔灌木分布上下限交错带；⑤冰川、雪山、荒漠和流动性沙漠（地）外围 2000 米以内灌木林；⑥国境界线上的国防林；⑦自然保护区的核心区和缓冲区；⑧分布有原始植被或人为干扰少植被的地段；⑨坡度急坡以上或土层瘠薄或裸岩分布程度在 40% 以上地段。该区域内的森林资源大部分应划分为严格保护类别。

重点保护型，包括以下地段的森林资源：①其他沙漠（地）和荒漠地；②自然保护区的实验区；③河流与湖主库周边非人口分布地段的其他森林资源；④重要交通道路两侧的护路林；⑤重要山体乔灌木分布上下界；⑥农田牧场等防护林网。这一类别占区域内主要的森林资源。

保护经营型，包括以下地段的森林资源：①人口分布区的森林资源；②水热条件较好但坡度较大或土层薄或坡度大或风口处的森林资源；③山区森林资源。

集约经营型，仅是位于水热丰富、地势比较平坦的森林资源，包括经济林和用材林。

（五）森林资源经营目标与方向

区域内森林资源经营的主要目标是保护区域内森林资源，为区域内重要山体、河流、沙漠和城镇提供生态安全环境，同时还要为区域内农牧民提供房建和薪材。

区域内森林资源经营方向：①加大区域内森林资源的保护，尤其是沙漠（地）和荒漠地，扩大自然保护区面积；②严格森林资源采伐管理，防止森林资源过度消耗，重点是是保护经营型和集约经营型森林资源的采伐管理；③发展农林、林牧网建设，发展区域特色经济林。

（六）森林资源经营管理要点

总体上，区域内森林资源具有较大的脆弱性，因此对森林资源经营管理的要点是：①保护山地天然森林、沙区特有灌木林，改善林分结构，提高森林质量，提高防护效益和水源涵养及水土保持能力，严格禁止采伐严格保护型森林资源；②保护和培育沙区绿洲森林、农田与草牧场防护林、防风固沙林，加强重点保护型森林资源和保护经营型的更新采伐管理，正确处理林农、林牧矛盾；③保护野生动植物资源，尤其是沙区珍稀濒危特有物种，应有计划地开展培育和利用，既要尊重民族习惯又要依法治林；④发展国家需要的特色经济林产品和部分工业用材林，对于水热条件和立地条件好的低产低效林，应集约改造。

（七）主要森林类型的经营管理建议

1. 油松林

油松林是一个重要的森林类型，并且残存天然林面积已越来越少，这些天然林在景观和基因保存上的价值很高，在生态学研究上也很重要。

经验证明，油松对于气温和降水量的要求具有一定的范围，一般来说，无论水平分布还是垂直分布，超出油松天然林的分布范围营造人工林，大多数生长量都很低，易发生病虫害或者抵抗不了恶劣的气候条件而死亡。

有些区域人工经营极不合理，如整枝过度、搂除枯枝落叶等，都会使森林生产率大为减少。为了合理经营，清楚地了解林木的生长发育规律，必须编制必要的经营数表。油松林的主伐方式应因地制宜，一般来说，立地条件差时，应采取择伐或渐伐；立地条件好时，可采取小面积皆伐。这样，一方面符合油松林的天然更新规律，另一方面也有利于水土防护效能的发挥。

2. 樟子松林

樟子松以适应能力强，具有独特的固沙防风作用而著称于中国北方地区，是西北、华北、东北干旱地区很有发展前途的树种。

从各地樟子松栽培的历史和现实来看，可以认为：①樟子松在北方干旱半干旱区的山地阳坡，具有比油松、落叶松更大的耐旱性，在沙地其固沙能力和生长速度超过油松和杨树；②为提高樟子松在干旱地区的造林成活率和生长速度，应大力采用菌根造林，并因地制宜发展混交林；③虽然樟子松适应恶劣生境的能力强，但在低洼湿地和重盐碱地不宜引种造林；④为适宜各地引种樟子松的需要，应重视种源建设。

3. 新疆落叶松林

新疆落叶松林不但是中国森林资源的重要组成部分，而且是新疆地区极其重要的水土保持林和水源涵养林，对保护区域农牧业生产的高产稳产及维护生态平衡有着重要作用。

根据新疆落叶松的生物学特性及天然更新情况，在地形较平缓的地方，可采取小块状（1～3 公顷）皆伐或窄带状（伐区宽度 50 米）皆伐。伐后及时清理林场，把剩余物归堆，并在严密的监视下进行堆烧，然后人工更新。对于坡度在 20°以上的林分，一律采取经营择伐；其择伐强度视林分情况而定，一次择伐蓄积量的 20%～40%，最大不超过 50%。对于落叶松、云杉或落叶松冷杉混交林，不论其坡度大小，都应采取择伐方式；择伐时，应防止只采伐落叶松，不采伐云杉，结果造成云杉更替落叶松的情况，择伐的强度一般为立木蓄积量的 30%～50%。

根据新疆落叶松的天然更新特点及营林要求，对更新方式的建议如下：

（1）火烧迹地以天然更新为主。对缺乏种源，长期生草化的老火烧迹地，应采取人工更新的方法。

（2）周围有种源的小片林地（林窗）或林缘，可采取人工松土的措施促进天然更新。

（3）为了保证更新跟上采伐，对皆伐迹地，包括择伐后的疏林地，应采取人工植苗的措施以求更新。

（4）在落叶松云（冷）杉混交林择伐后，应在林内的小空地上，有目的补植新疆落叶松幼苗，以期组成落叶松云（冷）杉混交林，并保持落叶松的优势。

新疆落叶松是喜光树种，因而一般林冠比较疏透。但有的幼、中龄林，特别是火烧后更新起来的幼林，往往密度过大，有时还有灌丛或次生杨、桦混生，影响落叶松幼树的生长发育，因此，需进行抚育性的透光伐和除伐。到中、近熟林阶段，是林木粗生长的重要时期，这个阶段林木的自然稀疏和枯损量较大，因此应当对一些较密的林分（0.7 以上）进行适当的疏伐或生长伐，促进林木的材积生长。

四、黄土高原和太行山区

（一）森林资源状况

黄土高原区地带性植被是从落叶阔叶经森林草原向干草原过渡，且在阴坡、阳坡、丘陵顶部、平坦地面等不同地貌部位，由于水热条件的差异，天然植被组成有显著的不同，总体上植被以草灌类为主，也有部分乔木林分布。①在黄土峁顶或阳坡，分布有白羊草、黄背草、杂草草原及酸枣荆条灌丛，其中，禾草—杂类草草原大都分布在海拔 1000～1200 米的黄土高原东南部的阳坡、半阴坡或脊部的缓坡上，灌木层主要有酸枣、狼牙刺以及沙棘、黄蔷薇、扁核木等。②阴坡上常分布有森林，在侵蚀沟的沟头、沟壁及梁峁下部基岩出露的陡壁上也有分布，常见树种是侧柏、栎树、油松、山杨、桦木等，以侧柏和山杨分布最广。辽东栎林多是萌生的，零星散布于陡坡、沟壁之上，林下灌木层常见有柔毛绣线菊、虎榛子。油松林分布于阴坡或半阴坡，以比较平缓的地面为主，林下的灌木层以二色胡枝子、柔毛绣线菊为常见。山杨林主要分布于阴坡或限于较隐蔽的坡下部，很少见于峁顶梁脊。在六盘山、崆峒山海拔 2000 米以上的顶部，分布有少数残存森林，主要有油松、华山松、侧柏、桧柏、山杨、白桦、白蜡、槭树、椴树及一些灌丛。在六盘山和吕梁山之间若干海拔1500~2000米的山岭上部，分布有次生幼龄林，以辽东栎、白桦、山杨等落叶阔叶林为主。③区域内人工林和四旁树主要有枣树、刺槐、山杏、文冠果，在一些沟谷中还种植苹果、梨、柿、核桃等果树。

太行山区地带性植被为暖温带落叶林，栎树和油松为主要建群种。①栎树从山麓到海拔1200米都有分布，主要树种有栓皮栎、麻栎、辽东栎、槲树和蒙古栎等，其中栓皮栎主要分布在海拔较低的阳坡，并且由西向东逐渐减少，海拔稍高处为槲栎；辽东栎在本区分布最广，可以分布到1000米左右；蒙古栎有由西向东逐渐增多的趋势，这些森林中伴有的落叶树有椤、鹅耳栎、色木、槭树等。②在栎树分布范围，还分布有一些针叶林，主要为油松、赤松和侧柏。油松在本区分布很广泛，有混生、有纯林，酸性的花岗岩或中性的砂页岩山地和比较干燥的气候环境都适于油松分布，从太行山、冀北山地往东逐渐稀少，到比较湿润的辽西山地则由赤松取代油松。侧柏多成疏林，常见于瘠薄的石灰岩山地。③叶栎林和油松林被破坏后，多形成以荆条、酸枣为主的灌丛和以黄背草和白羊草为主的草丛。海拔较高部分，主要的灌木有二色胡枝子、三桠绣线菊、柔毛绣线菊、毛榛、榛子、虎榛子、北京忍冬、光叶黄栌等。④在该区的丘陵和低山下部，多数分布着人工种植的果树，有柿、梨、桃、苹果、葡萄、杏、板栗和核桃等；在山间盆地及沟谷地带，生长有杨、柳、桑、花椒等。

（二）森林资源的生长潜力分析

由于区域内沟壑纵横、坡面多、坡度大，年降雨量少但集中年均温较低而风沙天气多，雨季水土流失严重，旱季经常风害，导致了区域因水蚀和风蚀而形成水土流失，人工干扰更是加剧流失程度，尤其是黄土高原亚区，形成土壤瘠薄、植被生长期短、年生长量较小。因此，森林资源的生长较缓，多数地段内森林资源被破坏后不易恢复。

（三）森林资源的功能要求

黄土高原丘陵山地亚区森林资源的主要功能是，为黄土高原提供防护作用，减少风沙危害和水土流失，保护农业、畜牧业稳定发展，提供黄河水资源安全，特别是西部水电站和铁路、公路的安全运行，此外，还应提供区域自用材和薪材。

太行山与燕山山地亚区森林资源的主要功能是，防风固沙和防止水土流失，保护工农业生产建设，特别是京、津、唐地区生态安全。此外，由于区域内矿产资源丰富，采矿对薪材的需求量很大，应通过有计划地营造部分薪炭林以提供薪材。

（四）森林类别的划分

该区域内森林资源经营管理类别的主要区域性划分如下。

严格保护型，包括位于以下地段的森林资源：①黄土区域的梁、峁、塬等地段，重要山体（如太行山、吕梁山）分水岭的山顶、山帽或山脊；②重要河流（如黄河、渭河、汾河）两侧自然地形第一层山脊以内地段；③自然保护区的核心区和缓冲区，森林公园的生态保护区；④坡度较陡的沟壑坡面；⑤土壤风蚀程度达到中度以上的沙丘、沙地、沙垄等；⑥农田与草原的风口地带。这一类别占区域内主要的森林资源。

重点保护型，包括位于以下地段的森林资源：①黄土区域的坡面；②体的山顶、山脊和上部；③重要河流二级支流及其他河流的发源地汇水区及中上游两侧；④主要交通线两侧，山区为一面坡以内、平地为 100 米以内、平原区为 6 ~ 12 米以内的两侧；⑤农田与草原的防护林网，一般沙蚀区；⑥自然保护区实验区、森林公园浏览区和生活区；⑦人口居住地。这一类别也占区域内主要的森林资源。

保护经营型，包括以下地段的森林资源：①山体的中部和下部；②非主要交通线两侧。

集约经营型仅是位于水热丰富、地势平坦的森林资源，包括经济林和用材林。

（五）森林资源经营目标与方向

区域内森林资源经营目标：①增加森林植被覆盖程度，提高森林资源质量，减少水土流失，提供区域内及下游区域尤其是环京津的生态安全环境；②适度地提供自用材，尤其是矿柱用材。

区域内森林资源经营方向是：①加强采伐管理力度，尤其是严格禁止采伐严格保护型森林资源，对重点保护型仅进行低强度的抚育性的更新采伐；②加大山区森林的营造力度，采用飞播、封育等方式，提高山区植被覆盖程度；③大力营造和管护农田与牧场防护林网。

（六）森林资源管理要点

区域内自然环境较为脆弱，森林资源经营管理的主要内容：①划定森林资源公益性与商品性的类别，加强国家对生态公益林的管理投入，分别事权等级落实生态公益林补偿；②强化林地资源管理，林地被征占用后，必须落实被征占用地的绿化工作，恢复林地后必须恢复造林成林；③支持与鼓励造林绿化，加强造林实绩检查、防治绿化地反弹，加强生态治理；④严格采伐管理，对严格保护型森林资源禁止采伐，对重点保护型森林资源采用低强度的更新性采伐。

（七）主要森林类型的经营管理建议

1. 侧柏林

侧柏林耐干旱瘠薄，耐高温，耐一定程度的盐碱，是华北、西北的石质低山丘陵、黄土丘陵、黄河沿岸泛积沙地、内陆轻度盐碱地上的造林树种，可以组成水土保持林、水源涵养林、防风固沙林、风景林及用材林。

提高侧柏林的生产力，发挥其生态效益，是当前侧柏林经营上的方向性问题。因此要采取下列措施：

（1）侧柏林适应性强，能适应恶劣的立地条件。应当将侧柏林主要作为水土保持林和风景林经营，只有在良好的立地条件下，侧柏林才可能提供一部分用材。

（2）混交能促进侧柏的生长，又能改良土壤，提高侧柏林的防护效能。根据林地的立地条件，选用山杏、山桃、扁桃、栓皮栎、麻栎、油松、华山松、白皮松、黑松等树种，采用宽带状4～8行或块状混交。在黄泛沙地，可选用紫穗槐、刺槐、白榆、毛白杨等树种，采用2～4行窄带状混交。由于侧柏生长缓慢，可对混交阔叶林进行多次间伐，一方面增加收入，另一方面可调整林分密度。

（3）加强侧柏林的封护，这不仅可丰富林中生物多样性，恢复地力，促进侧柏林的生长，而且也是保持优良生态环境的有力措施。当前侧柏林的樵采、放牧过度，垦殖频繁，原本恶劣的立地更加恶化，水土流失严重，林木生长衰退。

2. 旱柳林

旱柳生长迅速，易成林，成材早，木材干燥快，耐湿，材质轻软，无气味，为食品包装箱、炊具、矿柱、胶合板、家具、建筑等优良用材，枝条可编织筐篓及工艺品。花期早，花盘含蜜腺，为华北、西北地区早春的蜜源树种之一。

在该区，各地常采用头木林作业法，培育小杆材及椽材。即插干造林 5 ~6 年后，将距地面 2. 5 ~3 米高处的主干锯断，枝条萌发后 1 ~2 年内，选择位置合适的粗壮条子定椽，砍去多余的条子。4 ~6年后砍伐第一茬椽子，顶端萌生大量枝条，秋季砍去下垂枝，第二年春季发芽前定椽，每个椽茬上留 2 ~4 根，中间的椽茬要少留，并使椽茬分布均匀，同时砍去多余的枝条。每隔4 ~8 年砍椽一次，椽茬高度 3 ~5 厘米，以扩大树盘。树液停止流动期间砍椽，一般每次砍椽 20 ~40 根，生长旺盛的大树，一次可砍椽 100 多根。这种头木林一般 40 ~60 年更新。

4 ~6 年的旱柳林即可郁闭，林分平均胸径达 9 ~12 厘米时，即进行第一次间伐，伐后保留每公顷 1200 株，郁闭度 0. 6 左右。第二次间伐在造林后10 ~15 年，伐后每公顷保留 600 株。如果林分密度不大，第一次间伐可在 10 ~15 年时进行。现在的林分密度一般偏大，阻碍生长。

3. 刺槐林

刺槐林是华北、西北等地区主要的防风固沙林、水土保持林及用材林。

在刺槐林发展的边缘区，只适宜作薪炭林或作混交树种。在适宜区域，要选择低山丘陵的中下部，黄土丘陵的沟底和阶地，中地下水位的细沙河漫滩、海滩、河岸阶地、河堤和海堤，营造刺槐林，可获得较高的木材产量。在干旱瘠薄的山坡中上部、水土流失严重的梁峁顶部及沟坡、山坡、沙滩，含有结合层的砂姜黑土、风化岩石碎堆及干涸河床，刺槐只能作为水土保持林及水源涵养林，同时作为部分薪炭林。

刺槐的更新期一般为 20 ~25 年，采用块状皆伐或带状皆伐。在河堤及海堤上采用径级择伐，一次的采伐强度为总蓄积量的 50% 。采用萌蘖更新，第一代及第二代的产量较高，以后即剧烈下降。

以采叶为目的的林分，特别是立地较差的林地，采用隔年隔带刈割的方法，并需注意养树。每年 9 ~10 月齐地面砍去地上部分，带宽 2 ~4 米，使刺槐萌生成灌丛状。

五、华北与长江中下游平原区

（一）森林资源状况

华北与长江中下游平原区是我国的少林地区和传统木材销售区，由于开垦历史悠久，除一些沙丘、河滩、洼地、湖区、盐渍地有少量天然植被外，其他广大平原全为人工植被，森林资源分布不均，农田防护林网资源是主要的森林资源，也有部分农林复合林和用材林。

天然林分布在山区，为暖温带落叶阔叶天然次生林、北亚热带落叶阔叶林与常绿阔叶混交林，呈零星分布。在华北平原，天然次生林主要组成树种为栎类林、松类林、落叶松林等和少量的荆条、柽柳林。在长江中下游平原，天然阔叶林以栎类为主，其次为黄檀、黄连木、枫香、野漆树、山合欢等，常绿阔叶树有苦槠、青冈栎、冬青、杨梅、石楠等。在山东半岛，由于原生植被遭到过度破坏，局部地区有零星小片分布的栎类、鹅耳枥、黄栌、山合欢次生林。

人工林广泛分布，主要是平原区农田防护林和部分地区林粮间作林、低山丘陵区以鲜果为主的经济林。在华北平原区，防护林、用材林树种以杨树、柳树、白榆、臭椿、泡桐、刺槐、楸等为主，经济林以梨、桑、苹果、核桃、柿子、枣树等为主。在长江中下游平原区，有较大面积的马尾松纯林，也有的与各种落叶栎类混交，形成松栎混交林，农田林网等。防护林树种有桑树、槐树、刺槐、杨树、柳树、榆树、泡桐等，经济林有果树、板栗等。在山东半岛，人工林常见的有赤松、麻类、栓皮栎、柞栎等组成的栎类林，其他树种还有山地松类（油松、赤松、黑松等）、侧柏、光叶榉、泡桐、楸、槭、黄连木、枫杨、臭椿等和紫穗槐、酸枣、胡枝子等灌木林，丘陵与平原地区分布有核桃、板栗、花椒、果树等经济林，果树经济林主要有苹果、梨、葡萄、桃、杏、柿子、山楂等。

总体上，本区森林数量少、质量低，森林覆盖率低且分布不均，森林单位面积蓄积量不高且年生长率低，有林地面积少而农田、路渠、海岸的防林网稀疏分布而不成体系，城镇绿化率低，丘陵山地植被生长差，沿海及岛屿环境脆弱且多数已被破坏，这与立地条件有利于森林生长是极不相符的。

（二）森林资源的生长潜力分析

区域内水热条件有利于森林资源生长，因此总体上森林生长潜力大。但是，实际上，由于一些因素的存在，使森林资源并没有充分发挥潜力。

在平原区，存在着林农争地问题，使森林资源发展受到限制。在沿海区，受海风和降雨的影响，使森林生长和利用受到限制。在山地丘陵区，因薪材需要而导致森林资源也受到反复破坏、成林较难。

（三）森林资源的功能要求

该区是我国粮食和主要经济作物栽培区，工业集中分布区和大中城市布局较多的地区，也是我国的少林地区和传统木材销区，且山东低山丘陵亚区三面临海、降雨淋溶大，因此，森林资源的功能要求：①维持和改善生态环境，为工业、农业、水产业、养殖业、交通等各业营造舒适的环境和提供必要的保障；②提供沿海及海岛的生态安全，防浪、防风；③提供木材加工业和家具业的原料，提供薪材和干鲜果品。

（四）森林类别的划分

1. 严格保护型

包括位于以下地段的森林资源：①海岸线周边一重山内的天然植被区；②自然保护区的核心区与缓冲区，森林公园的生态保护区；③重要湖库（如太湖、洪泽湖）第一层山脊以内和平坦处2平方千米以内地段。

2. 重点保护型

包括位于以下地段的森林资源：①主要河流（长江、黄河、淮河、海河、大凌河、滦河、沭河、沂河、泗河）两侧自然地形第一层山脊以内的森林资源；②主要交通要道的两侧山地区一面坡以内或平原区两侧6～12米以内地段；③自然保护区的实验区，森林公园的浏览区和生活服务区；④城镇绿化林。

保护经营型主要是其他农田防护林和河流两侧护岸林。

集约经营型是经济林和集约用材林。

（五）森林资源经营目标与方向

区域森林资源经营目标是：①保护现有文化遗产及其森林景

观，尤其是名胜古迹、皇家园林、著名风景区；②提供区域内农田、水利、城镇、交通的生态安全；③提供大量以水果为主的经济林产品；④为地方林业产业提供木材资源。

森林资源经营方向是：①加强资源保护，尤其是旅游景点、残留镶嵌的天然植被；②加大山地丘陵和平原区的造林绿化力度，尤其是农田林网、护路护岸林、城镇绿化林，实现全部林网的连通；③发展混农林业或种植林业，实施林农间作，大力营造工业原料林，在不明显影响农产品和经济林产品的前提下，为国家提供工业用材的，尤其是低产农田和低洼易涝地；④对于海岛森林资源，必须采用保护措施，不允许开发利用。

（六）森林资源经营管理要点

区域内森林资源管理的主要内容是：①妥善处理林农争地问题，切实发展林带林网；②实施科学造林育林和管护制度，尤其是改变自然力为人工施肥、加强抚育间伐管理、合理实施林农间作，实现林木迅速生长，优化经济林产品；③灵活实施采伐管理政策，对天然林与天然次生林资源和海岸海岛森林资源要实施严格管护，对林网要防止出现缺口，对农田种植的速生丰产林和经济林应放松采伐限制，要加强自用材和烧材的管理。

（七）主要森林类型的经营管理建议

1. 兰考泡桐林

兰考泡桐林生长迅速，为我国最速生的落叶阔叶林类型之一，8～12 年生即可长成大径材。兰考泡桐根深、冠大，但枝叶稀疏，透光量大，适宜桐农间作。

兰考泡桐林生长快，采伐期短，经济效益高，各地栽植较多，因而在较大范围内树种单一，不利于生态平衡，特别是某些病虫的蔓延，应注意树种合理搭配。农田林网、道路及沟渠用欧美杨、窄冠毛白杨及杂交柳，农田间作用兰考泡桐。

当前桐农间作的兰考泡桐，多为干矮（2～4 米），冠大，出材量小，原木工艺品质差，影响农作物生长发育，造成减产。要提倡培育 2 年根 1 年干的高干大苗，作为桐农间作苗木，不用 1 年生苗。

采用 5 米 ×20 米的桐农间作林。要采用定期隔带采伐的经营方式。原采伐行的林地种农作物 2～4 年，既解决泡桐连茬的问题，又扩大种植农作物的面积，2～4 年生的泡桐不影响农作物产量。保留行林木高大，影响农作物产量已达到采伐年龄。用此作业法，木材产量可提高 70% ~90%，农作物产量可提高 40%。

片林的造林密度宜大，3 米 ×3 米或 3 米 ×5 米，以养成通直圆满的主干，4 ~5 年生时，间伐一次，改为 6 米 ×9 米或 6 米 ×10 米，培养大材。小径材销售不畅的地方，可以用 5 米 ×8 米或5 米 ×10 米的造林密度，不进行间伐。

2. 华北落叶松林

华北落叶松是中国特有的树种。在我国华北普遍分布，它主要分布在河流的发源地，起着重要的水源涵养和水土保持作用。它也是重要的用材树种，树干通直，木材坚硬细致，出材率高。可通过人工促进天然更新及人工造林方法扩大华北落叶松林面积。

在经营过程中，可促使林分形成与云杉或白桦、槭树、花楸等阔叶树的混交林。还可将低价值的白桦林，通过人工造林方法，改造为华北落叶松、白桦、蒙古栎混交林。

适时对华北落叶松进行疏伐，按照林木生长发育状况调节林分密度，以便促进林木生长，缩短培育期限和取得间伐木材收益。可采用下层疏伐，砍伐Ⅳ、Ⅴ级木和部分生长密集的Ⅲ级木，以及个别的Ⅱ级木，使保留木能均匀分布在林地上。在林窗或林间空地上，即便生长较差也应保留。

3. 杨树林

该区平原区的主要造林树种是杨树，杨树人工农田防护林或速生丰产林的主伐年龄应为 8 ~14 年。在山地，杨树纯林或以杨为主的阔叶混交林内，实行综合疏伐；在密林内，林木分化明显，可采用下层疏伐，人工杨树林疏伐期要早，但早期疏伐强度不要过大，待充分天然整枝后再强度疏伐，同时，应适当保存第二林层，以利于杨树整枝形成良好的干形和增加水土保持的功能。在平原，杨树防护林宜采用隔带皆伐，人工更新，速生丰产林应采用择伐或带状皆伐，人工促进天然更新。

4. 黑松林

黑松林主要分布于该区的山东半岛丘陵亚区，黑松林在沿海荒山，沙滩及海岛作为用材林、防护林及薪炭林，均很有发展前途。

对黑松过去采种，忽视对采种母树的选择，种子品质较差。育苗时只强调苗量。忽视苗木质量。近年来，各地已建立了一批母树林和初级种子园，今后应逐步推广改良的种子。要大力筛选和推广现有的一些天然杂交种，例如，黑松与油松、黑松与赤松的杂交种。

黑松林混交林的生长量大于纯林，病虫害轻，但是对混交树种的选择，目前还缺乏较深入的研究。除了乔木树种间的混交外，要增加乔灌混交的比重，特别是土壤干燥瘠薄的林地，要选用豆科灌木及改良土壤能力较强的灌木。与刺槐混交时，可采用带状或块状，林缘交接处2～3行刺槐每年刈割一次，使呈灌木状，不致挤压黑松。也可与栓皮栎、麻栎混交。

六、南方山地丘陵区

（一）森林资源状况

南方山地丘陵区的北部地带性植被是落叶阔叶林，南部为常绿阔叶林。除少数残留原始林外，经多次破坏后形成大面积松阔混交天然次生林和竹林，森林内珍贵的野生动植物种类繁多，在低海拔、缓坡地带是以马尾松、云南松、杉木、茶树等为主的人工林，平原湖区多杨、柳、三杉（水杉、落羽杉、池杉）的防护林与小片用材林。

1. 秦巴山地亚区

该亚区植被为暖温带落叶阔叶林向北亚热带常绿落叶阔叶混交林的过渡带，兼有我国南北植物种类成分，秦岭北坡属于南温带半湿润区气候，秦岭南坡属于北亚热带湿润区，南北坡植被生长速度有很大的差别，也是我国多种动植物成分交汇一起的宝库和稀有野生珍贵动植物的产区，如大熊猫、羚羊、金丝猴、香果、水青、连香等。

秦岭北坡山麓为侧柏林带，主要分布于海拔800米以下。南坡山麓主要为常阔叶和落叶阔叶混交林带，分布于海拔1000米以下。海拔1000～2200米为松栎林带，海拔2100～2400米为桦木林带，海拔2400～3000米为冷杉林带，海拔2900～3350米为落叶松林带；海拔3350米以上为亚高山灌丛和亚高山草甸，主要树种有密枝杜鹃、爬松、高山绣线菊等。

大巴山属北亚热带常绿落叶阔叶混交林带。华中植物成分繁多，其基本建群种为壳斗科的落叶和常绿树种，生长较快。神农架林区尚存有较大面积的原始林，境内植物生长繁茂，植被垂直分布明显，在海拔1000米以下，是以核桃、油桐、杜仲为主的经济林带；海拔1000~1700米为落叶阔叶和常绿阔叶林带，海拔1700~2300米为针叶和落叶阔叶林带，海拔2300米以上，主要为巴山冷杉、秦岭冷杉及红桦等组成的林分；2700米以上的高山，则生长有较大面积的箭竹。桐柏山—大别山海拔1000米以下为针阔混交林，1000米以上为落叶阔叶林，再上为高山灌丛及草原。

2. 四川盆地及盆周亚区

四川盆地及盆周亚区由于开发较早，自然植被早已受到严重破坏，全区海拔600米以下的丘陵多已垦为耕地，仅在海拔较高的黄壤地段尚存有小片常绿阔叶林，主要有刺果米槠、栲树、樟、楠等。钙质紫色土地段，分布着柏木林，常与枫香、青冈、朴树、女贞、青檀、化香等多种阔叶树混交，疏林比较多，此类森林破坏后，常被藤刺灌丛所代替。

人工经济林在本区具有重要地位，主要是油桐、油茶等木本油料林，还有较多的成片桑园以及甜橙、柑橘等亚热带果树林。本区竹林资源也比较丰富，主要竹种有毛竹、寿竹、斑竹、苦竹、白头竹、水竹等。

3. 云贵高原亚区

云贵高原亚区植被类型复杂多样，地带性植被以壳斗科的常绿阔叶林和云南松林为主。由滇青冈、黄毛青冈、高山栲、元江栲组成的常阔叶林，伴随有少量落叶和硬叶的栎属或冬青属成分，反映生境偏干。由于受长期人类活动的影响，常绿阔叶林已不断减少，代之以耐干旱、贫瘠的云南松林。华山松和滇油杉常与云南松组成混交林。林下灌木、藤本和附生、寄生植物均少。

植被垂直带明显，带谱随山体大小、海拔高低以及坡向差异而不同。以丽江玉龙山为例，山峰海拔5596米，从河谷到山顶相对高度4000米多，垂直分为5带：海拔2000米以下的金沙江河谷，因受梵风等影响为稀树灌丛草地，由黄茅、香茅组成，间有旱生性仙人掌、霸王鞭、木棉、红椿等散生植物，林下透光，草类高大茂密；2000~3100米为云南松林；3100~3800米为冷杉林，局部为丽江云杉和红杉林；3800~4500米为高山草甸和杜鹃灌丛呈阳坡分布；4500~5000米以上为永久积雪，有现代冰川发育。

本区栽培植物种类也比较丰富，经济林木有核桃、板栗、茶、油茶、油桐、梨、苹果、桃、李等。村庄附近多见黄连木、滇朴、滇楸、滇皂角、滇厚壳、滇合欢等。城市行道树常见蓝桉、滇杨、银桦等。

4. 南方低山丘陵亚区

南方低山丘陵亚区次生植被类型多样、群落交错复杂，地带性植被为亚热带常绿阔叶林，群落的乔木层优势种主要有壳斗科的青冈属、栲属、石栎属，山茶科的木荷属，樟科的润楠属、楠木属、樟属等，林下灌木主要有胡枝子、黄瑞木、乌饭树、杜鹃等。在1000米以下的山地和丘陵，分布着常绿阔叶林，良好林分有明显的分层现象，多在3层以上，林内湿度较大，树干附生的苔藓植物较为丰富，藤本植物亦相当繁茂。在1000～1500米则为常绿阔叶与落叶阔叶混交林，主要树种多为耐寒的常绿栎类，如甜槠、米槠等，以及落叶水青冈、槭属、椴树属、桦木属、鹅耳枥属的树种，混交林林相颇为复杂，植物茂密，季相演替较明显，特别是冬夏两季。在该区东部的石灰岩地区，多见常绿阔叶与落叶混交林，常绿树种有青冈，落叶树种多为榆科的榆属、朴属，漆树科的黄连木属，榛科的鹅耳枥属等。在该区西南部的一些避风湿热沟谷，发育了亚热带雨林，树木有板根和茎花现象。木质藤本植物很多，并含有相当数量的热带区系成分，如爪馥木、紫玉盘、白桂木等。此外，在山丘陵地区，还广泛分布有马尾松、杉木和毛竹林。

该区人工林主要有茶、柑橘、麻、油茶、柿、板栗、桃、杏、荔枝、龙眼、香蕉等经济林，林副产品有竹笋、香菇、桂皮、木耳、松脂、竹编、茶油等，药材有砂参、当归等。

5. 两湖丘陵平原亚区

两湖丘陵平原亚区的地带性森林植被为常绿阔叶林，组成种类以苦槠、木荷、青栲、樟树、石栎、青冈等为代表，仅见于丘陵和村落附近。由于开发历史悠久，原生森林植物几乎破坏殆尽，多为栽培的杉木林、马尾松林、毛竹林、油茶林、油桐林、针阔混交林等人工林；滨湖残丘局部地区分布有马尾松林、毛竹林以及次生阔叶树林；滨湖地区及湖洲分布有大面积的草甸、草本沼泽及水生群落。

经济林以油茶和油桐为主，茶树次之，果树以柑橘最著名，林副产品有笋干、纸浆，药材有吴茱萸、枳壳等，是重要的商品粮基地。

（二）森林资源的生长潜力分析

总体上，区域内水热资源丰富，自然条件为植被生长提供良好环境。但是，在不同亚区，森林资源的生长存在着一些限制因子。

在秦巴山地亚区，由于多次地球造山运动、山势陡峻，山高坡陡问题导致水土易于流失、限制森林生长和开发利用，尤其是北坡。

在四川盆地及周边亚区和云贵高原亚区，由于人口众多、长期的耕作和樵采、过度利用，导致森林生长受到人为干扰。在云贵高原还应注意由于地质溶洞地貌的影响，因为森林破坏后易形成石漠化。

在南方低山丘陵亚区，由于是主要的木材生产区，长期以来都是采过于育，导致森林生长较差、质量不高，尤其是在陡坡等地段上的采伐和轮伐期不断缩短导致的地力衰退。区域内部分地块也有地质溶洞的影响，易导致石漠化的产生。

在两湖沿江平原低丘亚区，存在的主要问题是乔木林、经济林及农地之间争地问题，而且也存在着过度利用的现象。

（三）森林资源的功能要求

南方山地丘陵区是我国木材生产的重点地区之一，因此该区森林资源的利用方向主要是木材生产并兼顾两湖地区、沿海地区的生态防护安全。由于该区面积大，地貌种类多，地形起伏变化大，工农业布局及主导产业的区域差异性，对森林资源功能要求也不尽相同。

在秦巴山地亚区，局部地区农业发达和矿业发达，绝大多数山区交通不便，基础建设落后，区域经济条件差，同时区域内煤炭等能源充足、薪材需求量小，因此，森林资源的功能要求是：①保持水土，保护丹江水库、长江、淮河生态安全；②提供大熊猫、金丝猴等珍稀濒危物种的栖息地；③提供小径材和矿柱材，提供地方特色的经济林产品，如经济林以油桐、茶、生漆、板栗、核桃、桑、枣、乌桕、柿、猕猴桃、杜仲、白蜡等为主，大力发展地方特色经济。

在四川盆地及盆地周边地区，四面环山且为主要江河汇聚区，水灾隐患大，区域又是粮食主产区和大型工业基地，城市众多、人口密集，因此，森林资源的主要功能是：涵养水源、保持水土，维护长江生态安全，保护农田生态，提供区域发展的生态安全环境。此外，区域森林资源也是人工速生丰产林基地建设的重点区域和区域特色林副产品生产基地，如桐油、樟脑、生漆、茶叶桕油、茶油、荔枝、龙眼等。

在云贵高原区，虽分布有大面积的森林，但由于长期过度采伐利用，森林可采资源少，森林质量差，多数森工企业陷入资源和经济危困，而且交通不便，煤炭资源短缺，薪材不足将严重影响当地人民的生活与生产，因此，森林资源的功能要求是：①保护长江等大江大河上中游地区生态安全，保持水土、涵养水源，防治山地石漠化；②在降低木材采伐产量的同时，加大中、幼龄林抚育间伐的力度，既为当地群众提供烧材，又培育森林资源、提供部分中、小径材。

在南方低山丘陵区，自然环境条件有利于森林的长生发育，与北方相比，森林的生产力相对较高，森林结构也比较复杂，森林更新恢复能力强、速度快，因此该亚区森林资源的功能要求是：①保持水土、涵养水源，防治山地石漠化，保护农田和水利，防治海岸海岛沙漠化；②保护区域内珍稀动植物资源；③提供木质工业原料。

在两湖丘陵平原区，工业发达，农业经济基础好，对森林资源功能要求是：①保护湖泊周围及其主要水系的生态安全，固堤护岸，恢复退化湿地生态系统；②保护农田，提供干鲜果品；③绿化美化城镇；④提供平原区工业原料材。

（四）森林类别的划分

1. 严格保护型

包括以下地段的森林资源：①重要山体（如秦岭、大巴山、伏牛山、武当山、大别山、雁荡山、戴云山、武夷山、天目山、怀玉山、九岭山、罗霄山、幕阜山、雪峰山、武陵山、大娄山、苗岭、南岭、乌蒙山、大凉山、五莲峰、无量山、哀牢山等）分水岭的山顶、山帽或山脊；②自然保护区的核心区和缓冲区，森林公园的生态保护区，尤其是具有特殊森林景观或气候地带性指示树种林的地段；③重要河流（如长江、汉水、钱塘江、闽江、赣江、湘江、沅江、瓯江、资水等）源头区；④重要湖泊和水库（如太湖、洪泽湖、升钟水库、黑龙滩水库等）第一层山脊以内和平坦处2平方千米以内地段；⑤海岸沿线和小海岛的防风护岸林，尤其是红树林；⑥坡度急坡以上或土层瘠薄或裸岩分布程度在20%以上地段。

2. 重点保护型

包括以下地段的森林资源：①重要山体的中上部与山顶；②自然保护区实验区，森林公园的浏览区和生活服务区；③重要河流的两侧第一层山脊以内；④主要交通干线两侧的护路林，城市绿化林；⑤低洼盐碱地、重要湿地内及周边500米以内。

3. 保护经营型

包括以下以段的森林资源：①一般河流、湖泊、水库的源头区和两岸；②村镇绿化林和道路绿化林；③水热条件好，但坡度在26～45°或出现裸岩或土壤厚度低于40厘米的地块。

4. 集约经营型

要求立地条件和水热条件好，但不在以上类别地段处。

（五）森林资源经营目标与方向

该区域内森林资源经营目标是：①保护江河源头及两岸生态安全；②持续提供木材及多种林产品；③维持及改善区域生态环境，促进工农业发展；④保护区域内野生珍稀特种资源，开发生态旅游资源，发展林区经济。

区域内森林资源经营方向是：①建立不同类型的动植物保护区，发展旅游资源；②发展坡地农林业，尤其是发展坡地和盆地经济林；③建立农田林网、护路林、护岸林、海防林网；④加大人工用材林基地建设，尤其是在低缓山地发展适宜的工业原料林。

（六）森林资源经营管理要点

1. 秦巴山地亚区

该亚区森林资源经营管理的主要内容是：①划定资源类别，实施分类经营；②森林采伐总体上以疏伐为主，严格保护区内禁止采伐，重点保护区内实施择伐，人工用材林应采用小面积皆伐；③开展采伐方式和营造林模式的研究；④开展森林更新演替规律的研究，落实退耕还林；⑤大力开展森林旅游。

2. 四川盆地及盆地周边亚区

该亚区森林资源经营管理的主要内容是：①对人工经济林实行林粮间作，如油桐、油茶、油橄榄、乌桕树、棕榈、桑、甜橙、柑橘；②加大区域内低产林的改造力度；③发展竹林和工业原料林，要缩短周期；④发展农田林网。

3. 云贵高原亚区

该亚区森林资源经营管理的主要内容是：①加强森林资源管护力度，防止人为破坏加剧，维护区域生态安全；②加大人工造林、飞播造林和封山育林的力度，推广先进技术，提高造林速度；③改造现有低效经济林，大力发展具有区域特色的经济林特产品；④加大林权管理力度，防止林地流失逆转；⑤对次生林适时抚育间伐和低改，加大速生丰产林造林。

4. 南方低山丘陵亚区

该亚区森林资源经营管理的主要内容是：①强化林地林权管理和森林资源资产评估；②大力发展商品林基地，尤其是工业用材和竹笋基地；③发展经济林果品和林副产品，尤其是干鲜水果、林产化工原料、林区药材等；④加大自然保护区建设力度；⑤发展沿海防护林。

5. 两湖丘陵平原亚区

该亚区森林资源经营管理的主要内容是：①发展湖泊河流的护岸林、农田防护林和四旁树，大力发展耐水湿和耐盐碱的林分；②保护区域内残留天然林、重要湿地和自然保护区；③发展区域经济林。

（七）主要森林类型的经营管理建议

1. 杉木林

杉木是我国南方特有的优良速生用材树种，也是我国传统的商品材种，木材产量约占全国商品材种的1/4，在国民经济中占有重要地位。

随着我国大面积营造杉木林，带来了一些弊病，如缺乏规划和调查设计，片面强调集中连片，不注意适地适树，追求数量不讲质量等，从而出现了相当面积生长不良的小老头林或受到严重病害的林分。据统计，大约只有1/3面积生长良好已郁闭成林，有的已经成材主伐；1/3 面积生长不良需要改造；1/3 面积失败。部分林地由于多代连栽杉木引起表土流失和地力衰退；从现有杉木林资源情况看，由于过伐严重，资源质量数量普遍下降，成熟林比重小，青黄不接现象严重。中幼龄的杉木林中，则有不少过度、过早疏伐，引起林分密度不足和单位面积产量下降的现象。为此，应对杉木林采取以下经营措施：

（1）加强幼、中龄林的抚育管理，提高单位面积产量。对立地好、生长差的幼龄林要精心管理 2～3 年，使之迅速郁闭成林；对立地差、生长也差的幼龄林要进行改造，混栽其他适应性强的树种，已郁闭的中、幼龄林也应加强管理，适时适量间伐。

（2）选择杉木适生地区，建设好商品林基地，着重培育大中径材。部分低丘、边缘产区一般培养小径材为主，以满足当地自用材为主。

（3）产杉区的栽杉面积要加强宏观指导，控制杉木林在人工林中的合适比重（大约 50% 左右），多发展其他适宜的用材树种，如松树、栲、栎、青冈、竹等。这样既有利于满足多方面的用材需求，也有利于森林生态系统的稳定。

（4）保护阔叶林多造混交林。杉木生长快，轮伐期短，消耗地力大，自然肥力差，不易保持林地养分循环的平衡，尤其连栽数代，容易引起地力衰退，因此必须保护现有天然常绿阔叶林，其中有许多优良经济树种应合理经营利用更新，同时积极营造人工阔叶林和杉阔混交林，禁止砍伐阔叶林营造杉木纯林。

2. 马尾松林

马尾松是中国南方主要经营的商品材树种，马尾松林又是恢复和保持亚热带地区生态平衡的重要植被类型，无论从生态、经济和社会效益看，在中国林业生产建设中，都占有十分重要的地位。但经营上需加强如下几方面：

（1）充分发挥马尾松林的生产潜力。中国马尾松林资源虽然十分丰富，但一般产量很低，据统计，全国马尾松成熟林平均每公顷蓄积 111 立方米，中龄林每公顷 49.35 立方米。全国平均每公顷年生长量不到 3 立方米。而且，天然林比重很大，基本上是任其自生自长；对人工林的经营水平也不高，处于粗放经营状态。事实上马尾松林的生产潜力极高，作为一种耐瘠薄的速生树种，在一般适宜条件下，20 年生每公顷蓄积量可达到 120～180 立方米。全国一些高产林，每公顷蓄积量达300立方米，年生长量15立方米。提高马尾松林的经营水平，即改粗放式经营为集约式经营，是提高林分生产力的关键。

（2）提高马尾松林的生态稳定性。马尾松林在湿润亚热带地区森林生态系统的恢复中，作为群落演替系列中的一个先锋群落，无疑有巨大的作用。它在涵养水源、保持水土、调节气候、净化空气方面有一定效应。但是应该承认，与亚热带常绿阔叶林生态系统相比，其生态稳定性是比较低的。这主要是因为马尾松林生态系统的生物类群组成单调。增加系统中生物类群的复杂性是改善生态效应的根本。因此，采用各种方式特别是丘陵台地形成混交林是马尾松林经营中的战略措施。当前除因地制宜地推广各地采用的混交树种如木荷、火力楠、栲类、石栎等树种外，应进一步研究亚热带常绿阔叶林生态系统中树种的组合，从自然混交林中寻求适宜的混交树种和混交方式。人工造林与阔叶树自然侵入相结合，形成半自然的针阔混交林是值得推广的一种形式。要改变抚育时全部砍掉杂木、灌木的方法，可多用小面积块状混交，它既保持纯林便于经营的优点，又发挥了生态效应好的特点。另外，要严禁搂取枯枝落叶层，以减少水土冲刷，保持系统内物质循环途径的畅通。

（3）发挥马尾松天然更新优势。马尾松天然更新容易成林，是中国南方扩大森林后备资源简便易行的方式。应发挥其天然更新优势，因势利导，采取严格封山，加强抚育管理和提高林分结构质量与生长量的措施。

3. 柏木林

柏木为中国的特有种，其分布之广在亚热带针叶林中仅次于马尾松。

柏木幼林生长缓慢，宜加强抚育。有条件的地方可实行林粮间作，以耕代抚，促进幼林生长。修枝是提高干形质量和促进幼林生长的有效措施。一般只修去树冠以下的枯枝，约占树高的1/3或1/2。如果修枝强度过大，会导致叶面积减少，林地透光增强，杂草灌木繁茂生长，柏木也因为丧失侧方庇荫而生长显著降低。据调查，燃料缺乏的地区，70%的柏木被修枝过度，干形纤细，严重降低了胸径、树高和材积的生长。应加强指导，合理修枝。对密度较大的林分，当林分分化显著，被压木出现较多时，应进行适时适量的间伐。立地条件较好的林分，首次间伐宜在10～12年进行，立地条件较差的林分可延至 15 年开始，间伐强度宜小，一般在 20% 以下，采用下层抚育法，按照留优去劣，适当照顾均匀的原则选择间伐木，每公顷 2505 ~ 3600 株的林分，间伐一次即可。

充分利用柏木的天然更新能力，针对林分的具体情况，积极采取有效的人工促进更新措施。据调查，每公顷保留分布均匀、结实较多、生长健壮的母树 75 ~ 90 株，天然更新的幼苗可达 10 500 ~ 15 000株。在活地被物盖度较大的地方，若在种子成熟前 1 ~ 2 月，适当割除灌草，并在母树周围块状或带状松土，促进天然更新，其效果更佳。

合理采伐利用现有的柏木林资源。首先，严格限制采伐量，遵守采伐量低于生长量的原则，通过控制采伐量，逐步调整林分的龄组结构，使幼龄、中龄、成熟林的比例逐渐合理。其次，要采取合理的主伐方式，改变"拔大毛"等落后的采伐方式，实行更新择伐，在人工更新或促进天然更新有保证的情况下，也可进行小面积的块状皆伐。第三，确定合理的主伐年龄，克服柏木主伐年龄偏低的现象。第四，要加强对柏木的综合利用，提高其全树的利用率。

4. 樟树林

樟树是优良珍贵用材和重要的经济树种，中国南方具有发展樟树的自然条件。由于樟树木材良好，经济价值高，近年来，在天然林内及交通方便的地区大树、古树大量砍伐，有的地方山林权未能很好解决，造成滥伐樟树，形成了樟树资源日趋减少的局面，为了恢复樟树林资源，提出如下经营建议：

（1）樟树的木材、樟脑、樟油均为国际走俏创汇产品，要发挥中国南方自然条件的优越性，应将樟树列入中国造林重要树种之一，各地应选择优良天然母树，逐步建立樟树母树林，作为采种基地。造林时，也可与其他针阔树种营造混交林，这样不仅可长短结合，增加收益，又可改善林地生态环境。

（2）加强对现有樟树天然次生林抚育改造，樟树萌芽力强，又能天然下种更新，对现有林进行抚育管理，做到留优去劣，稀疏林地适当补植，在天然阔叶林中进行次生林改造，可收到事半功倍之效，萌芽的樟树林，促其很快恢复长势。

5. 华山松林

华山松林因长时期的被采伐利用，资源日趋减少，根据不完全材料估计，华山松面积不过40万公顷，蓄积量2000余万立方米，远不能满足国民经济发展的需要和人民群众的生活要求。因此，扩大华山松林的面积，提高现有林分的质量，保护现有华山松资源及合理利用，乃是今后对华山松林合理经营、科学培育所急需解决的问题。

（1）严格按照“适地适树”的原则，积极营造华山松和开展迹地更新。在分布区北部造林，一般不超过海拔2000米，南部则以1800~2500米较宜，并宜选择山坡中部、中下部、山谷、山洼，土壤深厚、湿润、质地疏软的地段，最好避开山脊、风口。较干旱的地区，则应选择阴坡及半阴坡。无论是林区人工更新或荒山造林，都应以本地种子，当地育苗为主。

（2）保护华山松林资源刻不容缓。各地的华山松林都面临着不同的乱砍滥伐、病虫害、火灾及不合理的开发利用等自然和人为的干扰，应切实加以保护。同时，提高森林经营强度，培育混交林，及时进行卫生伐，改善林分卫生状况，提高林木抗自然干扰能力。

（3）华山松分布广泛，遍及11个省（自治区），其生境条件变化甚大，应根据分布区的自然条件，组织不同集约程度的经营工作。天然华山松林基本上分布在水源涵养林区，从经营到开发利用，都应当维护和增强其涵养水源和水分调节功能，特别是采伐利用时，要慎重选定主伐方式，避免大面积皆伐。迹地人工更新宜“栽针保阔”促进针阔混交林的形成。对以培育用材林为目的的华山松林，则应通过系统的抚育间伐，促进林木生长，改善干形质量。幼龄林宜在10年左右应开始进行间伐，20年生前后，林木处于高生长旺盛期，应进行第二次间伐，以后每隔10年重复一次，以保持适宜密度。

七、热带沿海区

（一）森林资源概况

1. 闽粤桂沿海丘陵亚区

闽粤桂琼沿海丘陵亚区森林植被种类繁多，以典型的东南热带、南亚热带常绿阔叶林区和季雨林区为主。但是，目前大部分地区的原生植被已遭破坏而形成各种以云南松、马尾松为主的针阔混交林及毛（楠）竹林等的次生林和以桉树、木麻黄、湿地松、马尾松等为主的人工植被。

在偏北地段，森林植被类型属南亚热带季风常绿阔叶林区，由于破坏而形成块状的星散分布。丘陵地和山地下部是季风常绿叶林，组成树种主要有樟科、壳斗科和桃金娘科等。山地上部是亚热带常绿阔叶林，组成树种主要有栲树、米槠、木荷、蕈树、中华润楠等，在海拔高的山地常绿林还有槭树属、檫木等落叶乔木。一些山谷坡地上还有由马尾松、木荷、枫香等组成的次生林，局部地区还有毛竹林或杉木林分布。

在偏南地段，是北热带南沿的植被类型。如有片段分布的山地沟谷雨林，低平河谷和沿海台地的热带雨林，主要树种是榕树、红鳞蒲桃、黄杞、水石梓等，以及具有热带景色的河口海岸湿地红树林，主要树种是秋茄树、木榄、桐花树、海榄雌、老鼠簕、海漆等。

本区内人工植被多，主要的经济林有油桐、油茶、桑、蒲葵、八角、肉桂、紫胶寄主林等，主要的用材林有马尾松、杉树、桉树、木荷、火力楠、刺栲、竹类等。

2. 滇南及滇西南丘陵盆地亚区

滇南及滇西南丘陵盆地亚区是我国植物的宝库，高等植物仅西双版纳就有4000～5000种，以热带区系成分为主、占全国50%热带植物总属，并以热带亚洲成分占较大比重，具有浓厚的东亚和印、缅热带雨林、季雨林色彩。

在低海拔丘陵区，森林组成以常绿性的热带科、属为主，优势种类多为豆科、楝科、无患子科、肉豆蔻科、龙脑香科等。雨林中多数分布典型的东南亚和印缅地区热带雨林的种类，如龙脑香科的云南龙脑香、羯布罗香、翅果龙脑香、毛坡垒、望天树、四数木、番龙眼、干果榄仁、麻楝、八宝树等。

山地常绿阔叶林以壳豆科、木兰科、樟科、山茶科植物为主组成，主要树种有印栲、刺栲、红花荷、银叶栲、滇楠等。山地常绿阔叶林各种类型垂直分布较明显。东部海拔1500米以上为亚热带常绿阔叶林，分布面积广，保存较好，由于温凉、高湿、静风，林中苔藓植物发达，故称“苔藓林”，主要树种有瓦山栲、多种木莲、润楠等；中部西双版纳海拔1000～1500米山地则以刺栲，红木荷等为组成常绿阔叶林，分布面积广，其中勐海县保存面积最大，森林较完整，乔木次层樟科树种很多；西部海拔1000米以上山地常绿阔叶林以刺栲、印栲、红木荷、长穗栲、樟类组成，北缘海拔1000米山地有小片常绿季雨林和湿润雨林，以云南松分布为主。

区域内蕴藏着丰富多样的珍稀动植物物种资源。如药用和经济植物有砂仁、草果、肉桂、槟榔、金鸡纳、八角、安息香等，珍稀动物有亚洲象、印度野牛、马鹿、绿孔雀、犀鸟、巴氏叶猴、长臂猿等，经济林植物主要有橡胶、油棕、咖啡、紫胶寄主树、油茶等。

区域内人工林主要是橡胶、油棕、槟榔、咖啡、腰果、椰子、紫胶、油茶等经济林，和以柚木、铁力木、轻木、团花等为主的速生和珍贵用材林。

3. 海南岛亚区

该亚区原生植被有热带雨林、季雨林，次生植被是热带稀树草地，有些是季雨林受人为破坏后自然演替的结果。从滨海到山地依次分布着红树林、沙生草地或多刺灌丛、稀树灌木草地、热带季雨林、热带雨林、亚热带常绿阔叶林、高山矮林。

人工林以木麻黄和桉类为主，此外还有人工橡胶林，主要分布于沿海。

此外，该亚区内广泛地分布热带小岛，多数小岛上分布着热带乔灌植被，成为保护小岛生态环境的重要资源。

（二）森林资源的生长潜力分析

由于区域内水热条件丰富，极有利于树木生长，因此本区森林资源生长迅速。但是，不同亚区由于具体的自然条件、社会经济条件等不同，产生了不同的森林生长限制因素。

在滇南及滇西南丘陵盆地亚区，影响森林生长的因素是降雨淋溶作用，因此，如果经营强度高，则导致土壤地力的下降；人为经营强度比较低，则森林资源是较容易恢复的；高强度经营，还易引导土壤肥力的变化。由于亚区内少数民族居住为主，总体上工业文明较少，森林资源普遍得到较好的保护。

在闽粤桂琼沿海丘陵亚区，影响森林生长的因素也主要是降雨淋溶作用。另外，由于过去社会经济和工业化的快速发展的需要，本区内森林资源多数受到破坏，形成次生林、人工林，但前期营造的人工林因为技术措施不够，因此很多林地的生产力发挥不够。该亚区林地资源潜力很大。

在海南岛亚区，影响森林生长的因素除降雨淋溶外，还有海风。因此，虽然树木生长迅速，但森林资源被破坏后，比其他地方更难以恢复，尤其是海岸边。

（三）森林资源的功能要求

1. 滇南及滇西南丘陵盆地亚区

该亚区是我国主要的季雨林区和动植物基因库，也是怒江、澜沧江、元江等国际性河流的中上游，因此，森林资源的生态功能包括：①涵养水源、保持水土，维持澜沧江等江河生态安全；②保护热带雨林、季雨林生态系统及生物多样性，保护印度野牛、亚洲象等野生动物及栖息地，保护热带向亚热带过渡区域的生物区系；③保证区域内近自然旅游。

另外，由于区域森林资源丰富，因此对我国社会经济起着多方面的作用，不仅可以提供珍贵大径材、生活用材、采脂等，而且也是今后国家优质热带水果、具有少数民族风味的传统特种木质工艺品等的来源。由于目前区域对外交通不便、初级林产品多，今后随着国家基本建设的日益完善，林业产值将迅速提高。

2. 闽粤桂琼沿海丘陵亚区

该亚区工业发达，城市密集，又是沿海区域、台风盛行，森林资源对维持区域内的生态安全具有首要的作用，因此区域内森林资源首要的功能便是防护作用，保持水土、防沙防浪，保护和改善环境，尤其是防护城市生态安全，稳定地区经济发展。

此外，由于森林资源生长迅速，林产工业尤其是木材加工业发达，地理条件又有利于发展用材资源和经济林产品资源，因此，除保护必要的为数不多的常绿阔叶林和季雨林、河口湿地红树林、珍稀濒危物种栖息地森林外，一些适宜山区和丘陵地带将是我国集约化经营速生丰产林、特种用材林和经济林之地。

3. 海南岛及南海诸岛亚区

该亚区虽然森林资源生长迅速，但区域易受台风和暴雨危害，因此，森林资源需要以生态保护为主。而且，该亚区经济发达，人民生活富裕，在过去对森林资源破坏较严重，但现在迫切需要良好的生存环境，因此，除了需要在山地中下部与谷地大力发展速生丰产林外，森林资源的主要作用是保护海岛生态安全，提供珍稀动植物栖息地。对于一般小岛屿，则完全需要以生态保护为主。

（四）森林类别的划分

1. 闽粤桂沿海丘陵亚区

严格保护型包括典型的常绿阔叶林、季雨林的原始林或次生林、成片红树林和连续的海岸防护基干的天然林、河口湿地、国防军事特用林、自然保护区等。

重点保护型包括海岸防护基本的人工林、城市行道绿化树网、森林公园、山区坡度较大或易受水蚀的山体、主要分水岭和主要河流两侧、主要湖库周边森林资源等。

保护经营型主要是区域内其他的防护林和特用林、薪炭林。

集约经营型是区域内用材林、经济林，尤其是工业原料林。

2. 海南岛亚区

该区域内森林资源划分为 3 类，即严格保护型、重点保护型、保护经营型。

严格保护型包括热带雨林、主岛内主要分水岭、海岸红树林、小岛屿森林资源等，尤其是分布于国家级自然保护区的森林。

重点保护型包括海岸防护基本的人工林、城市行道绿化树网、森林公园、主要河流两侧森林资源等。

保护经营型包括主岛海岸的防护林及山地内其他森林资源。

3. 滇南及滇西南丘陵盆地亚区

严格保护型包括典型的东南热带、南亚热带常绿阔叶林区和季雨林，尤其是国家级自然保护区的森林。

重点保护型包括城市行道绿化树网、森林公园、山区坡度较大或易受水蚀的山体、主要分水岭和主要河流两侧、主要湖库周边森林资源以及非国家级的自然保护区森林资源等。

保护经营型主要是区域内其他的防护林和特用林、薪炭林。

集约经营型包括经济林和用材林，尤其是以生产热带珍稀树种大径材和短伐期工业用材为目的的速生丰产林。

（五）森林资源经营目标与方向

1. 滇南及滇西南丘陵盆地亚区

该亚区山区森林资源经营目标是：①保护必要的珍稀动植物物种资源；②提供珍稀热带水果；③大量提供国家需要的木材资源。

区域内森林资源经营方向是：①扩大自然保护区，发展旅游资源；②发展经济林，种植特种优质的经济水果；③集约经营特种用材林、大径材，发展热带工业原料林。

2. 闽粤桂琼沿海丘陵亚区

该亚区森林资源经营目标是：①恢复山区绿化；②提供国家需要的木材资源；③提供珍稀热带水果；④维持城市生态环境。

该亚区森林资源经营方向是：①大力发展私有或合营的工业原料林；②发展城市林业；③发展热带经济林。

3. 海南岛及南海诸岛亚区

该亚区森林资源经营目标是：确保海岛生态安全，保护热带植物，适当提供用材和经济林产品。

该亚区森林资源经营方向是：发展坡地和沿海防护林带，扩大自然保护区，发展生态旅游。

（六）森林资源经营管理要点

1. 滇南及滇西南丘陵盆地亚区

该亚区森林资源经营管理的主要内容是：①加强区域内为数不多的热带雨林、季雨林的保护，建立和扩大自然保护区面积，保存和扩大珍稀濒危植物基因库，对于严格保护型资源应全面禁止采伐，对于重点保护型资源应只采用低强度的抚育性采伐；②充分利用水热优势和珍贵树种丰富的条件，集约经营工业原料用材林、珍贵阔叶用材林、采脂林、特种经济林等热区林业产业；③合理开发森林旅游资源，加强风景林的营造和管理。

2. 闽粤桂沿海丘陵亚区

该亚区森林资源经营管理的主要内容是：①加强对严格保护型资源的管理，尤其是加强对现有自然保护区内原始林的保护；②加强对重点保护型、保护经营型森林资源的采伐管理，严格实施低强度的采伐措施，对沿海人工防护林和农林复合经营系统要采取合适的带状或块状方式采伐；③大力发展集约经营型用材资源和优质经济林产品，加强这些资源的营造和采伐规划，尤其是工业原料林，但要注意混交造林和防止大面积皆伐；④要进一步明晰森林资源产权。

3. 海南岛及南海诸岛亚区

该亚区森林资源经营管理的主要内容是：①广泛开展自然保护

区建设，如可能应扩展到其他小岛屿；②严格加强各岛屿的薪炭林采伐管理；③建立海岸和坡地防护林带（网）；对这些林带（网）加强管理，严格禁止对海岸和山地的森林资源进行大面积皆伐；④在山谷地带发展少量人工用材林基地，并实行小块状皆伐；⑤广泛发展热带水果；⑥加强森林旅游管理。

（七）主要森林类型的经营管理建议

1. 桉树林

桉树是中国最重要的造林树种之一，其适应性广，繁殖力强，生长迅速，成林成材快，用途广泛，经济价值高，短期经营效益好，尤其是可通过无性繁殖方式迅速大量培育速生丰产工业原料林。

桉树采伐更新是按照经营目的，生物学特性和数量成熟期，确定采伐年龄和径级。一般生产浆粕材 5 ~ 7 年，平均径级 5 ~ 10 厘米，生产矿柱建筑材 15 年左右，平均胸径 14 ~ 16 厘米；生产锯材 25 年以上，平均胸径 30 厘米。采伐方式有块状皆伐和单株择伐两种。萌芽更新是桉树营林特点之一，绝大部分桉属树种具有萌芽能力，最好在 6 ~ 10 年采伐后进行第二代的萌芽更新。

为了提高桉树生产力和扩大桉树栽培面积，实现速生丰产，应着重低产林分改造。为了防止桉树连栽造成土壤肥力衰退，桉树与豆科和肥料树种可以采用宽带状或块状混交，实行桉树与豆科或肥料树种轮栽，以提高土壤肥力，改善环境条件，实现稳产高产。

2. 木荷林

木荷在我国南部分布广泛，资源丰富，对水土保持、涵养水源效能较大。木荷林树冠浓密，耐火，与马尾松混交，不但可控制松毛虫和山火蔓延，而且可以改善单纯松林生态上的弱点。

在发展木荷人工用材林时，营造混交林是一项关键性的经营技术措施，因为木荷的混交林一般比纯林效果好，特别是马尾松与木荷混交。从实践经验看，木荷与马尾松混交，无论树高、胸径和材积的生长都比纯林理想，这主要是种间互补起了主导作用，较好地解决了木荷纯林地上与地下的矛盾，从而创造了有利于木荷生长的森林环境，在后期，木荷有可能超过马尾松生长的趋势。

木荷薪炭林经营不同于用材林，宜营造高密度密植的单纯林，并实行短轮伐期，萌芽更新，矮林作业，造林密度视立地状况，一般每公顷约7500～10 000株，造林后10年林分平均高5～6米，胸径5～6厘米，即可皆伐，轮伐期6～7年。

3. 水杉林

水杉是地球上著名的“孑遗植物”和“活化石”。为进一步提高水杉经营管理水平，提出如下经营建议：

（1）合理确定水杉的发展规模。水杉的发展应在发展地林业规划原则指导下，根据当地自然社会条件，合理确定水杉比率，避免由于树种单一化所带来的弊端。在适宜区范围以外的地方，营造片林尤其慎重。

（2）适当密度，及时合理间伐。林木欲求生长健壮必须具有合理的营养空间，为此要进行合理间伐。水杉用材林初植密度一般以2米×2.5米或2米×3米较为合适。这种株行距的林分，有利于初期林木的生长而且经过1～2次留优去劣的间伐，对改良保留木的品质，提高林地生长力非常有利。

（3）水杉造林地以冲积平原的砂壤质土壤，地下水位在1米以下的堤、渠、路旁及河漫滩地最易。山区、丘陵宜选择山谷、山洼或小地形较好的缓坡，土壤深厚湿润但无渍水的地方栽培。

（4）从水杉生长进程、材质及利用价值等情况分析，应以培育中、大径材为主，“四旁”栽培的行道树、散生林木更应如此。片林在培育大径材的过程中，利用间伐，生产部分中、小径材，这样的培育目标才较合理。

4. 木麻黄林

滨海地区营造防风固沙林和平原水网地区营造农田防护林，木麻黄都起到了重要作用，不仅使滨海地区减免台风袭击，保护了村庄、耕地，而且使平原水网地区农田减免台风、寒露风、倒春寒危害。改善了生态环境，增加了森林资源，为木材短缺地区提供了用材和薪材等。

木麻黄属主要有木麻黄、细枝木麻黄和粗枝木麻黄，不同树种之间的生态学特性差异很大，为了适应多种立地类型的需要，宜引进更多树种，以配合适地造林发展木麻黄人工林。

营造木麻黄混交林对改善环境条件，提高森林的稳定性具有很大作用。长期以来，很少发现木麻黄纯林的益鸟，所以应该营造混交林期望混交树种招引鸟类栖息繁衍，以减免虫害发生或蔓延。此外，木麻黄虽然能改良土壤肥力和微生物活动，但据调查它缺乏一种氮素循环中的细菌，会使土壤矿物质化作用发生障碍，也需要通过营造混交林消除这一问题。

5. 小岛屿森林

我国海域超过300万平方千米，面积在500平方米以上的岛屿有6500多个，除台湾岛、海南岛、崇明岛外是小岛屿，有常住人口的小岛有450多个，其中热带区域占有85%以上。

在热带区域内，台风、热带风暴、海啸、海煞（潮风）等自然灾害时有发生，森林植被是维持小岛屿生态系统的天然屏障。

在小岛屿的海岛防护林经营上，要严格以保护为主，积极培育，限制采樵，除更新采伐外，禁止其他采伐。

八、西南高山峡谷区

（一）森林资源状况（主要森林类型及其分布特征）

西南高原峡谷区的森林植被以亚高山针叶林为主体，垂直带谱非常明显，主要林区包括甘南、川西藏东、川西南滇西北、藏东南峡谷等。以横断山脉南部峡谷地区为例，海拔2800~3200米以下是以白刺花、细刺蓝芙蓉、白草组成的旱生性干热河谷灌丛；海拔3000~4200米为针叶林为主的森林带，其中2800~3800米为高山松林、云南松林及小片华山松林，3000~3900米为鳞皮云杉林，4100~4200米为红杉、大果红杉林，川滇高山栎、黄背栎林在3000~4000米间往往形成大面积纯林或矮林、灌丛，常与云杉林在不同坡向交互出现，海拔3700米以上的阳坡有时还出现大果圆柏、方枝圆柏、塔枝圆柏疏林；海拔4200米以上为高山灌丛、草甸带，以多种小叶型杜鹃灌丛及嵩草草甸所组成；海拔4800~5200米则为流石滩稀疏植物群聚。

此外，在该区西南部的西藏察偶、墨脱、达则以南的河谷低山发育着热带雨林，其垂直分布为：海拔1000米以下为低山热带雨林和季雨林；海拔1100~1800（2100）米为山地亚热带常绿阔叶林；海拔1800（2100）~2400米为山地暖温带常绿、落叶阔叶混交林；海拔2400~3100米为山地暖温带针阔叶混交林，是该区铁杉林成带分布的范围；海拔3100~4000米为山地温带和山地寒温带暗针叶林；海拔4000米以上为高山丛草甸。

该区也有部分地段营造人工林，主要营造用材林和经济林，主要用材树种是冷杉、云杉、落叶松、油松、高山松、乔松、华山松、云南松、云南油杉，主要经济树种是核桃、板栗、乌桕、棕榈、花椒、苹果、桃、李、杏、石榴、柿、柑橘、葡萄、漆树、梨、油桐、油茶等。

（二）森林资源的生长潜力分析

由于地理区位、地形地势和气候的影响，不同海拔对森林分布有不同的限制，地质地貌稳定性成为森林生长的主要限制性因素。

在森林分布带海拔区，树木生长迅速、生长持续时间长，林相整齐、复层异龄林多，但大龄木较多呈病腐状态。这些森林资源的可利用程度与地形地势有关，如河谷滩地、中切割山地和平原地区，尤其是藏东南峡谷，森林资源恢复较容易，可利用程度高，而深切割山地尤其是横断山脉区，地势切割强烈、山体坡度大，表土层较薄，新生性地质不稳定，受西南季风降水强烈侵蚀、切割，经营成本较高，森林资源不易恢复、也难以人工干扰经营。

在森林分布带以下海拔区域，是干热河谷气候，以分布旱生灌丛为主，需要合理引水灌溉才能使乔木可能生长，乔木生长能力的可塑性较大。

在森林分布带以上海拔区域，是高寒气候为主，植被生长缓慢，不能分布乔木林，且灌丛草甸如被破坏，则只能以自然恢复为主，恢复过程缓慢。

（三）森林资源的功能要求

由于该区森林生长迅速，而又位于我国主要江河的源头区，气候与地形地势差异使森林资源因区位不同而具有不同的特点，因此，国家对该区不同地段的森林资源有不同的要求，区域内森林资源经营利用要重育轻采、慎重高效。

该区是江河源头区和交汇区，由于新生性地质的不稳定，深切割山地和高海拔山区受气候影响大，尤其是横断山脉，森林资源对于维护地质的稳定性具有重要作用，同时由于森林资源易受干扰衰退而不易恢复。因此，对于该区内的深切割山地和高海拔山区的森林资源，主要的功能是维持我国长江、澜沧江、怒江等大江大河的生态安全，保持水土。

同时，由于森林资源丰富，动植物资源多样，因此，森林资源不仅要保护红豆杉等珍稀植物和植被的垂直分布带谱，保护大熊猫等珍稀动物及栖息地，而且在该区的中切割山地、高山台地，也是我国重点木材生产基地、珍贵中草药产区、优质经济林产品区，尤其是珍贵大径材的来源。此外，由于煤炭短缺且交通不便，加之区域内少数民族的传统民族生活习惯，当地烧材需求大，森林资源需要为本地区提供大量的薪材。

（四）森林类别的划分

严格保护型主要有自然保护区林、冰川和雪山下部的森林、河流发源地的森林，保存完好的原始林，国境界线的国防林，以及横断山脉区森林等。

重点保护型主要有生态价位高、生态敏感性较高区域的森林、山区交通干线护路林、生态价位较高河流段的水源涵养和护岸林、人为干扰较轻而处于演替过程的天然林等。

保护经营型主要是生态价位较高而生态敏感性一般区域森林。

集约经营型是生态价位低、生态敏感性低的人工林和次生林。

（五）森林资源经营目标与方向

区域内森林资源经营的目标是：①维持深切割地段或高海拔区域内的自然生态环境；②在不降低区域森林资源生态效益的前提下，充分发挥中切割地段和平原区有利条件，为国家提供大量的木材、经济林产品和林下中草药，发展地方经济。

区域内森林资源经营的方向是：①加大对严格保护型和重点保护型森林资源的保护工作；②合理采伐利用保护经营型的森林资源；③对于集约经营型的森林资源，通过合理规划，营造速生丰产林，提高林地利用水平。

（六）森林资源经营管理要点

该区域内森林资源经营管理的主要内容是：①划定保护地段、经营地段，要加大封育保护力度，禁止采伐严格保护型森林资源，近期禁止采伐重点保护型森林资源；②结合少数民族地区的生活习惯，适地适树地发展经济林和中草药林；③在立地条件好的地段发展一般用材林和工业原料林，适当发展区域木材加工工业、尤其是深加工工业；④提倡灌丛草作为燃料利用，减少薪材采伐。

目前，应加强本地区森林资源本底调查，合理规划林种和森林类别，编制森林经营方案，正确制定森林资源开发利用与保护决策，尤其是加强森林采伐利用可行性的分析论证；对于严格保护型和重点保护型森林资源，要加强中草药的采挖管理；对于保护经营型森林资源，天然林近期禁止采伐、远期采用疏伐体制，要推广林下中草药培育，人工林可以采用低强度择伐方式或小面积皆伐更新；对于集约经营型森林资源，应合理规划利用，在不明显影响区域内森林资源生态功能的前提下，加强木材生产、经济林培育和中草药利用。

此外，要加大林区用火和防病虫害管理，制定森林火灾及病虫害的测报和应急防治预案。严格落实限额采伐管理制度，要提高凭证采伐率和发证合格率，杜绝乱砍盗伐现象，研究科学采伐手段，提高采伐利用率和降低采伐对生态环境的影响，要加强木材及林产品加工与销售市场的管理，杜绝其非法采伐与流通，堵源截流，要强化伐区检查验收和更新验收力度，减少木材损失，提高森林出材率和采伐迹地更新合格率，降低林地流失。

（七）主要森林类型的经营管理建议

1. 川滇冷杉林

川滇冷杉林是我国西南高山区的主要类型，该森林类型位于高山峡谷区的边缘，对水土保持、水源涵养作用很大。

川滇冷杉林经营应根据林型特点，确定其经营方向，并按采伐后演替规律，因势利导，采取有利措施，及时更新迹地，防止迹地杂木、灌木蔓延、加大更新造林难度。杜鹃川滇冷杉林与藓类杜鹃川滇冷杉林应以防护为主，在更新采伐时需注意维护森林的防护作用，促进森林更新、生长以及改善森林的卫生环境等方面。藓类川滇冷杉林、灌木川滇冷杉林和藓类箭竹川滇冷杉林所处部位较为适中，植被恢复较快，但此类林型病腐较严重，多为成过熟林，分布广，蓄积量大，可加大合理利用力度，但皆伐面积不可过大，防止演替为杂木、灌木、次生阔叶林、甚至高山栎灌丛，进而导致目的树种恢复周期变缓，人工更新变的很困难。

2. 川西云杉林

川西云杉林是四川省西部最适生的、较耐干冷、相对稳定的群落，集中分布于金沙江、大渡河的中、上游流域，对于防止草原南移，森林线下降，保持水土，涵养水源都有重要作用。

川西云杉林材质优良，资源丰富，生产力高，单位面积蓄积量高，结实量大，居四川省各类森林前茅，是为西部高山地区主要更新造林的乡土树种。

采伐方式应根据各林型的特点具体确定。对位于森林上界边缘、深切割沟谷地和溪旁、森林草原交界带的森林资源，应规划为防护林（带），禁止主伐，防止森林资源衰退。对位于其他地段的森林资源，可进行合理采伐更新利用。

3. 红杉林

红杉林是我国西南地区分布偏北的落叶针叶林类型，林相外貌独特，耐寒性强，常在高山森林线边缘形成不连续的窄带状分布，对防止草原扩张、森林线下降有重要意义。

红杉适应性强，耐干冷瘠薄等不良生境，幼龄阶段生长比分布区内的其他树种更快，材质优良，宜于营造复层混交林，可成为主要的高山更新造林树种。

在森林线边缘地带的红杉林，如杜鹃红杉林、高山冷杉红杉矮林和溪旁红杉林，应一律划为防护林，进行严格保护。森林草原边缘红杉林应划为防护林带，按林带方式进行更新采伐。

4. 高山松林

高山松是松属植物分布最高的树种，具有耐寒、耐旱、耐瘠薄、抗病虫害能力强、易于繁殖等优点，由高山松所形成的森林不仅分布辽阔，资源丰富，而且对水源涵养、绿化荒山，尤其对高山峡谷区阳坡的水土保持具有重要作用。

高山松适应分布区干湿季明显的高海拔气候，不易被其他松树所替代，在其分布区应选为主要造林绿化树种。高山松天然更新能力强，能“飞籽成林”，除播种造林更新（或植苗造林）外，还可在伐区保留一定的母树、采用人工促进更新。

对于分布于海拔较高的灌木高山松林和草甸高山松林，以及坡陡处和干热河谷地带的高山栎和高松林，应划为防护林，严格保护，禁止采伐。对于其他地段的高山松林，也应划为防护林，以保护为主，可适当地进行更新采伐。由于林区气候干燥，旱季时间长，高山松林易遭火灾，所以应加强护林防火工作，减少火灾发生。

九、青藏高原区

（一）森林资源状况（主要森林类型及其分布特征）

青藏高原区的森林资源主要是高山灌丛。

森林植被从东南向西北更新的带状分布情况是高寒灌丛（4000~4500米）、高寒草甸（4000~4500米）、高寒草原（4500~5000米）和高寒荒漠（5000米以上），高寒灌丛主要建群植被为豆科的锦鸡儿属、槐属、棘豆属，蔷薇科的金露梅属、蔷薇属、绣线菊属，小檗科的小檗属、柏科的圆柏属，此外，在雅鲁藏布江中游东段比较湿润的高山带也有杜鹃花属和柳属。

森林植被在海拔高度上分布是河谷两岸（海拔4000米以下）分布的乔木林、高山区（4000~5000米）的高寒灌丛草甸草原、极高山区（5000米以上）的高寒荒漠，该区域内乔木林基本都分布于大江、大河上游高海拔的大小支流两侧陡坡与源头山地，大部分为稀疏片状分布，但在主要江河两岸连片状分布。

（二）森林资源的生长潜力分析

青藏高原被称为除南北极之外的地球“第三极”，自然环境极端恶劣和极端脆弱。恶劣的气候导致了植被生长极为困难，这里的植被资源基本上位于自然生态系统中最薄弱的境况，因此，除河谷地段生长乔木树林外，其他地段都是高寒灌草。由于自然环境脆弱，导致现有生态环境破坏容易、恢复困难。

（三）森林资源的功能要求

区域内自然环境极端恶劣和极端脆弱，现有森林资源对维护区域的良好生态环境具有重要的作用。因此，森林资源的主要功能，是维护高原生态系统安全和生物多样性，涵养长江、黄河、澜沧江、雅鲁藏布江等大江大河源头水源，保护高寒草甸，保护藏羚羊等高寒生物种群及栖息地，保护干旱野生动植物的生物基因库。此外，在人口稠密的河流两岸，还需要提供一部分地方烧材和建筑用材。

总体上，区域内森林资源以发挥生态作用为主、木材收获潜力小，仅在一些条件较好的河谷地段，可通过合理采伐而产生少量木材。

（四）森林类别的划分

该区域内森林资源经营管理类别仅划分为3类，即严格保护型、重点保护型、保护经营型。

1. 严格保护型

包括位于以下地段的森林资源：①重要湖库（如青海湖）、湿地、沼泽的周边第一层山脊内或周边平坦地2000米内；②重要河流（如长江、黄河、澜沧江、雅鲁藏布江、狮泉河）发源地汇水区；③重要河流的干流和一级支流两侧第一层山脊内或周边平坦地2000米内非人口分布地段；④重要分水岭的山顶、山帽或山脊；⑤冰川或雪山外围2000米以内；⑥国境界线上的国防林；⑦自然保护区的核心区和缓冲区；⑧分布有原始植被或人为干扰少植被的地段；⑨坡度急坡以上或土层瘠薄或裸岩分布程度在40%以上地段。该区域内的森林资源基本上划分为严格保护类型。

2. 保护经营型

森林资源位于人口分布多、自然环境条件好、地块坡度低于25°且土层较厚、人工造林易于成功的河谷两岸，对应地段主要是城镇周边2000米外的部分森林资源。该区域内保护经营型森林资源仅占极小部分。

重点保护型位于保护经营型森林资源和严格保护型森林资源之间的地段，所占比例也较少。

（五）森林资源经营目标与方向

区域内森林资源经营目标是以维持乃至改善现有高原自然生态环境为主，适度地满足地方烧材等用材需要。

区域内森林资源经营方向是以保护为主，尤其是严格保护型森林资源需要坚持不懈地进行保护，增加保护区面积，仅在河谷人口密集、生态环境较好的部分地段适当经营薪炭林和用材林。随着国家社会经济的发展，木材替代品应用的日益广泛，如烧材被烧煤烧气所代替、建筑用木材被钢材水泥所代替，保护经营型森林资源地段内应减少木材采伐量或划为重点保护类型。

（六）森林资源经营管理要点

该区域自然环境具有强烈的脆弱性，因此森林资源经营管理的主要内容是：①加强资源保护，扩大自然保护区域，加强国家对生态公益林的管护投入；②对于保护经营型的森林资源，采用低强度择伐性更新采伐，以生产薪材或部分建筑用材为主；③借助于西部大开发形势，引导使用煤气、天然气和钢材、水泥，逐步减少木材产量；④严格禁止发展木材加工业。

（七）主要森林类型的经营管理建议

1. 黄果沙枣林

黄果沙枣林是我国西北荒漠、半荒漠地区荒漠河岸的重要森林类型之一，对荒漠、半荒漠地区的生态平衡起着重要的维护作用。要保护、经营好现有天然沙枣林，积极发展人工沙枣林。

（1）天然林。土壤水分的变化是导致沙枣林分兴衰存亡的主要因素，在利用水资源的规划安排中，必须将流域范围的天然沙枣林用水量纳入计划，统筹安排，要留足沙枣林正常生长发育需要的水量，确保现有沙枣林面积不再减少。应严格制止对天然沙枣林的乱砍滥伐、盲目垦殖、超载放牧等行为；对近熟林或成熟林分，应有计划地进行更新性采伐；更新采伐后的林分要实行封管，严禁放牧、樵采，以期尽快恢复。

（2）人工林。从造林到经营利用全过程中，首先重视林地的灌溉或排水工程的设施、维护管理，其次，幼林期严禁林内放牧，第三，加强抚育管理，进行必要的修枝、间伐、灌溉，适时防治病虫危害。

2. 青海云杉林

青海云杉林是该区重要的水源涵养林，有着重要的水源涵养和防护效能。

从20世纪50年代以来，对青海云杉林的经营管理做了大量的工作，经过资源清查及总体规划调查，基本摸清了资源状况，并开展了护林防火、封山育林、造林更新、抚育采伐一系列经营措施。特别是20世纪80年代，为了提高管理水平，重点开展了营林技术的研究，进行了林分改造试验、定性及定量间伐试验等，编制了林分密度控制图、地位指数表，还开展了病虫害防治研究。

但是，近年来乱砍滥伐、毁林开荒等破坏森林的现象普遍，所以当务之急是加强森林资源管理，以保证森林资源的恢复。

由于青海云杉与草原复合分布，所以林牧矛盾十分突出，影响森林天然更新和人工更新，今后应着重解决林草矛盾，搞好封山育林工作。

第五章　森林生态系统经营：政策·措施

第一节　分类经营是森林生态系统经营的基础

分类经营是国家或森林经营者根据生态环境、社会和经济发展的需要，以森林不同的主导功能及其自身特点和运营规律为依据，以分类目的作为分类标准和空间定位，将现有森林划分为公益林和商品林，实行分类区划、分类经营的一种现代森林经营模式，并采用相应的生态、经济、社会、行政和法律手段实施经营管理，最大限度地取得经营效益的森林经营管理方法。

森林生态系统经营为分类经营提供原则、方向上的指导，分类经营是森林生态系统经营思想实现的基础和载体。从过去传统的木材生产为主到以生态建设为主，再到森林的可持续发展阶段，就必须坚持森林生态系统经营方向，对我国林业实行分类经营管理。通过分类经营推进以生态建设为主的林业发展战略的实施，从而实现林业的跨越式发展。

一、分类经营从理论到实践

分类经营的理论基础是多功能主导利用论，有的学者把它直接称为林业分工理论。20 世纪 60 年代初，美国以立法形式把森林的多种利益作为国有林的经营准则，20 世纪 70 年代，美国林业经济学家 M·克劳森、R·塞乔及 W·海蒂等人提出森林多种效益主导利用的思想。他们认为，现代集约林业与现代农业有一定的相似性，如果通过集约林业来生产木材，则森林的潜力是相当可观的，不是所有林地都采取同样的集约水平，只能在优质地上集约经营并使优质林地的集约经营一体化，这样才能利用林地的最大潜力，森林经营是朝着各种功能不同的专用森林发展，而不是三大效益一体化方向发展。这一思想影响了不少国家。到了 20 世纪 80 年代，美国的主导利用论向微观及宏观两个方向发展。主导利用论对森林作为一个系统提供生态功能效益的作用考虑不够，这与当时环境问题没有现在突出、生态学的知识不够完整和普及有直接关系。到现在生态环境恶化已经成为当今世界各国政府都必须面对的问题，加上生态科学、工程学、系统学、经济学的进步，分类经营与过去的分类经营思想有了很大的进步，在指导思想上坚持生态系统经营的理念，站在整体、宏观的角度上进行区域规划。

（一）分类经营与需求变化

森林为社会提供的“产品”基本上可以分为两类，一类是满足社会生态方面需要的“服务产品”，一类是满足经济需要的木材及林副产品，两类产品的特点不同。为经济需要提供的产品可以通过市场来定价、买卖来获得收益，然后可以从收益中提出一部分用于弥补付出的成本；生态方面的“服务产品”具有非排他性，例如森林资源提供的改善生态的作用，大家都在享用，即使不付费也可以享用，在这种情况下，个人就没有动力去投资。森林资源是有限的，而人们对森林生态服务或林木产品的需求增长是刚性的。如果对森林资源的两种需求都很大，同一片森林显然无法同时满足对森林资源的两类需要。

对森林资源进行分类经营是解决经济发展与生态保护之间矛盾的有力武器。分类经营的理论基础是主导利用论，主导利用论认为由于社会对林业有不同的需求，资源提供产出服务的潜能不同，经营者应根据供给与需求、自然与技术潜能，将林地的利用做主次之分，以土地最大效益决定利用的优先权。在社会的主导需求发生变化的情况下，以生态系统经营理念、原则为指导，生态林以提供生态效益为主，商品林提供尽可能多的林产品满足经济发展的需要，将是林业发展的趋势。

（二）分类经营与社会发展

社会可持续发展包括人口、居民消费和社会服务、消除贫困、卫生与健康、人类居住区的可持续发展和防灾减灾等，大多数内容都与生态环境有关。作为陆地生态系统的主体，森林问题从来没有像今天这样得到人们的重视，林业不仅仅是一个关于树木的问题，而且是一个统筹人与自然和谐的问题，更是一个关系到人类生存和发展的大问题。

随着社会的发展，人们越来越重视生活质量的提高、收入的增加、环境的改善，对林业的主导需求，也不仅仅限于林木产品，而是日趋多样化。分类经营以森林不同的主导功能为前提，对于生态林以提供“生态服务”为主，对于商品林在兼顾森林资源提供生态效益的前提下尽量提高林业产品的产出，适应了社会发展的潮流，满足了当前社会发展对林业的不同需要。在森林生态系统经营理念指导下的这种分类经营综合考虑了自然科学与社会科学一体化研究的原则，从总体出发、全局考虑，最终目标是建立一个健康、完整、可持续经营的森林生态系统，实现人口、资源、环境与经济、社会的持续协调发展，使人与自然在一个大的空间规模和长的时间尺度上更加和谐、持续和进化。

（三）分类经营与可持续经营

森林可持续经营的核心是以某种对环境无害、技术与经济可行、社会可接受的方式经营森林和林地，以持续地保护森林的多样性、完整性、生产力、更新能力和自我修复能力，在不同层次上维持生态系统的功能。森林可持续经营不仅仅是一个过程，更是一种目标，是森林经营追求的一种状态。从这个意义上讲，分类经营就是为达到这个状态而采取的经营手段，通过分类经营的方式把森林资源管理由不可持续经营状态导向可持续经营状态。森林经营根据不同的林情达到可持续经营状态的经营方式很多，例如近自然林业、森林多效益经营、森林分类经营等，分类经营方式只是其中的一种，但各种经营方式最终追求的目标只有一个，这就是森林的可持续经营。

二、分类经营的原则

在森林生态系统经营思想的指导下，将森林生态综合效益量化，把它作为一项标准来考察分类经营的效果，把保持森林生态系统功能的持续改进作为一项重要标准来考察分类经营的成功与否；把处理好“人”的关系作为考察森林分类经营效果的标准之一。结合我国林情，森林分类经营应该依据以下几条原则：

（1）国家林业行政主管部门必须在国家法律、法规规定的框架内依法实施分类经营，保证人、自然、社会的协调发展。

（2）分类经营工作应该积极推进、循序渐进，由易到难，先重点后一般，因地制宜，划分公益林与商品林。

（3）森林分类经营应与社会、经济发展相结合。森林分类经营应从实际出发，总体上统筹规划，与当地的社会经济发展状况和生态环境建设的需要相结合，才能确保森林分类经营目标的实现。

（4）森林分类经营应尽量在自然分界内进行。从生态系统经营的角度考虑，按自然分界对公益林进行管理无疑是有益的。

（5）森林分类经营应该坚持全局考虑、局部着手的原则。作为生态系统经营思想实现的载体，分类经营也应有大的视角。应该看到，森林分类经营成功与否还取决于当地社会条件、传统、观念等，因此分类经营应从局部入手，综合考虑、处理各方的要求。

三、分类经营的政策措施

总的要求是要做到依法“管严一块、管住一块、放活一块”。所谓“管严一块”，就是指对生态区位十分重要地区的重点生态公益林，如重要江河源头、大型湖库周围、国家级自然保护区、天然林资料保护工程禁伐区等区域内的森林，要坚决管严，绝不允许进行商业性采伐，使这些地区的森林资源得以休养生息，最大限度地发挥生态功能；所谓“管住一块”，就是指对生态区位相对重要地区的一般生态公益林（或兼用林），如中、小江河源头和湖库周围、天然林资料保护工程限伐区等区域内的森林，要严格管住，合理控制其采伐利用方式和强度，严禁乱砍滥伐和超限额采伐，逐步实现森林的可持续经营；对自然条件优越地区的商品林，特别是速生丰产林和工业原料林，以及平原地区农村产业结构调整中在农地上造的林，要充分满足其采伐指标，依法维护林权所有者的收益权和处置权，为其快速发展创造更加宽松的条件。

1. 建立、完善森林生态效益补偿制度

生态效益补偿制度有助于协调各方关系，使森林生态系统经营及分类经营建立在广泛的群众基础之上。2001 年财政部会同国家林业局制定了《森林生态效益补助资金管理办法（暂行）》，并在 11 省（自治区）开展试点，取得了积极的进展。国家林业局出台的《关于深入贯彻〈中共中央、国务院关于加快林业发展的决定〉加快推进林业分类经营的意见》提出启动森林生态效益补偿基金，按照事权划分，分别由中央政府和地方政府承担基金的来源。中央财政设立的中央森林生态效益补偿基金用于国务院批准的国家公益林的补偿，地方设立的生态效益补偿基金，用于对省、县级人民政府

批准公布的地方公益林的补偿，逐步建成完善的森林生态效益补偿制度。

建立和完善生态环境补偿机制，提供强有力的政策支持和稳定的资金渠道，是国家生态环境保护与建设方针得以长期、稳定实施的关键。生态环境补偿机制应是多层次的。一是在全国范围内，发达地区有必要、有义务加大对中、西部重要生态功能区域资金和技术上的支持；二是下游地区对上游生态保护地区积极进行必要的补偿，这可以是跨省的，也可以是省内跨市、县的；三是局部地区不同行业、不同生态要素或自然资源开发单位之间的补偿。

2. 改革人工商品林采伐制度

森林采伐利用政策问题是林农和森林经营企业最关心和担心的问题之一，是林权所有者和经营者的“处置权”和“收益权”能否真正落实的重要体现。只有改革完善现有森林采伐利用政策，才能保证林权改革的深化、林权流转的顺畅。对此，国家林业局先后出台了《森林采伐分区施策、分类管理导则》、《关于完善人工商品林采伐管理的意见》，明确提出在严格管护好生态公益林的前提下，对达到一定规模的经营实体和经营“大户”，以及新建设的速生丰产林和定向培育工业原料林，可单独编制森林经营方案，其采伐限额和采伐方式、采伐年龄等可依据经批准的经营方案确定；对林农个人经营的森林，在符合规程和政策的条件下，充分保证其采伐指标。

3. 改革育林基金制度

随着林业产权制度的改革和“谁造谁有”政策的实施，“四荒”造林投资主体主要是非公有制经济，育林基金征收政策，已经越来越不适合非公有制林业发展新形势的需要。为贯彻落实《关于加快林业发展的决定》采取配套措施，切实减轻林农负担，增加林农收入，国家林业局正在积极会同有关部门研究改革现有的育林基金制度。各地也要充分考虑本地的财政状况，因地制宜地确定改革实施方案和具体步骤。改革既要着力于减轻农民负担，也要考虑地方财政的实际承受能力，不搞一刀切，具备条件的东部发达省（自治区）可提前取消林业育林基金征收，对暂不具备条件的欠发达地区，要深化公共财政支出改革，建立健全规范的转移支付制度，加大对县乡镇财政转移支付力度，以保证不发达地区也能够享受到共公财政服务。

第二节 明确产权是森林生态系统经营的核心

产权问题是制约中国林业发展的核心，也是决定森林生态系统经营能否实施的重点。没有明晰和具有实现保障的产权，就没有完整和健全的市场主体，从而市场机制就难以有效运行。中共中央、国务院《关于加快林业发展的决定》明确指出要“进一步完善林业产权制度。这是调动社会各方面造林积极性，促进林业更好更快发展的重要基础。”

一、产权与森林生态系统经营

从广义上讲，森林生态系统管理是在一个自相似、自我维持的区域森林生态系统或者更大系统中，管理和认识生物物理和社会经济环境之间的相互关系。森林生态系统管理涉及运用制度、行政和科学方法管理整个森林生态系统，而不是管理小的、人为划分的管理单元。采取森林生态系统管理促进森林可持续经营需要良好的外部环境，我们难以想象，在一个产权不稳定或者产权不可流动的背景下，能够实现林业可持续发展。稳定、明晰、可流动的林业产权是实现森林可持续发展的前提与基础。

随着市场经济的深入和经济社会的发展，产权的内涵也在不断丰富和发展。现代产权制度即是与社会化大生产和现代市场经济相适应的产权制度。从主要方面来看，现代产权制度在产权界定、运营、保护等的体制安排和法律规定上具有一些明显特征：一是归属清晰。各类财产权的具体所有者或者最终所有者得以准确界定，并为相关法律法规（或经过相关的法律程序）所明确认定。第二，权责明确。产权具有实现过程中各相关主体权利到位、责任落实；第三，保护严格。保护产权的法律制度系统、完备，各类性质、各种形式的产权享有平等的法律地位，一律受到法律的严格保护。第四，流转顺畅。各类产权以谋求利益最大化为目的的依法在市场上自由流动、有效运营。

林权就是有关森林资源以及森林、林木和林地的所有权和使用权。我国森林资源除法律规定属于集体所有的以外，属于国家所有。森林资源包括了森林、林木、林地以及依托森林、林木、林地生存的各种动物、植物和微生物。国家所有和集体所有的宜林荒山荒地可以由集体或者个人承包造林。国有企事业单位、机关、团体、部队营造的林木，由营造单位经营并按照国家的规定支配林木收益。集体所有制单位营造的林木，归该单位所有。农村居民在房前屋后、自留地、自留山种植的林木，归个人所有。城镇居民和职工在自有房屋的庭院内种植的林木，归个人所有。集体或者个人承包的国家所有和集体所有的宜林荒山荒地造林的，承包后种植的林木归承包的集体或者个人所有，承包合同另有规定的，按照合同的规定执行。林业产权具有一般产权的特征，要求产权明晰和产权流动性，否则将难以实现森林资源生态系统管理。

二、产权存在的问题

由于多年计划经济体制的影响，在林业经济领域由于林地公有制的固有性质，也由于森林问题的特殊性，林业产权在界定和实现上都存在问题，成为长期困扰林业改革与发展的一个突出问题，并由此派生出了投资林业门槛过高、社会参与林业积极性受阻、林业发展动力机制不足及林木、林地产权争议和纠纷不断并导致毁林案件频发等一系列问题。产权问题不解决，林业改革就难以深入，林业发展就难有动力，全社会办林业的目标就难以实现，林业可持续发展的根基也就无法牢固。

在产权界定方面，大量林木、林地权属不清，存有争议；对一些承包经营的林地，合同纠纷及侵犯经营者权益现象时有发生。在多种经济成分的实现方面，公有林业仍占绝对主体，私有林发展缓慢；国有林业（包括国有森工、国有林场等）机制不活，与其他经济成分的融合不够；集体林业的多种经营形式，包括集体经营、乡村林场、股份制联营等，在一些地区还不同程度地存在着产权不明晰和不落实的问题；对民营林业的发展缺乏必要的制度保障，在投入、贷款、扶持等方面存在着不公平待遇的现象。在产权实现方面，林业经营者缺乏对自有财产（主要是林木）应有的使用权、处置权和收益权，由于种种政策限制，林业经营主体事实上拥有的仅仅是不完整产权。

林地及森林资源流转方面也存在一些急需解决的问题。主要表现在：一是流转主体的利益不能充分实现，动因不足。由于森林资源具有生长周期长、培育和保护管理难度大、收益不确定因素多的特点，加上采伐管理规定严、林业税费高、银行信贷难等方面的限制，使得流转主体特别是受让方的利益难以得到充分保障，严重影响森林资源使用权流转市场的发展，有的是“有行无市”；有的是有出让方，却没有受让方。二是流转监督管理不到位、流转行为不规范。较为普遍的是流转前不依法经过林权权益人的表决同意，而是由少数地方领导干部决定和一手操办；转让不作必要的资产评估，随意确定转让数量和转让价格，既造成了森林资产的流失，也挫伤了林权权益人的积极性；一些地方林业主管部门对森林资源流转的指导、服务和监管不力，有的地方甚至出现在流转过程中造成森林资源严重破坏的现象等。三是森林资源转让评估机构建设滞后。目前从事或参与森林资源资产评估的机构或组织数量少，人员素质不高；有关主管对这些评估机构、人员的资质和资格管理不规范；很多评估机构仍没有按照规定与有关行政主管部门脱钩，成为真正意义上的社会中介机构等。在森林资源流转中，有的找不到评估机构，有的找到了评估机构却不知怎么评估。这种状况很难适应森林资源流转市场发展的要求。四是流转林权变更登记工作普遍未开展、操作不规范。大部分地方森林资源流转后，没有及时进行权属变更登记工作；有的地方仅把流转中的一些协议、合同或其他凭证，充作权属证明使用，并没有从法律上确立其森林资源使用权或经营权的变更。五是森林资源流转法规和政策不健全、不完善。《森林法》对森林、林木、林地使用权流转虽然作了原则性规定，但有关森林、林木、林地使用权流转管理的具体办法尚未出台。各地方的有关法规工作也参差不齐、不尽统一。

三、加快林权制度的改革

针对以上问题，林业产权制度改革既十分迫切，又任重道远。中共中央、国务院《关于加快林业发展的决定》对进一步明晰林木、林地权属，对自留山、责任山、集体林经营管理中的产权问题提出了明确的要求，核心是保护和保障林业经营主体的应有权利。根据这些精神，当前亟需在以下方面实施改革：

（一）确立稳定的产权

1. 尽快完成林木、林地的确权发证工作

要切实维护和保障林权证的法律效力，凡已取得林权证的，当地政府、林业部门、法律机关等要切实担负起保护其财产合法权益的责任，对侵权现象要依法处理；对边界不清、权属不明、存有争议的，有关部门要在合理确权的基础上，给予调处或仲裁，尽快解决权属问题；对权属明确而仍未核发林权证的，林业主管部门要积极做好工作，在今后一年内完成发证。

2. 大力发展多种所有制经济，形成多样化的林业产权主体

要高度重视和大力支持非公有制林业的发展，争取在3~5年内使非公有制林业有一个较大的增长；对集体林采取“稳定一方，放开一片”策略，即对产权明晰、经营良好的乡村林场等集体林经营组织，要保持经营形式的稳定，对其他集体林，可根据情况实行股份联营、承包经营、作价、拍卖及无偿转让等形式，放活经营权；对国有林要在有效保护森林资源、切实保障国有资产保值增值的前提下，探索和尝试国有林产权的多种实现形式，也包括资产转让、承包经营（管护）、股份联营等，搞活国有林经营。

3. 切实保证经营者产权利益的实现

要保护多种林业经营主体对林木资产等自有财产的使用权、处置权和收益权。这里的核心问题是商品林交易权、林木采伐权、木材流通权及木材收益权，涉及中、幼龄林市场建设、林木采伐管理及木材流通政策、林业税费改革等。既要符合市场经济发展对产权改革的要求，又要充分考虑森林资源自身的特点和资源保护的要求，使这项改革稳步推进。

（二）产权制度改革

林权制度改革的范围：用材林、经济林、薪炭林的林地使用权；用材林、经济林、薪炭林的所有权和使用权；县级以上人民政府规划的宜林荒山荒地、退耕还林地、农田林网、道路两侧、城镇、村绿化用地的使用权；按规定批准的成片防护林、特种用途林的森林、林木和林地的使用权。

1. 林权制度改革的基本形式

鼓励个人、法人或其他组织，跨行政区域、跨所有制、跨行

业，通过下列形式投资经营林业：一是竞价拍卖林地使用权。林地所有者可采取竞价拍卖方式，公开拍卖林地使用权；二是买者出资买断一定年限内林地的使用权；三是招标承包。发包方确定标价，实行公开招标承包，承包方一次或定期向发包方上交承包金，或按林木林果收益与发包方比例分成；四是租赁经营。出租者与承租者协商确定租金和租赁期限，承租者按照合同约定交纳租金，依法经营管理森林、林木和林地；五是股份合作。个人、法人或其他组织，以资金、土地、苗木、技术等要素入股合作，按章经营，风险共担，收益共享。

林权制度改革要结合各地实际，采取切实有效的方法，真正达到活化机制，增强活力，促进发展，提高效益的目的。在林权制度改革过程中，要严格按程序规范操作，稳步推进。

2. 因地制宜，搞好林权流转

在保证国家和集体林地所有权不变的前提下，运用市场机制，搞活林地使用权和森林、林木所有权的流转。根据有关各方的意愿和合同约定，林权可进行再流转。

（1）林地使用权的转让，期限宜长不宜短，应按照经营目的、成材年限、结果情况合理确定，农田林网、用材林一般不应低于一个轮伐期，经济林一般不应低于盛果期；转让面积规模要适度，应根据立地条件和当地经济发展状况确定。

（2）森林、林木所有权转让。国有林的转让方案要逐级报省林业行政主管部门批准；集体林的转让方案由村民大会或村民代表大会通过后，报乡镇人民政府批准；个人所有的林木，可自主转让。

（3）签订合同，变更林权。林权流转的双方必须签订林地使用权和林木所有权流转合同，明确各方的权利与义务。合同签订后1个月内，应到县级以上林业行政主管部门办理林权变更登记手续。

（4）积极探索公益林经营管护权流转的有效途径。对商品林的流转《森林法》已有明确规定，但随着林业和生态建设的发展，公益林经营管护权的流转也势在必行。首先要就公益林流转的范围提出具体意见，在有关法律法规中进一步加以明确，或另行报国务院批准；其次，要就公益林流转中有关造林、经营、管护以及林下资源的开发利用等内容，制定出具体的办法或规定。

（5）建立健全森林、林木和林地使用权流转的有关激励机制。进一步放宽流转森林、林木的采伐利用政策，在不改变林地用途、确保及时更新的前提下，主伐年龄由经营者根据经营目的自主确定，报林业主管部门备案，采伐时林业主管部门优先安排采伐限额和木材生产计划指标，真正把多层次、多门类的活立木市场培育起来；进一步规范流转过程中有关勘验、评估及其管理等的收费标准、降低有关林业税费，减少流转的成本，同时，要尽快制定有关森林资源资产银行抵押贷款的办法，以鼓励用森林资源资产为抵押进行银行贷款，为扩大森林、林木和林地的流转开辟新的资金渠道；对尚未确定经营者或者经营者一时无力造林的宜林荒山荒地荒沙，可采取国家予以一定补贴政策，推进其流转和绿化进程。

（6）抓紧制定森林、林木和林地使用权流转的政策和法规，加强森林资源流转的监督管理。要协调有关部门，加快出台《森林、林木和林地使用权流转条例》；同时，要督促各地方林业主管部门进一步加大森林资源流转的立法力度，使森林资源流转真正做到有法可依，有章可循；要明确森林、林木、林地流转的程序，加强监督、检查和管理，进一步规范流转行为。

（7）建立和完善森林、林木和林地使用权流转评估制度，为规范森林资源流转提供服务和保障。要积极引导各地成立与森林资源流转市场相适应的评估机构，定期进行对评估从业人员的培训与考核，加强对评估机构和人员的资质、资格管理，制定森林资源评估的具体办法和标准。

第三节　体制创新是森林生态系统经营的动力

体制、机制是影响中国林业发展的重要因素，林业的转变不同于一般行业的转变，林业的历史性转变更是一个体制、机制的创新。从计划经济到市场经济，从以木材生产为主导到以生态建设为主，都要求体制机制做相应的变革和调整。

森林资源是国家重要的自然资源，森林资源的保护管理直接关系到生态环境建设和国家生态安全。现行的森林资源管理体制尤其是重点国有林区森林资源管理体制，已明显不能适应社会主义市场经济条件下林业发展与生态建设的要求。加快推进森林资源管理体制改革特别是重点国有林区森林资源管理体制改革，对认真贯彻落实党的十六大和《关于加快林业发展的决定》精神，依法加强森林资源保护和生态环境建设，建立现代林业企业制度等具有重大的现实意义和历史意义。

一、体制障碍

改革开放以来，我国林业体制不断进行完善与演化，促进了我国林业发展，但是林业体制依然存在一些制约我国林业可持续发展的因素。主要表现在：

（1）我国重点国有林区森林资源产权虚置、政企不分。森林资源名为国家所有，实际上是由企业自管自用。

（2）国家对重点国有林区森林资源的保护、培育和利用缺乏有效的监控手段。森林资源长期破坏严重，森林质量日趋下降，可采资源濒临枯竭，生态环境进一步恶化。

（3）重点林区森工企业社会负担过重，林区经济长期在低谷中徘徊。企业经营水平低下，自我发展能力脆弱，经济危困局面难以扭转，产业升级希望渺茫。

（4）其他地区森林资源管理地方保护主义严重，乱砍滥伐、超限额采伐、乱占林地、毁林开垦屡禁不止，各类破坏森林资源案件高居不下。

（5）投入渠道不稳定。由于生态建设是一项长期、艰巨而复杂的任务，其建设资金必须有长期而稳定的投资渠道作保障。从目前来看，国债资金来源已经成为我国林业建设的一条重要投资渠道。2001 年，林业国债资金占全部林业建设资金的 22.44%，超过了 1/5；占到六大林业重点工程全部资金的 28.29%，超过了 1/4。而从长远发展来看，国债资金由于其资金性质决定了它具有短期性和不稳定性，难以作为长期而稳定的投资渠道。按照公共财政理论，林业生态建设属于公共产品，其稳定的投资渠道应由国家公共财政解决。

（6）投资相对下降、增量小。林业基本建设投资增长速度较快，快于大农业基本建设投资增长速度，与国家基本建设投资增长速度持平，但在国家基本建设投资中的份额却逐年下降（由“六五”时期的 1.88% 下降到“九五”时期的 0.79%）；同时，由于基数小、起点低，林业基本建设投资在各个时期的实际增量很小，投资总体水平较低，这与林业社会公益事业的地位有悖，影响林业可持续发展。

（7）资金缺位。许多生态公益型国有林场、野生动植物资源保护站、森林公园建设、林业工作站、木材检查站、科技推广等机构和人员绝大多数属于编外，未纳入财政体系，形成严重的资金缺位现象。即使有些纳入财政预算，但也不是正规的事业经费项目，而是非经常性项目，渠道不稳定。

（8）投资结构不合理。①存在重新造、轻管护的现象。目前，林业生态工程建设资金主要用于荒山荒地造林以及封山育林等，因而，大多比较重视新造林，而忽视成林管理和低产林改造，致使近几年幼龄林抚育面积逐年下降。②营林、森工投资结构失衡。两大体系的投资结构偏颇由来已久，这是林业发展的主导思想作用的结果。过去，强调森林的经济价值，林业建设资金向森工倾斜；目前，强调森林的生态功能，林业建设资金倾斜于生态体系建设，林业产业体系建设投资在萎缩，这应引起足够重视。

（9）市场融资能力弱。尽管市场经济为林业建设资金的筹措提供了广阔的空间，但在目前情况下由于林业产业的弱质性以及林业税费过高等原因，抬高了资金进入林业的门槛，林业在吸纳社会资本尤其是商业资本方面能力仍然非常弱。

二、建立新型管理体制

促进森林资源生态系统管理，实现林业可持续发展，必须加快建立新型林业体制的进程。

（一）建立国有林区资源管理体制

设立国务院林业主管部门重点国有林区森林资源管理局，同时，在有重点国有林区所在的省（自治区）成立隶属国家林业局垂直领导的重点国有林区森林资源管理分支机构。通过改革建立权利、义务和责任相统一，管资产和管人、管事相结合的森林资源管理体制。

明确重点国有林区森林资源管理机构的职责。依据国家有关规定，国有重点林区的国有森林资源管理机构依法负责辖区内森林资源的保护责任，并受国务院林业主管部门委托，行使对辖区国有森林资源的保护管理权，主要承担以下管理职责：组织辖区国有森林资源规划设计调查、林区资源监测和统计；按照森林分类经营区划，组织辖区森林经营方案的编制、审批；负责森林采伐限额的编制及实施；负责伐区调查设计、审核、拨交、验收；负责林木采伐、运输以及木材经营（加工）监督和管理；负责辖区造林更新、封山育林管理；征收林价（育林基金）、森林植被恢复费等国家规定的费用；依法行使林政处罚权；承担国务院林业主管部门委托的其他管理工作。

（二）完善集体林区（包括平原林区）的管理体制

对集体林区，要严格按照有关规定，抓好森林资源管理机构责任人上管一级制度的落实工作，进一步明确地方各森林资源管理机构业务上既受所在地林业主管部门的领导，同时受上一级林业主管部门的领导，机构负责人的任免必须征得上一级林业主管部门的同意。要组织力量制定森林资源管理机构及负责人上管一级的具体办法或规定。

（三）完善林业投融资体制

要保障和促进林业的发展，既需要特定时期的高强度投入，更需要建立一种长期稳定的投入机制，使各种要素流向林业，从而保证林业建设工作的长期坚持和建设成果的长期巩固。

1. 建立以国家公共财政为主的投入机制

按照事权、财力划分，把生态公益林建设的投入纳入各级财政预算，并予以优先安排。同时，增加国家预算内基本建设资金、财政资金、农业综合开发资金、扶贫资金额度。

2. 继续实行积极的财政政策，全面启动货币政策，支持林业建设

将现行积极的财政政策再延长数年或更长时间，逐步转向支持生态环境建设方面来。同时，要探索积极的长期货币政策，启动中长期贷款机制特别是增加20年或30年长期贷款，以加大治理生态环境的力度。另外，财政要和银行挂钩，用少量贴息吸引更多贷款，以调动社会各方面力量，共同投入到这项巨大的历史性建设任务中来。

3. 林业建设贷款纳入国家政策性贷款范畴

国家在信贷政策方面应进一步突出生态建设的特殊性，明确生态建设扶持政策。①严格区分政策性贷款与商业性贷款的性质，对林业生态建设实行政策性优惠贷款，并采取相应的运作机制；②在政策性贷款中对林业生态建设贷款实行计划份额制，使用于林业生态建设的政策性贷款在总量上得以保证；③建立新增项目的专项贷款，拓宽政策性贷款的渠道；④适当延长贷款期限，加大贴息幅度；⑤建立各级银行对生态建设贷款风险共担制度，促进贷款政策

的落实，使国家给予林业生态建设的扶持政策足额及时到位；⑥对个人造林育林的农户和林业职工适当放宽贷款条件，实行小额信贷。

4. 建立资本市场融资机制

投资于林业生态建设的企业要逐步减少间接融资手段，增加到资本市场上直接融资的机会。这些企业要按照市场经济的要求，深化内部改革，建立现代企业制度，完善法人治理结构，争取在国内、国外资本市场上市，以获取更多的直接投资。此类中、小企业也要按照资本市场准入规则，争取在“二板”市场上市，以获取更多的资金支持。

5. 制定外资、个体投资造林管理办法

把蕴藏在广大人民群众中间的生态建设的无限动力和生机开发出来，鼓励民间投资林业建设，加大民间资本投资林业的市场准入力度，取消一切不利于民间投资的限制性、歧视性规定。

6. 制定林业工程招投标管理办法

争取在近期内出台林业工程招投标管理办法，从而保证林业资金使用效果，提高资金使用效率。

第四节　科技兴林是森林生态系统经营的依托

生态系统经营、林业可持续发展是科技进步的体现，离开科技进步支持的生态系统经营是盲目甚至是危险的。各国林业发展的实践表明，在走向生态系统经营的过程中，有些国家付出了巨大的代价，有些国家至今依然在修正以往的失误，有些国家则因陷入困惑而难以跟上世界共同进步的步伐。森林生态系统经营是一条充满生机的道路，在这条道路上，离开科技的支撑就可能迷失方向，并且为之付出巨大的代价。凡是生态系统经营搞得好的国家，必然是理念上有创新，技术上有突破，措施上有力度的国家。

技术政策是落实森林生态系统经营的重点。生态系统经营的战略一旦确立，就必须落实到经营过程中，否则，森林生态系统经营只能停留在理念上，而不是形成和完善在具体的经营实践中。技术政策是实现经营战略的具体措施。不同时期，基于经济社会发展对森林作用的认识、社会的主导需求以及各种利益群体对决策的影响，会产生不同的经营理念，因此也相应形成不同的经营技术政策。

一、森林生态系统经营与技术政策演变

世界森林经营大体经历了3个阶段：木材经营阶段、多目标经营阶段及森林生态系统经营阶段。3个阶段体现了社会需求、经营指导思想以及森林经营技术的进步和发展。以18世纪工业革命为背景形成以木材永续利用理论和法正林学说为核心经营思想；20世纪中叶后，以环境恶化及森林在环境中的作用为核心，形成了以多目标经营为特征的经营理念；到20世纪末期，以可持续发展为核心，过渡到系统经营、整体统筹、目标协调的发展阶段。一个多世纪来的森林经营实践证明：森林不仅仅向人类提供各种林产品和服务，而且也影响到政治、经济、自然、文化等各个领域。

森林生态系统经营与传统的森林经营管理既有区别，又有联系。传统森林经营管理以木材生产为中心，把不利于永续利用的因素限制在最低水平，强调一种或多种产品的永续。而森林生态系统经营则强调维持生态系统的完整性、稳定性和持续性，追求系统功能的最大发挥；传统森林经营管理的是林分或林分集合体，而后者则是生态系统演替下的景观水平模式，是空间上不同生态系统的聚合。强调按森林生态系统经营，首先必须在一个较大区域内，在更大的景观水平层次，跨越所有权，把生态系统的整体性、稳定性和社会系统、经济系统的稳定性紧密结合起来，形成一种生态经济功能区划和规划。

森林经营思想是不断变化、不断修正，并且是经历无数失败和教训不断进步的。森林生态系统经营优先考虑的是森林状态，包括林木的层次结构、动植物的种类、林分年龄、林木的生长、更新、演替及自适应机制。一方面它承认自然的过程和机制；另一方面它又确认人工模拟生态系统过程。

在生态领域，森林生态系统经营强调健康的森林生态系统和持久的土地生产力；强调土地是基本资源，应维持森林资源的生产力；强调对地表残留木的保护；对病虫害的防治则强调生物措施和注意长期效果；在造林方面强调物质能量间的良性循环。此外，注意木材以外的其他目标，如游憩、珍稀动物的保护与栖息等。

在经济学领域，森林生态系统经营从改变森林价值观开始。承

认由于全球性的环境问题，突出了森林的生态效益和社会效益。强调必须从人的行为角度来研究人类生态学与生态经济学，以协调生态与经济、环境与发展的矛盾。作为决策科学要考虑森林的最优配置、长期生产力和非市场价值因素，按森林生态系统经营应特别突出环境保护价值。

在社会和政治领域，森林生态系统经营是一项社会问题。林业的社会化程度越高，越说明林业已成为社会学应用的一个分支。现在，解决林业和森林的经营问题，不仅要有技术和经济的可行性，而且要考虑社会和政治的可接受性。为此，必须有效地沟通森林与人类的关系，分析社会公众的意向和林业所扮演的社会角色，强调社会广泛参与林业活动，并在林业决策上反映社会的要求。

强调按森林生态系统经营决不意味着走向纯粹的自然保护主义。同样，也不是排斥木材生产。正像伍德（Wood）所指出的："森林生态系统经营是综合生态、经济、社会原理，以保持景观生态的可持续性，自然资源的多样性，以及生产力经营的生物和物理系统"。

二、森林生态系统经营的技术特征

生态系统经营是森林资源经营的生态过程，这一过程要求长期维持系统内相互依赖的完整性，保持系统的健康和功能持续发挥，使系统能忍受短期的压力并适应长期的变化。森林生态系统经营强调：

1. 森林的全部效益

传统的永续收获经营维持着产品的不断供应（通常是商品但也有其他用途），这种途径极大地强调了资本的输出。生态系统经营维持着生态系统的状态，即维持生态系统所提供的全部效益和价值。这一途径保持了生态的过程、功能、短期压力下的恢复和长期变化下的适应性。生态系统经营明显地扩大了传统的永续产量的概念，它能取得一系列价值和森林的良好状态，而不是受降低不利环境影响所限制的单一资源价值的最大生产。在取得良好的森林状态和广泛的收获同时，森林生态系统经营可能降低特定产品的永续产量（如木材和其他野生动物），这一点会因地域不同而有很大差异，这也反映了人们的不同需求、所有制格局、内在的生物生产力和过去利用的历史。

2. 单位是景观和景观的集合

传统的永续产量经营单位是林分和同一所有制下的林分的集合，它不能保证一些主要野生物种和对公众有重要价值的产品的长期生产，因而不能维持生态系统的完整性。而生态系统经营单位是景观水平和超越所有制的景观的集合。不同的所有制层次，其系统的状态、资源密度和定期产量等将不同，因为不同所有制层次具有不同的义务、限制和目标，因此森林生态经营也包含有永续产量经营。

3. 反映了自然干扰的规律

生态系统经营不意味着在某些随意的自然状态下满足人类需要的产品和服务的简单生产而保存了生态系统，而是认识到自然干扰规律已经在景观水平上为维持生态系统的规律和过程提供了基本蓝图，经营活动就效仿而不是照搬这些干扰规律的特征，经营活动和产量收获规划应建立在取得未来生态系统良好状态的目标内，如生物多样性、景观格局和生物生产力。

4. 首先注重森林的状态，其次再考虑定期产量

森林生态系统的可识别特征，如年龄、结构、树木生长势、植物区系和动物区系的组成可以称其为状态。一个给定了森林组成可提供单位面积上各种资源的储量，如木材材积、野生动物的密度和道路的长短和定期产量。如水和沉淀物的排出、每年的纤维生产、鱼的重量和森林相关的工作。传统的森林科学和森林经营注重储量和定期产量的控制而不关心状态，但是一些重要森林经营问题的解决如生境破碎、原始林的经营、生物多覆盖性、水质、森林健康和长期持续性，首先要考虑状态，其次再考虑储量和定期产量。

生态系统经营并非是回到某些理想的自然状态，而是更加维持生态系统的整体性和森林全部价值的生产。集约的森林经营也属森林生态系统经营的范畴，因为它能在景观或更高的水平上达到生态系统经营的目标。

三、我国的森林经营技术政策及措施

我国几乎没有建立以森林生态系统经营为基础的经营体系。新中国成立后，木材生产及持续供给能力始终是森林经营追求的目标，并围绕这一目标建立了以木材生产为主的森林经营体系和技术

政策。新中国成立以来，国家先后制定颁布了60多项森林营造、培育、采伐利用和资源监测的技术标准、规程和规范，有效地指导了森林资源经营管理实践。

近年来，在推进林业从以木材生产为主向以生态建设为主转变的过程中，逐步构建与森林生态系统经营相适应的技术政策体系。先后出台实施了《全国重点地区和天然林资源保护工程区森林分类区划技术规定》、《全国营造林实绩综合核查管理办法》、《采伐限额检查方案》等一系列规程、办法。及时调整、充实了生态状况监测的内容及其指标体系，修订了《森林资源规划设计调查主要技术规定》、制定了《国家公益林认定办法》。

20世纪50年代，我国森林资源调查就引入了航空摄影和航空调查技术，并在实践中逐步加以应用。1977年利用多光谱影像技术，成功进行了西藏地区的森林资源调查。从1999年开始的第六次全国森林资源清查，进一步扩大了“3S”技术的应用领域，解决了对我国西藏实际控制线外和西部广大无人区的资源调查问题，增加了全国森林资源清查的覆盖面，显著提高了调查精度和工作效率。

1. 建立和完善森林可持续经营的标准体系

要进一步推动我国森林保护与可持续经营的标准与指标体系研究与发展，提高我国森林可持续经营状况监测、评估水平。从生物多样性保护、森林生态系统生产力维持、森林生态系统健康与活力、水土保持、森林对全球碳循环贡献的保持、森林多种效益的长期保护和加强、法律及政策保障体系7个方面深入研究，优化森林可持续经营的标准体系。

2. 合理编制森林经营方案

森林经营方案的主要成果由森林经营方案说明书、附件和图面材料组成，应由编案领导小组按规定报送上级林业主管部门审批并备案。其中，森林经营方案说明书至少应包括：林业系统分析，经营方针、目标与布局，森林经营体系设计，森林培育规划，森林采伐规划，森林与环境保护规划，效益分析等章节；附件主要应有：有关会议纪要与文件，森林资源规划设计调查成果报告与审定意见，森林经营原则方案（原则意见）与审定意见，森林合理采伐量论证报告等材料，以及各类土地面积统计表，森林面积蓄积统计表，森林经营类型设计表，森林采伐规划表，造林更新规划表，森林抚育与林分改造规划表，投资概算表，经济分析表等附表。

但是，从森林经营的整体而言，森林生态系统经营尚处在理论探讨阶段。我们对什么是森林生态系统经营？如何在保护与经营中处理好各经营目标这样的大问题还来不及精心设计。分类经营重在保护，重在区分严格意义上的商品和非商品林，为突出保护提供了实践平台，经营的矛盾和冲突由于分类而弱化。

第五节　依法治林是森林生态系统经营的保障

森林作为一种自然资源，是提供各种林产品的物质基础；作为一种社会资源，是提供生态服务的物质基础。孤立地看待森林的属性，就会引起各种矛盾和冲突，客观地看待森林的属性，并在经营中协调各种功能，就会减少冲突力求各经营目标间的协同。森林生态系统经营就是在综合权衡森林属性与社会需求的前提下，通过经营达到协调的目的。要确保生态系统经营正确的方向和运行轨道，离开法制的约束是不可能的。

一、林业发达国家森林生态系统经营的法制进程

森林生态系统经营是一个过程，是发展中不断总结经营失误和修正经营策略的艺术。经济社会发展首先是对森林自然属性的认可，并且确立了以木材生产为主的经营理念和经营措施，通过立法和规章使之制度化。进而是对社会属性的认可，并转变为以生态建设为主，经营措施也相应进行大的调整和改变。各国的实践表明，规范森林经营，引导森林经营向生态系统经营方向发展，必须将经营思想、经营政策和经营措施法律化。

德国1975年5月制定的联邦《森林法》，于1984年7月进行了修订。联邦《森林法》的立法目的是保护森林的经济效益、生态环境和游憩效益的必要增长和持续发挥；促进林业发展；引导平衡并协调森林经营。联邦《森林法》是纲要性的法律。它与各州《森林法》的关系是：州法不能与联邦法的规定法的规定相抵触；州法根据联邦法的原则来制定具体实施细则。联邦《森林法》制定颁布以后，要求各州在两年之内完成州的林业立法，凡联邦法中没规定的，州法可自行立法，但不能超出联邦法已定的总的原则框架。

《森林法》规定，必须持续经营森林。采伐森林的原则是采伐

量小于生长量，采伐森林以后，应采取天然更新或人工促进方式，在规定的期限内恢复森林。采伐防护林，必须经林业主管部门批准，林主有义务执行规定的控制措施。按环境风格经营游憩林，限制进入其内开展狩猎活动。为保护森林和野生动物，保护游人，进入森林只允许在道路上行驶自行车、残疾人车或骑马。林主有义务在林内设置设施，修筑道路。

日本早在1897年颁布了第一部《森林法》，确定了全国森林经营管理的总法规。随着社会经济的变革，1951年对《森林法》进行了第一次修改。1959年以后，《森林法》又修改了4次。日本《森林法》在保护本国森林资源，永续利用，提高森林生产力，确保国土安全，改善生态环境和促进国民经济发展等方面起到了极为重要的作用。1964年，日本根据林业发展的需要，又制定了《林业基本法》。它是一个为完成国民经济的重要使命，促进国民经济的发展和提高社会生活水平，提高林业和从事林业工作人员地位，保证森林资源和国土安全为基本目的的林业政策。它的目标是：为适应国民经济日益发展和社会生活水平的提高，改变林业受自然、经济、社会限制的不利因素，使林业生产不断扩大，调整与其他产业的等级差别，达到提高林业生产力的目的，并使从事林业人员增加收入，提高经济和社会地位。

美国是个法制比较健全的国家，与林业有关的法令和条例就多达100多种，这些法令对林业的发展起了积极的促进作用。法律的尊严至高无上，任何人都可依法保护自身正当利益，惩办违法活动。林务局历任局长也都根据任期内形势发展的需要，以参予和指导林业法规的制定和实施为自己的神圣职责。有些条例的实施不仅对国有林的经营管理具有深远的意义和影响，而且还促进了国家林业政策的发展，具有普遍的指导意义。

通过法律规范林业的经营行为是林业发达国家的普遍做法，也是转换林业经营思想和确立经营措施的成功经验。

二、完善我国林业的立法

新中国成立后相当长一段时间内，中国虽然没有实行森林法律法规，但中央出台了一些涉及森林资源权属、保护管理、植树造林等内容的规范性文件。1951年颁布实施《关于禁止砍伐铁路沿线树木的通令》等文件，1958年颁布《关于在全国大规模开展植树造林的指示》，1961 年颁布《关于确定林权、保护山林和发展林业的若干政策规定》，1963 年颁布《森林保护条例》等。

党的十一届三中全会以来，我国的林业立法进入快速发展时期。1979 年五届全国人大常委会通过了新中国第一部《森林法（试行）》，这也是新中国最早颁布的单行经济资源门类法律。1981 年 12 月 13 日，五届人大四次会议作出了《关于开展全民义务植树运动的决议》，1984 年 9 月 20 日，六届人大七次会议正式通过了《森林法》，1998 年 4 月 29 日九届人大二次会议通过了《关于修改（中华人民共和国森林法）的决定》，修改了《森林法》与形势不相适应的部分。2000 年 1 月 29 日国务院颁布了《森林法实施条例》，2002 年 12 月 14 日国务院发布了《退耕还林条例》等。至今，国家先后颁布了《森林法》、《野生动物保护法》、《防沙治沙法》、《农村土地承包法》等 6 部与森林资源经营管理直接相关的法律；《森林法实施条例》、《退耕还林条例》、《森林采伐更新管理办法》等 14 部林业行政法规；《林木林地权属登记管理办法》、《占用征用林地审核审批管理办法》、《林业行政执法监督办法》等 31 件林业部门规章。此外，各地还出台了地方性法规、规章 300 余件。林业法律、法规体系的日益健全，为依法强化森林资源经营管理提供了法律依据。

但随着全面实施以生态建设为主的林业发展战略，原有的法律法规越来越滞后于林业建设的实际，因此有必要对现行的法律法规进行相应的调整和完善，为实现森林生态系统经营，走可持续发展道路提供法律保障。

1. 树立与生态系统经营相适应的立法原则

（1）尊重和体现生态规律的原则。林业立法充分地考虑森林生态系统的物质、能量运行规律，重视生态平衡理论以及生物多样性的发展规律，尊重自然和生态演替的规律。

（2）以可持续发展为导向的原则。林业立法应当充分地考虑实现人类社会、经济发展所必需的生态环境与森林资源条件，以及考虑地球环境与森林资源满足世代间人类发展所需要提供的能力和基础，并以此作为指导立法以及确立法律规范的理论基础。可持续发展理论关于区域公平的理论，可以作为制定可持续的流域森林生态管理法律制度的理论基础。

（3）突出生态利益与经济利益协调平衡的原则，在进行林业行政立法时，应当将森林生态环境损益分析立法和对法律规范的成本—效益分析方法分别运用到对森林开发行为的预测、评价、管理以及拟定（或既定）法律制度的设计与分析之中，作为指导法律以及确定法律规范的理论基础。以真正通过立法实现社会、经济、环境三方面效益的均衡和综合发挥。其中，环境经济学关于经济外部性的理论对于制定森林生态补偿以及经济增长成本的“绿色账户”法律制度具有现实的意义。

（4）运用立法社会学理论的原则。遵循林业社会参与的广泛性以及林业主体多样性的特征，在林业行政立法过程中，既重视林业建设的政府主导作用，同时发挥各种组织、机构和各种社会角色的作用，重视吸收公众的意见，尊重社会主体的立法参与权和知情权。在法律内容上尽可能考虑不同地区的经济、社会和自然条件的异质性，依法提高地方或区域林业立法权限和立法质量，调动地方立法的积极性和主动性。

（5）尊重林区人口生存与发展权的原则。现代森林生态立法不能以强调公众生态安全的原则为借口，而忽视或损害当地人，特别是林农的基本经济利益，不能以牺牲局部人群和地域的利益而求得全局生态利益的发展。

三、制定科学的长期规划

建立森林生态系统经营制度，必须制定长期规划。长期计划包括：森林资源发展计划、重要林产品供需长期预测、森林经营计划、地区森林计划。

林业长期发展规划应以50年为一个周期，并在此基础上制订中期发展规划和5年计划，中期计划以10年为一个周期，每5年进行一次滚动修订。

1. 林业长期发展规划

制定50年为周期的林业发展规划是森林生态系统经营的重要基础性工作，没有具有法律意义的长期规划就不能保证林业按照一定的方向运行。国内外的林业发展实践证明，凡林业经营卓有成效的国家和地区，始终把林业长期规划放在重要位置并使之法律化制度化。

在合理分区的基础上，结合各区域的特点和发展要求，编制生态区位图，并依此编制生态系统经营方案，不同的经营目标在经营过程中达到最大限度的协同。

林业长期发展规划一旦制定，必须使其具有法律效率，经营单位和经营者在未征得最高权力部门同意前，不得变更和修订长期计划规划。

2. 编制林产品供需预测计划

产品和服务是森林经营的两大目标，需求是测度经济社会发展对林业要求的数量尺度。服务产品需求是客观的，林业应尽力满足的，也是森林经营的重要约束条件。

预测主要反映经济社会发展对林业需求的总量趋势，结构变化趋势，判断供需之间存在的各种矛盾和问题，提出可选择的解决思路和具体措施。

3. 森林采伐计划

森林采伐是林业生产和森林经营活动的重要组成部分和基础性工作，不但影响到不同层次森林管理或经营单位能否提供持续的林产品发挥经济效益，而且将影响到当地和周边地区甚至更大范围内的生态环境。因此，制定科学合理和能持续发挥森林生态、经济、社会效益的森林采伐规划具有重大的意义，也反映在世界各国的林业立法和政策之中。

我国森林采伐长期规划一般为10年，主要的依据是森林经营方案。森林经营方案是国有林业局、林场、企业事业单位及集体单位科学地经营森林，实现永续利用。而根据本林区森林资源特点、自然历史条件以及社会经济条件等，编制的经营利用森林的方案，是制订中长期规划和年度计划，进行作业设计，组织森林经营，安排生产建设的法定文件，是上级主管部门检查、监督、考核林业局、林场工作的主要依据之一。

第六章　森林生态系统经营：比较·借鉴

第一节　德国的近自然森林经营

一、近自然森林经营的演变历程

德国的埃伯拉赫（Ebrach）林业局局长乔治·施佩伯（Georg Sperber）曾指出：人类的罪孽就在于自以为无所不能的妄想，轻视自然规定的界限，这种人本主义世界观的种种罪恶正在毁灭我们的地球（Sperber 1994）。在经历了毁灭森林而遭受的洪水、干旱、沙尘、风暴等大自然的报复之后，在经历了大面积人工针叶林的灾难性经济和生态恶果之后，在以纯货币经济观念为指导的林业进入“拆东墙补西墙”的艰难境地之后，人类真的到了重新认识自己、重新认识人与自然的关系的时候了。近自然森林经营在世界观上的基本转变就是：人类应当谦虚下来，认识到自己只是地球自然生态系统中的一个成分，无权凌驾于自然之上也永远不可能征服自然。所以，善待自然，善待森林，是近自然森林经营的认识论基础（Strobel 1997）。善待森林，是人类改变自身命运的基点。正如乔治·施佩伯（Georg Sperber）所说的那样，“在人类生存的规划中，大地上的森林应该起到核心的作用，……人类的生存意志和生存能力就表现在善待森林之中！”

森林经营思想在德国已有350多年的历史。1661年德国巴伐利亚州赖兴哈尔（Reichenhall）盆地以木材为燃料的制盐业扩大规模时曾提出，上帝给盐泉创造森林，人们就应该保持其永续；“而永续就是利用量与生长量的平衡，同时使土壤得到保护”。这是较早的关于永续利用的自然定义（Haltzfeld 1994）。恒续林经营体系也有大约100年的历史。19世纪中叶欧洲的产业革命，急剧增长的木材需求导致了森林的大量破坏，森林经营者为不断追求高额利润，纷纷寻找采伐木材量入为出的方法；围绕森林资源的永续利用，许多学者从不同的角度提出“木材培育论”，主张经营针叶单纯林，以获得更大的经济效益，著名的“法正林”学说强调对同龄林实行间伐。但是盖耶尔（Gayer）于1898年提出了与法正林不同的纯粹自然主义的“恒续林经营（Dauerwaldbewirtschaftung）”思想并加以实施，被认为是近自然森林经营的早期体现。而完整的近自然森林经营理论和技术体系，是1920由德国林学家Müller代表的近自然林业学派（naturnahen dauerwaldbewirtschaftung）与主张同龄林经营的土地净生产力学派（Bodenreinertragslehre）的对立中发展起来的。但是，在利润原则的驱动下，整个19世纪和20世纪前期的德国林业还是以针叶林和同龄林经营为主。以至于现在德国森林的绝大部分都还是单层或双层龄级分布的先锋林，常以纯林面貌出现，甚至常是不适地的。以后逐步发现，大面积针叶树纯林遭受风害易风折，然后病虫入侵，遭受的损失很大；另外连作针叶林的土地，因土壤灰化而使地力不断衰退，林分的生产力逐代衰减，直至土地废弃，要改良土壤需花费大量资金。德国近自然林业学派的主张者为避免这种后果的努力自19世纪末期就已经开始。例如在下萨克森州的新布鲁豪森（Neubruchhausen）林业局于1892年就开始了以营造混交林为特征的实验，从此以后在这个林区内出现了各种各样的混交林，这些森林现在被列为近自然森林的典范，当时（1892～1930年）这里的林业局主任埃德曼（Erdmann）先生也被认为是近自然森林经理的奠基人之一，Neubruchhausen林业局也从此改名为埃德曼豪森Erdmannshausen林业局。第二次世界大战后在德国成立“近自然林业协会（ANW-Arbeitsgemeinschaft der naturnahen Waldwirtschaft）”，极大地促进了近自然森林经营的理论深入和实践应用。20世纪70年代以后，近自然森林经理的理论和实践在德国和奥地利、瑞士、法国等许多国家得到了广泛接受和应用。1989年德国农业部把近自然森林经营确定为国家林业发展的基本原则。

二、近自然经营的理论要点

（一）近自然经营的基本概念

1. 近自然森林

近自然森林是指以原生森林植被为参照而培育和经营的、主要由乡土树种组成且具有多树种混交、逐步向多层次空间结构和异龄林时间结构发展的森林。近自然森林可以是人为设计和培育的结构和功能丰富的人工林，也可以是经营调整后简化了的天然林，还可以是同龄人工纯林在以恒续林为目标改造的过渡森林。

2. 恒续林

概念上，恒续林是以多树种、多层次、异龄林为森林结构特征而经营的、结构和功能较为稳定的森林，是近自然森林培育和发展的一种理想森林状态。近自然经营理论假设，人类通过经营这种状态的森林，既可以保持森林的自然特征在一个生态安全的水平之上，同时又为社会提供森林产品和生态文化服务功能，从而实现可持续的森林经营。

3. 近自然森林经营

近自然森林经营是以森林生态系统的稳定性、生物多样性和系统多功能和缓冲能力分析为基础、以整个森林的生命周期为时间设计单元、以目标树的标记和择伐及天然更新为主要技术特征、以永久性林分覆盖、多功能经营和多品质产品生产为目标的森林经营体系。近自然森林经营充分利用森林生态系统内部的自然生长发育规律，从森林自然更新到稳定的顶极群落这样一个完整的森林生命过程的时间跨度来计划和设计各项经营活动，优化森林的结构和功能，永续充分利用与森林相关的各种自然力，不断优化森林经营过程，从而达到生态与经济的需求能最佳结合的森林经营模式。

（二）基本原则

实现最合理地经营接近自然状态的森林是近自然森林经营的基本目的。为此德国农业部 1989 年在《森林法》修订中提出了近自然森林经营原则作为国家林业发展的基本原则。

（1）确保所有林地在生态和经济方面的效益和持续的木材产量同时发挥；

（2）森林经营要实用知识和科学探索兼顾；

（3）所有森林都要保持健康、稳定和混交的状态；

（4）适地适树选择树种；

（5）保护所有本土植物、动物和其他遗传变异种；

（6）除小块的特殊地区外不做清林而要让其自然枯死和再生；

（7）保持土壤肥力；

（8）在采伐和道路建设中要应用技术来保护土地、固定样地和自然环境；

（9）避免杀虫剂高富集的可能性；

（10）维持森林产出与人口增长水平的适应关系。

为使这些基本原则得以实现，目前德国和欧洲其他一些国家在经营计划和林分施业层次主要的近自然经营措施可总结为：① 以乡土树种为主要经营对象，以保持立地生产力，并保证不出现早期生长衰退、爆发性病虫害等不可挽回的灾难；② 理解和利用自然力实现林分的天然更新，且更新总是不断在较小的面积上进行；③ 以森林完整的生命周期为计划时间单元，参考不同森林演替阶段的特征制定经营的具体措施；④ 参照立地环境、地被指示植物和潜在原生林分来确定经营的目标林相并设计调整林分结构的经营措施；⑤ 标记目标树并对其进行单株木抚育管理，目标是保持森林生态功能的前提下实现高价值林分成分（目标树）最大的平均生长；⑥ 采用择伐作业，基于对林分结构和竞争关系分析确定抚育和择伐具体目标，以通过采伐实现林分质量的不断改进；⑦ 尽可能分析各种经营措施的生态和经济后果并保证设计体系是全局最优的，这将更多的依赖和使用模型、模拟及决策支持系统；⑧ 定期对森林的生长和健康状态进行监测和评价。

（三）经济可行性

目前有一种观点认为近自然森林经营是需要大量外部投入的技术体系，是欧洲发达国家的一种奢侈。其实，经济可行性是发达国家一切经营方式的最基本的特征。据权威人士总结欧洲大量实例，对近自然经营法与同龄林人工林经营法的病虫害情况、造林抚育和收获成本、道路密度、机械化可能、总生产力和木材质量等各项指标的技术经济效果进行对比分析结果说明，近自然森林经营的整体生产力和经济效果高于同龄林人工林经营体系（Sturm 1995；Bachmann 1999）。在此给出瑞士苏黎世理工大学副校长、森林经理学家皮特·巴赫曼（Peter Bachmann）教授对近自然经营法与同龄林人工林经营法在总结大量例子基础上的对比分析结果（表6-1）。

表 6-1 近自然森林经理体系与同龄林人工林经营体系的主要经营指标比较*

指标	近自然森林经营	同龄林人工林经营
风险性	低	高
病虫害情况	不多	很多
造林成本	很低	高
抚育成本	很低	高
收获成本	高	较低
道路密度	高	较低
机械化可能	较低	高
总生产力	高	较低
商品用材生产力	± 相近	± 相近
木材质量	± 相近	± 相近
经济效果	较高	较低

*引自 Bachmann 1999

从表 6-1 可以看出，在保持森林生态系统结构和功能稳定的基础上，近自然森林经营具有投入成本低、抗灾害能力强的特征，其整体经营效果高于同龄林人工林经营。美国和其他地区的一些实例分析也得出了同样结论（Haight 1987；Fischer et al. 1999；Valsta 2001）。近自然森林经营的理论和实践目前在欧洲和其他许多国家得到了广泛的接受和应用。

三、近自然森林经营的技术要素

理论研究的结果显示，近自然森林经营的技术参数主要来自于对原始的或天然森林的调查数据和例证。

（一）参照对象

选择的参照对象可以是原始林、天然林或正在经营的人工林。在确定为参照对象后，应该保护其在未来不再受到非计划性人为活动的影响，因为它们未来自然的或接近自然的状态和发展过程将为所在地区的近自然森林经理工作提供具体的参数和模式。

区域森林的典型代表性是选择参照对象最重要的指标。典型性的确定可以从这几方面考虑：①景观类型，最好是天然的土地覆盖类型；②在该地区总体上有意义的生境条件，包括气候、地质、土壤和其他非生物影响因素；③天然的森林植被条件；④森林的自然发育阶段和经营历史等。

另一个重要指标是参照对象区的面积。建立参照区的目的在于观察和研究与立地条件相关的森林生态系统动态过程（不只是物种多样性情况），因此面积应该也包括镶嵌演替阶段斑块的水平，以得到关于森林中自然干扰因素的类型、机理和效果方面的有关信息。在德国通常以 25 公顷为下限，其中有至少 10% 的部分是原始天然的林分。可以把近自然经营参照森林建立与自然保护区的设计工作结合到一起进行。

（二）实用参数和工具

近自然森林经营的基本工具包括：森林经营方案、立地条件分布图和森林群落生境图。这 3 类基本工具又依赖于一系列相关的参数和指标，确定参数及指标的过程是一个评价生态系统的过程。这些参数大致可以分为以下 5 类：①近自然度参数；②多样性和变异性参数；③森林结构参数；④森林产品参数；⑤立地条件和环境相关的参数。

1. 近自然度参数

在“自然”概念的框架内，近自然度参数通常是用一定程度受到人为影响的现实状态与认为的自然理想状态之间进行对比。常用的参数有：①土壤发育近自然度；②植被组成近自然度；③植被演替近自然度；④森林的年龄构成近自然度。其中对森林经营十分重要的是植被组成和演替的近自然度评价。

2. 多样性和变异性参数

包括物种多样性、林分结构多样性、物种构成的变异性、多样性的相对和绝对特征等方面。显而易见，森林作为生物群落未受到人为干扰的时间越长，其立地和物种发育的自然度就越高，所以，其物种的增减总是在自然生态系统中物种频谱的范畴之内相对地进行，所以天然林的多样性是相对的。而人工林的物种是人为设计和规定的，多样性是绝对的。

3. 森林结构参数

除了常用的植物动物的多样性指标以外，保护性经营的森林生态系统，还需要从系统的结构层次上考虑一些重要的特征参数，包括作为生境多样性指标的特殊生态系统微观结构及枯死木构成参数。

4. 森林产品参数

作为近自然经营的经济学要素，森林产品参数是描述森林基础设施和关于林木、林分生长和收获的科学指标和数据。包括了常规林业的一些调查、计划、调整、作业等方面的专业指标。

5. 立地条件和环境相关的参数

包括气候、土壤、地形、地貌、植物区系等方面与特定区域相关的参数。

6. 近自然经营的实用工具

包括取得这些参数的调查设计思想、调查方法和相应的数据分析技术，表达和应用这些参数的各种图件、表格和规范性计划文档等。

四、近自然森林经营实施技术体系

近自然森林经营的技术要素在不同地区针对不同对象会有所区别，可将其归纳总结为4个方面：经营及作业设计调查、群落生境制图及经营计划技术、目标树单株木林分施业体系、森林动态监测评价及调控技术。

（一）经营及作业设计调查

在传统用材林经营中，由于林分在时间空间上的单一性，林分因子的统计学参数信息（如平均值、总量、比例等）就可以满足森林经营的信息需求。而近自然森林在林分组成和结构上的多样性和空间分布的变异性，基于小班的统计参数就不能满足经营的信息需求。为此，近自然森林经营调查至少在3方面有进一步要求：①属性数据集将扩大到包括林分每木调查、小班内部生境区划及监测控制样地数据等。②定性数据和等级数据对经营的影响增加，如林分演替、立地条件综合评价及林分近自然度估计等指标值对确定小班经营计划有决定性的影响。③需要处理和分析地理空间相关的数据并以图形方式输出结果，如群落空间分布图的制作及地理空间定位的野外工作图及固定监测样地体系等（Koehl 2001）。

1. 野外调查和数据处理

为获得近自然森林经营计划所必需的数据，野外调查包括3方面主要内容：①天然植被及经营计划调查；②林分作业设计样地调查；③森林生长动态监测系统样地调查。

经营计划调查针对示范区进行，通过现地踏查了解经营对象区域的天然植被构成情况，特别是天然优势树种和立地条件指示性植物，形成一个简要实用的植物名录。同时通过沿着提前设计的路线调查估计不同地域上现有植物群落的类型及空间布局情况，并在外业工作图上勾绘出各个群落的具体分布位置；记录的项目有各个群落的立地条件、建群物种、起源、演替阶段、生长状况和近自然度等指标。

林分作业设计样地调查一般要针对特定区域的主要林分类型进行，样地面积一般为 50 米 × 50 米；对样地内的所有胸径大于 5 厘米的林木编号并做每木检尺等常规调查项目记录；之后按目标树经营体系中林木分类的原则对样地林木进行分类并选择出目标树，经统计汇总和综合评价确定出林分的目标树、干扰树等各类林木，并在每株林木上做出标记，完成抚育间伐的作业设计。

森林生长动态监测系统样地调查在布设系统样地体系的基础上进行。它可以针对对象区的各个空间单元提供树种组成、蓄积量等各种可靠的数据，其落实单元根据抽样密度还可以更小（如一个造林区域）。经过复测后也可以对林分动态情况做出描述。

这个方法与其他森林经理方法的区别是与空间位置相关的、有一定代表区域的固定位置的圆形样地。对这样的圆形样地要做完整的林分调查，而在需要的情况下，立地条件和植被调查的数据也可以应用到样地记录中来。

森林生长动态监测系统的样地，按一定的网格体系固定设置，网格体系覆盖所有工作的对象区域。根据精度要求及总体变动的估计确定出抽样密度（100 米 ×300 米），每个样地的半径为 8. 92 米，即样地面积为 250 平方米。监测样地体系首先在专用地理系统支持下设立并给出样地分布图及各个样地的地理坐标，野外调查时在样地分布图和全球定位系统（GPS）技术支持下确定各个样地中心点，然后对距中心点 8. 92 米以内胸径大于 5 厘米的林木做每木调查，幼树记录高度在 1. 3 米以上的株数，灌木层以 1. 3 米为界分两层记录其株（丛）数。

从样地数据中可以得出所有项目的准确信息。1. 林分整体状态的描述信息，包括：①林分类型、结构和动态信息，如树种组成、蓄积量、生长量、木材质量和出材品种、更新情况、损伤情况；②对每株林木的重复性记录数据；③对森林演替动态的客观评价，包括：生长量的变化关系、利用关系的变化、更新动态、经营措施的影响评价等。

2. 群落生境制图及经营计划技术

群落生境图从传统的森林经营计划工具——立地条件分类图演化而来，本质上是表达一定生物生活空间类型的景观生态图，是德国《森林法》规定制作森林经营计划的必备技术文件之一（Sturm & Hanstein，1986）。在实际群落生境制图工作中，产生的是分别反映森林演替和自然保护、立地条件和物种构成、近自然度和经营目标评价、经营规划和措施等的一系列具体的专题图（Sturm，1993a）。近自然森林经营计划的基础、分析、目标和结果等各部分，都以一定的群落生境图形式表达出来。而群落生境图及森林经营计划的制定，都需要地理信息系统技术的支持。

（1）森林演替阶段划分

表达森林演替阶段的群落生境图应该在现地完成调查勾绘。事实上，在给定的立地上林分的发展，是随着新物种的增加和原有物种的复制或消失连续变化的，演替的发生没有很清晰阶段性。认识和划分森林演替阶段的目的，是便于定义和描述相应的林学措施和作业方式。通常可划分为森林组建、质量生长、竞争选择和顶极群落 4 个演替阶段（Sturm 1993b，Spurr and Barnes 1980）。

划分演替阶段的主要目的是制定相应的经营措施。例如在森林建群阶段，林地特征是树木以不同的密度成群的或成块的萌发和生长，其起源方式有种子萌发、根萌生和茎萌生等。森林微气候环境还没形成。树种组成以喜光树种和速生树种（先锋树种）占优势。这时森林经营的目标应该是推动演替向植被完全覆盖林地和内部森林微气候环境尽快形成的方向发展。相应的经营措施是进行森林保护、完全禁止放牧和伴生树种调整（促进或补植）。在质量生长阶段的林分特征是占优势的树木已经达到大约 6 米树高，胸径约 8 厘米的个体尺度，土壤已经被不同植被层的树冠完全遮蔽。典型森林微观气候形成。树种组成仍然是喜光树种占主导地位，但先锋树种下面首批耐荫树种开始生长起来。这个时期森林经营的目标是促进林分的质量生长为主。所以相应的经营措施是选择和标记目标树并进行目标树抚育。在某些情况下可进行补植：如存在具有更高经济价值的树种且在该立地条件下可较好地快速生长，或林分的一级和二级目标树密度太低（如小于每公顷 50 株）的情况。

（2）近自然度评价

在同龄林经营体系中，小班是计划和设计基本单元，而近自然森林经营体系中，占据一定空间的植物群落是计划和设计的基本单元。而各个单元经营措施的设计是与其“近自然度”的评定密切相关的。近自然度是根据外业调查中对具体地段上不同植物群落的空间位置、物种组成、立地条件、演替阶段等因素的记录综合评定的，德国体系中分为7个等级（Sturm 1993b）：①顶极群落森林；②演替过渡森林；③先锋群落森林；④顶极或向顶极过渡森林混交有立地不适生的树种；⑤先锋群落森林混交有立地不适生的树种；⑥乡土树种在不适应立地的造林群落；⑦外来树种在不适应立地的造林群落。

其中某个阶段又可根据是否天然更新、人工造林或为灌木林地等特征而划分为3个下级类目。近自然度的序列明确地表达出在没有人为干预的情况下，森林群落从最不稳定的外来树种人工造林群落向原生顶极群落演替的过程，在同一个立地环境中，演替时间越长，群落的近自然程度越高，群落结构越丰富，生物多样性越大，群落越稳定，经济、生态和社会服务功能也就越大。

3. 目标树单株木林分施业体系

近自然森林经营林分施业体系是以单株林木为对象进行的目标树抚育管理体系。这个体系设计的基本原则是理解和尊重自然，充分利用林地自身更新生长的潜力，生态和经济目标兼顾，最大限度地降低森林经营的投入。具体做法是把所有林木分类为目标树、干扰树、生态保护树和其他树木4种类型，使每株树都有自己的功能和成熟利用时点，都承担着生态、社会和经济效益。分类后需要永久地标记出林分的特征个体——目标树，并对其进行单株木抚育管理，目的是在保持森林生态功能的前提下实现高价值林木成分（目标树）最大的平均生长。目标树的选择指标有生活力、干材质量、林木起源、损伤情况及林木年龄等方面。标记目标树就意味着以培育大径级林木为主对其持续地抚育管理，并按需要不断利用干扰树及其他林木，直到目标树达到目标直径并有了足够的第二代下层更新幼树时即可择伐利用。在这个抚育择伐过程中根据林分结构和竞争关系的动态分析确定每次抚育择伐的具体目标（干扰树），并充分地理解和利用自然力，通过择伐实现林分的最佳混交状态及最大生长和天然更新，从而实现林分质量的不断改进。

目标树单株木林分施业体系的主要技术特征之一是对所有林木进行分类。即在林分或标准地中的所有的林木可分为：①目标树，是长期保留、完成天然下种更新并达到目标直径后才利用的林木，标记为“Z”类林木，意为目标树”；②干扰树，影响目标树生长的、需要在近期或下一个检查期择伐利用的林木，记为“B”类；③特殊目标树，为增加混交树种、保持林分结构或生物多样性等目标服务的林木，记为“S”类；一般林木，不做特别标记，可按需要采伐利用以满足当地的用材需求。

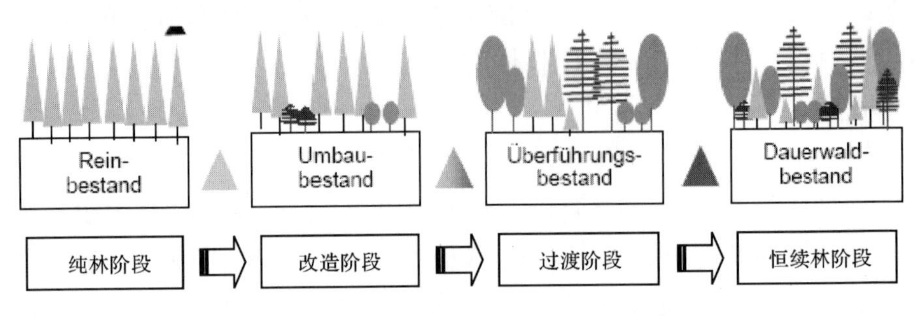

图 6-1　人工纯林近自然化发展的概念过程图

4. 人工林近自然化改造

图 6-1 表示了人工纯林近自然化改造的概念过程（Gärtner 2003）。德国在这个领域中已有较长的历史，在改造体系、作业方法、监测样地、分析评价等方面有很多积累。与天然林比较，人工林生态系统的结构和功能都是单纯的，其能够达到的生态效益也是微弱的，且是较为脆弱和不稳定的生态系统，特别是人工纯林。由于这些不足，德国等林业领先国家 20 世纪中叶就开始了对人工林的近自然化改造工作（Krutzsch 1950；Sturm 1989）；特别是在人口稠密、工业化水平较高的地区，森林的效益已经由木材生产转向为生态防护和社会文化服务为主，人工林近自然化改造是林业发展的必然趋势。

5. 森林动态监测评价技术

为保证经营目标的实现，定期进行森林生长动态监测和评价是近自然经营的必须环节。包括在地理信息系统技术（GIS）支持下设置的固定监测样地体系，全球定位系统（GPS）支持的样地调查方法和信息系统技术支持的数据处理和评价等（Sturm 1989）。在欧洲的监测体系中习惯使用圆形的固定样地，特点是在调查时易于确定样地应该包括的林木而不必测量边界，从而大大提高野外调查的速度。

第二节　瑞典的森林资源经营管理

瑞典位于斯堪的纳维亚半岛东部，国土面积为 44.9 万平方千米，约 15% 的土地处在北极圈内。一个多世纪以来，瑞典政府加强对森林资源的宏观调控，不断修订和完善《森林法》，采取行之有效的林业政策和措施，使林业逐步进入良性发展轨道。尽管全国的林木采伐量一直呈逐年上升趋势，但森林资源仍保持稳定增长，森林总蓄积量比 20 世纪 20 年代增加了 50% 以上。特别是 1993 年，瑞典政府为了履行在联合国环境与发展大会上做出的承诺，又对《森林法》进行了重大修订。明确规定森林环境和林业建设两大目标在瑞典森林资源管理中具有同等地位，并将森林可持续经营作为今后瑞典森林经营的指导思想。

一、森林经营史

（一）森林无序开发阶段

长期以来，许多国家一直将森林作为可以任意开发的可再生自然资源。同其他发达国家一样，瑞典森林开发也延续了数百年。尤其是 19 世纪以后，伴随工业化进程，当时不太健全的森林管理制度受到了极大冲击，导致寒温带原始森林自由开发和过度利用，大面积原始森林遭到严重破坏。在瑞典南部地区，森林一直是建筑、燃料、农具等生活生产资料重要来源，许多村民以轮垦方式从事农业生产。由于人口压力不断增大，大片森林砍伐之后变为耕地；在工业化带动下，制材业迅速发展。在北部地区，浩瀚的原始林资源开始被开发利用，木材主要通过水运方式运送到波罗的海沿岸，再出口到欧洲市场。制材企业从农民手中大片购买林地，导致许多地方森林资源大规模采伐。经过人类的长期干预，瑞典南部的天然林景观荡然无存，以阔叶林为主的森林景观被人工针叶林所取代。尽管当地仍然保存着人工的森林景观，但要想恢复原来的森林景观却是极其艰难和漫长的，这不能不说是瑞典森林经营史上十分深刻的教训。

（二）木材生产永续利用阶段

经历19世纪大规模森林自由采伐以后，瑞典的森林资源大幅度减少，有些地方的森林甚至濒于枯竭，并且还造成了失业等社会问题。面对这种情况，瑞典政府不得不考虑制定新的林业发展战略，加强对森林管理和采伐控制，以满足经济发展和人民生活水平提高的需求。1903年瑞典制订了历史上第一部《森林法》，以法律形式强调森林资源在瑞典未来发展中的作用。《森林法》规定，采伐量不得超过生长量，森林采伐后必须进行更新。在《森林法》的严格控制下，乱砍滥伐现象得到了有效遏制，森林资源逐步得到恢复，立木年生长量逐步达到历史最好水平。在随后的几十年内，瑞典对《森林法》进行多次修订和补充。《森林法》的主要原则是保护森林资源，提高森林质量，确保森林的永续利用。主要内容包括采伐限额管理，森林采伐批准制度，采伐更新制度等。在1980年修订颁布的《森林法》中，为了体现公众对环境问题的关注，特别提出森林经营应充分注意自然保护和公众的其他利益。然而，森林经营主要强调的是木材生产，将木材的永续利用放在第一位，环境保护始终处于从属地位。在这期间，瑞典全国林木蓄积量、年生长量大幅度地增长，增长了50%以上。但是，由于瑞典长期以来推行经济优先政策，大力发展经济价值较高的针叶树种，树种结构发生了巨大变化，针叶树种所占比例过高，阔叶树中比例明显过低，尤其是瑞典南部地区，这个问题更加突出。

（三）森林可持续经营阶段

20世纪80年代以来，森林的生态效益日益受到世人的高度重视，尤其是联合国环境与发展大会召开以后，瑞典政府履行了在这次大会上做出的承诺，并于1993年对《森林法》进行了重大修订。新《森林法》标志着瑞典森林经营从以木材生产为中心转向生产和环境保护并重改革的开始，并使瑞典真正走向森林可持续经营的轨道。为了确保木材生产与环境保护有机结合，新《森林法》除了规定以可持续的、高产值的收获为目标，高效地利用森林和林地，使林产品满足现在和将来的各种需要之外，还规定，应维持林地的生产力，确保生物多样性和遗传差异，森林经营必须保证森林生态系统中的动植物保持足够的种群、保护濒危物种和植被类型，保护森林的文化遗产、景观及其社会价值。

二、森林经营管理体系和制度

（一）森林经营管理体系

瑞典的森林资源按所有权可划分为国有林、公司所有林和私有林。

国有林由国有林管理局负责管理。全国的国有林划分为 4 个大区，由 35 个作业区负责经营，作业区下设作业组。国有林管理局主要从事国有林的经营管理、木材营销、森林更新等活动，所有费用纳入国家预算。国有林管理部门必须按森林经营管理的中长期规划进行，制定年度预算、森林采伐量、森林更新指标和利润指标。利润超出部分归己，并依法向地方政府纳税。经营单位可以自行向加工单位和市场销售产品，自由选购自己所需的设备和物资。

私有林由国家林务局负责管理。国家林务局下设 24 个省林务局和 141 个管理区，其经营服务对象主要是私有林和私有林主。林业行政管理部门对私有林主要是发挥监督检查、技术指导、协调扶持作用，以促进私有林的经营和发展。瑞典私有林面积占 50%，具体的森林经营活动通过林主协会来组织。

政府对公司林主要是进行监督。瑞典的公司林占森林面积的 37%，集中在 11 个林业公司手中。林业公司拥有采种、育苗、造林、经营管理以及科研方面的专门机构和人员，另外，还拥有木材加工、纸浆和造纸、人造板等工厂。生产的木材直接供应本公司的工厂使用，不足可向私有林主购买，或从国外进口。

（二）森林经营管理制度

1. 稳定的产权制度

近百年来私有林权长期稳定不变，并得到国家法律保护和扶持。私有林是林主的私有财产，一般情况下，林主不愿意放弃或出让林地。清晰稳定的林权为私有林的经营管理和良性发展创造了前提条件。像瑞典这样一个高纬度的国家，林木生长周期短为 60～80 年，长为 120～150 年，如果没有一个稳定的产权制度做保障，瑞典森林资源不可能在百年来获得如此迅速的恢复和发展。

2. 健全的法律制度

《森林法》具有连续性和稳定性，对私有林始终发挥着引导、强制作用。瑞典《森林法》虽经多次修改，但它限量采伐、永续利用的基本精神没有变，并且已变成林主的自觉行动。每一次新法出台后，林主只需在以往经营的基础上进一步改进措施和手段，不会产生无所适从的感觉。《森林法》关于采伐、更新及保护生物多样性的规定，对私有林主改善森林经营手段，提高森林经营水平，明确森林经营方向起到了决定性的作用。《森林法》所规定的处罚手段，对林主有很大的威慑及强制作用，第一部《森林法》对不执行伐后人工更新的林主实行禁伐处罚。最初全国每年禁伐处罚超过100起，经地方林业机构的宣传教育和法律的进一步实施，使林主认识到按照《森林法》要求去经营森林更为有利，禁伐处罚逐年减少。

3. 有效的管理制度

政府主要依靠《森林法》和各项林业政策来管理林业，具体的经营生产活动则由企业、公司、林主自行安排。政府以《森林法》和其他法令的形式向林主提出强制性要求，并通过地方林业部门的宣传、教育和指导把《森林法》的要求变成林主的自觉行动，利用各种财政补贴手段鼓励优先领域的发展或扶持薄弱环节。瑞典采用国家林务局、县林务局和林管区3级管理机构。国家林务局的职责是贯彻执行国家制定的各项林业法令、林业政策，在宏观上对私有林进行管理。私有林的具体管理工作由地方林业机构执行。地区林务局对私有林的管理包括：监督《森林法》的执行，对林主的采伐申请进行审批，进行森林资源调查，兑现财政补贴，为私有林主提供各项服务等。林管区的主要任务是贯彻《森林法》，教育、培训私有林主等。

4. 完善的服务制度

瑞典的社会化服务体系完善而发达，与私人产权和政府管理形成鼎足之势。约有3000多家各种各样的林业社会化服务组织遍布全国，新信息、知识和服务通过这些组织传递给小林主。小林主在木材价格等方面的利益问题也依靠相应的社会组织来解决。林主协会是林主自己的组织，对瑞典私有林的发展起着至关重要的作用。目前，全国8个林主协会，约有8.8万个林主参加了林主协会。林主协会的主要职能是：①经营销售木材。林主要卖木材，先到协会登记数量和价格，由协会负责统计和联系销售。②提供林业生产服务。协会受林主的委托，帮助林主采伐木材、承包造林、经营森林和制定林业发展规划等。③组织协作。组织林主们在规划设计、造林、采伐、运材等方面进行协作，直接参加林业生产活动。④经营森林工业。协会也建设一些木材加工厂和制浆造纸厂，负责企业的经营管理。⑤信息联络，反映问题。协会负责召开林主协会会议，讨论林主关心的问题，向政府和政治团体反映林主的要求和意见，并宣传林主们的利益所在。

三、森林经营的具体方法

随着重视环境，回归自然的潮流，瑞典国民要求加强环境保护的呼声越来越高，并逐渐形成各界共识。在这一潮流驱使下，瑞典在森林经营方面进行了大量的实践和探索，逐步形成自己的特色。

（一）私有林的经营

1. 改革整地方式

瑞典林业机械化程度很高，整地完全依靠机械。他们认为，以前的整地方式对林地土壤的影响较大，容易破坏土壤结构，引起水土流失。现在，瑞典正在开发新的林业机械，其原则是在整地时尽量少动土壤，不破坏林地原有的土壤结构，他们称之为“温和的整地方式”。机械整地的深度只是把地表未分解和半分解的枯枝落叶层翻开，以利于苗木与土壤的密切结合。

2. 林地保留采伐剩余物

从 20 世纪 60 年代末开始，瑞典林学家就保留林地采伐剩余物对林木生长的影响进行研究。结果显示，林地保留采伐剩余物对林木 10 年以后的生长作用明显；同时，在林地保留采伐剩余物，有利于抑制林地土壤 pH 值呈酸性，并且随着林龄的增加，林地土壤 pH 值趋向中性的时间加快。目前，在瑞典的部分地区已经把“在土壤贫瘠和水土流失区禁止清除林地采伐剩余物”作为地方立法。

3. 林地合理施肥

瑞典从 20 世纪初林地开始使用化肥，林地施肥以 20 世纪 60 ~ 70 年代为盛。但是从 70 年代开始，瑞典对是否应当大量施用化学肥料展开讨论。结果认为，大量施用化肥，尤其是施用氮肥，造成土壤中的有害物质（特别是氮）含量急剧增加，甚至已经影响到饮水水源。因此，近年来，瑞典林地的施肥量逐渐减少。

4. 森林采伐方式

瑞典人工林因其地理气候和树种的特性，幼林生长缓慢，初植密度一般都比较大，株行距为1.2 米×1.5 米或1.5 米×1.8 米，每公顷为3700～5500 株。由于树木的成熟期为 80～100 年，因此在30 年左右进行第一次抚育伐，再经过 2～3 次的商业性间伐，最后每公顷保留 1200～1500 株。瑞典林学家认为，经过合理间伐，能够保持地表植被多样性，增加土壤肥力，同时可以增加林地的经济产出；而不经过抚育间伐的林地，尽管林木蓄积量会增加，但地表植被减少引起的地力下降，最终还是得不偿失。到了主伐阶段，瑞典以前主要是大面积皆伐，但环保主义者认为，大面积皆伐会造成水土流失，现在瑞典大面积皆伐正在逐步减少。瑞典一般都采用较小面积的带状采伐或择伐。

5. 采伐作业方式

瑞典采伐作业大都实行承包制，发包方是木材公司和林主协会。采伐工人不只是操作机械，更主要的是采伐前亲自调查采伐林分的林况，与主管商定作业方针，选木、采伐都由采伐工人完成。作业方式的决定权限下放给第一线工人。有关数据处理、财务、业务、劳务、技术方面的问题可以请求专家援助。这样就形成了管理者（确定优先完成指标）→各现场作业组←专家（技术援助）的生产机制。专家除给予工人技术援助外，还经常对工人进行培训，讲授如何提高生产率和生态保护方面的知识，以提高他们的技术水平。权限下放给第一线工人取得了可喜的效果。工人较以往更加意识到自己是主人，肩负重要的决定权，工作更加积极，从而提高了生产率，降低了成本，收益明显增大。如瑞典南部的苏达拉森林所有者协会，1 名主管负责 1 万公顷森林的采伐、抚育（从采伐计划的确定到生产木材、林木抚育作业），1 个人管理的森林面积虽很大，但他手下有信得过的现场作业组，工人是完全能保证经营质量的，他们对作业的实施有着比主管还大的责任感，他们不仅考虑作业的低成本高收益，还注重是否有利于伐后更新。

6. 从人工更新逐步转向天然更新

很长一段时间以来，瑞典的森林大部分是人工更新，进入20 世纪90 年代以来，天然更新增加很快。瑞典专家认为，天然更新可以充分利用自然力，对环境的影响可以降低到最低限度。近年来，瑞典采伐迹地的天然更新已经达到60%以上，这一比例仍在继续提高。从目前情况看，欧洲赤松的天然更新比较成功。具体做法是：每公顷保留100～200株生长良好的健康母树，其天然更新的密度可达到每公顷10 000株，其中包含不少自然形成的其他树种，这十分有利于林分的生物多样性。林子郁闭后再进行择优保留。挪威云杉的天然更新还存在一些问题，专家们正在积极研究，寻找对策。

7. 农地改林地

瑞典政府积极鼓励土地所有者把农地变为林地，并采取了包括经济补贴、提供无偿服务等许多措施。1990年，政府决定将50万公顷农地转为以林业用地为主的其他用地。为了鼓励转为林地，政府对此拨款补助，每公顷补助12 000瑞典克朗（1瑞典克朗＝1.27元人民币），如种植阔叶树，增加4000瑞典克朗，如种植政府选定的8个树种再增加4000瑞典克朗。农户要求将农地转为林地，可以向林业部门申请，经批准后开始实施，林业部门为农户提供从规划、测量、经营计划、技术咨询，直到检查验收的全过程服务，经检查验收合格后，政府付给农户相应的补助数额。

8. 积极发展多功能农用林

瑞典不仅十分重视林地地力的维护，而且还从国土保护、环境保护的高度积极发展多功能农用林。瑞典南部地势平坦，土壤肥沃，是瑞典的主要农区，这里的农用林主要有两类：一是柳树防护林。柳树防护林带宽10米，间隔120米，一般5～6年割条萌生更新一次。其功能一个是防风，再一个是调节土壤含氮量，同时，快速生长的柳树也可以短期更新，提供能源，从而使农户把更多的农田秸秆还田，增加土壤的有机质含量，可以说是一举多得。再一类是混交型防护林。这一类防护林可以说是多种多样，农户根据适地适树的原则，依据不同的自然立地条件，选择不同的树种，一般都是乔木、灌木混交，不仅起到了防风作用，还为一些野生动物提供了栖息地。

（二）国有林的森林经营

国有林由国有林管理局负责经营管理。管理局的资产和负债都纳入国家预算，但有很强的独立性。政府只在一些重大问题上保留最后决定权，如大片林地的买卖等。政府为国有林管理局的长期预算规定利润指标，管理局必须完成。20世纪70年代以来，管理局上缴利润约占其纯利的40%，超过指标的纯利全部归管理局所有。如因政策或天灾等原因发生亏损，则亏损部分在国家预算中开支。国有林管理局可在其业务范围内自主地运用其资金。但法律规定，因出售林地而获得的收入必须用于购置新的林地或进行10年以上的长期林业投资，不得挪作他用。国有林管理局所属的经营单位除了向中央政府上缴利润之外，还作为赢利单位依法向地方政府纳税。国有林的经营方针是在发挥多种效益、保证永续利用的原则下，争取经营的利润，但也必须优先考虑国家的整体利益，如林区人口的就业问题等。所以，在国有林管理局的经营指导思想中，利润原则并不居第1位。

(三) 公司林的森林经营

公司林的经营水平很高，尤其是一些大公司。如瑞典纤维素公司拥有170万公顷林地，早在20世纪40年代就开始选择正号树和建立种子园，50年代就进行森林航空施肥和划分采种区。其主伐林每公顷蓄积量2000年已由原来的40立方米提高200立方米。单株木平均材积由0.16立方米增加到0.26立方米。目前，该公司每年可生产近300万立方米木材，估计今后将有较大幅度的提高。又如莫道姆公司经营纤维、化工和机器制造等工业，拥有森林65万公顷，每年造林7000公顷，培育苗木1300万株。该公司设有森林生物研究站、林业技术研究站、实验室等，每年投入大量资金进行林业技术和纤维造纸的研究。公司林是木材工业企业为保证原料来源而创造的一种工、林结合的经营方式。

四、森林经营管理的发展趋势和目标

(一) 森林经营管理的发展趋势

在100多年以前就不再允许林地自由开发，森林资源因此获得成功恢复和发展的机会，并保证了木材的稳定供给。但是，由于长期以来执行木材生产放在首位，保护放在从属地位的政策，已使森林结构发生了重大变化，林地的生物多样性受到严重破坏，森林生境发生了重大变化，许多森林野生动物的栖息地越来越少。近年来，瑞典将环境保护放在了与木材生产同样重要的位置，不断强化环境保护意识和政策，采取了各种措施以恢复生物多样性和地力。瑞典对于生物多样性保护战略更希望于结合林业的生态恢复，而不是像自然保护区那样的大面积保护。为实施可持续森林经营，除了继续营造针叶林外，还将通过扩大阔叶林面积和增加针叶林中阔叶树的比例，提高阔叶树在森林资源中的占有率，尤其在条件适宜的中部和南部地区，采用经济扶持等手段，努力扩大阔叶树的种植面积，并鼓励将农田改为林地，尤其是鼓励种植阔叶树。

瑞典森林资源为森林工业的持续发展奠定了可靠基础，利用优质木材生产高附加值林产品是瑞典林业发展的主要方向。为保持瑞典林业和林产品在全世界的商业地位。瑞典以高成本培育高质量的林木，林业企业尽可能地对生产过程进行优化，不断改进生产技术，使生产成本和木材价值保持在合理的水平上。

瑞典为了保证市场份额和开拓绿色市场，加上环境保护类非政府组织的推动，从政府到企业均对开展森林认证工作持鼓励推动和积极支持的态度。目前瑞典已成为世界上森林认证面积最多，开展森林认证最早的国家之一。到2001年9月30日为止，瑞典共有23个森林经营单位的1014万公顷的森林经过了森林管理委员会（FSC）体系的认证，占FSC森林认证总面积的42.1%，高居世界第一位。此外还有104家企业通过了FSC的产销监管链认证。在认证的森林中绝大部分是企业原料林，占了82%；其次是国有林，占11%；还有少量的私有林、团体林及其他公有林。

（二）森林经营管理的发展目标

在21世纪的100年内，瑞典森林经营的目标是：

（1）林木年生长量现为9500万立方米，将提升到1.07亿~1.16亿立方米；

（2）最高可持续木材年产量可达到0.82亿~1.04亿立方米，比现在提高25%~30%；

（3）林木总蓄积量将从28亿立方米上升到2100年的32亿~34亿立方米；

（4）在大多数方案中，阔叶树种均将有所增长；继续采取20世纪90年代实施方案，阔叶将从16%扩大为2100年的25%；

（5）以树梢、枝桠为生物燃料的产量将翻番；

（6）现在年间伐面积为30万公顷，将扩大到45万~50万公顷；

（7）老龄林面积保留率将从现在的4.5%提升到7.5%~10.5%；南部120年生以上称为老龄林，中、北部140年生以上称为老龄林。

第三节　俄罗斯的森林经营管理

俄罗斯是世界森林资源第一大国，据俄罗斯自然资源部的最新统计，目前森林总面积为8亿公顷，约占全世界的25%。截至2002年1月1日，俄联邦森林资源占地以及未列入森林资源的林地总面积为12亿公顷，占国土总面积的69%；森林覆盖率45%，远远超过27%的世界平均值；森林蓄积量为820亿立方米，占世界总量的1/4以上；每年采运木材超过5亿立方米。森林资源对国民经济具有重要的生态、经济和社会意义。

一、森林经营

（一）森林分类经营方针

长期坚持森林分类经营方针，切实保护国民生存环境。

1. 森林分类经营现状

森林分类经营始于1943年，到目前已有60余年历史。俄罗斯把全部森林资源分为3大类，进行分类管理。

第一类森林主要包括：河流、湖泊、水库以及其他水利设施沿岸的护岸林；有捕捞价值的鱼类产卵场的防护林；水土保持林；俄罗斯各州、区铁路、公路沿线的防护林；居民点和企事业单位的绿化林带；有坚果采集价值地区的森林；果树林；冻土带附近的森林；国家自然保护区森林；国家公园森林；自然公园森林；自然保护区森林；国家防护林；带状松林；沙漠、半沙漠、草原、森林草原以及少林山区的森林；对环境保护具有重要意义的森林；第一、第二类涵养水源卫生防护林；第一、第二、第三类疗养区的卫生防护林（山区卫生防护林）；自然文物；极具价值的林区；具有科研和历史意义的森林。以上各种森林可以归纳为水源涵养林、防护林、卫生保健林、特殊保护区的森林、天然禁伐林以及具有环境保护、科学研究、历史、社会和文化价值的森林。

第二类森林主要是分布在人口稠密地区的森林，森林资源短缺和必须严格控制采伐利用地区的森林。

第三类森林分布在多林地区，第三类森林可进一步划分为开发林和储备林。

由于越来越重视森林的社会和生态效益，因此，这3类森林在国家森林资源中所占的比重在不断发生变化。例如：截至1993年1月1日，3类森林的比例为20∶6∶74；1993～1996年第一类森林的面积呈上升趋势，这主要是由于新建了一批国家公园、禁猎区、禁伐区和其他一些具有特殊功能的保护区等；2002年末，这3类森林的比例为23∶7.6∶69.4 。这说明，林业政策越来越倾向于强化森林的防护功能。俄罗斯森林分类经营方针的实施避免了城市建设、人类开发对森林较大程度的破坏，同时又能使一大批公益林得以保存，国民一直生活在良好的生态环境中。

2. 森林分类经营方针的变革

2003年12月，俄罗斯农业经营学博士、院士莫伊谢耶夫为纪念森林分类60周年时发表论文指出，60年的实践已经证明，不能继续保持原先的做法：已纳入生产的第三类森林开发过度，大径级林木资源基本枯竭，而第一类森林里的成、过熟林木聚集过多，不仅失去商业价值，还降低了生态稳定性。2006年11月，俄新版《森林法》获得通过，新旧《森林法》有关森林分类的论述几乎保持一致。

（1）第一类森林为具有防护、社会、科研价值的森林，下分为3个亚类，亚类之下又包含多种林：水源涵养防护林，包含河流、湖泊、水库沿岸的林带，保护名贵鱼类产卵的森林，保护饮用水供应区的林带，山地陡坡和沟谷边缘的抗侵蚀林，铁路、公路沿线的防护林以及各种国家防护林带，呈带、块或在边缘地分布的针叶林；社会科研价值林，包含疗养区、城市森林、森林公园、城市和居民点、工矿区四周的绿带，科研中心和高等院校四周的森林；受特别保护的自然区森林，包含禁伐区、国家公园、自然保留地、自然纪念地、生物圈保护地等。

（2）第二类森林为林木资源经济可及、可供森林工业发展的森林，可利用森林资源具优势地位，但发展森林工业时必须重视森林经理对个别地方规定的特殊林地，如森林水源涵养保护功能和游憩保健功能。第二类森林又可分为以下亚类：对地方居民具有重要价值的森林；具有工业开发价值的森林（允许租赁和建立合同开发区）。

（3）第三类为经济不可及林（在近20年内），下分为3个亚类：后备用材林（木材资源状况好），但交通不可及；已开发林区的低商品价值林（需进行发行的资源）；森林资源的生产力很低的森林，但具有重要的水源涵养功能，非林木资源的生产力高的森林，如食用、饲料、药物资源丰富。

（二）森林资源分类经营管理

1. 对第一类森林主要是进行保护，不允许进行主伐利用

在经营管理上主要表现为保护和强化这一类森林的水源涵养、保护以及其他自然防护功能，及时、合理地利用过熟林和成熟林。对这一类森林进行采伐主要依照以下顺序：当一块林地上的立木干枯，或因遭受火灾、病、虫害而停止生长，或者是完整性低（≤0.4），已经失去了保护价值，则对其进行及时采伐；对过熟立木应及时采伐；成熟林地的立木尚未过熟时应首先确定林龄，然后进行相关的采伐。

在第一类森林中优先进行主伐和间伐（长期间伐除外），为保障这一类森林中珍贵树种的安全更新以及立木的稳定性，则进行皆伐。在对第一类森林进行皆伐时根据森林经营区确定伐区的面积，针叶林和硬杂木林的伐区面积不超过5～10公顷，阔叶林一般不超过15公顷，以上几种林地的伐区宽度相应地不超过50米、100米和150米。

此外，2004年《森林法修订草案》中指出，除自然资源保护区、国家公园核心保护区之外，对其他各种一类森林进行采伐时，也包括主伐时，其采伐方式应与每种类别森林的目标用途相适应，保证及时更新并形成相应的组成是符合目的的；采伐必须根据一定的立地条件，实施经过科学论证框架内符合本地区要求的营林措施，既考虑具体的经济条件，也要重视森林的自然条件。

2. 对第二类森林可以进行适度工业利用，但应以不损害其发挥保护功能为前提

在经营管理方面主要表现为保护该类森林的形成环境的功能，并且能使其得到更新，使珍贵树种得到经营性更新。对这一类森林进行合理、有效的经营以采伐立木。依照森林的生长条件、森林类型和更新条件，对于第二类森林可采用主伐的所有形式：皆伐、择伐和间伐（其中包括长期间伐和分散间伐）。在对第二类森林进行皆伐时伐区的面积根据森林经营区确定，针叶林和硬杂木林的伐区

面积不超过 10～20 公顷，阔叶林不超过 25 公顷，以上几种林地的伐区宽度相应地不超过 100 米、200 米和 250 米。对于第二类森林除集中皆伐外，可以根据本地区的实际情况实施相关的营林措施，但这些措施应以一定的立地条件为基础，并经过科学论证。

3. 对第三类森林可以进行大规模的主伐利用

对第三类森林进行采伐的目的是为了有效并合理地经营立木，对珍贵树种进行及时更新，保护该类森林形成环境的功能并且能使其得到更新。依照第三类森林的特点可对其进行主伐的所有形式：皆伐、间伐和择伐。进行皆伐的必要条件是：保护幼林和第二林层的生长以保障休伐时森林的更新，保存树种或者是在采伐后的 2～3 年内保护森林的生产。在对第三类森林进行皆伐时伐区的面积依照森林经营区的特点来确定，所有树种林木的采伐面积都不能超过 30～35（50）公顷，其伐区宽度相应地不能超过 300～350 米。地方森林管理部门监督控制本地居民、按传统方式利用森林木材资源和非木材资源。

二、森林经营措施

（一）森林采伐

俄罗斯在进行森林采伐时，对不同地区、不同树种采取了不同的对待方式。目前，对一些珍稀树种的采伐已经越来越引起社会的关注，这些珍稀树种主要是指：远东以及欧洲部分的白腊、橡胶树、榆树、椴树、紫杉；西伯利亚和远东的瑞士五针松；欧洲部分少林地区的落叶松（在西伯利亚和远东落叶松是比较普遍的树种）；北高加索的栗树、山毛榉、梨树等。因此，在对一些树木进行采伐时，首先应该查明在某一地区对某一树种是否有限制性的规定。有时，在某一地区或许缺少对采伐某一树种的限制性规定，但是如果对其进行采伐必然会引起社会舆论的强烈反对，这一点也必须考虑进去。在多林地区，大部分居民对木材采伐依赖较大，这主要是指西伯利亚、远东以及俄欧洲部分北部。尽管那里的森林采伐已经引起了极为严重的生态及社会问题，但是按照惯例采取大规模采伐森林的方案仍将一如既往。在人口稠密的地区、少林地区以及森林资源已经枯竭的地区即使是每年的森林采伐量超过 5 万立方米也会引起社会的极大关注。

森林采伐分为主伐、抚育伐及其他几种类型。主伐是指生产商品伐，第二次世界大战后，主伐在全国范围内迅猛发展，当时主伐总量占全国森林采伐总量的80%～95%。20世纪90年代后主伐总量逐年下降，1991～1996年，主伐增长速度超过1倍的地区仅有图瓦共和国，这是因为该州经济基础薄弱，解决经济发展的唯一途径就是采伐森林。近几年，在俄罗斯欧洲部分的一些工业发达的州、区主伐开始大规模下降，其降幅达20%。为了培育高产的珍贵树种和改善林分的质量和卫生状况，俄罗斯每年都进行一定数量的抚育伐和卫生伐，其目的是为了维护森林的健康，清除染病的林木或者是发育不良的树木等。1997年共完成幼龄林抚育伐55.7万公顷（为计划的101%），生产间伐材1630万立方米（为计划的109%）。但是，抚育伐面积和间伐材产量均呈逐年减少趋势。根据《森林发展规划》，到2010年主伐量计划增长30%～40%，每年主伐与间伐量将达到2亿立方米。

（二）更新与造林

俄罗斯大部分森林是自然生长的，只有2.3%（1730万公顷）的森林是人工林。每年在全国的采伐迹地、火烧迹地和林中空地上都要进行大规模的森林更新工作，其主要目的是促进林分生长。更新方式包括植苗、播种和促进天然更新。1966～1993年，俄罗斯全国的适宜更新林地面积从302万公顷下降到210万公顷。人工更新面积却几乎增长了4倍。目前，俄罗斯人工林面积已占全国森林总面积的1.9%，在俄罗斯的欧洲部分、乌拉尔地区已达8.2%。在俄罗斯私有化过程中，既有促进林业经营发展的积极一面，同时也有给林业企业发展带来一系列负面消极影响的一面。私有化后，森林资源遭到一定的破坏，造林更新速度减慢，产品也满足不了工业生产的需求。近10年，由于木材采伐量的下降，森林经营措施规模也出现了下降。森林更新所需的费用是由俄罗斯各联邦主体预算拨款的，但是现在《森林法》中有关保障森林更新工作拨款的标准却并没有被严格遵守。2001年，用于森林更新工作的拨款中有65%仍依靠于各林场的补贴。

除更新造林外，俄罗斯每年还在本国受风、水侵蚀严重的草原和森林草原营造一定数量的防护林。截至1993年，防护林总面积已达300万公顷，其中水土保持林为160万公顷，农田防护林为120万公顷。在欧洲部分、乌拉尔地区不同地带的防护林中，泰加林地带的防护林所占比重最大（约占2/3），而且呈逐渐增加的趋势。相反，在混交林地带和森林草原地带，由于宜林地面积逐步缩小，防护林所占比重已出现明显下降趋势，例如：西伯利亚地区有900万公顷的农田严重受到风、水侵蚀，其防护林面积应达到70万公顷，其中45万公顷为农田防护林带，而实际上西伯利亚的防护林建设只实现了39%。按照《森林发展规划》，到2010年，为改善森林资源的质量，应对690万公顷森林进行更新。

（三）森林病虫害防治

防治森林病虫害的方法为化学防治和生物防治，以生物防治为主，约占防治总面积的85%。近10年，俄全国森林病虫害最小的受害面积达144.4万公顷（1992年），最大的受害面积达343.7万公顷（1994年），森林遭受病虫害的面积平均为248.5万公顷。众所周知，森林的主要虫害是西伯利亚松毛虫，西伯利亚松毛虫的幼虫吃针叶、叶芽和嫩的球果，是危害针叶乔木最为严重的虫害之一。20世纪，西伯利亚松毛虫大规模暴发的年代是1991年和1999年。2000年夏季，受松毛虫危害的森林面积超过了150万公顷。受害地区主要是阿尔泰、布里亚特、伊尔库茨克、秋明、车里雅宾斯克、乌拉尔、巴什基尔等地。2000～2002年，受西伯利亚松毛虫危害的森林面积开始减少，死亡森林面积为14万公顷。2003年西伯利亚松毛虫并没有大规模暴发。近年来，尽管采取了多种防治办法，但是西伯利亚松毛虫还是给西伯利亚及远东的森林资源造成巨大的损失，平均受灾面积达120万公顷。目前，西伯利亚松毛虫虽没有大规模暴发，但在一些地区，如伊尔库茨克、阿尔泰共和国、阿尔泰边疆区、图瓦共和国仍存在大面积松毛虫暴发的病源。

除西伯利亚松毛虫外，还有其他一些森林虫害：模毒蛾、松夜蛾、松尺蛾、松针毒蛾、舞毒蛾、栎绿卷叶蛾和其他卷叶蛾、松锈叶蜂、金龟子科害虫、普通锯叶蜂、欧洲松毛虫、麻黄毒蛾、扁叶蜂、棕尾毒蛾等。

据不完全统计，近几年，森林病害发生面积呈逐年上升趋势，通常很难对染病森林进行诊断，因为在森林患病的最初阶段是不容易被发现的。现存有关森林病害的统计资料一般具有局部性，或者是不完全性。有资料显示，染病增长率最高的有布祖卢克松树群落，以及奥尔格夫斯克地区、斯莫棱斯克地区、萨马尔斯克地区、利佩茨克地区、阿尔泰边疆区的森林。染病面积最大森林位于俄欧洲部分中部和西伯利亚的林区。森林的主要病害为根白腐病，根白腐病发生面积最大的是俄罗斯欧洲部分的中部地区、伏尔加河流域和乌拉尔地区的森林。在其他病害中，发生最广的是干腐病、基腐病和坏死性癌肿等。

防治森林病虫害生物防治的投入要更多一些，且使用起来安全性较高，生物防治所用药剂均为细菌和病毒制剂。目前，各大林场在完善防治森林病虫害方面已经取得了很大进步。为了观察森林病理状况，全国正在建立组织和进行监测标准基地，并且已开始建立全国性的森林防护网，这对于解决森林防护问题并实施统一的国家政策具有十分重要的意义。

（四）森林防火

近年来森林火灾发生频繁，火灾发生总数明显趋于上升。统计表明，全国每年大概要发生 1.2 万～3.4 万起森林火灾，受灾面积则在 22.9 万～102.6 万公顷。2002 年森林火灾为 3.5 万起，直接经济损失约 30 亿卢布。总的来看，俄罗斯无论是火灾发生次数还是受灾面积，除个别年份外，均呈逐渐上升的趋势，尤其在 1998 年，森林火灾面积达 300 万公顷。俄罗斯每年因森林火灾的损失达 30 亿～35 亿卢布。

俄罗斯将森林火险分为 5 级，有 35% 的森林资源面积属于Ⅰ级和Ⅱ级火险，其特点是森林燃烧性较低；31% 的森林资源面积属于Ⅲ级火险，具有中等燃烧性；34% 森林资源面积属于Ⅳ级和Ⅴ级火险，具有高和极高的森林燃烧性。

保护森林防止火灾发生已经成为林业政策中保障生态安全、保护森林资源潜力的一项重要内容。俄罗斯对森林防火一向很重视，消防队伍建设已经具有一定的规模，消防设施也比较完善。俄罗斯是世界上森林面积最大的国家，其 2/3 森林是重点防火区，护林防火一向是俄罗斯林业部门最重要的工作之一，亦是森林保护工作的主要内容。俄罗斯按林区开发程度和人口密度等情况，将森林消防分为空勤和地勤两部分，地勤由拥有化学消防站的营林企业负责，空勤由森林航保基地负责。目前森林消防保护系统的基本构成是：专门的森林消防队伍，包括地方空军基地、空军部队、飞机、灭火器具、通信交通工具以及地面火警监视点兼指挥中心等。俄发现火灾的手段在于，有效地利用固定点观察（消防瞭望塔和塔架），在固定地区安装现代化的、具有高清晰度判断能力的彩色电视设置。

为了能够准确迅速地完成灭火任务，将现有的火灾化学站的设备按照标准的技术装备水平配备，取消陈旧的防火技术和设备。

近年来，俄罗斯在森林防火方面除采用原苏联时期的一些传统技术外，还出现了许多革新，如使用水陆两栖飞机别-103，这一新型飞机一次可携水6000升，并适用于担负森林巡逻任务。俄罗斯专家还开始利用激光开发出森林火险自动报警系统。此外，为防止俄罗斯西伯利亚等北极圈森林火灾的扩大，俄罗斯开始与日本、美国约10个研究机构推进构筑用人造卫星探知森林火灾的网络计划，其目的是为了早期发现火灾，紧急采伐现场周围的树木，防止火灾蔓延。

森林消防面临的主要问题是：能否有效防止火灾发生；能否及时察觉火情；是否具有应对复杂森林火灾的有效手段。因而必须改进现有系统，协调地面、空中、太空的各种森林消防手段，建立一个灵活、全面的森林消防保护系统。此外，由于森林火灾发生的主要原因是人为因素，因此比较重视防火知识宣传，如教育孩子从小就要树立保护森林的意识，借助信息手段加强预防火灾的宣传等。林业部门还广泛开展了预防林火、及时发现火情和及时扑灭林火的工作，并利用广播、电视、电影和报刊等进行大力宣传。

（五）施肥与排水

1. 施肥

俄罗斯的林地施肥始于原苏联时期（20世纪60年代），俄罗斯也继承了这一传统做法。在欧洲松林内进行的试验表明，每公顷施氮肥100千克，林木年生长量可增加10立方米。增加的林木价值不仅可以抵补施肥的全部投资，而且还有盈余。原苏联时期就主张将施肥的重点放在近熟林和成熟林，在主伐前10年左右施肥1次。一般来说，随着施肥量的增加，林木的生长量也将提高，但是经济效益并不一定相应增加。俄罗斯比较注重对不同林型的施肥数量、施肥时间和施肥效果进行研究，现在森林已经成为无机肥料的巨大消费场所。

此外，俄罗斯专家认为，在苗圃栽树或者是种苗时使用化肥是十分必要的。目前，在苗圃广泛使用的化肥是泥炭堆肥，施用泥炭堆肥以及其他有机肥的标准是根据土壤中营养物质的含量，对每公顷树苗施肥20～100吨，施肥时间一般为春耕和秋耕之后。在苗圃对土壤施肥时采用带式线路方法已经越来越多地使用，采用该方法的行距为1.5米，这样做比较有利于使用拖拉机，目前在俄罗斯的苗圃内采用带式施肥法的面积已经达到27%。一些农业专家认为采用带式施肥法并不是最合理的，但对于拖拉机的通行是十分必要的。

2. 排水

俄罗斯森林资源中，有数亿公顷是沼泽林地，这些沼泽林地在未经排水前很难开发利用，但一般都有很大的生产潜力。俄罗斯的林地排水始于19世纪30~40年代，第一部林地排水草案出台于1846年。1917年，林地排水面积为120万公顷，此后的20年，沼泽林地与沼泽排水面积为30万公顷。20世纪50年代末至60年代初，林地排水开始迅猛发展，目前，林地排水面积约为450万公顷。据调查，欧洲部分的2000万公顷沼泽林经过排水后，其林木年生长量可由目前的每公顷1立方米提高到3~4立方米，甚至5立方米。比较重视在这方面的综合治理，使排水与道路网建设相适应，并对排水后的林地进行施肥和抚育伐等经营措施。

三、森林经营的问题与解决途径

森林经营中存在的问题仍然是粗放经营、非法采伐、投资不足、观念陈旧、设备老化、人才缺乏等。由于俄罗斯森林资源多，分布不均，各个地区的自然经济条件相差悬殊，因此森林的经营强度很不一致。森林集约经营在全国所占比重很小，仅限于欧洲部分和乌拉尔等人口众多和工农业发达的地区。而在西伯利亚、远东等人口稀少，工农业不发达的地区，则采取极其粗放的经营方针。西伯利亚和远东主要是工业用材的生产基地。从俄罗斯全国来看，其森林经营基本上是粗放的。投资不足是制约森林经营的主要因素，由于这一原因，森林经营部门基本未进行设备更新和技术改造。森林资源为联邦所有，林业税收也为联邦税，林区地方财政从资源上得不到一分钱。因此地方政府对林区的基础设施改善缺乏主动性和积极性。据有关专家估计，52%森林经营设备处于老化状态。志愿到林区工作的大学生越来越少，而原有的人才也经常出现外流的现象。

森林经营中还存在一些其他的问题，俄罗斯政府对此已经越来越重视。俄罗斯森林经营的现状促使其进行改革，这首先是因为俄罗斯丰富的森林资源并没有产生可观的经济效益。《国家林业政策》中规定，对森林资源归口统一管理。经济发展和贸易部提出的改革方案为：完善森林经营管理的职能机构和职责，将森林资源的管理收归中央，需要采伐的林区由中央林业管理部门批准，同时明确基层森林经营单位的职责，加大管理力度。森林经营普遍存在资金不足的现象，因此，加大资金投入，对森林经营部门进行现代化的改造是政府在森林经营方面的重要工作方向。2003 年初，政府还决定对木材采伐量实行限制，以保护本国的森林资源和生态环境。政府加强森林经营的最终目的是实现森林的可持续发展，以满足国家经济与社会发展对森林的需求，并为森林资源自身的发展创造必要条件。

第四节 日本的森林资源经营管理

日本是一个森林资源非常丰富的国家。在 38 万平方千米的国土上，森林面积为 2515 万公顷，森林覆盖率 67%，仅次于芬兰和瑞典，居世界第三位。森林总蓄积量为 39 亿立方米，每公顷平均蓄积量达 156 立方米。森林年生长量接近 9000 万立方米，平均每公顷年生长量约 3.5 立方米。从林种构成上看，天然林占森林总面积的 44%，人工林占 56%；人工林的蓄积量占总蓄积量的 54%，天然林占 46%。从所有制形态上看，国有林为 785 万公顷，约占森林总面积的 31%；私有林为 1730 万公顷，约占 69%。

一、森林经营的基本方针、目标和措施

2001 年，日本将实施了近 40 年的《林业基本法》更名为《森林·林业基本法》，对内容也进行了比较彻底的修改，重新调整了森林、林业在整个国民经济和社会发展中的基本定位、理念和发展方向，实现了林业由木材生产为主向以森林多种功能的持续发挥为主的历史性转变。以《森林·林业基本法》为依据，同年制订了《森林·林业基本计划》，明确了今后 20 年乃至 50 年林业发展的基本方针、目标和措施。

（一）基本方针

在新《森林·林业基本法》中明确规定，森林在国土保全、水源涵养、自然环境保全、公众保健、防止全球变暖、林产品供给等

多方面发挥着重要的作用，森林多种功能的持续发挥是国民经济及国民生活中不可缺少的要件，必须从长计议，进行科学、合理的森林经营与管理。林业承担着保证森林多种功能的发挥，最大限度地满足国民经济及国民生活需求的重要责任，必须努力保障林业从业者的利益，提高林业生产力，调整林业产业结构，促进林业的持续、健康发展。木材等林产品的生产是林业的重要任务之一，林产工业发展是林业发展的重要环节，必须积极应对不断高度化、多样化的国民需求，保证木材等林产品的安定稳定供给，同时要提高国民对森林、林业的认识，加深理解，促进林产品的利用。

基于以上基本认识，《森林·林业基本计划》中提出，保证森林多种功能的持续发挥，促进林业的持续、健康发展，确保林产品的稳定供给和利用，是各级政府、森林所有者、林业及木材产业从事者、地方公共团体及林业民间团体应该共同坚持的基本方针。

森林多种功能的持续发挥是森林经营的最基本方针，林业的持续、健康发展是森林多种功能持续发挥的基本保证，林产品的稳定供给和利用是实现林业的持续、健康发展的根本动力。三者相辅相成，缺一不可，最终达到以产业促发展，以发展保生态的目的。

（二）森林类型划分

在新制订的《森林·林业基本计划》中，按照主导功能将全国的森林分为3大类，即：水土保全林、人与自然共生林和资源循环利用林。水土保全林和人与自然共生林属于生态公益林，资源循环利用林则属于用材林。具体的主导功能、主要目的、划分原则及培育目标见表6-2。

《森林·林业基本计划》还强调，各种类型的森林在发挥其主导功能的同时，要充分留意主导功能以外的多种功能的发挥，并在森林经营中得以体现。特别是作为生物生息繁衍的场所和二氧化碳的吸收和储藏库，所有的森林都要在保护生物多样性和防止全球变暖方面发挥作用。

（三）森林培育方向和经营措施

根据森林资源现状、立地条件和主导功能，日本将每一类型的森林又分为单层林、复层林和天然林等3种培育方向，针对不同培育方向的森林，《森林·林业基本计划》中规定了相应的经营措施。

表 6-2　日本森林类型的划分

类型	主导功能	主要目的	划分原则	目标状态
水土保全林	水源涵养	确保清洁安全的水源供应	水库积水区和主要河川上游的水源地及其周边的森林；作为地区用水水源的重要池塘、泉水、溪流等周边的森林	具有丰富的下层植被和发达的树木根系；具有孔隙度适中，蓄水、渗透和保水能力高的森林土壤
	山地防灾	形成坚固的国土安全基础	防止水土流失、土石崩塌和其他山地灾害方面发挥重要作用的森林	保持适当的密度，确保下层植被生长所需的空间和光照；下层植被茂盛，树根发达，具有较强的保土能力
人与自然共生林	生活环境保全	形成优雅舒适的生活环境	在缓减风、雾、潮等自然灾害以及噪声、粉尘等人为公害的影响，调节气温、湿度等方面发挥重要作用，与国民日常生活密切相关的森林	由叶量较大的树种构成；树木高大，枝叶茂盛，具有较高的遮蔽能力；对各种自然灾害具有较强的抵抗能力，对各种污染物质具有较高的吸收能力
	文化保健	为地区居民提供休闲保健和文化教育场所	在维持区域生态平衡，保护生物多样性，形成优美的自然景观等方面发挥重要作用，作为地区居民接触自然、增进健康、传承文化的森林	保持原生的自然环境，适合学术上珍贵的动植物的生息繁衍；与市街、名胜古迹等相协调，构成滋润的自然景观和独特的历史人文景观；由多树木构成，能够为居民提供休闲和学习的场所
资源循环利用林	木材等林产品生产	提供木材及其他林产品	水土保全林和人与自然共生林以外的，以提供国民经济和国民生活中不可缺少的，作为可再生自然资源的木材等林产品的持续、稳定、高效供给的森林	由适合于木材利用的优良树种构成，具有适合于树木生长的良好的土壤；具有较高的生长量和固碳能力

从表 6-3 中可以看出，日本的森林经营管理的层次是非常清晰的。在森林类型层次上，生态公益林的经营管理要严于用材林；在培育方向层次上，天然林严于复层林，复层林严于单层林。

（四）森林经营目标

根据各类型森林的主导功能和经营方向，《森林·林业基本计划》中确定了相应的经营目标和木材生产目标。从表 6-4 可以看出，水土保全林和人与自然共生林两类生态公益林的比例为森林总面积的 74%，资源循环利用林只占 26%，充分体现了以生态为首要目标的森林经营方针。在培育方向上，单层林将大幅度减少，复层林将大幅度增加，天然林将在现有基础上略有减少。

表 6-3　不同类型森林的培育方向和经营措施

类型	总体要求	培育方向	经营措施
水土保全林	注重树根及表土的保护，促进林木的旺盛生长，确保下层植被的发达。通过合理的抚育间伐，向高龄级森林诱导。通过人工更新和天然下种更新，缩小和分散裸地的面积。必要时增加人工渗透促进设施和防灾设施	单层林	对于地势比较平坦的地段，具有较高的生长量和一定规模的单层林，要通过合理的抚育间伐，逐步培育成大径级、长伐期的单层林。对于本区域内的无林地和荒山荒地，要通过人工造林培育单层林。对于这部分森林，在严格控制采伐量和伐区镶嵌结构的基础上，可以进行择伐、渐伐和小面积皆伐利用
		复层林	对于坡度较大，有可能发生水土流失和山地灾害的地段的森林，要通过抚育间伐、人工更新和人工促进天然更新等措施，逐步向多树种混交的复层林诱导，并留意提高上层木的龄级。对于这部分森林，原则上只能进行间伐和择伐利用
		天然林	对于区域内现有天然林，要充分利用森林的天然更新能力，尽可能维持其天然状态。必要时可以进行人工造林和人工促进天然更新。对于这部分森林，原则上只能进行间伐利用，对在水土保持和水源涵养方面具有重要地位的森林，实行禁伐
人与自然共生林	以生活环境保全和保健文化功能的维持和增进为目的，在维持森林的原始构成的前提下，增进树种的多样性，按照不同的主导功能，进行合理的保护与利用。必要时设置适用于保健、文化、教育的相关设施	单层林	对于城乡周边地势比较平坦的地段，具有较高生长量的单层林，要通过合理的抚育间伐，逐步培育成大径级、长伐期的单层林。对于这部分森林，在充分考虑对景观影响的基础上，可以进行间伐和择伐利用
		复层林	对于存在于城市近郊和农村周边，作为居民提供休闲、保健和亲近自然的场所，在形成自然景观上具有重要地位的森林，要通过抚育间伐、人工更新和人工促进天然更新等措施，进行持续的培育和管理，逐步向多树种混交的复层林诱导。对于这部分森林，原则上只能进行间伐和择伐利用
		天然林	对于构成原生自然景观，作为野生动植物生息繁衍的场所，具有较高学术价值或重要历史人文价值的森林，要尽可能减少人为干预，保持其原生状态，依靠自然更新能力实现自然演替。对于个别受到破坏的森林，可以施以人工措施，恢复森林植被。对于这部分森林，原则上只能进行以维护森林健康为目的的卫生伐和透光伐

（续）

类型	总体要求	培育方向	经营措施
资源循环利用林	在确保森林健康性的前提下，应对国民多样化、高度化的需求，培育不同树种、径级的林木。通过合理的抚育间伐，提高林木质量。通过实行作业的专业化、机械化以及林道网建设，提高生产效率，降低生产成本	单层林	对于立地条件好，生长量特别高的针叶树单层林，要通过合理的抚育、间伐等措施，促进林木生长，提高林木质量。对于这部分森林，在确保及时更新的前提下，可以进行择伐、渐伐、轮伐和皆伐
		复层林	对于一般针叶树单层林，可以通过带状或群状择伐，逐步向高效率的复层状态诱导。对于分布于针叶树单层林中的阔叶天然林，要通过合理的抚育间伐，调整密度，必要时可施以人工促进更新等措施，培育拥有优良大径级树木的复层状态的森林。对于这部分森林，在确保及时更新的前提下，可以进行择伐、渐伐、轮伐和皆伐
		天然林	对于分布于本区域内的山脊、沟谷以及上述两类森林周围的天然林，要充分利用森林的自然生长力，必要时辅以人工更新和人工促进天然更新等措施，改善森林状况，提高生产力。对于这部分森林，在确保及时更新的前提下，可以进行择伐、渐伐、轮伐和皆伐

表6-4　各类森林的经营目标　　单位：万公顷（%）

森林类型及培育方向	2000年现状	经营目标			比例
		2010年	2020年	2050年	
水土保持林	1300（100）	1300（100）	1300（100）	1300（100）	52
单层林	580（45）	570（44）	550（42）	210（16）	
复层林	50（4）	80（6）	130（10）	510（39）	
天然林	670（51）	650（50）	620（48）	580（45）	
人与自然共生林	550（100）	550（100）	550（100）	550（100）	22
单层林	160（29）	150（27）	140（25）	20（3）	
复层林	10（2）	30（6）	50（9）	180（33）	
天然林	380（69）	370（67）	360（66）	260（64）	
资源循环利用林	660（100）	660（100）	660（100）	660（100）	26
单层林	300（45）	290（44）	280（42）	220（33）	
复层林	20（3）	40（6）	60（9）	180（27）	
天然林	340（52）	330（50）	320（49）	260（40）	
计划总面积	2510（100）	2510（100）	2510（100）	2510（100）	100
单层林	1030（41）	1020（40）	970（39）	440（17）	
复层林	90（4）	140（6）	230（9）	870（35）	
天然林	1390（55）	1350（54）	1310（52）	1200（48）	

注：括号内的数字为所占百分比

表6-5表明，日本有着非常雄厚的本地资源，而且，森林资源总蓄积量以及单位面积蓄积量还在不断增长。提高木材生产量，促

进国产材的利用，是日本林业的重要任务。2000 年的木材生产量约为 1800 万立方米，只占森林生长量的 20%，即使到 2020 年其木材生产量达到 3300 万立方米的目标，也还不足生长量的 50%，完全不会影响到森林的健康状态。因此，日本并没有实行“一刀切”的天然林禁伐或生态公益林禁伐政策，而是鼓励在保证森林多种功能正常发挥的前提下合理地采伐利用。到 2020 年，生态公益林的木材生产量仍占到 57%。

表 6-5　各类森林的木材生产目标

单位：万立方米、立方米

	森林类型	2000 年现状	2010 年	2020 年
木材生产量	水土保全林	1800	1200（48）	1500（45）
	人与自然共生林		400（16）	400（12）
	资源循环利用林		900（36）	1400（43）
	合　计	1800	2500（100）	3300（100）
资源本底	森林总蓄积量	39. 3	44. 1	47. 3
	每公顷蓄积量	156	176	188
	森林总生长量	8900	8000	6900
	每公顷生长量	3. 5	3. 2	2. 7

注：括号内的数字为所占百分比

（五）保安林的指定和经营管理

除以上按照分类经营的原则对不同类型、不同培育方向的森林所提出的经营措施和目标外，日本还将一些分布于特殊地理环境、具有特殊生态地位以及国民生活环境和健康保健具有特殊意义的森林指定为保安林。大致相当于我国的防护林。截至到 2002 年 3 月底，日本累计指定保安林 969 万公顷，实际保存面积 905. 2 万公顷（表 6-6）。保安林保存面积占森林总面积的 36%，占生态公益林（水土保全林和人与自然共生林）总面积的 49%。从所有形态看，国有保安林占 48%，民有保安林占 52%，国有保安林占国有林总面积的 55%，民有保安林占民有林总面积的 27%。

按照《森林法》规定，国有保安林以及表 6-6 中前 3 种民有保安林，由农林水产大臣指定或解除，其他民有保安林由都道府县知事指定或解除。

表 6-6　保安林的种类和面积　　　　（单位：万公顷）

保安林种类	总面积	国有林	民有林	采伐方式
水源涵养保安林	652.2	337.5	314.7	不做特殊规定
水土流失防备保安林	214.1	79.3	134.8	择伐
土石崩塌防备保安林	5.3	1.7	3.6	择伐
飞沙防备保安林	1.6	0.4	1.2	择伐
防风保安林	5.5	2.3	3.3	不做特殊规定
水害防备保安林	0.1	0.0	0.1	择伐
防潮保安林	1.4	0.5	0.8	择伐
干旱防备保安林	8.7	3.5	5.2	不做特殊规定
雪灾防备保安林	0.0	0.0	0.0	择伐
防雾保安林	5.9	0.9	5.0	不做特殊规定
雪崩防止保安林	2.0	0.5	1.5	禁伐
落石防止保安林	0.2	0.0	0.2	禁伐
防火保安林	0.0	0.0	0.0	禁伐
鱼场保安林	3.1	0.8	2.3	择伐
航标保安林	0.1	0.1	0.0	择伐
保健保安林	66.2	33.6	32.6	择伐
风致保安林	2.7	1.3	1.4	择伐
累计指定面积	969.0	462.2	506.8	
实际保存面积	905.2	430.9	474.3	

注：本表中的数据截止到2002年3月底

在保安林的经营管理上，较一般的生态公益林更为严格。除表6-6中列出的采伐方式外，对保安林的采伐龄级、择伐强度、伐区面积、伐区形状及配置、林道建设、集材方法、更新方法、更新期限及树种等都有非常具体的规定。另外，在2003年修改的《森林法》中，大幅度简化了对保安林采伐的审批手续。只要是按照作业计划对保安林进行的择伐，不再需要县（都、道、府）知事的许可，只需事先提交采伐计划备案。

《森林法》、《森林法施行令》、《保安林整备临时措施法》中规定，对于经营管理不善的保安林，由农林水产大臣或县（都、道、府）知事实施经营劝告，必要时采取强制委托经营措施。对于关系到国土安全保障，而森林所有者又拒不执行有关经营管理规定的民有保安林，农林水产大臣有权依法强制收买为国有。

对于因被指定为保安林的民有林的经济损失，根据指定权限的不同，由国家或地方政府予以补偿。同时，在税收、造林补助、农林渔业金融公库（政策金融机构）的政策性贷款等方面给予优惠。

（六）保护林的设定和管理

在日本，还有一类特殊的森林——保护林。保护林全部属于国有林，其主要目的是重要的原生森林生态系统的保持、珍贵野生动植物的保护、遗传资源的保存以及对森林科学的发展具有特殊意义的森林保护等（表6-7）。基本上相当于我国的森林与野生动植物类自然保护区。对于这类森林，主要是实行禁伐保护，其周边的缓冲区可以进行适当的间伐和择伐利用，其管理规定与保安林基本相同。在不影响保护目的和保障人身安全的前提下，一般公众、团体、研究单位等均可以进入参观、游览、进行环境教育和从事科研活动。

截止到2003年3月底，全国共设定保护林824处，总面积62.2万公顷，约占国有林总面积的8%，全国森林面积的2.5%。

表6-7　保护林的种类和面积

种类	主要目的	数量（处）	面积（万公顷）
1. 森林生态系统保护区	保存原生天然林，维持森林生态环境，保护野生动植物，保存遗传资源。为森林科学的发展服务	27	39.0
2. 森林生物遗传资源保护林	将与森林共同构成自然生态系统的生物遗传资源保存于森林生态系统内，为将来有效利用提供可能性	12	3.6
3. 林木遗传资源保存林	将主要林业树种及稀少树种等的遗传资源保存于森林生态系统内，为将来有效利用提供可能性	329	0.9
4. 植物群落保护林	保护在全国或某一地区具有代表性，有保存价值的植物群落及具有较高的历史、学术价值的个体。为森林经营管理技术的发展、学术研究服务	358	13.9
5. 特定动物栖息地保护林	保护特定的动物繁殖地、栖息地。为学术研究服务	32	1.6
6. 特定地理等保护林	为保护特有的地形、地质类型等，对生长与其上的森林予以保护。为学术研究服务	34	3.0
7. 乡土森林	维护对于当地具有特殊的象征意义的乡土森林的现状，为振兴地区服务	32	0.2
合 计		824	62.2

注：本表数据截止到2003年3月底

二、全国森林经营管理计划

为落实《森林·林业基本法》确立的基本理念和方针，日本于2001年、2002年和2003年对《森林法》进行了修改，修改的核心目的就是强化森林资源经营管理，完善森林计划制度。

（一）全国森林计划

为实现《森林·林业基本计划》确定的森林经营方向和目标，日本于2001年10月制订了新的《全国森林计划》。它是按照《森林法》的第4条规定，由农林水产大臣制订的全国性的森林经营计划，计划期为15年，每5年修订一次。这一级计划是包括国有林和民有林在内的所有森林的总体计划，主要内容包括：森林资源建设目标、森林采伐计划、造林计划、间伐和保育计划、不同功能类别的森林作业计划、林道建设计划、森林经营合理化计划、林地保护计划、保安林及保安设施计划、其他有关事项。

（二）森林计划区

日本是一个河流密度很大的国家，全国有大小河流7000多条。森林在涵养水源、保持水土、缓减洪涝灾害等方面发挥着极其重要的作用。因此，日本早在20世纪50年代初期就提出以流域为单位经营和管理森林的构想。但在以木材生产为中心的林业生产管理体制下，一直未能得以实现。随着进口木材的增加和木材自给率的下降，日本的林业发展形势发生了巨大变化。在1991年修改《森林法》中，终于使流域管理的构想法得到了认可。经过10多年的试行，在修订的《全国森林计划》中全面推开。新的森林区划体系主要分为以下3个层次：

一级区划：根据森林立地的气候特征，划分出8个大区域，并确定了各区域森林经营的主攻方向。这一级区划基本与过去相同。

二级区划：在过去的区划中，全国共分为29个计划区。在新的区划体系中，以各个大区域中的大型流域为单位，划分出44个大流域计划区。《全国森林计划》中的各项数量指标都是以大流域计划区为对象确立的。

三级区划：过去的三级区划是将国有林和民有林独立区划的，国有林分为80个施业计划区，民有林分为255个森林计划区。在新的区划体系中，打破了民有林和国有林的界限，统一区划，以中小流域为单位，划分出158个森林计划区。《全国森林计划》中不确定三级森林计划区的指标。

（三）流域管理体系

流域管理体系是为了应对新的森林计划体系提出的一种新的管

理模式，针对三级区划的 158 个以中小流域为单位的森林计划区而言的。其内涵包括以下 3 个方面：

（1）强调国有林与民有林的协调与合作。在同一计划区内，国有林和民有林必须相互协调，根据流域的特点确定各自森林分类经营的比例，协商制订森林经营计划，共同落实《全国森林计划》中的各项目标和任务。在经营方案的实施过程中，国有林和民有林也要相互配合，共同开展森林经营与管理。

（2）强调流域上游与下游的协调与合作。上游的森林对于下游的生态环境有着举足轻重的作用。实行流域管理体系的重要目标之一，就是构筑上下游之间交流与对话的平台，增进上下游之间的理解和信任，推动森林生态效益补偿机制的建立和实施。目前，日本已经有很多地区成功开征了“水源税”，专门用于上游水源涵养林的营建与经营管理。

（3）强调营林部门和木材生产、加工部门的协调与合作。在日语中，将林业生产过程比喻为一个完整的流域，营林部门被称为“上游”，木材生产、加工部门被称为“下游”。实行流域管理体系，可以使森林经营者在更大的范围内联合起来，通过上游和下游、国有林和民有林携手合作，形成产、供、销一体化的区域林业圈，提高生产效率，降低生产成本，建立无论从木材价格上，还是木材供给的质和量上，都能与进口材抗衡的市场机制，从而实现促进流域内木材利用，推动流域林业的发展，振兴流域经济的目标。

为了顺利实施流域管理体系，各计划区都成立了“流域林业振兴中心”。该中心属自由团体，由地方政府、公共团体、森林组合、森林所有者、森林经营法人、木材生产者、木材加工流通企业以及市民代表等各方面的人士组成，主要任务是召开流域内林业各方代表参加的协调会议，协调各方面的利益关系，统一意见，制定国有林、民有林一体化的流域林业振兴计划。

三、国有林的经营管理

流域管理体系为国有林和民有林协商制订森林经营计划，共同落实《全国森林计划》各项目标和任务的基本平台，但并不意味将计划合并。实际上，《全国森林计划》以下的各级森林经营计划，都是分别国有林和民有林独立制订的。因此，有必要对国有林和民有林分别介绍。

（一）国有林经营管理体制

日本的国有林自成体系，由农林水产省林野厅（相当于国家农林水产部林业局）全权负责管理和经营。1998 年，日本为了解脱国有林经营危机，对国有林经营管理体制进行了彻底的改革，其核心内容有以下 4 个方面：

（1）进行了机构改革，压缩了编制。目前，在林野厅内设有国有林部，下设管理课、经营规划课、业务课、厚生课 4 个课和参事室、监察室、情报室、管理室、综合利用推进室、职员厚生室 6 个室。作为国有林的经营管派出机构，在全国设有 7 个森林管理局和 7 个森林管理分局、120 个森林管理署、1256 个森林事务所，有的地区还设有森林管理中心、森林经营中心、营林事务所等机构。这些派出机构实行非属地管理，不受地方政府的领导，只需进行业务协调。

（2）处理债务。由国家财政冲消了多年来因国有林经营亏损而产生的 3.8 万亿日元债务中的 2.8 万亿日元，其余 1 万亿日元由国有林自身的经营利润分 50 年逐步偿还，国家给予利息补贴。

（3）废弃了以独立核算为前提的企业式特别会计制度，实行以公共财政投入为主、收支两条线的公益型特别会计制度。

2002 年和 2003 年，在林野厅一般会计预算分别比上年减少 8.9% 和 1.9% 的情况下，国有林特别会计预算却分别增加了 12% 和 9.9%，充分体现了国家对国有林的重视和支持。

（4）将国有林定位为“全体国民共同的财产”，建立了向国民开放、由国民共同参与的国有林经营管理体制

国有林的主要经营方向也从以木材生产为主，转向了以保持水土、涵养水源、保护生物多样性、防治全球变暖、为国民提供生态旅游、休闲游憩、科学研究和环境教育等服务为主。同时，国有林还大力提倡民间非营利团体、社团组织、机关、学校以及市民等参与国有林的经营管理活动。

（5）引入了管理与经营分离的新机制

机构改革后，国有林的营林作业可以委托民间林业经营机构实施，同时还积极推行“分成造林”、“分成育林”和“土地借出”等制度，鼓励企业、团体和个人承包经营国有林，收益分成。这样，大大减轻了国有林经营管理机构的负担，更多地从事管理事务。

（二）国有林经营管理计划体系

为落实《森林・林业基本计划》和《全国森林计划》确定的森林经营方针和目标，国有林内部也有一套自上而下的经营管理计划体系，包括以下3个层次：

1. 国有林经营管理基本计划

《国有林经营管理基本计划》是按照《关于国有林经营管理的法律》的规定，由农林水产大臣制订的全国性的森林经营管理计划，计划期为10年，每5年修订一次。这一计划是充分参照《全国森林计划》中的各项指标，本着与民有林相协调的原则，根据国有林自身的特点而确定的，其主要内容包括：森林经营管理的基本方针、森林保护、林产品生产与供给、国有林的有效利用、实施机制与收支计划、其他事项（人才培养、科学研究、技术普及、地区振兴等）。在2003年12月制订的《国有林经营管理基本计划》中，水土保全林、人与自然共生林和资源循环利用林的比例为54%、27%和19%。

2. 地区森林经营管理计划

《地区森林经营管理计划》是按照《关于国有林经营管理的法律》的规定，由国有林森林管理局长制订的森林经营管理计划，计划期为5年。这一计划是以与民有林相对应的158个流域计划区为单位制订的，因此，每一个森林管理局需要按照所管辖的计划区数目同时制订若干个计划。《地区森林经营管理计划》的主要内容包括：森林经营管理的基本方针、不同公益机能的森林资源建设与经营计划（采伐、造林、林道建设、森林作业合理化推进等）、保安林建设计划、森林保护计划（护林巡视、森林病虫害防治、保护林管理等）、林地保护计划、木材等林产品的生产计划、国有林的有效利用、地区产业振兴和居民福利水平的提高、公众休闲保健设施的建设等。

由于各流域的自然条件和森林状况不同，因此所确定的水土保全林、人与自然共生林和资源循环利用林的比例也各不相同。表6-8是关东森林管理局两个森林计划区的分类经营计划，可以看出日本在实施分类经营过程中所体现的因地制宜的原则。

表 6-8　关东森林管理局两个计划区森林分类经营计划表

<table>
<tr><th>计划区</th><th>森林类型</th><th>总面积（公顷）</th><th>主导功能</th><th>面积（公顷）</th></tr>
<tr><td rowspan="8">磐城计划区</td><td rowspan="2">水土保全林</td><td rowspan="2">68 465（80%）</td><td>国土保全类</td><td>6581</td></tr>
<tr><td>水源涵养类</td><td>61 884</td></tr>
<tr><td rowspan="2">人与自然共生林</td><td rowspan="2">3364（4%）</td><td>自然维持类
其中：保护林</td><td>1650
1312</td></tr>
<tr><td>森林空间利用类
其中：森林游憩类</td><td>1714
1634</td></tr>
<tr><td rowspan="2">资源循环利用林</td><td rowspan="2">14 055（16%）</td><td>林业生产活动对象</td><td>13 647</td></tr>
<tr><td>其他产业活动对象</td><td>408</td></tr>
<tr><td>合 计</td><td>85 884（100%）</td><td></td><td></td></tr>
<tr><td colspan="4"></td></tr>
<tr><td rowspan="7">会津计划区</td><td rowspan="2">水土保全林</td><td rowspan="2">134 938（66%）</td><td>国土保全类</td><td>38 714</td></tr>
<tr><td>水源涵养类</td><td>96 224</td></tr>
<tr><td rowspan="2">人与自然共生林</td><td rowspan="2">68 661（33%）</td><td>自然维持类
其中：保护林</td><td>61 633
12 456</td></tr>
<tr><td>森林空间利用类
其中：森林游憩类</td><td>7028
4547</td></tr>
<tr><td rowspan="2">资源循环利用林</td><td rowspan="2">1158（1%）</td><td>林业生产活动对象</td><td>1111</td></tr>
<tr><td>其他产业活动对象</td><td>47</td></tr>
<tr><td>合计</td><td>204 757（100%）</td><td>—</td><td>—</td></tr>
</table>

注：表中括号内数据为百分比

3. 国有林施业实施计划

《国有林施业实施计划》对应于《地区森林经营管理计划》的森林经营管理实施方案，由国有林森林管理局长制订，计划期同样为5年。《国有林施业实施计划》的内容更为具体，更具可操作性，《地区森林经营管理计划》中所有的内容都有细化为数量指标，落实到林班、小班，并落实到图面上。因此，对每一块林地都有非常具体的经营方案，包括森林类型，主导功能，培育方向，间伐的时间、强度和标准，主伐方式、时间、强度和标准，集材方式，更新方式、时间、树种，护林巡视，森林病虫害防治，打枝的时间和强度，下层灌草的割除方式、强度和时间，现有林道的维护，新林道或休闲步道的开设长度、宽度、路线、标准等，非常详细。从这一点上也可以看出日本森林经营的集约化程度。

四、民有林的经营管理

民有林是日本森林资源的重要组成部分，占全国森林总面积的近70%，占总蓄积量的近75%。

（一）民有林的经营管理体制

日本的民有林包括公有林和私有林，公有林占民有林总面积的16%，私有林占84%。公有林和私有林有着不同的经营管理体制。

1. 公有林经营管理体制

公有林归属于地方政府管辖，由政府委托“林业公社”、“森林开发公团”等公益法人经营管理，同时，也采取“分成造林”、“分成育林”的方式。公有林多为生态公益林，其经营管理费用大部分由地方财政支出，国家对公有林也给予财政补贴、政策性贷款等扶持。在经营管理模式上，各地虽有差异，但基本上都套用了国有林的做法。

2. 私有林经营管理体制

私有林，包括林地和林木都是森林所有者的私有财产，神圣不可侵犯。因此，私有林是由森林所有者自主经营的。但是，由于日本的私有林所有结构非常分散，全国1457万公顷的私有林共由250万个农户所拥有，其中180万户（70%）以上的林主拥有的林地面积小于1公顷，如何组织众多的小林主在进行木材生产的同时保证森林多种效益法的发挥，是日本私有林经营管理的重要课题。

在日本私有林的经营管理中，森林组合发挥着非常重要的作用。森林组合是有专门法律（森林组合法）保护的林业合作组织，它不仅是连接林农与政府、个体生产者与大市场的桥梁和纽带，也是私有林经营管理的主体。特别是日本经济进入高速增长期以后，大量农村劳动力流向城市，以家庭经营的形式从事林业生产的森林所有者越来越少，在这种情况下，森林组合即通过委托经营等形式担负起了“不在村林主”的私有林的经营管理任务。根据全国森林组合联合会的统计，2000年，由森林组合实施的造林和抚育面积占到了民有林造林、抚育面积的88%和70%。

3. 政府的私有林扶持政策

在以私有经济为基础的日本，政府对私有林的宏观管理主要是通过政策措施引导和通过经济杠杆进行调节，很少用强硬的行政干预手段。多年来，日本政府对私有林给予了有力的扶持，极大地推动了私有林的发展。主要的扶持政策有：以财政补贴、信贷支持、税制优惠为核心的经济扶持；以促进抚育间伐、扩大间伐材利用为核心的经营管理促进政策；以森林国营保险和森林灾害共济事业为代表的风险抵御体系；对森林组合等林业合作组织的扶持；以林业专业技术员和林业普及指导员为核心的技术服务体系；以IT技术的应用为代表的信息服务等。

（二）民有林经营管理计划体系

为落实《森林·林业基本计划》和《全国森林计划》确定的森林经营方针、目标和任务，在《森林法》明确规定了民有林的经营管理计划体系。这一计划体系是按照纵向行政系统自上而下制订和实施的，主要包括以下3个层次：

1. 地区森林计划

《地区森林计划》是县（都、道、府）的知事按照《森林法》规定，以本地区的民有林为对象制订的森林经营管理计划，计划期为10年，每5年修订一次。与国有林的《地区森林经营管理计划》相对应，《地区森林计划》也是以158个流域计划区为单位制订的。主要内容包括：森林经营方向、采伐、造林、间伐和保育、林道建设及保安林设置等计划事项，以及相关的措施和政策。

2. 市町村森林整备计划

《市町村森林整备计划》是日本最基层一级政府——市、町（类似于我国的镇政府）、村（类似于我国的乡政府）的森林经营管理计划，是由市、町、村长按照本地区民有林的基本状况，结合《地区森林计划》的各项计划指标而制订的，计划期为10年，每5年修订一次。主要内容包括：森林经营方向、对森林所有者的采伐、间伐和保育、造林、林道建设等经营活动的指导性计划及相关的措施和政策。

3. 森林施业计划

《森林施业计划》是私有林主的经营实施方案，是由私有林主（或委托经营者）自发制订5年计划。内容与《国有林施业实施计划》基本一致，包括采伐、更新、造林、抚育、间伐、林道建设等。

由于民有林的经营管理中，公有林与国有林有很大的类似性，其实施方案的制订中，能够比较容易地体现政府森林经营管理的方针和目标。而私有林是由林农自主经营和管理的，如何通过众多的森林所有者的《森林施业计划》来实现《市町村森林整备计划》的计划指标，达到整个流域乃至国家的森林经营目标，是一个非常重要的问题。

为此，日本建立了“经营方案认定制度”，即森林所有者可以自愿申请对其《森林施业计划》的认定，如果经过市、町、村长的审核，符合《市町村森林整备计划》的计划指标和相关要求，则会得到认定。只有《森林施业计划》通过认定的森林所有者（或委托经营者），才能得到前面所述的多种扶持和优惠。同时，对于经营管理不善的森林所有者实行经营劝告制度，对于放任不管者则采取相应的强制经营措施。

经营方案的认定标准是依据国家关于不同森林类型和培育方向的经营要求，结合当地特点，由都道府县知事制定的。各地虽然在细节上不尽相同，但基本要点是一致的。

五、森林认证标准与指标

为推进森林可持续经营，日本积极参与了有关国际进程的讨论与谈判，并加入和承认了蒙特利尔进程制订的森林可持续经营的国际标准，但目前还没有制定出本国的森林可持续经营管理的标准与指标体系。考虑到本国森林经营管理现实情况，作为推进森林可持续经营的手段，日本试图首先在森林认证方面取得突破。目前，森林认证的标准与指标建设已经有了很大的进展，并开始实施。

日本从2000年开始引入SFC森林认证，并制定了SFC森林认证的标准和指标体系。包括：法律与SFC原则的遵守、所有权、使用权以及相应责任、原居民的权利、与社区的关系及劳动者的权利、森林的公共效益、对环境的影响、森林管理计划、监测与评价、具有保护价值的森林的保护、造林等10项原则，47项标准和153项指标。到2003年10月，共有13个单位，约17.5万公顷的森林通过了认证。

2003年6月，日本设立了国内独立的森林认证机构——绿色循环认证会议（SGEC），创立了日本独自的森林认证体系——绿色循环认证会议森林认证。这一认证体系充分考虑了人工林比例大、规模小、分布零散、所有制形态复杂等林情，以促进人工林资源的循环利用，振兴地区林业为目标，制定了独具特色的“绿色循环认证会议森林认证标准、指标体系”。包括：认证对象森林和管理方针的认定、生物多样性保护、土壤及水资源保护、森林生态系统的生产力和健全性维持、可持续森林经营的法律制度框架、社会经济效益的维持和增进、监测与信息公开等 7 项标准和 35 项指标。到 2004 年 3 月，已经有 3 个单位 1500 公顷的森林通过了认证。

第五节　美国的森林资源经营管理

一、国有林的经营管理

长期以来，美国的国有林以多种用途和永续生产为指导思想。所谓多种用途，就是除木材生产以外，森林还同时用于涵养水源，野生动物栖息、森林游憩和生产饲料。发展森林公园、扩大自然保护区和游乐区，是美国用材林面积减少的原因之一。美国国会于 1974 年通过了《森林与放牧地可更新资源规划法》，要求林务局制订长期规划，确保美国未来有足够的森林资源，同时又要保持环境质量，并要求林务局定期向国会提交可更新资源评定报告（每 10 年提交一次森林、放牧地及有关土地的报告）和一项长期可更新资源规划（每 5 年修订一次，每次都订出 45 年目标）。

美国目前天然林经营还较粗放，人工林的经营已经采取很多措施，现在正致力于研究出一套包括良种选育、整地，排水、施肥、间伐和保护等在内的综合经营措施。

（一）人工林集约经营

美国南部是重要的木材产区，但到 1910 年，被称为“第一森林”的原始林（美国南部第一森林因原居民火耕或自然火灾的反复发生而导致其原始生产力不高）已经采伐殆尽。从 20 世纪 20 年代开始，南部杜绝了自然火灾和放牧，使天然更新的“第二森林”得以发展。但随着木材需求的增长，“第二森林”已不能满足需要。20 世纪 50 年代美国南部开始出现第三森林。这是一种没有采取任何改良措施的人工林，最初是采用飞播方式在工业公司拥有的土地上造林，但很快就改变为植苗造林，大部分造林地为撂荒地、火烧迹地或非常稀疏的天然林。第三森林的平均年生产力为 6.27 立方米/公顷。第三森林生产力的提高，50% 得益于整地，40% 得益于密度管理，10% 得益于苗木活力。林业在美国南部国民经济中的地位在很大程度上取决于木材加工增值，而南部木材加工业则立足于第三森林，为了确保南部木材加工业继续繁荣，美国开始发展第四森林，以便加速后备资源的建设。第四森林的平均年生产力又比第三森林高 4.18 立方米/公顷，达到 10.45 立方米/公顷。第四森林也称实验改良措施的人工林。第四森林生产力的提高，40% 得益于育种改良，25% 得益于整地改进，10% 得益于对缺磷立地施肥，10% 得益于立地分类及与之相适应的处理，此外是苗木虫害管理、早期植被管理以及苗木质量各得益 5%。第四森林还在建设之中，第五森林的建设也已方兴未艾。第五森林每公顷平均年生产力为 16.7 立方米；采用现代技术，一般能达到 20.9 立方米；主要得益于集约经营，营养与植被管理的进步各提高生产力 35%，育种进步又增加生产力 20%，适应立地的配套措施提升生产力 10%。到 20 世纪末期，美国南部南方松造林面积已达到 5000 万公顷，使得美国的林业中心从太平洋沿岸移到其南部。南方松的采伐年龄为 30～40 年。

美国从 20 世纪初开始，从木材销售收入中提取资金，用于林地更新和植被恢复。到 20 世纪 30 年代后期，美国的森林采伐量与生长量开始持平。20 世纪 40 年代以后，国家进一步通过各种措施，在提高生长量同时，减少采伐量，确保木材积蓄量有所增加，使得美国在 20 世纪 50 年代后的森林生长量大于采伐量 20% 左右。20 世纪 70 年代后，美国始终保持生长量高于采伐量 30% 以上，从而使木材蓄积量逐年增加。目前，美国约有 2 亿公顷的林地可供采伐，约占林地面积的 66%，这些林地大都集中在东部，且 73% 属私有林。为加强森林的保护，国家制定了砍伐与垦殖并举的政策，在重点保护生态的同时，保障木材供给的政策，坚持做到生长量大于采伐量，新造林面积大于采伐面积。

（二）国有林森林管理规划

为了科学、合理、有计划地管理森林资源，规范森林资源的管理活动，充分发挥森林的多种效益，从 20 世纪 80 年代起，美国国有林开始以营林区为单位编制森林管理规划。为了满足社会对国有林的需求，也为了保持森林经营的连续性，美国的森林管理规划 10～15 年修订一次。

美国最早的森林管理规划于 1984 年编制执行，是根据 1976 年《国有林经营法（NFMA）》、1969 年《国家环境政策法（NEPA）》以及其他法律和相关法规而制订的。森林管理规划提供了在林地上开展各种资源经营的指导方针。主要解决了以下问题：营林区多用途经营的目的和目标；营林区经营要求（即经营标准和原则）；特定经营区域和考察培训地理区域的经营方向；用于木材生产和其他资源经营活动的土地配置；监测和评价要求；并对国会提出了建立保护区和风景河流的建议。

森林管理规划正文的第一部分为营林区的管理目标、作业标准和原则。森林管理规划的目标既要符合有关的法律法规、总统命令、技术规程或标准、机构指令，又要符合区域的营林目标，以促进森林管理规划目标的实现。第二部分为地理区域区划，并提出作业措施要求。这是森林管理规划指导的最详细层次，可以指导全林区和经营区域的经营工作。第三部分为管理区域策略，以经营措施说明书作为管理区域的“模板”。每一个模板描述了区域要求的条件、管理标准和原则。第四部分为监测和评价，论述林务局将如何保证森林管理规划的实施并产生预期的结果。

《国有林经营法》还规定，确保用材林分在实施主伐的5年之内能够充分更新；终伐5年之后才能进行皆伐，在采伐中对上层林木实施主伐，下种伐中对母树进行疏伐。

（三）分类经营

在森林管理规划中，森林经营单位根据林分或小班的生态地位确定经营目的或经营目标。如克拉克默斯河营林区将其管理的森林（林分）划分为用材林、自然保护林、鱼类保护林、景观林、野生动物栖息地、水土保持林等。用材林主要生产木材，为社会提供林产品，根据立地条件可以采用块状皆伐或择伐，也经常根据木材市场情况开展抚育间伐，并进行施肥，以取得在单位时间内、单位面积上生产最多木材。自然保护林禁止一切经营措施，一般不让任何人进入，任其自生自灭。鱼类保护林一般位于溪流边，主要是通过保护水资源、不污染水进而保护溪流中的鱼类，这类森林通常禁止采伐。景观林（即游憩林）用于游客的游憩或森林旅游活动，可以开展森林经营活动，但其目的是为游客提供最适宜的森林生态环境。游憩林中往往建设一些森林旅游设施，包括野炊、宿营、水、电等设施。一般又分为两种，一种是对游客无偿开放的游憩场所，这种场所一般没有宿营设施，主要用于野炊：另一种是提供有偿游憩服务，有宿营设施。野生动物栖息地根据野生动物调查结果确定，通常可以采取一些人为措施为野生动物提供适宜的生存环境或活动空间。而对于其他一些生态区位比较重要的森林，如陡坡上的森林、岩石裸露地段的森林等划分为水土保持林。通过森林分类，使森林的多种功能和效益得到了充分的发挥。

（四）森林生态系统管理

1992 年 6 月 4 日，美国林务局局长戴尔罗伯逊向世人宣布，美国的森林管理将进入生态系统经营（Ecosystem Management）时代，标志着美国的森林经营从传统的永续生产经营向生态系统经营方面转变。一般认为，生态系统经营是以森林生态学和景观生态学原理为基础，吸收森林永续利用理论中的合理部分，将资源管理与社会改革相结合，追求并特别注重人在其中的作用，使其既能永续收获木材和其他林产品，又能持续的发挥保护生物多样性及改善生态环境等效益，最终获得森林的生态、经济、社会效益的协调统一，达到林业可持续发展的目的。

与传统林业比较，生态系统管理具有如下特点：

（1）生态系统管理以宏观的景观生态系统为基础，破除传统的林分经营格局，将经营单位定位于景观层级，即以集水区为规划经营单位，在利用其自然资源时，仍维护其生态结构，确保生态系统的自然恢复能力。

（2）生态系统管理重视生物多样性的保护，对于传统林业认为无价值的残材、枯立木等，均适度遗留于林地，除可回收养分之外，还可以为野生动物提供栖息的场所。并要求在造林时采用混合树种造林，以培育接近自然状态的人工林。

（3）生态系统管理强调保护好生物遗产，反对清除生物遗留物或全面整地，一旦森林遭受火灾、风灾、其他自然力或人为破坏后，因林地上仍残存大量种子、孢子、根株及有机体等遗留物，可以通过天然更新和人工促进更新得以恢复。

美国农业部要求所有林区从 1985 年起都要集中林业管理、森林健康、水土保持、野生动植物等方面的专家，对林区的树木、水土、植被、野生动植物等情况进行综合调查，并在调查基础之上，制订林区生态系统管理规划，实行目标管理，每 5 年修订一次计划。

（五）国有林水域保护战略

西北部的国有林水域保护战略有 4 个要点：

（1）河畔林的保护：沿溪流的林地要求按照特别标准和规则进

行土地利用，其范围包括小溪流、河川及暂时出现的湿地等。保护带包括维护水文、地形、生态等必要的范围，宽度根据河流的大小和有无鱼类划分，一般有鱼的河流为最高优势树木（树龄 200 年以上），平均树高 2 倍的距离，约 92 米，无鱼的河流为等距离，约 46 米。

（2）流域保护：分为两种类型，一是有濒临灭绝危险的鱼类的保护，另一类是优质水源的保护。

（3）流域分析与规划：为达到水域保护战略目标，通过对地形、生态等的分析制订各项计划。

（4）流域环境的改善：包括改善河畔环境及水质恢复等。

（六）流域生态系统恢复及重建

美国开展的流域生态系统恢复及重建工作，就是生态系统经营的一项重要措施。流域生态系统恢复及重建的主要目的，就是要维持流域生态系统的稳定，保证人们生产生活、农田灌溉、水力发电和鱼类生存繁衍的安全。美国在流域生态系统恢复及重建中确立了崇尚自然、恢复原有植被的理念。无论是在森林地区，还是在草原植被区，美国政府都十分重视野生动物的栖息和生存问题。在流域生态系统恢复及重建中，有关法规明确规定：在林木采伐时必须保留一定宽度的植被带作为水源的过滤器，提供有机物给水生动植物。其中 F 型小河流 50 英尺①，中河流 70 英尺，大河流 100 英尺；D 型和 N 型则分别为 20、50 和 70 英尺。美国林业部门在流域生态系统恢复及重建过程中，建立了一套完整科学的技术措施。一是高度重视种苗，在树种选择上，尽量选用乡土树种或接近乡土的树种。二是重视森林防火，美国有跨机构的森林防火组织，由联邦林务局、野生动物局、气象局、国家公园局、土地局和空军等部门组成，负责全美的森林火灾控制。三是重视生物多样性保护。政府每年对林场主进行培训，指导他们怎样开展林业生产，才不会导致水资源污染。同时，在使用农药、化肥前要经过认证，保证正确的使用方法。

二、美国的森林经营措施

虽然美国各州的林业法规有所差异，但森林的经营利用都必须

① 1 英尺 =0.3048 米

编制森林利用计划。森林利用计划主要是按照每片森林的利用功能和培育目的来进行编制，由林业主管部门批准后实施。按照法律规定，凡经营森林面积在 2 万公顷以上的大森林都要编制 100 年的森林利用长远计划，并且每 10 年要对计划进行一次修正和调整。林主（包括国有、公有、私有林）都必须按照森林利用计划进行森林采伐和其他经营活动。

由联邦政府组织专门机构对森林资源的消长实施调查，各州政府一般不承担森林调查的职责。林业主管部门在森林资源管理中普遍采用地理信息系统，对每个森林经营单位的资源数据和相关信息资料实行计算机管理，从而大大提高了管理水平和工作效率。对私有林的清查需得到林主的同意。

据林务局统计，美国每年森林采伐面积（包括部分采伐）约为 320 万公顷，基本上都不同程度地得到了更新。目前仍以天然更新为主，20 世纪 60 年代人工更新面积平均每年为 60 余万公顷，不到采伐面积的 1/5；人工促进天然更新面积每年平均为 10 万公顷。至今，天然更新在美国大部分地区仍被认为是一种有效而经济的方法。

美国的森林采伐目的曾经是：①木材产品销售；②森林管理目标；③满足个人需求。从 1993 年开始，美国的采伐目的从原来的以满足木材产品销售和满足个人需求，转变为以实现森林管理目标而促进森林健康、减少森林火灾和保护野生动物栖息地。从那以后，以“木材产品销售”为目的的采伐量从占森林采伐总量的 71% 逐步下降至 52%；以“满足个人需求”为目的的采伐量从 5% 略增长到 8%，而以“森林管理目标”为目的的采伐量则从原来的 24% 迅速增至 40%，进而占森林采伐总量的 3/4。因为采伐政策的改变，1989 年与 1997 年相比，美国国有林的采伐面积从 410 940 公顷已经调减到 185 291 公顷，减少量超过了 55%。皆伐曾经是美国国有林采伐的主要方法，但自 1992 年限制使用皆伐方法的政策颁布以后，国有林的皆伐面积大幅度下降，从 1992 年的 65 830 公顷，减至 1997 年的 18 557 公顷，减少幅度几乎达到 72%。皆伐作业法占所有采伐方法的比例从 20% 下降到了 10%。取而代之的是采用索道集材和直升飞机集材。

南部的森林轮伐期已经缩短到 25 ~ 30 年，西北部太平洋沿岸的花旗松林分的轮伐期从原来的 80 ~ 100 年已经缩短到 45 ~ 60 年。

实施主伐的目的是通过林产品的销售和合理利用使得森林资源得到保护、增长和获得可持续的生产，从而实现林分更新的长期目标。

按照森林经营方案中关于林分的最高年平均增加量及其面积、形状、分布和持续周期的标准和指南对同龄林实施更新伐。只有在曾经运用过最适合的更新方式的地区，才允许应用皆伐以满足多效用的目标。

应用皆伐、下种伐和伞伐等更新采伐方式建立同龄林分。

当运用异龄林采伐方式时，要考虑频繁进入将产生的影响、通常较高的规划成本、集材的复杂性和每次进入相对较低的采伐量。通过单株择伐或群状择伐建立异龄林。

美国在速生林的生产方面，除使用机械化整地和种植以外，还大力推广使用除草剂、化肥和灌溉等。据美国研究人员的研究，使用除草剂、化肥和灌溉等技术，可使投资的回报率提高30%。

现有林重建的主要措施包括：

（1）疏伐结合卫生伐。砍伐密林中的衰弱木、病木、干形不好的木材和被压木等，保留大树、健康树、干形好的树；

（2）疏伐过程中产生的剩余枝杈在林内集中，在第一场降雪到来之前烧毁，第二年应用地面火除去针叶树小苗，以促进阔叶树生长；

（3）约每20～30年疏伐一次，直至林内每公顷植株数达到原来天然林内的每公顷株数，从而使每公顷的林木蓄积量保持在一个中等且稳定的水平；

（4）在疏伐过程中，在林内适当保留少数倒木和枯立木（一般每公顷保留5～10株），并保持0.05公顷老龄林，为野生动物和鸟类保留食物链和栖息地。

对于林分中灌木与乔木生长的竞争，美国主要采用控制焚烧来抑制，每公顷的费用平均为12美元。尽管如此，控制焚烧也通常是在造林8～10年后才进行。林分生长的前期，它与灌木的竞争全凭林木的良种、壮苗优势来取胜。

美国用材林每公顷年生长量为3.9立方米，年采伐利用量3.1立方米，利用强度为0.81。美国用材林每公顷平均蓄积量较低，只有118.1立方米；每公顷平均年生长量也较低。

三、美国的森林健康实践

20 世纪 90 年代初，美国在“森林病虫害综合治理”的基础上，提出了森林健康的思想，把森林病虫害和林火等灾害的防治思想上升到森林保健的高度，更加从根本上体现了生态学的思想。近 10 年来，美国的森林病、虫、火等灾害的预防和保护实践正是在这样一个思想指导下展开的，目前已在全国上下形成共识并成为森林资源经营管理过程中的一条始终贯穿的原则。

森林健康就是要保持森林健康，恢复森林健康，建立和发展健康的森林。美国的森林健康理论认为，在健康森林中并非就一定没有病虫害、没有枯立木、没有濒死木，而是它们一般均在一个较低的水平上存在，它们对于维护健康森林中的生物链和生物的多样性、保持森林结构的稳定是有益的。

（一）森林健康的目标

美国分别于 1988 年和 1993 年制订了森林健康计划，其中 1988 年提出 8 项目标，1993 年的计划在 1988 年的基础上补充了 4 项目标。1993 年提出的 12 项森林健康目标是：

（1）把森林病虫害和森林火灾的生态学意义放到森林资源管理计划的整个过程来考虑（计划）；

（2）应用有效的森林管理方法来降低森林对病虫害的易感性（预防）；

（3）封锁有害生物，控制林火使其有利于资源管理的目标（封锁）；

（4）在主要病虫害暴发之前实施全国环境政策行动（环境分析）；

（5）应用环境可接受的农药并有利于保护森林价值和达到资源管理的目标（农药）；

（6）应用有效的、经济的和环境可接受的森林保护技术来满足森林资源管理的目标（森林保护技术）；

（7）在全国建立森林健康监测计划，为国家制定政策提供森林状况和变化趋势的信息资料（森林健康监测）；

（8）将近期由于干旱、病虫害和林火而出现大量死树的林分或将要出现大量死树的林分恢复到可持续生长的条件（森林健康恢复）；

（9）对外面已传入的森林病虫害要限制其传播或将其清除，以减少其对生态系统的干扰（外来森林病虫害的管理）；

（10）防止外来新的森林病虫害传入（杜绝外来森林病虫害）；

（11）森林健康是一个需要国际合作的问题，不同的国家面临着相同的问题，要发展一种长期的关系来保持和保护全球的森林健康（森林健康保护方面的国际合作）；

（12）让公众了解目前的森林健康状况和病虫害及林火在森林生态系统中的作用，接受和支持恢复及保护森林健康所采取的措施（公众意识和参与）。这一森林健康计划将森林健康融合于其他的森林生态系统管理中并贯穿于整个管理计划过程。

美国林务局于1993年开始实施森林健康计划，其具体措施包括疏伐、控制性火烧、死树的利用、杜绝野火、杜绝主要病虫害的流行等。森林健康恢复要根据不同的森林植被类型采取不同措施。例如：

为了降低美国中西部犹他州的瓦萨奇卡切国有林区的美国西黄松次生天然林内因近地面下枝杂灌形成的、浓密的、易燃植被层而形成的林分火险，治理的主要措施是：①修除下枝杂灌、卫生伐；②在第一场降雪到来之前将堆集的杂灌清理烧毁；③在第二年全面进行一次地面火烧，促进阔叶树自然更新。

为了防治联合国有林区云杉和杨树天然混交林中云杉小蠹虫，采取的保持和恢复森林健康的主要措施为：①应用诱捕器在其中放置商品化的含有α蒎烯等诱集素内芯的诱集药片，定点定期观察虫情消长。②应用诱捕器结合杀虫剂进行诱集灭杀，降低虫口密度。③清理倒木、衰弱木和被蠹虫侵害的树木，提高林分抗虫能力。

针对华盛顿州东部的韦纳奇国有林区西黄松与花旗松混交林分因林分浓密，林内木材蓄积量很高，林火危险性极高的特点，对其采取了一些措施：①疏伐结合卫生伐，砍伐密林中的衰弱木、病木、干形不好的木材和被压木等，保留大树、健康树、干形好的树。②砍除不耐火烧的花旗松，保留耐火烧的西黄松。③将疏伐后的剩余枝杈留在林内集中，第一场降雪到来之前烧毁，第二年应用地面火除去针叶树小苗，促进阔叶树生长。

四、公司林

在美国，公司林的经营水平最高。为了维持企业规模，保证木材原料供应，森工企业大多拥有自己的原料基地，最多的拥有林地230万公顷，少者也在2万公顷以上。美国283个较大型的森工企业平均拥有用材林地8万公顷，其中40万公顷以上的有7家，共有森林面积590万公顷。

在美国列为前十名的林业公司中，惠好公司拥有56.7万公顷的林地，韦斯特瓦卡公司拥有43.74万公顷的林地。惠好公司是美国最大的一家综合性森工企业。惠好公司对森林单位面积的投资相当于全国平均数的两倍，因而其所属森林的生长量也达到全国平均的两倍。惠好公司对所属森林实行高度集约经营（惠好公司称为“高产林”），平均每公顷森林的投资为35美元，相当于全国平均数的两倍。该公司的具体作法是：

（1）对森林进行皆伐，运走所有可利用的木材，然后清地和整地，一年内造林更新；

（2）用苗圃中培育的经过遗传改良的苗木进行造林；

（3）每5年进行一次施肥；

（4）15～20年后进行疏伐，在此之前进行抚育伐；

（5）主伐，然后更新造林，开始下一次循环。

五、推行“标准林场”

为了保护森林免遭火灾危害，提高森林产量，华盛顿州于1941年建立了美国第一个“标准林场”，即克来蒙林场，面积为48 000公顷。不久，建立标准林场的做法被推广到全国。所谓“标准林场”，就是林场的经营水平必须达到以下标准：防火、防病虫害，避免破坏性放牧；林场必须有固定的资金用于培育和林木采伐，实行永续生产，不得它用；必须采用有利于改善林地条件的采伐方式。获得“标准林场”称号后，即可得到公司的技术援助，并可免费（或廉价）获得苗木和借用造林机械等。平均每个“标准林场”的规模不到900公顷。“标准林场”都实行高度的集约经营，目前共有林地面积已经占全国私有林的24%。“标准林场”在提高美国森林经营水平方面发挥了重要作用。

第六节　新西兰的森林经营管理

地处南太平洋的岛国新西兰被誉为地球上最后一片净土，环境优美、空气清新、林业发达，是世界上为数不多完全依赖发展人工林达到森林资源可持续发展的国家之一。新西兰国土面积2710万公顷、陆地2700万公顷，2000年森林面积810万公顷，其中天然林640万公顷、人工林170万公顷。天然林的80%属国有，处于完全保护之中；约20%为私有，可进行生产性经营。人工林中，著名的辐射松占到90%。正是这些高度集约化的辐射松人工林，充分发挥其经济、生态和社会效益，在新西兰国民经济中占有举足轻重的地位。2000年林业总产值为55亿新元（22.5亿美元），其中出口创汇15.8亿美元；2002年木材出口额达20亿美元。人工林发展所取得的辉煌成就标志着新西兰森林资源可持续经营之路的成功。现在，新西兰的林产品不仅充分满足国内需求，还大量涌入国际市场，值得世人称羡。如此骄人的成绩，主要靠的是政府的改革政策和科学技术的巨大推动力。

一、体制改革和政策

根据经济形式，新西兰林业可划分为3个阶段：一是毛利人进入新西兰初，森林占国土的75%，土著小农自给自足经济历时近千年，森林资源虽有减少，但仍维持在生态可恢复范围内；二是始于18世纪末的欧洲移民经济历经百年，森林资源遭到巨大破坏，覆盖率由50%多降至22%；三是1920年以来，新西兰闯出了一条经营人工林解决森林资源危机之路，特别是20世纪80年代实行的林业改革使新西兰林业走上了分治经营的成功道路，这与其有百年人工林战略背景和林业的特殊地位及其引起的债务危机密切相关。

1898年政府召开了专门会议研究林业问题，确立了发展人工林、保护天然林的林业发展道路；1913年成立的新西兰皇家林业委员会指出，新西兰的天然森林资源有限，需要根据本地土壤气候条件引进适生优质树种，大规模发展人工林。为此，1920年颁布了第一部《森林法》，并成立了负责天然林保护和人工林发展的林务局，从而掀起了新西兰人工林发展史上的造林高潮：第1次从20世纪20年代开始，用近20年集中造林30万公顷；第2次始于20世纪60年代初持续了20年时间；第3次高潮在1992～1996年间完成造林37万公顷。现在人工林已占到国土的7%，人均拥有0.5公顷。

林业在新西兰经济中具有特殊的地位和作用。受惠于政府实行以畜牧产品和林产品加工出口为主的经济政策，1945～1984年林业高速发展。同时因政府实行初级产品生产与出口的产业政策，使新西兰在国际市场竞争力下降，综合国力下滑；到1984年政府债务缠身，通货膨胀居高不下。因此，新西兰拉开了经济体制改革的序幕，重点是引入市场经济理论，彻底改变政府过去大包揽的经济运作模式。对林业的影响主要表现在，按职能将新西兰林务局划分为3个部分：林业部（从事政策制定与管理）、保护局（从事环境保护）和林业公司（从事人工林市场化经营）。

进入20世纪80年代尤其是1992年联合国环境与发展大会召开，新西兰举国上下对环境、资源和经济的可持续发展深切关注，其政治体制也随着社会经济的发展和国际形势的变化而处于变革之中，从而对林业发展产生巨大的影响，主要表现在税收体制改革、国外投资控制、原木出口管制及严厉的环境管理等方面。

新西兰持续的经济改革，为经济增长提供了坚实基础，政府负债率减低；林业经济复苏更快，运行良好。因为新西兰制定和实施的分类经营政策、私有化政策、人工林政策、自由市场政策和可持续发展政策等一整套林业政策，虽游离于世界主流林业政策之外，理想化构架、不成规矩，但独具特色、自成体系，引起了众多国家的浓厚兴趣。

（一）林业分类经营

20世纪80年代，与国际潮流相呼应，新西兰的生态意识日益加强，迈出了将森林的环境保护经营与木材生产经营同等对待的重要一步。尽管面临着来自林业内部和社会各方面反对分治的巨大压力，但林业决策者依然下定决心，坚决实行了以国有人工林资产拍卖和公司化经营、林业保护局独立、林业部专职政策法规的制定与监督执行为主要内容的林业分类经营，对人工林实行了在保持林地所有权不变的前提下的私有化政策、自由市场经济政策和可持续发展政策，在政府扶持和发达林产工业的市场驱动下，新西兰完全实现了百分之百依靠人工林供应木材的转变，由此步入了现代林业。进入21世纪，新西兰政府非常重视林业的发展，实行森林分类经营、将国有林地私有化、不搞天然更新而开展人工造林、鼓励森林投资；对人工林进行作物式集约经营，林业科研面向生产一线而市场化，产学研结合，充分开发和利用人工林资源；对天然林的政策目标是保持新西兰天然林永存并提高其质量。

1. 人工林政策

没有人工林发展的成功就没有林业分类经营的成功。而人工林的成功，在很大程度上应归功于强有力的以人工林引种、集约经营、经济扶持和出口导向为主要内容的人工林政策支持。

（1）人工引种

到20世纪20年代初，持续了近百年的移民经济使新西兰的森林资源走向了危机的边缘。政府认识到，要真正保护天然林资源，就必须大力营造人工林，把木材生产的重负逐步从天然林转向人工林，为森林资源的永续有效利用奠定基础。问题是，新西兰乡土树种材质固然不差，但生长周期太长，远水难解近渴。引种国外优质速生树种的思想在早些时候就已形成并付诸实施。在引种人工林政策指导下，新西兰从1890年就开始从欧洲、美洲、亚洲引进150多个树种，在全国6个引种区经过30多年的反复对比试验，最后筛选出了6个外来优质树种：辐射松、北美黄杉、落叶松、桉树、黑荆树和红树。其中以辐射松和北美黄杉为最好。

（2）集约经营

人工林集约经营政策的确立与实施，主要基于短轮伐期人工林经营思想。另一方面，人工林作为农业投资项目之一，是具有农业性质的林业经营的必然反映。新西兰人工林集约经营思想和政策是通过科技和经济两方面的努力得以实现的。在科技方面，进行种源选择和树木改良，为人工林提供良种和高质量的苗木，强化造林整地，采取除草、修枝、施肥、间伐等森林抚育措施及防火、防虫、防兽等森林防灾措施。经济方面的努力主要体现在以税制优惠为特点的国家经济扶持政策上。与其他先进国家相比，在新西兰，不管是国有林还是私有林，都较为普遍地和自觉地在人工林集约经营政策指导下进行生产活动。

（3）经济扶持

在20世纪80年代实行林业改革前，新西兰政府对林业特别是人工林的发展，在经济上一直实行了强有力的扶持政策，即按照国会通过的《造林鼓励法》规定，凡是小土地所有者造林，政府一律补助造林成本的一半；公司企业的造林费用可记入财政开支成本中，以减少公司税负，将更多资金投向林业。1983年后，政府的造林补助和优惠税制将造林后经过验收给予造林补助，改为从纳税收入中扣除造林成本。这样，既减少了交税金额，又降低了交税比例，从而保护了造林者的利益，刺激和鼓励了更多的私营公司和小林主投资于造林事业的积极性。

（4）出口导向

新西兰近代林业的成功，特别是以辐射松人工林培育为特点的商品林业的成功，很大程度上与新西兰成功的出口导向型林产工业发展政策密切相关。新西兰林业分类经营改革的成功经验之一就是，有高效的林产工业和发达的国内外林产品市场作为推动分类经营改革的动力。新西兰是一个农业经济国家，加之人口不多，国内林产品消费市场十分有限。基于此，新西兰林业当局在发展商品林业时，在培殖、壮大林产品加工业实力的基础上，实施了林产品出口导向战略，通过开拓国外市场，引导国内人工林及林产工业的迅速发展。

2. 天然林持续经营

直到20世纪70年代新西兰许多天然林仍蒙受过量采伐、皆伐之苦，从80年代中期起新西兰取消农业补贴、农地面积缩小，其中相当大的面积撂荒变成灌木丛、荒地逐渐还林，导致天然林面积显著扩大。现在新西兰实有天然林640万公顷，相当于国土面积的24%。新西兰1987年成立保护部，受权承管划为国家公园和保留地的天然林约为510万公顷，占天然林总面积80%左右。新西兰约有130万公顷天然林不归保护部管辖，其中65万公顷可划为生产性森林，采伐利用这些占天然林总面积10%的森林，理论上应能实现永续，即使发生纠纷，影响也极小。新西兰天然林普遍受到鼠类的危害，目前政府每年耗资5000万新西兰元进行治理，以防止动物疫病传播、影响农产品出口。

（二）国有林私有化

20世纪80年代，新西兰对国有林政策和体制进行改革，主要将国有商品林的林地经营权出售给私人公司和个人；90年代以来，政府加快了国有林私有化步伐，鼓励海外私人直接购买森林。到2000年，国有林地（占全国商品林地的52%）已全部售给私人公司和个人。使用期限一般是2～3个轮伐期（60～90年）。国内如北岛林业合资企业拥有世界上最好的人工林之一，面积约19万公顷，每年可采伐400万立方米，政府授予的经营许可证为期达70年。国外如1996年中国国际信托公司与新西兰一家公司合资购得19万公顷森林；美国惠好公司因受到国内巨大的环保压力发展受挫，1997年花2亿美元在新西兰购买20万英亩[①]的采伐权；美国国际纸业公司也在新西兰经营了百万英亩的人工林基地。

此举一方面减轻政府对林业所承担的过多责任与债务，另一方面通过资产重组、产权多样化、刺激林业生产，与政府的社会经济改革总目标一致。改革效果相当不错：林业部门机构减员，减轻了财政负担，增加了税收；外国公司在新西兰购买林地经营权，不仅为当地经济发展注入了新活力，也显著提高了森林科学经营管理的技术水平。

（三）林业科研市场化

新西兰林业研究所设在北岛的鲁托罗阿，研究重点包括森林经营、遗传育种、病虫害防治、木材加工、纸浆造纸等，人员约350人，是全国惟一的综合性林业科研机构，专业齐全，实力雄厚，在世界上享有一定知名度。20世纪90年代，政府加大了科研机构改革力度，目的是减少国家财政负担，让科研更好地面向生产，推动经济发展。1992年，政府对新西兰林业研究所财政拨款仅占全部经费的30%，其余70%来自生产企业的横向合作课题。1997年初，政府对它“完全断粮”，取消专业拨款，使它完全独立走向市场。新西兰林业研究所更名为新西兰林业研究有限公司，成立董事会，彻底结束了完全依赖国家拨事业款的历史，主要靠市场求生存，靠科学研究成果谋发展。林业公司科研经费来自两方面。与国内外林业企业、有关机构合作（以国内为主），通过共同开发产品，解决生产中面临的难题，提供技术咨询服务等形式获得经费支持。如和林产造纸公司合作通过遗传育种培育新一代具有优质纤维的辐射松；向智利提供辐射松人工林营造和育种改良技术咨询服务等；另一方面，向政府申请研究基金来获得经费，该部分经费约占25%。新西兰林业科研成果不搞评奖活动，成果以论文报告形式在国内外刊物上发表。因此，科研机构与生产企业的联系不言而喻，科研成果都能在生产中推广，直接转化为生产力。新西兰林业研究所的机构改革，是新西兰全国科研机构改革的一个成功范例。在国际上影响也不小。

---

① 1平方米=2.47英亩

二、强化经管措施

新西兰森林资源经营管理措施的强化主要体现在人工林的科学经营管理和集约栽培技术方面。

（一）科学经营管理

新西兰林业的集约型经营管理主要表现在：一是实施林业国家新标准，二是科研面向生产，三是提高生产管理水平。

1. 实施林业国家新标准

2001年底新西兰建立了国家造林技术委员会，以制定一个新的林业国家标准，涉及的内容包括：①允许林地内放牧；②设立明显的林地边界，保证常规农业生产在林地界线外进行，农业生产必须考虑环保；③保持物种多样性，林场主必须栽植多种不同的树种；④森林要尽可能均匀采伐，保持可持续的林业产出，不鼓励大面积单一纯林的营造；⑤减少化学药品的使用，并以不使用化学药品为最终目标；⑥建立保留地，各林场主必须根据森林面积预留出一定比例的面积作为保留地；⑦各林场主可结合成组、优势互补，如拥有更多成熟林分的林主可以和拥有更多幼龄林的林主结合，以保证林业的持续产出。

2. 科研面向生产

为新西兰林业乃至世界人工林发展做出重大贡献的新西兰林业研究所认识到，21世纪的林业科研将遇到和迎接全球化、市场化、工业化、生态化、可持续发展与生态系统和环境保护的挑战。新西兰的林业研究始终保持在一个较高的水平，从事育种、造林、抚育管理、木材加工利用到销售全过程的科研工作，把营林和林产品研究摆在同等重要的位置，主要致力于应用研究，在其中发现基础理论。面向生产的科研方针使他们在科研选题方面予以特别重视，研究目的和方向十分明确和有效。科研面向生产，不仅使科研所成为生产的先锋与后勤，亦是连接生产和流通的纽带，把林业生产的主要过程有机地结合了起来，从而成为国家决策部门的有力助手。

正是这种科研面向生产、从生产中选题、服务于生产的指导思想，使新西兰林业研究所像所有公司一样在商业竞争环境中不断壮大。他们不仅在科研定位和体制改革方面走在了前列，而且还加大了科研投入力度，开发能为工业带来利益的高技术，增强自己适应市场的特殊能力和竞争优势。

3. 全国一体化管理

可以说计算机技术的应用是林业集约管理的前提和保证。新西兰的计算机集约管理始于1980年。在林业研究所、林业部门和大学等单位协作努力下，由测树、经营、统计和计算机等方面的专家组成攻关组，历时10年编制出了新西兰国有林经营管理计算机系统。其中1976～1978年完成测树软件包，1979～1982年完成辐射松软件包，1983～1985年完成林产品软件包。这些软件包以及两个重要的人工林资源数据库（全国外来树种说明数据库NEFD和私有林清查数据库PRIFD）组成的计算机经营管理系统为新西兰实现现代化的集约经营管理起到了决定性作用。

（二）集约栽培技术

新西兰人工林的生长量相当高，除了辐射松天然属性与当地优良的自然条件为其高产提供了基础外，林业部门采取强有力的集约化经营措施亦是人工林实现高产的保证。

1. 重视树种改良

新西兰林业生物技术的成就主要体现在辐射松人工林单位面积产量的提高与木材品质的改善等遗传改良方面。辐射松育种是由丹麦籍森林遗传学家于20世纪50年代在新西兰林业研究所开始的。1959年起除建立种子园500公顷外，还建立了实验林2000公顷。20世纪80年代，新西兰林业研究所重视林木遗传改良，在人员、设备和经费上置于优先地位；90年代，政府对林木遗传改良课题申请国家基金重点扶持。经过长期不懈的努力，成果显著，“控制授粉矮篱种子园”在经营技术方面有很大发展，培育出干形更为通直，生长更高的辐射松品种，可缩短轮伐期1～4年，节约成本10%～30%，林木增益十分显著，可达20%左右。目前新西兰全国人工林营造完全实现了良种化。

2. 有效处理幼龄林激增

大规模人工造林后，幼龄林急剧增长，为商业性主伐增加了困难，这是各国发展人工林都会遇到的问题。为改变此被动局面，新西兰给予了足够重视并采取了有效措施：一是商业性疏伐。20世纪60年代末新西兰林业研究所据其有关经济研究成果提出的一种生产原木的短轮伐期经营制度对国有林的疏伐产生了深远影响。由于疏伐材价值低，且疏伐会影响主伐的产量，在短轮伐期经营制度中取消了商业性疏伐，并规定在平均树高 15 米以前进行 3 次修枝和两次以上生产疏伐材为目的的疏伐。面临幼龄林激增局面，为提高木材供应能力，新西兰林务局修改了上述经营制度，并采取了商业性疏伐和早期主伐的措施。二是疏伐后施肥。20 世纪 70 年代中期以来，商业性疏伐后施氮肥已成为经营浮岩土辐射松的有力措施。三是计算机管理。针对幼龄林激增问题，林务局于 1976 年成立了专门工作组，研究一套监督和管理外来树种人工林规划的计算机系统，1979 年完成并实施，对人工林特别是幼龄林进行集中管理；1980 年又成立了辐射松工作组，由科研和管理专家组成，建立了一套计算机预测管理模型，帮助经营人员研究调整育林措施、帮助木材加工厂最佳配置利用不同径级的木材。

3. 应用技术研究

应用技术研究在新西兰林业科研与生产中得到了足够重视，主要体现在培育良种壮苗、集约栽培和管理措施等方面。

（1）种苗生产

培育良种壮苗是种苗生产的目标。首先，在引种时建立了种子园，设立了大量标准地，进行对比试验，从树种选优、控制授粉、子代鉴定、组培育苗形成一整套严格选育技术，并不断筛选、培育出第二代、第三代……优良品种；其次在育苗方面采用工厂化生产，并研究出适用集约经营的新技术，如辐射松扦插、切根壮苗技术、截顶技术、箱式苗木运输技术。新西兰的辐射松造林全部采用扦插苗，成本低、遗传性状保存好；再次是重视种苗的基础理论研究，肯花本钱。如胚胎遗传基因育种花 10 年时间才获成功，每株苗木成本高达 1 万新西兰元。当然，新西兰在种苗方面获利颇丰，采用良种壮苗造林一项收益增加即达 20% 以上，且轮伐期缩短了 1 ~ 4 年。

（2）集约栽培

新西兰人工林集约栽培化程度在世界上位居前列。种苗全部实现了良种化，苗木生产机械化程度高、林分经营科技含量高，如苗圃管理、林分间伐、施肥都由计算机模型提供决策依据。当前还大力开展特殊树种的栽培研究，主要包括相思树、桉树和柳杉等，并研制开发对环境安全、除草效果更显著的新一代除草剂。继续强化对无性系林业的研究，确定进入新世纪进一步开发当家树种辐射松扦插苗的繁殖技术，开展对未来新西兰林业具有重要作用的花旗松（北美黄杉）、桉树、柳杉、相思树的育种试验，评价通过各种无性系培育手段所获栽培林木的生长、抗病性、材性和干形表现，发展林木 DNA 标记、分子遗传育种等技术。

（3）科学管理

新西兰人工林科学管理主要体现在合理密植、适时间伐、抚育修枝、除草施肥、环境保护、地力维护与灾害防治。

新西兰林地杂草（含灌木）危害较突出。灌木、草与林木争水、争肥，抑制树木生长，也给林木修枝、抚育间伐活动带来很大困难，一般采用化学除草剂清除。施肥有针对性，采取缺什么肥补什么肥的方法。全国绘有土壤养分情况分布图，另外还根据树种的叶面诊断（缺素症表现）、土壤化验分析来决定施肥种类、数量。施肥重点放在老林地，对部分缺肥地区进行飞机施肥。磷肥试验表明，辐射松直径生长倍增、年均生长量急剧上升、效果极其显著；近年新西兰人工林施肥面积超过 50%，每公顷施磷肥 250 千克。在良好立地条件下，疏伐后对 14 年生林木每公顷施氮肥 200 千克，10 年后可增加蓄积量 8% ~10%，其中前 5 年效果最好。

新西兰地广人稀，林牧业发达，90% 以上的土地为森林和草地覆盖；没有樵采，枯落物保护好，近 90% 的生物量回归大自然，对提高土壤肥力、保护水土都起到了很好和很大的作用。再加上气候适宜、雨量充沛、土壤肥沃等优越的自然条件，植物生长和恢复较快，生态系统稳定。尽管如此，该国仍然对生态环境和地力维护给以足够的重视：①在牧场提倡生物围栏，林牧结合，在易致水土流失的地段营造杨树防护林；②每年召开一次全国性的有农户、科学家等各界人士参加的座谈会，进行水土保持方面的宣传教育和技术咨询；③在坡度较陡的采伐迹地上及时造林并撒播草种以保持水土；④将采伐剩余物不做清理，留在地里自然腐烂（一般 3 ~4 年），以提高土壤肥力。

在大规模人工造林的同时，新西兰对森林灾害的防治十分重视。特别是在防火方面，投入量大、措施适当、效果明显，火灾损失不到 0.05%。在森林病虫害防治方面，主要注重生物技术的应用研究，不断改良辐射松树种的遗传品质，提高人工林对灾害的抵御能力。

参考文献

1. Bachmann, Peter 1999: Lektionskript der Forsteinrichtung und Waldwachstum, ETH Zentrum, CH-8092 Zürich
2. Fischer, R.; De Vries, W.; Seidling, W.; Augustin, S. 1999: *Forest condition in Europe*. Federal Research Centre for Forestry and Forest Producs (BFH), Bonn. 31 pp.
3. Gärtner, Stefanie 2003. Auswirkungen des Waldumbaus auf die Vegetation im Südschwarzwald. (Dissertation) der Forstwissenschaftlichen Fakultät der Albert-Ludwigs-Universität Freiburg, Freiburg, Germany. 233 pp.
4. Haight, R. G. 1987. *Evaluating the efficiency of even-aged and uneven-aged management*. Forest Science 33 (1), 116-134
5. Spurr, S. H. & Barnes, B. V. 1980. *Forest Ecology*. 3rd edition. New York, Wiley & Sons.
6. Valsta, Lauri 2001. *Economic evaluation of unenven-aged management*. In: Gadow et al. (eds) Continuous Cover Forestry assessment, analysis, scenarios. International IUFRO conference, 19-21 Sept. 2001, Goettingen, Germany. 185-194
7. 沈国舫. 中国森林资源与可持续发展. 广西科学技术出版社. 2000
8. 中国可持续发展林业战略研究 项目组. 中国可持续发展林业战略研究总论. 北京: 中国林业出版社, 2002
9. 江泽慧 等著. 中国现代林业. 北京: 中国林业出版社, 2000
10. 祝列克, 智信 编著. 森林可持续经营. 北京: 中国林业出版社, 2001
11. 张守攻, 朱春全, 肖文发 等著. 森林可持续经营导论. 中国林业出版社, 2001
12. 侯元兆. 林业分工论的经济学基础. 世界林业研究, 1998 (4): 1~8
13. 李禄康. 关于世界林业可持续发展情况介绍. 林业资源管理 (森林可持续经营 1998 (北京) 学术研讨会论文集), 1998 (特刊): 1~5
14. 王前进, 王宏, 童章舜等. 赴瑞典林地地力维持考察报告. 国外林业考察报告汇编, 199 5
15. 沈照仁. 瑞典森林21世纪产材增长与生态保护. 世界林业动态, 2001, (12)
16. 葛宇航, 陆诗雷. 持续发展的瑞典林业. 林业经济, 1997, (6)